U0295323

国家出版基金项目
NATIONAL PUBLICATION FOUNDATION

Precision
Medicine

精准医学出版工程

精准医学基础系列

总主编 詹启敏

"十三五"国家重点图书出版规划项目

转录组学与精准医学

Transcriptomics and Precision Medicine

方向东 胡松年 等

编著

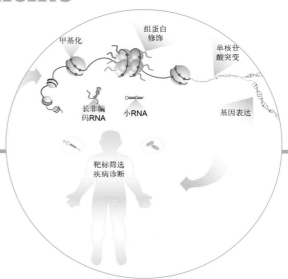

上海交通大学出版社
SHANGHAI JIAO TONG UNIVERSITY PRESS

内容提要

转录组是生命组学研究中重要的组成部分,狭义转录组是指一种细胞中可直接参与翻译蛋白质的 mRNA 的总和,广义转录组是指特定细胞中所有转录本的总和,即所有按基因信息单元转录和加工的 RNA 分子。转录组学是后基因组时代生命科学领域的研究热点,也是快速发展并不断完善中的一门新兴学科,在精准医学研究和个体化医疗实践中占有非常重要的地位。本书首先介绍了转录组学的基本理论、研究方法和研究内容;其次分别阐述了转录组学在出生缺陷与生殖健康、恶性肿瘤、心脑血管疾病、血液系统疾病、免疫和代谢系统疾病、神经系统疾病以及药物研发与临床用药指导中的应用;再次介绍了重要模式动物的转录组研究及其在精准医学领域的转录组学应用;最后系统整理了转录组学数据资源、研究工具、知识库和转录组学相关的疾病数据库等。

本书希望能为正在或者将要从事转录组学和精准医学工作的科研人员、研究生和高年级本科生以及有兴趣了解这些研究内容的其他人员提供参考。

图书在版编目(CIP)数据

转录组学与精准医学/方向东等编著. —上海:上海交通
大学出版社,2017
精准医学出版工程
ISBN 978 - 7 - 313 - 18175 - 6

Ⅰ.①转… Ⅱ.①方… Ⅲ.①基因转录-应用-医学 Ⅳ.①Q753②R

中国版本图书馆 CIP 数据核字(2017)第 235939 号

转录组学与精准医学

编　著:方向东　胡松年等
出版发行:上海交通大学出版社
邮政编码:200030
出 版 人:谈　毅
印　　制:苏州市越洋印刷有限公司
开　　本:787mm×1092mm　1/16
字　　数:428 千字
版　　次:2017 年 12 月第 1 版
书　　号:ISBN 978 - 7 - 313 - 18175 - 6/Q
定　　价:268.00 元

地　　址:上海市番禺路 951 号
电　　话:021 - 64071208

经　　销:全国新华书店
印　　张:26.5

印　　次:2017 年 12 月第 1 次印刷

精准医学出版工程·精准医学基础系列

编 委 会

总主编

詹启敏（北京大学副校长、医学部主任，中国工程院院士）

编 委
（按姓氏拼音排序）

陈　超（西北大学副校长、国家微检测系统工程技术研究中心主任，教授）

方向东（中国科学院基因组科学与信息重点实验室副主任、中国科学院北京基因组研究所"百人计划"研究员，中国科学院大学教授）

郜恒骏（生物芯片上海国家工程研究中心主任，同济大学医学院教授、消化疾病研究所所长）

贾　伟（美国夏威夷大学癌症研究中心副主任，教授）

钱小红（军事科学院军事医学研究院生命组学研究所研究员）

石乐明（复旦大学生命科学学院、复旦大学附属肿瘤医院教授）

王晓民（首都医科大学副校长，北京脑重大疾病研究院院长，教授）

于　军（中国科学院基因组科学与信息重点实验室、中国科学院北京基因组研究所研究员，中国科学院大学教授）

赵立平（上海交通大学生命科学技术学院特聘教授，美国罗格斯大学环境与生物科学学院冠名讲席教授）

朱景德（安徽省肿瘤医院肿瘤表观遗传学实验室教授）

学术秘书

张　华（中国医学科学院、北京协和医学院科技管理处副处长）

《转录组学与精准医学》
编　委　会

何顺民（中国科学院生物物理研究所副研究员）

和夫红（中国科学院北京基因组研究所副研究员）

黄向阳（中南大学湘雅二医院风湿免疫科主任，教授、主任医师）

李川昀（北京大学分子医学研究所研究员）

李　默（北京大学第三医院研究员）

李　伟（温州医科大学检验医学院、生命科学学院副教授）

林　强（中国科学院北京基因组研究所副研究员）

刘红星（河北燕达陆道培医院病理和检验医学科主任，副主任医师）

乔　杰（北京大学第三医院院长，中国工程院院士）

渠鸿竹（中国科学院北京基因组研究所副研究员，中国科学院大学副教授）

石桂秀（厦门大学附属第一医院教授、主任医师）

石乐明（复旦大学生命科学学院、复旦大学附属肿瘤医院教授）

王久存（复旦大学生命科学学院教授）

王前飞（中国科学院北京基因组研究所研究员）

伊成器（北京大学生命科学学院教授）

于　军（中国科学院北京基因组研究所研究员）

郁　颖（复旦大学生命科学学院副研究员）

张　伟（中南大学临床药理研究所、中南大学湘雅医学检验所教授）

张昭军（中国科学院北京基因组研究所副研究员，中国科学院大学副教授）

张治华（中国科学院北京基因组研究所研究员）

赵洪军（中南大学湘雅医院副主任医师）

赵文明（中国科学院北京基因组研究所生命与健康大数据中心副主任，高
　　　级工程师）

赵　屹（中国科学院计算技术研究所副研究员）

左晓霞（中南大学湘雅医院风湿免疫科主任，教授、主任医师）

方向东，1969 年出生。第一军医大学临床医学本科、免疫学硕士、人体解剖学和组织胚胎学博士，现任中国科学院基因组科学与信息重点实验室副主任、中国科学院北京基因组研究所"百人计划"研究员，中国科学院大学教授。从事医学遗传学、基因组学和转化医学研究 20 余年，带领研究组整合分析多组学数据，筛选遗传性血液病、肿瘤等疾病的诊疗靶点，为临床制订更加高效、特异的干预策略提供理论基础和实验依据。曾为美国华盛顿大学医学院医学遗传系助理教授。作为国家"十三五"重点研发计划"精准医学研究"重点专项"精准医学大数据处理和利用的标准化技术体系建设"项目的首席科学家，还担任中国转化医学联盟理事、国家科学技术部"人类遗传资源管理"专家、国家卫生计生委临床遗传专科委员会和中国遗传学会遗传咨询分会专家委员；人民卫生出版社系列期刊管理委员会和中国医药生物技术协会生物医学信息技术专业委员会常务委员；中国卫生信息学会健康医疗大数据政府决策支持与标准化、中国医药生物技术协会生物诊断技术、中国生物工程学会计算生物学与生物信息学、中国生理学会血液生理等专业委员会委员。同时担任《发育医学电子杂志》主编、*Genomics Proteomics Bioinformatics* 副主编、《遗传》杂志编委。发表 SCI 收录论文 60 余篇；申请国家发明专利 10 项，授权 5 项；获得新药证书 1 项。

胡松年，1969 年出生。中国农业大学理学博士，中国科学院基因组科学与信息重点实验室主任、中国科学院北京基因组研究所研究员，中国科学院大学教授。主要研究方向为基因组结构与功能解析，包括复杂基因组的从头测序、基因组的精细注释、基于组学大数据的知识整合型数据库开发。作为主要负责人之一先后参与了"人类基因组 1‰ 计划""家猪基因组计划"和"水稻基因组计划"等大型高等动植物的基因组测序和分析工作。承担了多项国家"863"、"973"、国家自然科学基金等项目的研究工作。作为第一作者或通讯作者，已先后在 *Science*、*Nature Communications*、*Nucleic Acids Research*、*New Phytologist* 等国际知名杂志上发表多篇高质量的论文。作为第一作者在 *Science* 发表的水稻基因组文章，已被引用 2 600 余次，因此获得"2002 年度求是杰出科技成就集体奖"和"2003 年度中国科学院杰出科技成就集体奖"。

　　"精准"是医学发展的客观追求和最终目标，也是公众对健康的必然需求。"精准医学"是生物技术、信息技术和多种前沿技术在医学临床实践的交汇融合应用，是医学科技发展的前沿方向，实施精准医学已经成为推动全民健康的国家发展战略。因此，发展精准医学，系统加强精准医学研究布局，对于我国重大疾病防控和促进全民健康，对于我国占据未来医学制高点及相关产业发展主导权，对于推动我国生命健康产业发展具有重要意义。

　　2015 年初，我国开始制定"精准医学"发展战略规划，并安排中央财政经费给予专项支持，这为我国加入全球医学发展浪潮、增强我国在医学前沿领域的研究实力、提升国家竞争力提供了巨大的驱动力。国家科技部在国家"十三五"规划期间启动了"精准医学研究"重点研发专项，以我国常见高发、危害重大的疾病及若干流行率相对较高的罕见病为切入点，将建立多层次精准医学知识库体系和生物医学大数据共享平台，形成重大疾病的风险评估、预测预警、早期筛查、分型分类、个体化治疗、疗效和安全性预测及监控等精准防诊治方案和临床决策系统，建设中国人群典型疾病精准医学临床方案的示范、应用和推广体系等。目前，"精准医学"已呈现快速和健康发展态势，极大地推动了我国卫生健康事业的发展。

　　精准医学几乎覆盖了所有医学门类，是一个复杂和综合的科技创新系统。为了迎接新形势下医学理论、技术和临床等方面的需求和挑战，迫切需要及时总结精准医学前沿研究成果，编著一套以"精准医学"为主题的丛书，从而助力我国精准医学的进程，带动医学科学整体发展，并能加快相关学科紧缺人才的培养和健康大产业的发展。

　　2015 年 6 月，上海交通大学出版社以此为契机，启动了"精准医学出版工程"系列图书项目。这套丛书紧扣国家健康事业发展战略,配合精准医学快速发展的态势,拟出版一系列精准医学前沿领域的学术专著,这是一项非常适合国家精准医学发展时宜的事业。我本人作为精准医学国家规划制定的参与者,见证了我国"精准医学"的规划和发展,欣然接受上海交通大学出版社的邀请担任该丛书的总主编,希望为我国的"精准医学"发展及医学发展出一份力。出版社同时也邀请了刘彤华院士、贺福初院士、刘昌效院士、周宏灏院士、赵国屏院士、王红阳院士、曹雪涛院士、陈志南院士、陈润生院士、陈香美院士、金力院士、周琪院士、徐国良院士、董家鸿院士、卞修武院士、陆林院士、乔杰院士、黄荷凤院士等医学领域专家撰写专著、承担审校等工作,邀请的编委和撰写专家均为活跃在精准医学研究最前沿的、在各自领域有突出贡献的科学家、临床专家、生物信息学家,以确保这套"精准医学出版工程"丛书具有高品质和重大的社会价值,为我国的精准医学发展提供参考和智力支持。

编著这套丛书,一是总结整理国内外精准医学的重要成果及宝贵经验;二是更新医学知识体系,为精准医学科研与临床人员培养提供一套系统、全面的参考书,满足人才培养对教材的迫切需求;三是为精准医学实施提供有力的理论和技术支撑;四是将许多专家、教授、学者广博的学识见解和丰富的实践经验总结传承下来,旨在从系统性、完整性和实用性角度出发,把丰富的实践经验和实验室研究进一步理论化、科学化,形成具有我国特色的"精准医学"理论与实践相结合的知识体系。

"精准医学出版工程"是国内外第一套系统总结精准医学前沿性研究成果的系列专著,内容包括"精准医学基础""精准预防""精准诊断""精准治疗""精准医学药物研发"以及"精准医学的疾病诊疗共识、标准与指南"等多个系列,旨在服务于全生命周期、全人群、健康全过程的国家大健康战略。

预计这套丛书的总规模会达到 60 种以上。随着学科的发展,数量还会有所增加。这套丛书首先包括"精准医学基础系列"的 11 种图书,其中 1 种为总论。从精准医学覆盖的医学全过程链条考虑,这套丛书还将包括和预防医学、临床诊断(如分子诊断、分子影像、分子病理等)及治疗相关(如细胞治疗、生物治疗、靶向治疗、机器人、手术导航、内镜等)的内容,以及一些通过精准医学现代手段对传统治疗优化后的精准治疗。此外,这套丛书还包括药物研发,临床诊疗路径、标准、规范、指南等内容。"精准医学出版工程"将紧密结合国家"十三五"重大战略规划,聚焦"精准医学"目标,贯穿"十三五"始终,力求打造一个总体量超过 60 本的学术著作群,从而形成一个医学学术出版的高峰。

　　本套丛书得到国家出版基金资助,并入选了"十三五"国家重点图书出版规划项目,体现了国家对"精准医学"项目以及"精准医学出版工程"这套丛书的高度重视。这套丛书承担着记载与弘扬科技成就、积累和传播科技知识的使命,凝结了国内外精准医学领域专业人士的智慧和成果,具有较强的系统性、完整性、实用性和前瞻性,既可作为实际工作的指导用书,也可作为相关专业人员的学习参考用书。期望这套丛书能够有益于精准医学领域人才的培养,有益于精准医学的发展,有益于医学的发展。

　　此次集束出版的"精准医学基础系列"系统总结了我国精准医学基础研究各领域取得的前沿成果和突破,内容涵盖精准医学总论、生物样本库、基因组学、转录组学、蛋白质组学、表观遗传学、微生物组学、代谢组学、生物大数据、新技术等新兴领域和新兴学科,旨在为我国精准医学的发展和实施提供理论和科学依据,为培养和建设我国高水平的具有精准医学专业知识和先进理念的基础和临床人才队伍提供理论支撑。

　　希望这套丛书能在国家医学发展史上留下浓重的一笔!

北京大学副校长

北京大学医学部主任

中国工程院院士

2017 年 11 月 16 日

序

近年来,精准医学研究发展迅速,但迄今,还没有系统总结精准医学基础研究各领域相关成果的系列图书。因此,上海交通大学出版社推出"精准医学出版工程·精准医学基础系列"图书,对于精准医学基础领域的研究和应用,对于精准医学的发展具有重要意义。

在"精准医学出版工程"中由方向东研究员、胡松年研究员主编的《转录组学与精准医学》一书,内容丰富、实用、严谨,视角新颖。转录组学是后基因组时代生命科学领域的研究热点,也是快速发展并不断完善中的一门新兴学科,在精准医学研究和个体化医疗实践中占有非常重要的地位。狭义转录组是指一种细胞中可直接参与翻译蛋白质的mRNA 的总和;而广义转录组则是指特定细胞中所有转录本的总和,即所有按基因信息单元转录和加工的 RNA 分子,包括 miRNA、lncRNA 等具有重要调控功能的非编码 RNA。

《转录组学与精准医学》包含 4 个主要模块:①理论部分;②转录组学在精准医学中的应用;③重要模式动物的转录组学研究;④转录组学数据资源、研究工具、知识库和转录组学相关的疾病数据库等。各个模块主题明确,模块内相互补充,模块间逻辑自然,体系科学严谨,具有系统性、完整性、实用性和前瞻性的特点。

《转录组学与精准医学》一书的主编方向东和胡松年研究员,来自中国科学院北京基因组研究所。作为国内最早开展大规模基因组学研究的国立机构的优秀科研骨干,曾经参加过人类基因组、HapMap、ENCODE、家猪基因组和水稻基因组等国际组学计划,拥有丰富的多组学数据整合分析的工作经验。目前正在主持和参与国家"十三五"规划"精准医学研究"重点专项项目、中国科学院"中国人群精准医学研究计划"重点项目和国家"863"计划"组学大数据中心和知识库构建与服务技术"项目等重要研究计划。其他作者,无论来自高校、研究院所,还是来自生物科技公司,都是该领域非常出色的,能够代表这一领域国内的最高水平。

鉴于此,我认为《转录组学与精准医学》一书与国家"十三五"规划紧密契合,体现了国内外医学领域的最新动向和发展趋势,对于精准医学研究领域人员,特别是从事精准医学基础领域研究的专家学者具有重要的学术参考价值。

中国科学院生物物理研究所

中国科学院院士

2017 年 11 月于北京

　　《转录组学与精准医学》是"精准医学出版工程·精准医学基础系列"中的一个分册,涵盖了转录组学的基本概念、研究内容及其在医学领域的主要应用,同时还简要介绍了模式动物转录组学的研究进展,并提供了转录组学应用于精准医学的相关数据和软件资源。希望通过本书,向科研工作者展示转录组学应用于精准医学的重要性和迫切性;向医疗工作者传播转录组学在精准医疗中的应用模式和诊疗价值,努力推动转录组学研究成果及时纳入精准医学的评价和治疗体系,为临床提供个体化诊断及精准药物治疗的有力工具,通过"交叉融合、协同创新",共同促进中国精准医学研究的协调发展。

　　本书分为四个部分,共计 10 章及附录。第一部分为理论部分,包括转录组学基础和转录组学的研究方法 2 章,主要介绍转录组学的基本理论、研究方法和研究内容。第二部分为转录组学在精准医学中的应用,共计 7 章,按照临床常见疾病及应用,分别阐述转录组学在出生缺陷疾病和生殖健康、恶性肿瘤、心血管疾病、血液疾病、自身免疫病和代谢性疾病、神经精神类疾病及药物研发与临床用药指导中的应用。第三部分为重要模式动物的转录组研究,是第 10 章综述了小鼠、大鼠、斑马鱼、恒河猴、小型猪等模式动物在精准医学领域的转录组学应用。第四部分为附录,系统整理了转录组学数据资源、研究工具、知识库和转录组学相关的疾病数据库等。

　　转录组学成果应用于精准医学是崭新的研究领域,本书的写作既是探索,也是尝试。在创新性基础上,我们努力强调实用性、引导性,突出理论与实践相结合等特点,希望能为正在或者将要从事转录组学和精准医学工作的科研人员、研究生和高年级本科生以及有兴趣了解这些研究内容的其他人员提供参考。

　　本书由中国科学院北京基因组研究所方向东、胡松年研究员主持编著,编写工作得到诸多科研院所、高等院校和医疗机构的大力支持和帮助。衷心感谢我国理论生物学和生物信息学研究的拓荒者——陈润生院士为本书作序!转录组学概念、原理和技术部分内容主要由中国科学院北京基因组研究所、生物物理研究所、运城学院、计算技术研究所和北京生命科学研究院等科研单位的专家执笔。转录组学的医学应用部分内容主要由北京大学和北京大学第三医院、中国科学院北京基因组研究所、中国医学科学院阜外医院、首都医科大学附属潞河医院、河北燕达陆道培医院、中南大学湘雅医院、复旦大学、四川大学华西医院、厦门大学附属第一医院、大连医科大学、温州医科大学、全国科学技术名词审定委员会事务中心等单位的专家完成。其中第 1 章由胡松年、梁浩、刘万飞执笔,第 2 章由卜德超、崔东亚、方双桑、高远、何顺民、胡松年、李溪远、林强、刘万飞、孙亮、王佳佳、赵方庆、赵屹执笔,第 3 章由白青云、方向东、贺宁、李默、李永君、乔杰、任云晓、施剑、杨亚东、伊成器、张娜、赵惠聆执笔,第 4 章由丁楠、董绪浓、方向东、李永君、渠鸿竹、肖茹丹、谢兵兵、杨琼、杨亚东、张璐、张倩、赵学彤执笔,第 5 章由陈晨、陈敬洲、崔庆华、方向东、郭思思、刘天龙、马伟、王晨、谢兵兵执笔,第 6 章由陈雪、方向东、李艳明、刘红星、施剑、王晨、杨亚东、张璐、张阳执笔,第 7 章由陈偲玓、丁伟峰、郭慕瑶、黄向阳、姜帅、李全贞、李伟、李媛、刘晶、刘庆梅、牛振民、濮伟霖、渠鸿竹、石桂秀、石祥广、王久存、宣景秀、张鸽、张辉、张治华、赵洪军、郑佳文、左晓霞执笔,第 8 章由雷红星执笔,邢培琪绘制图 7-1,第 9 章由方向东、李品、王海、王幼鸿、杨琼、张伟、张昭军执笔,第 10 章由方向东、和夫红、李川昀、申晴、石乐明、宋利璞、王海、王恒涛、王前飞、徐嘉悦、于军、郁颖、张璐、张昭军执笔,附录由陈晨、杜政霖、贺宁、杨亚东、赵文明执笔。杨亚东对本书文字进行了校对工作。在此衷心感谢各位专家的辛苦和付出!

　　本书引用了一些作者的论著及其研究成果,在此表示衷心的感谢!

　　转录组学与精准医学的发展都极为迅速,目前涉及内容已极为宽泛。作为精准医学基础系列丛书,本书虽试图在写作内容上尽可能涵盖相关领域的各个方面,但是也难免管中窥豹、挂一漏万。书中如有错谬之处,还期待得到广大读者的反馈信息,以使本书臻于完善。

编著者

2017 年 11 月于北京

目 录

1 转录组学基础 ·········· 001

1.1 转录组学的概念 ·········· 001

1.2 转录组学研究的发展历史 ·········· 002

1.3 转录组学研究的实验技术方法 ·········· 005

    1.3.1 基于芯片的实验技术方法 ·········· 005

    1.3.2 基于测序的实验技术方法 ·········· 007

1.4 不同平台转录组学研究方法比较 ·········· 016

参考文献 ·········· 017

2 转录组学的研究方法 ·········· 021

2.1 转录组学数据质量控制 ·········· 021

2.2 mRNA 表达量研究 ·········· 024

2.3 mRNA 差异表达分析 ·········· 026

    2.3.1 mRNA 差异表达分析概述 ·········· 026

    2.3.2 多细胞 RNA-Seq 差异表达分析 ·········· 027

    2.3.3 单细胞 RNA-Seq 差异表达分析 ·········· 028

2.4 mRNA 可变剪接 ·········· 033

2.5 基因融合鉴定 ·········· 036

2.6　RNA 编辑鉴定 ·· 039

　　2.6.1　RNA 编辑概述 ··· 039

　　2.6.2　RNA 编辑与疾病的关系 ································ 040

　　2.6.3　RNA 编辑的鉴定 ······································ 041

2.7　环形 RNA 鉴定及其功能预测 ································ 043

　　2.7.1　环形 RNA 的分类 ····································· 044

　　2.7.2　环形 RNA 的生化特性 ································· 046

　　2.7.3　环形 RNA 的早期研究 ································· 048

　　2.7.4　环形 RNA 的生成机制 ································· 049

　　2.7.5　环形 RNA 的功能 ····································· 051

　　2.7.6　环形 RNA 的识别方法 ································· 054

2.8　piRNA 鉴定及其功能预测 ··································· 057

　　2.8.1　piRNA 的早期研究 ···································· 057

　　2.8.2　转座子相关的 piRNA ·································· 059

　　2.8.3　mRNA 相关的 piRNA ································· 061

　　2.8.4　Piwi 蛋白参与癌细胞的发生 ·························· 062

　　2.8.5　癌症相关的 piRNA ···································· 064

　　2.8.6　piRNA 的研究方法 ···································· 068

　　2.8.7　piRNA 功能研究的现状与展望 ························ 070

2.9　lncRNA 的功能及其鉴定 ···································· 070

　　2.9.1　lncRNA 的分子作用模式 ······························ 071

　　2.9.2　lncRNA 的功能机制 ··································· 072

　　2.9.3　lncRNA 与疾病发病的关系 ···························· 073

　　2.9.4　lncRNA 的生物信息学鉴定 ··························· 074

2.10　3′poly(A)长度变化分析 ···································· 075

参考文献 ··· 078

3　转录组学在出生缺陷疾病和生殖健康中的应用 ················· 083

3.1　出生缺陷相关疾病的转录组学研究进展 ················· 084

3.1.1　转录组学与生殖细胞及胚胎发育机制 ················· 084

3.1.2　侵入性出生缺陷相关疾病的转录组学研究进展 ················· 086

3.1.3　非侵入性出生缺陷相关疾病的转录组学研究进展 ················· 088

3.2　基于转录组学的出生缺陷出生后诊断 ················· 091

3.2.1　基于转录组学的出生缺陷出生后诊断的研究基础 ················· 091

3.2.2　基于转录组学的出生缺陷出生后诊断的应用前景 ················· 093

3.3　基于转录组学的出生缺陷产前诊断 ················· 093

3.3.1　母血中游离 RNA 的生物特性与检测 ················· 094

3.3.2　基于胎儿游离 mRNA 的产前出生缺陷诊断 ················· 096

3.3.3　基于胎儿游离 miRNA 的产前出生缺陷诊断 ················· 097

3.4　基于转录组学的出生缺陷胚胎植入前诊断 ················· 098

参考文献 ················· 100

4　转录组学在恶性肿瘤诊疗中的应用 ················· 104

4.1　基于转录组学的肿瘤分子标志物筛选和分子分型 ················· 104

4.1.1　肿瘤分子标志物的概念 ················· 104

4.1.2　单种肿瘤的分子标志物研究 ················· 106

4.1.3　多种肿瘤的泛标志物研究 ················· 108

4.1.4　肿瘤分子分型的提出 ················· 109

4.1.5　肿瘤分子分型的概念及其重要性 ················· 109

4.1.6　肿瘤分子分型的具体方法及应用 ················· 109

4.2　基于转录组学的肿瘤预后预测 ················· 111

4.2.1　肿瘤预后预测的原理和常用方法 ················· 111

4.2.2　影响肿瘤预后预测的因素 ················· 112

4.2.3　基于转录组学的肿瘤预后预测 ················· 113

4.2.4　肿瘤预后预测的前景 ················· 115

4.3 抗肿瘤药物疗效预测——转录组学、药物反应和临床数据的整合·········· 116

　4.3.1 抗肿瘤药物的常见不良反应 ························· 116

　4.3.2 基于转录组学研究的抗肿瘤药物疗效预测 ················ 117

　4.3.3 抗肿瘤药物疗效预测常见问题及前景 ··················· 121

4.4 基因融合作为肿瘤治疗靶点 ····························· 122

　4.4.1 致病融合基因、肿瘤治疗靶点及融合基因检测方法 ········· 122

　4.4.2 融合基因作为肿瘤治疗靶点在白血病中的应用 ··········· 124

　4.4.3 融合基因作为肿瘤治疗靶点的药物应用 ··············· 125

4.5 RNA 编辑在肿瘤治疗中的应用 ······················· 126

　4.5.1 概述 ·· 126

　4.5.2 RNA 编辑技术进展 ································ 127

　4.5.3 RNA 编辑在肿瘤治疗中的应用前景 ··············· 128

4.6 转录组学指导抗肿瘤用药 ··························· 130

　4.6.1 抗肿瘤药物治疗现状及个体化治疗 ················· 130

　4.6.2 转录组学技术在抗肿瘤用药指导中的作用 ··········· 132

参考文献 ··· 134

5 基于转录组学的心血管疾病精准医学 ················· 138

5.1 基于转录组学的心血管疾病基因筛选 ················· 138

　5.1.1 血管平滑肌生理与病理相关基因的筛选 ············· 139

　5.1.2 血管内皮生理与病理相关基因的筛选 ··············· 140

　5.1.3 心肌生理与病理相关基因的筛选 ················· 143

　5.1.4 其他组织生理与病理相关基因的筛选 ··············· 146

5.2 基于转录组学的心血管疾病生物标志物筛选 ··········· 146

　5.2.1 基于全血 RNA 转录组学的心血管疾病生物标志物筛选 ····· 146

　5.2.2 基于血浆 RNA 转录组学的心血管疾病生物标志物筛选 ····· 147

　5.2.3 基于血清 RNA 转录组学的心血管疾病生物标志物筛选 ······ 149

　5.2.4 基于外周血细胞 RNA 转录组学的心血管疾病生物标志物筛选 ··· 149

5.2.5　基于尿液 RNA 转录组学的心血管疾病生物标志物筛选 ……… 150

5.2.6　基于原代组织 RNA 转录组学的心血管疾病生物标志物筛选 …… 151

参考文献 ………………………………………………………………… 153

6 转录组学在血液疾病诊疗中的应用 ………………………………… 157

6.1　转录组学分析融合基因在血液疾病诊疗中的应用 ……………… 158

6.1.1　融合基因与血液疾病精准医疗 ……………………………… 158

6.1.2　血液疾病诊疗中的融合基因指标及检测手段 ……………… 162

6.1.3　利用转录组技术分析融合基因的优势及局限 ……………… 168

6.2　转录组学分析基因表达异常在血液疾病诊疗中的应用 ………… 169

6.2.1　mRNA 表达定量分析与血液疾病精准医疗 ……………… 169

6.2.2　血液疾病诊疗中的单个基因表达变异指标 ……………… 170

6.2.3　根据分子表型分类的血液肿瘤 ……………………………… 174

6.2.4　基因表达变异检测的临床应用 ……………………………… 176

6.3　转录组学分析基因剪接变异在血液肿瘤诊疗中的应用 ………… 177

6.3.1　转录组学分析发现血液肿瘤患者体内存在大量异常的可变

剪接 ……………………………………………………………… 178

6.3.2　血液肿瘤中常见的可变剪接 ……………………………… 178

6.3.3　异常可变剪接与血液肿瘤的精准医疗 ……………………… 180

6.4　基于 RNA-Seq 的免疫组库分析 ………………………………… 181

6.5　基于转录组技术的血液疾病非编码 RNA 研究与应用 ………… 182

6.5.1　miRNA 在血液疾病发生及治疗中的作用 ………………… 183

6.5.2　lncRNA 在血液系统中的作用研究 ………………………… 184

6.5.3　其他非编码 RNA 在血液疾病中的研究 ………………… 185

参考文献 ………………………………………………………………… 185

7 转录组学在自身免疫病和代谢性疾病诊疗中的应用 ……………… 190

7.1　转录组学在系统性红斑狼疮诊疗中的应用 ……………………… 191

7.1.1 系统性红斑狼疮概述 ……………………………………… 191

7.1.2 系统性红斑狼疮的病因学及发病机制 ……………………… 191

7.1.3 系统性红斑狼疮易感基因的研究 …………………………… 192

7.1.4 系统性红斑狼疮相关基因的转录组研究 …………………… 195

7.1.5 系统性红斑狼疮相关基因的转录调控 ……………………… 200

7.1.6 系统性红斑狼疮转录组学研究在疾病诊断和分子分型中的应用 … 202

7.1.7 系统性红斑狼疮转录组学研究在疾病治疗中的应用 ……… 203

7.2 转录组学在类风湿关节炎诊疗中的应用 …………………………… 205

7.2.1 类风湿关节炎患者转录组的特征 …………………………… 206

7.2.2 转录组信息在类风湿关节炎诊疗中的应用 ………………… 209

7.3 转录组学在硬皮病研究及诊疗中的应用 ………………………… 211

7.3.1 硬皮病概述 …………………………………………………… 211

7.3.2 mRNA 表达量及差异表达在硬皮病的相关研究及意义 …… 212

7.3.3 mRNA 可变剪接在硬皮病中的相关研究及意义 ………… 216

7.3.4 miRNA 在硬皮病中的相关研究及其在精准医疗中的意义 … 217

7.4 转录组学在炎性肌病诊疗中的应用 ……………………………… 219

7.4.1 炎性肌病概述 ………………………………………………… 219

7.4.2 炎性肌病的发病机制 ………………………………………… 220

7.4.3 基于转录组学的炎性肌病靶向治疗 ………………………… 229

7.5 转录组学在干燥综合征诊疗中的应用 …………………………… 234

7.5.1 干燥综合征概述 ……………………………………………… 234

7.5.2 转录组学生物标志物在干燥综合征诊断和治疗中的研究 …… 235

7.5.3 干燥综合征转录组学相关信息查询和数据共享 ………… 240

7.5.4 单细胞转录组学在干燥综合征治疗中的应用前景 ……… 240

7.5.5 转录组学在干燥综合征诊疗中的应用展望 ……………… 241

7.6 转录组学在强直性脊柱炎诊疗中的应用 ………………………… 241

7.6.1 mRNA 差异表达与强直性脊柱炎生物标志物 …………… 242

7.6.2 mRNA 差异表达与强直性脊柱炎的治疗 ………………… 243

7.6.3 miRNA 在强直性脊柱炎中的相关研究及其在精准医疗中的意义 … 244

7.7　转录组学在多发性硬化诊疗中的应用 ·························· 245

　　7.7.1　多发性硬化的转录组学特征 ························ 245

　　7.7.2　多发性硬化的潜在药物靶点 ························ 246

　　7.7.3　多发性硬化的诊断和病情监控 ···················· 246

　　7.7.4　多发性硬化药物治疗反应的预测与评价 ·········· 247

7.8　转录组学在糖尿病诊疗中的应用 ···························· 248

　　7.8.1　糖尿病概述 ···································· 248

　　7.8.2　转录组学在糖尿病临床研究中的作用 ·············· 249

　　7.8.3　转录组学在糖尿病诊疗中的应用 ·················· 252

7.9　转录组学在其他自身免疫病诊疗中的应用 ·················· 254

参考文献 ·· 256

8　转录组学在神经精神类疾病诊疗中的应用

转录组学在神经精神类疾病诊疗中的应用 ·························· 265

8.1　神经精神类疾病的转录组学研究 ···························· 265

8.2　脑部发育和衰老的转录组学研究 ···························· 267

　　8.2.1　神经精神类疾病相关脑区 ························ 267

　　8.2.2　人脑基因表达的时空图谱 ························ 268

　　8.2.3　外周血的衰老研究 ······························ 269

　　8.2.4　动物的衰老研究 ································ 271

8.3　阿尔茨海默病的人脑转录组研究 ···························· 272

　　8.3.1　疾病进程研究 ·································· 273

　　8.3.2　脑区、组织和细胞类型 ·························· 275

　　8.3.3　测序研究和多组学整合研究 ······················ 276

　　8.3.4　解析和调控等其他研究 ·························· 277

8.4　阿尔茨海默病动物模型的脑转录组研究 ···················· 278

　　8.4.1　阿尔茨海默病动物模型 ·························· 278

　　8.4.2　脑转录组研究 ································ 279

　　8.4.3　疾病进程研究 ·································· 280

8.4.4 关键基因研究 ··· 281

8.5 阿尔茨海默病的外周血转录组研究 ··························· 283

8.5.1 血细胞的 mRNA 表达谱 ································· 283

8.5.2 外周血的 miRNA 标志物 ································ 284

8.5.3 血浆和血清的蛋白质及多肽 ························· 285

8.5.4 阿尔茨海默病干预手段的外周血研究 ··········· 287

8.6 主要神经退行性疾病的转录组学研究 ······················ 287

8.6.1 帕金森病 ··· 287

8.6.2 亨廷顿病 ··· 288

8.6.3 唐氏综合征 ··· 288

8.6.4 其他神经退行性疾病 ······································· 289

8.7 主要精神类疾病的转录组学研究与诊疗应用 ············ 290

8.7.1 孤独症 ·· 290

8.7.2 精神分裂症 ··· 291

8.7.3 重性抑郁症 ··· 293

8.7.4 躁狂抑郁症和其他精神类疾病 ······················ 294

8.8 干细胞技术在神经精神类疾病中的应用 ·················· 295

参考文献 ·· 297

9 转录组学与药物研发和临床用药指导 ···················· 300

9.1 转录组学与药物研发 ··· 300

9.1.1 转录组学与药物作用靶点筛选 ······················ 301

9.1.2 转录组学与药物作用机制 ······························ 302

9.1.3 miRNA 转录组与抗药性 ································ 304

9.2 转录组学与临床用药指导 ······································· 305

9.2.1 转录组学在精准用药中扮演重要角色 ············· 305

9.2.2 应用分子分型指导个体化用药 ······················ 307

9.2.3 检测基因表达水平预测药物疗效 ··················· 308

9.2.4　检测融合基因指导临床用药 ································ 311

9.2.5　检测 miRNA 指导临床用药 ································ 313

9.2.6　检测 lncRNA 表达指导临床用药 ······················· 323

参考文献 ·· 327

10　重要模式动物的转录组学研究 ································ 331

10.1　小鼠转录组学研究在精准医学中的应用 ·············· 331

  10.1.1　小鼠作为模式生物的优势和意义 ··············· 331

  10.1.2　小鼠转录组在疾病研究中的应用 ··············· 333

10.2　大鼠转录组学研究在精准医学中的应用 ·············· 336

  10.2.1　模式生物大鼠 ··· 336

  10.2.2　大鼠转录组 ·· 336

  10.2.3　大鼠转录组研究工具 ································ 338

  10.2.4　大鼠组学数据资源 ··································· 339

  10.2.5　大鼠转录组在疾病研究中的应用 ··············· 339

10.3　斑马鱼转录组学研究在精准医学中的应用 ············ 340

  10.3.1　斑马鱼作为模式生物的优势和意义 ············ 340

  10.3.2　斑马鱼疾病模型及其在药物筛选中的应用 ····· 341

  10.3.3　斑马鱼疾病模型在发育和疾病分子机制研究中的应用 ··· 343

10.4　恒河猴转录组学研究在精准医学中的应用 ············ 345

  10.4.1　运用转录组深度测序精确定义恒河猴基因结构 ··· 345

  10.4.2　运用恒河猴组学分析探究人类特有性状的分子基础 ····· 346

  10.4.3　运用恒河猴组学分析开展新型转录调控的功能研究 ····· 347

10.5　小型猪转录组学研究在精准医学中的应用 ············ 348

  10.5.1　作为人类器官移植的供体 ························· 349

  10.5.2　小型猪转录组在糖尿病和心血管疾病研究中的应用 ··· 350

  10.5.3　小型猪转录组在生物医学和毒理学研究中的应用 ········ 351

  10.5.4　小型猪转录组在免疫学相关研究中的应用 ··········· 351

10.5.5 小型猪转录组在黑色素瘤相关研究中的应用 ·············· 351

参考文献 ··· 352

附录 ·· 357

附录1 转录组相关数据资源库 ····························· 357

附录2 转录组研究工具 ·································· 363

附录3 转录组相关知识库 ·································· 373

附录4 转录组和疾病整合数据库 ························· 378

参考文献·· 383

缩略语 ··· 391

索引··· 394

1 转录组学基础

后基因组时代率先发展起来的转录组学在生命科学尤其是医学研究中得到了广泛的应用。转录组学研究能够从整体水平研究基因功能及基因结构,揭示特定生物学过程及疾病发生过程中的分子机制。目前,转录组学研究技术主要包括两种:基于杂交技术的基因芯片技术和基于测序技术的转录组测序技术,包括表达序列标签技术(expression sequence tags,EST)、基因表达系列分析技术(serial analysis of gene expression,SAGE)、大规模平行信号测序技术(massively parallel signature sequencing,MPSS)及RNA测序技术(RNA sequencing,RNA-Seq)。本章主要介绍了转录组学的概念、研究内容及研究意义,同时介绍了上述转录组学研究技术的原理、技术特点及其应用,并就这些技术的优缺点进行了比较,继而对转录组测序技术所面临的挑战和发展前景进行了讨论,为广大读者提供参考。

1.1 转录组学的概念

随着人类及其他物种基因组测序的完成,转录组学、蛋白质组学、代谢组学等组学不断涌现,生物学研究已经跨入后基因组时代,其中转录组学作为一个率先发展起来的学科开始在生物学研究中得到广泛的应用[1]。

狭义转录组(transcriptome)是指生命单元(通常是一种细胞)中可直接参与翻译蛋白质的mRNA的总和;而广义转录组是指所有按基因信息单元转录和加工的RNA分子(包括编码和非编码RNA功能单元),或是一个特定细胞所有转录本的总和。转录组连接了携带遗传信息的基因与执行生物功能的蛋白质,是遗传信息传递的纽带和桥梁。

转录水平的基因表达调控是生物体内最重要的调控方式，也是最受关注的调控方式。研究生物细胞中转录组的发生和变化规律的学科称为转录组学（transcriptomics）。简言之，转录组学是一门在整体 RNA 水平上研究细胞中基因的转录情况及转录调控规律的学科。

转录组学研究的内容包括：确定基因的转录结构，对所有的转录产物进行分类，通过对转录谱的分析，推断相应基因的功能，揭示特定调节基因的作用机制，辨别细胞的表型归属等。

转录组学的意义主要有：转录组表达谱可提供特定条件下某些基因的表达信息，并据此推断基因的功能，揭示特定基因的作用机制；通过基于基因表达谱的分子标签，不仅可以辨别细胞的表型归属，还可以用于疾病的诊断；转录组学的研究还可将表面上看似相同的病症分为多个亚型，尤其是对原发性恶性肿瘤，通过转录组差异表达谱的建立，可以预测患者的生存期及对药物的反应等。

1.2　转录组学研究的发展历史

转录组学是一门研究 RNA 的学科。事实上，在弗朗西斯·克里克（Francis Crick）于 1958 年阐述《分子生物学中心法则》（central dogma）之前，RNA 仍被认为是 DNA 世界的一部分。《分子生物学中心法则》是指遗传信息从 DNA 传递给 RNA，再从 RNA 传递给蛋白质，即完成遗传信息的转录和翻译过程[2]。1961 年，Jacob 和 Monod[3]将由蛋白编码基因转录产生的寿命短暂的中间物命名为 mRNA。为了解释 mRNA 如何指导蛋白质的合成过程，克里克于 1958 年阐明《分子生物学中心法则》的同时，提出了"受体"假说[2,3]。他预测，每种氨基酸都有自己特定的"受体"，该"受体"可与 mRNA 通过碱基互补结合以将氨基酸携带至 RNA 模板上的特定位置。这种"受体"就是 tRNA，是一类稳定的短 RNA 分子[4]。随后，参与蛋白质合成过程的 rRNA 也被提取出来。

1977 年，Berget 等[5]和 Chow 等[6]指出，腺病毒的 mRNA 序列在其基因组上呈现不连续分布。因此首先提出，典型的真核生物基因包括蛋白编码序列和非编码序列，即外显子（exon）和内含子（intron）；蛋白编码序列被非编码序列隔断。内含子在剪接（splicing）过程中从最初的转录本上被裁剪掉并降解，而外显子则重新组装成不同的 mRNA，即可变剪接（alternative splicing）。截短基因的发现令我们惊异，并且革命性地改变了人们对于基因结构的认识[7]。

20 世纪 70 年代末，Stark 和 Cech 等[8-11]揭示了 RNA 可以作为催化剂行使功能。1982 年，Kruger 等[11]提出了"核酶"(ribozyme)这一概念，指出 RNA 可同时作为遗传物质(如同 DNA)和生物催化剂(如同蛋白酶)。

20 世纪 90 年代早期，许多科学家分别观察到在植物和真菌中 RNA 可抑制基因的表达[12-14]。1998 年，Fire 和 Montgomerg 等[15, 16]发现了 RNA 干扰(RNA interference，RNAi)现象，即双链 RNA(double-stranded RNA，dsRNA)可以识别 mRNA 的特定序列并导致 mRNA 降解。进一步的研究表明，引起 RNAi 的分子是一类长度为 21～25 bp 的短双链 RNA 片段，被称为小干扰 RNA(small interfering RNA，siRNA)[17-19]。

近年来，随着下一代测序技术的不断发展，人们对于 RNA 的认识增长迅速[13, 14]。尤其是非编码小 RNA(non-coding RNA，ncRNA)领域及其功能特征的不断扩展，使人们对 RNA 世界有了更加全面和深入的了解。转录组学的研究内容也随着人们对 RNA 认识的深入而不断扩展。

根据 RNA 产物不同，RNA 可分为两大类：蛋白编码 RNA 和非蛋白编码 RNA，(mRNA 和 ncRNA)。一般来说，非编码 RNA 是指所有不翻译成功能性蛋白质的 RNA。根据其功能，又分为持家非编码 RNA(house-keeping ncRNA)和非编码调控 RNA(regulatory ncRNA)。持家非编码 RNA 通常扮演结构和催化剂角色，包括参与翻译过程的 tRNA 和 rRNA，参与 mRNA 剪接的核小 RNA(small nuclear RNA，snRNA)，参与 rRNA 剪接的核仁小 RNA(small nucleolar RNA，snoRNA)，参与 RNA 编辑(RNA editing)的向导 RNA(guide RNA，gRNA)等。

许多 ncRNA 在各种不同的生物学过程中起着调控作用。依据长度不同，ncRNA 可分为非编码小 RNA(small ncRNA)和长非编码 RNA(long ncRNA，lncRNA)。非编码小 RNA 一般长度在 17～35 个核苷酸(nt)，包括微 RNA(microRNA，miRNA)、siRNA 和 Piwi 蛋白相互作用 RNA(Piwi-interacting RNA，piRNA)。miRNA 是一种长度为 21～25 nt 的内源单链非编码小 RNA 分子[20]，通常是由基因间区或者基因内含子区转录[21]。它通过碱基互补配对在转录后水平调节靶基因的表达或翻译[22]。miRNA 功能多样，参与了各种生理过程，如发育周期、细胞增殖分化、新陈代谢、神经调控和肿瘤发生等[23-25]。

siRNA 是一类由 Dicer(RNA 酶Ⅲ家族对双链 RNA 具有特异性的酶)加工而成的

长度为 21~22 nt 的非编码小 RNA 分子,通过与 AGO2 蛋白形成复合物而作用于目的基因,可以激发与之互补的目标 mRNA 的沉默。通过 RNA 干扰功能,siRNA 可以调节转座子,维持异染色质的 DNA 结构,防御 RNA 病毒的侵染等[26]。

piRNA 是一类长度为 26~31 nt 的单链小 RNA,大部分集中在 29~30 nt,成簇分布在基因间区。piRNA 主要存在于哺乳动物的生殖细胞和干细胞中,表达具有很强的组织特异性。piRNA 通过与 Piwi 亚家族蛋白结合形成 piRNA 复合物(piRC)来调控基因沉默途径。piRNA 参与了配子发育过程,可以调控翻译过程和 mRNA 的稳定性[27]。

这些小的非编码调控 RNA 一度成为非编码 RNA 研究领域的热点,特别是 miRNA 掀起了非编码小 RNA 研究的热潮。

lncRNA 一般是指长度大于 200 nt 的非编码 RNA[28]。根据在基因组上的位置,lncRNA 可分为正义链 RNA(sense RNA)、反义链 RNA(antisense RNA)、基因间区 RNA(intergenic RNA)和内含子区 RNA(intronic RNA)。越来越多的研究表明,lncRNA 在细胞生长、凋亡及发育和代谢等方面都起重要作用,既参与表观遗传修饰、可变剪接、入核转运等过程,也能以细胞微结构元件、小 RNA 前体等发挥功能,其转录和功能失调还参与了多种癌症的发生与发展[29, 30]。如同非编码小 RNA,lncRNA 一经发现就迅速成为 RNA 领域的又一类明星分子。然而关于 lncRNA 的分类及其作用机制等依然有很多未知,对今后的研究提出了挑战。随着技术的进步和研究的不断深入,相信这些问题会迎刃而解,而人们对于 RNA 世界的了解也将更加清楚。

早期由于技术条件的限制,转录组学的研究内容主要集中于对单个或者少数转录本的研究。这一时期的研究手段主要有 RNA 印迹法(Northern blotting)、反转录-聚合酶链反应(reverse transcription-polymerase chain reaction,RT-PCR)、抑制消减杂交(SSH)和 RNA 差异显示 RT-PCR(DDRT-PCR)等。

20 世纪 90 年代初,Craig Venter 提出了表达序列标签(expressed sequence tags,EST)的概念,并测定了 609 条人脑组织的 EST,宣布了 cDNA 大规模测序时代的开始[31]。高通量检测基因组 mRNA 丰度的方法主要有基因芯片(gene chip)技术、SAGE 技术、EST 技术、MPSS 技术等。虽然这些技术都为转录组学研究带来了便利,但都有着各自的缺点或不足。

1.3 转录组学研究的实验技术方法

1.3.1 基于芯片的实验技术方法

基因芯片又称为 DNA 芯片、DNA 微阵列和生物芯片，是早期基于杂交技术的转录组数据获得和分析的主要方法，由美国斯坦福大学 Brown 小组建立。基因芯片技术是将大量寡核苷酸或 DNA 密集排列于硅片等固相支持物上（硅片、玻片、塑料片等）作为探针，然后从研究对象特定组织中提取 mRNA，经扩增标记荧光后与上述探针进行杂交，在激光的顺序激发下标记荧光根据实际反应情况分别呈现不同的荧光发射谱征。激光扫描仪根据其波长及波幅特征收集信号，再由计算机做出比较和检测，判断阴、阳性，从而得出基因表达的信息。得益于探针固相原位合成技术和照相平版印刷技术的有机结合以及激光共聚焦显微技术的引入（它使得合成、固定高密度的数以万计的分子探针切实可行，而且借助激光共聚焦显微扫描技术使得可以对杂交信号进行实时、灵敏、准确的检测和分析），基因芯片技术迅速发展并商品化，被广泛应用于表达谱分析、不同基因型细胞的表型分析以及基因诊断、药物设计等领域[32-34]。

基因芯片是基于杂交技术的研究方法，与经典的 DNA、RNA 印迹技术相似，都是应用已知核酸序列作为探针与互补的靶核苷酸序列杂交，通过信号检测进行定性与定量分析。根据探针类型可分为 cDNA 芯片和寡核苷酸芯片（Oligo 芯片）。cDNA 芯片的原理是，通过克隆的方法获得目标序列并将其作为探针，通过芯片点样仪喷到特定的基质上。Oligo 芯片是在 cDNA 芯片的基础上发展起来的，通过预先设计并合成 25～60 nt 长的寡核苷酸，然后将其点样到特定的基质上构成芯片。

目前芯片的载体以玻璃片或硅片为主，应用原位合成和微矩阵的方法将寡核苷酸或 cDNA 作为探针按一定顺序排列在载体上。芯片的制备主要使用微加工工艺和机器人技术，可以将探针准确、快速地放置到芯片的指定位置。

从实验样本中获得的生物样品（DNA 或 mRNA）通常都不能直接与芯片反应，需进行一定程度的 PCR 扩增。靶分子的标记方法主要有荧光标记、生物素标记和放射性同位素标记等几种，样品的标记在 PCR、RT-PCR 扩增或反转录过程中完成。目前最为常见的是荧光标记法。实验中先用荧光色素 Cy-3、Cy-5 或生物素标记 dNTP，然后

DNA 聚合酶选择荧光标记的 dNTP 作为底物使引物延伸,这样新生成的 DNA 片段中就掺入了荧光分子。对于 cDNA,一般是在反转录过程中掺入荧光基团[35, 36]。

荧光标记的样品与芯片上的探针进行反应产生一系列信息的过程被称为杂交反应。芯片杂交是固-液相杂交,其原理与膜上杂交相似。待测样品经扩增、标记后,能够与芯片上的探针阵列进行分子杂交。靶分子与探针之间的杂交是芯片检测最关键的一步,杂交条件因靶分子的类型不同而变化。

携带荧光标记的分子结合在芯片特定的位置上,在激光的激发下,含荧光标记的 DNA 片段发射荧光。样品与探针完全配对的杂交分子,产生荧光强度最强的信号;不完全杂交的双链分子荧光信号较弱;不能杂交的则检测不到荧光信号或只检测到芯片上原有的荧光信号。荧光强度与样品中的靶分子含量有一定的线性关系。杂交反应后的芯片上各个反应点的荧光强弱用荧光共聚焦显微镜、激光扫描仪或落射显微镜等进行检测,由计算机记录下来,然后通过专业的软件进行定量分析和处理[37]。

基因芯片技术在科学史上有重大的意义,1998 年美国科学促进会将基因芯片技术列为 1998 年度"自然科学领域十大进展"之一。至今,基因芯片技术已在基因表达分析、基因诊断、药物筛选、序列分析等诸多领域,以及在农业、工业、食品和环境监测等方面都得到了广泛的应用。基因芯片技术的主要应用包括:①基因表达水平检测;②基因突变位点及多态性检测;③DNA 序列测定;④药物筛选;⑤寻找新基因等[38-42]。

在当时,芯片技术是与早期检测方法相比较新且快捷的技术,尤其是在获取细胞内基因和蛋白质的表达谱信息上,具有很大的优势,也取得了长足的发展,得到世人的瞩目,但仍然存在着许多难以克服的技术问题(如技术成本昂贵、复杂、检测灵敏度较低、重复性差、分析范围较狭窄等)。这些问题主要表现在样品的制备、探针合成与固定、分子的标记、数据的读取与分析等方面。

首先,探针的合成与固定比较复杂,特别是对于制作高密度的探针阵列,使用光导聚合技术每步产率不高(<95%),难以保证好的聚合效果。应运而生的很多方法,如压电打印、微量喷涂等技术,虽然技术难度较低,方法也比较灵活,但是由于难以形成高密度的探针阵列,因此在应用上也受到限制。其次,目标分子与探针的杂交也存在一些问题:①由于杂交位于固相表面,所以在一定程度上存在空间阻碍作用;②探针分子的 GC 含量、长度及浓度等都会对杂交结果产生一定的影响,因此需要分别进行分析和研究;③在信号的读取与分析上,当前多数使用荧光法进行检测和分析,灵敏度不高,可重

复性差,假阳性/阴性比较多,获取的信息比较纷杂,判断的标准不一。如何准确获取有用的信息才是芯片技术真正的难点和重点。

1.3.2 基于测序的实验技术方法

自 1944 年 DNA 被证明是遗传物质的携带者以来[43],人们便一直致力于研究 DNA 的序列结构。在快速获得生命体遗传信息的迫切需求之下,DNA 测序技术应运而生并逐渐发展成为生物学研究的核心技术之一。20 世纪 70 年代,由 Sanger 和 Coulson 开创的双脱氧链终止法与由 Maxam 和 Gilbert 发明的化学降解法几乎同时发表,标志着第一代测序技术的成熟,并以此为开端引领人们步入了基因组学时代[44]。然而,第一代测序方法虽然有着高达 1 000 bp 的序列读长和 99.9% 甚至更高的准确性,但其测序成本高、耗时久、通量低及操作步骤烦琐等缺点使其不能满足大规模测序的需求,因而第一代测序技术并不是最理想的测序方法。经过不断的技术开发与改进,以 Roche 公司的 454 测序技术[45]、Illumina 公司的 Solexa[46] 和 HiSeq 测序技术以及 Life Technologies 公司(ABI 品牌)的 SOLiD 测序技术[47]为代表的第二代测序技术诞生了。第二代测序技术在保证高准确性的前提下大大降低了测序成本和测序周期,实现了第一代测序技术无法比拟的高通量,然而第二代测序技术的显著缺点是序列读长较短。为了解决第二代测序的缺点,PacBio 公司开发了单分子实时(single molecule real-time,SMRT)测序技术,而 Oxford Nanopore Technologies 公司近几年开发了纳米孔(nanopore)单分子测序技术。它们的主要特点是单分子测序,整个测序过程不需要用到任何 PCR,有效避免了 PCR 过程中的系统错误且提高了序列读长,使得测序技术朝着高通量、低成本、长读长的方向快速发展。

1.3.2.1 第一代测序技术

第一代测序技术主要包括 Sanger 等提出的双脱氧链终止法、Maxam 与 Gilbert 发明的化学降解法及在此基础上经过改进的 ABI 370 自动测序方法和毛细管阵列电泳 DNA 测序技术(ABI 3730)等方法。

双脱氧链终止法测序技术的核心原理是依赖于 $2'$、$3'$-双脱氧核苷三磷酸(ddNTP)在 DNA 链复制延伸过程中的终止剂作用[44]。在 4 个独立的 DNA 合成反应体系中,除了共有的 DNA 复制所需的 DNA 模板、引物、DNA 聚合酶 I 和 4 种脱氧核苷酸(dATP、dGTP、dCTP、dTTP)以外,还分别加入一种带有放射性核素标记的 ddNTP （ddATP、ddGTP、ddCTP 和 ddTTP）。由于 ddNTP 核糖基的 2′和 3′碳原子上连接的是氢原子而不是羟基，不能与下一个核苷酸形成磷酸二酯键，因此造成了链合成的终止，链终止点就是每个反应体系对应加入的双脱氧核苷酸，这样就获得了不同长度的 DNA 合成片段。然后，通过凝胶电泳和放射自显影观察，就可以从胶片中直接读出待测 DNA 的核苷酸排列顺序。

化学降解法是一种基于对待测 DNA 的碱基进行特异性化学修饰造成磷酸二酯键断裂的 DNA 降解测序方法。首先，利用限制性内切酶将待测 DNA 切成 10～200 bp 的小片段，并用放射性同位素标记 5′端的羟基，接着用特异的化学试剂分别作用于不同的碱基进行修饰，如肼，可以作用于胞嘧啶和胸腺嘧啶的 C4 和 C6 位置导致其糖苷键的断裂，硫酸二甲酯可以使腺嘌呤的 N2 位置和鸟嘌呤的 N7 位置发生甲基化并造成糖苷键断裂，同时腺嘌呤和鸟嘌呤经甲酸处理后也可发生脱嘌呤。每一个反应体系只特异针对某一种碱基，并且通过控制反应温度和时间，只有一部分被修饰的碱基会发生磷酸二酯键的随机断裂，这样就获得了 4 组带有相同放射性标记且长短不一的寡聚核苷酸片段。最后通过电泳分离和放射自显影处理，便可推测出待测 DNA 的碱基序列。化学降解法不需要进行酶催化反应，具有较高的准确性，但由于操作烦琐且化学试剂毒性大，因此并未得到广泛应用。

下面简单介绍 3 种以 DNA 测序为基础的技术：EST 技术、SAGE 技术和 MPSS 技术。

1）EST 技术

典型的真核生物 mRNA 分子由 5′非翻译区（untranslated region，UTR）、开放阅读框（open reading frame，ORF）、3′-UTR 和 3′端的 poly(A)（20～200 bp）尾巴 4 部分组成。EST 技术就是根据 mRNA 的结构特点发展起来的，其基本流程如下：首先从目标样本中提取总 RNA，分离得到 mRNA，用 oligo(dT)或随机引物作为反转录引物，在反转录酶的作用下进行 RT-PCR 合成 cDNA，选择合适的载体构建 cDNA 文库，然后在 cDNA 文库中随机挑取克隆进行 5′或 3′端测序，最终得到长度为 240～480 bp 的 EST 序列，然后对所得 EST 数据运用生物信息学方法及软件进行注释和分析。由于 EST 来源于特定环境下特定组织的总 mRNA，因此可以根据每个基因在相应组织中出现的 EST 相对数量来说明该组织中的基因表达水平。

早在 1983 年，Costanzo 等人便提出了 EST 概念的雏形，并对肝脏的 cDNA 文库进行了随机测序,证实所测到的序列可以用于研究 DNA 序列与基因功能之间的关系; 1989 年,人类基因组计划启动之后,EST 技术开始引起科学家们的重视,并且不断发展和成熟起来;1991 年,Adams 等人从 3 种人脑组织的 cDNA 文库中随机挑取 609 个克隆进行测序,得到一组人脑组织的 EST[31];1992 年,科学家建立了 EST 数据库,用以收集所有的 EST 数据,后来作为 GenBank 中的一个数据库;1993 年,Boguski 和 Schuler 首次提出了构建以 EST 为界标的人类基因组转录图谱计划,科学家们提前进入对基因组的功能研究领域[48-51]。截至 2011 年 3 月,NCBI 中的 EST 数据库已经收录了来自 1 500 多个物种的 76 176 725 条 EST 序列。

EST 技术广泛应用于基因表达谱研究、基因图谱构建、可变剪接识别、基因识别、单核苷酸多态性(SNP)研究、系统进化分析及基因芯片技术等诸多方面。

2) SAGE 技术

SAGE 是 Victor Velculescu 于 1995 年首次提出的一种快速分析基因表达信息的技术。它可以在整体水平对细胞或组织中的大量转录本同时进行定量分析。SAGE 技术已成功应用于转录组研究及不同样本间差异表达基因的鉴定。SAGE 文库中包括大量能唯一代表基因转录本序列的标签(tag,10～14 bp),标签出现的频率反映了该标签所代表基因的表达丰度[52, 53]。

SAGE 的理论基础主要有以下 3 个方面:①在一个转录体系内,每个转录本都可以用一个来自于转录本特定区域的标签(10～14 bp)来表示;②将这些短标签连接成标签多聚体进行克隆测序,就可以得到数以千计的 mRNA 转录本,从而对它们进行批量分析;③各转录本的表达水平可以用标签出现的次数进行定量。

SAGE 的技术流程主要分为 3 个阶段。

(1) SAGE 文库的构建:利用限制性内切酶 Nla Ⅲ(锚定酶)识别 CATG 位点的特性在其 3′端进行酶切,然后用链霉素包被的磁珠进行亲和纯化;将 cDNA 分为 A 和 B 两部分,分别连接接头 A 或接头 B,每一种接头都含有 CATG 四碱基突出端、限制性内切酶 BsmF Ⅰ的识别序列和一个 PCR 引物序列(引物 A 或 B);利用标签酶 BsmF Ⅰ识别其酶切位点 3′端下游的 14～17 bp 处的特性进行酶切,产生连有接头的短 cDNA 片段;混合并连接两个短 cDNA 片段,构成双标签后,用引物 A 和 B 进行 PCR 扩增;用锚定酶 Nla Ⅲ切割扩增产物,抽提 SAGE 双标签片段;并用 T4 DNA 连接酶连接成多聚体,选择合适的片段长度,克隆进载体。得到的克隆插入序列由一系列的

20～22 bp 长的 SAGE 双标签组成,每两个双标签中间由 4 bp 的 *Nla* Ⅲ 酶切位点分隔开。

(2) SAGE 文库的测序:利用质粒载体上的通用引物,对插入片段进行单向测序。SAGE 要求质量高而且读长长的序列,以免由于单碱基测序错误而导致原有标签的有用信息丢失进而产生一个并不存在的标签。

(3) 标签序列的提取:在双标签多聚体序列中定位 Nla Ⅲ 酶切位点(即 CATG),然后提取 CATG 位点之间的 20～22 bp 长的双标签序列,去除重复出现的双标签序列,包括在反向互补方向上重复的双标签序列;截取每个双标签序列最靠近两头末端的 10 个碱基,即为标签序列;去除与接头序列相对应的标签(即 TCCCCGTACA 和 TCCCTATTAA),同时去除含有稀有碱基(即除 A、C、T、G 四种碱基以外的碱基)的标签;最后计算每个标签的出现次数,以列表的形式给出一个包含每个标签及其表达丰度的报告。

SAGE 技术广泛应用于定量比较正常与疾病状态下组织细胞的特异基因表达、研究基因表达调控机制和寻找新基因等方面。此外,由于 SAGE 能够同时最大限度地收集一种基因组的基因表达信息,利用基因的表达信息与基因组图谱融合绘制染色体表达图谱,使基因表达与物理结构联系起来,更利于基因表达模式的研究。需要注意的是,SAGE 必须和其他技术相互融合、互为补充,才能最大可能地进行基因组基因表达的全面研究。

3) MPSS 技术

MPSS 技术是 Brenner 等于 2000 年建立,由美国 Lynex 公司将其商品化的一种基因克隆新技术。其核心技术由 Mega Clone、MPSS 和生物信息分析 3 部分组成,具有高通量、高特异性和高敏感性。MPSS 通过标签库的建立、微珠与标签的连接、酶切连接反应和生物信息分析等步骤获得基因表达序列。每一标签序列在样品中的频率(拷贝数)就代表了与该标签序列对应的基因表达水平。所测定的基因表达水平是以计算 mRNA 拷贝数为基础的,是一个数字表达系统。

MPSS 技术与基因芯片技术相比较,具有下列优点:①可以避免在 cDNA 芯片技术中出现的高度同源序列的交叉杂交,保证基因的高度特异性;②MPSS 的高分辨率使其可以检测很低表达水平的基因;③MPSS 技术检测基因不需要预先知道该基因的相关信息,可以应用于任何生物体的基因表达检测。

总之，MPSS 技术具有能测定表达水平较低、差异较小的基因，不必预先知道基因的序列及自动化和高通量等特点，是值得推广的技术[54，55]。

1.3.2.2 第二代测序技术

第二代测序技术又称下一代测序（next generation sequencing，NGS）技术或深度测序技术，主要优点是高通量、高效率、高性价比等[56]。3 种主流测序平台都遵循类似的测序流程，它们都要经过克隆扩增来加强测序过程中的光信号强度以便于检测。3 种广泛商业化使用的主流测序仪分别是 Illumina 公司的 HiSeq 测序仪、Roche 公司的 454 测序仪与 Life Technologies 公司（ABI 品牌）的 SOLiD 测序仪[45]。

尽管从模板文库构建、DNA 片段扩增到测序，不同的第二代测序平台采用的技术与生物化学方法多种多样，但它们都采用了大规模矩阵结构的微阵列并行分析技术，阵列上的 DNA 样本可以被同时进行分析。测序是利用特定的或经过改造的 DNA 聚合酶[57]或 DNA 连接酶[47]与引物对一段 DNA 模板进行多轮复制，然后通过特定的显微设备记录连续测序循环中的光学信号实现的。

1）Roche/454 测序技术

Roche 公司的 454 测序技术主要基于焦磷酸测序原理并整合了乳液 PCR（emulsion PCR）技术、微流体技术和微阵列技术，是第二代测序技术中第一个被用于商业化运营的测序平台。

454 测序的原理：首先，利用喷雾法将待测 DNA 打断成 300～800 bp 的小片段，并在片段两端接上设计好的接头（adaptor），其中 5′ 端还衔接有一个生物素基团。利用生物素与包被有链霉抗生物素蛋白的磁珠特异性结合，在一定温度下通过特定的洗脱液将单链 DNA 分子洗脱下来，构建单链 DNA 文库。接下来，将上述单链 DNA 分子与直径约 28 μm 的水油包被的磁珠相结合。由于磁珠表面含有与单链 DNA 两端接头互补的寡聚核苷酸序列，因此单链 DNA 分子能够特异地连接到磁珠上，每一个磁珠又包含有 PCR 所需的所有试剂与原料，因此便形成了数目庞大的 PCR 独立反应空间，后经 PCR 产物的进一步富集与扩增，即可达到后续测序所需的 DNA 模板量。454 测序技术采用的是焦磷酸测序原理，并采用"PicoTiter Plate"（PTP）平板作为测序场所。首先将带有 DNA 的磁珠一对一置于 PTP 平板的小孔内，测序反应启动后，则以磁珠上的单链 DNA 作为模板，每次加入 dNTP（dATP、dGTP、dCTP 和 dTTP）的一种为原料进行合成。如果加入的 dNTP 与待测 DNA 发生碱基配对，则释放焦磷酸并在化学酶的催化下生成

ATP,同时发出荧光信号并由另一侧的光学设备记录下来。由于不同的 dNTP 可产生不同的荧光颜色,因此根据荧光的颜色便可推断出待测 DNA 的碱基序列。由于 454 测序的过程是在一个个 PTP 小孔中独立进行,因而有效避免了相互间的干扰与测序偏差,454 最新推出的 GS FLX Titanium 测序平台平均序列读长能达到 400 bp,每个循环能产出 400～600 Mb 的序列。不足之处是 454 测序在检测同聚物的长度时准确性较低,容易带来插入与缺失的测序错误,因此适用范围有限。

2) Illumina/Solexa 测序技术

Illumina 公司的 Solexa 测序平台问世于 2006 年,其测序过程主要分为 3 个步骤。①利用物理方法将待测 DNA 打断成小片段,在片段两端接上设计好的接头,经 PCR 扩增构建单链 DNA 文库。②当文库中的 DNA 流动经过同样附着有接头的流动池(flow cell)时,由于两个接头的相互配对,使得待测 DNA 分子被绑定在流动池的流动槽上,并能支持 DNA 在其表面进行"桥式扩增"。经过反复的扩增与变性循环,每一个 DNA 分子都会在各自的位置上生成上千份完全一样的拷贝,形成一个个"基因簇"。由此大大提高了每一个 DNA 分子的碱基信号强度,保证了后续测序的信号检测。③测序过程采用边合成边测序的方法,向每一个反应循环中加入 DNA 聚合酶、接头引物及 4 种带有特定颜色荧光标记的 dNTP 分子,通过 dNTP 与被测 DNA 碱基的互补实现链的延伸。利用特殊的缓冲液,激发荧光信号的释放,再通过光学设备和计算机分析最终推测出目的 DNA 的序列。

Solexa 测序技术与 454 测序技术相比,显著提高了对同聚物如 AAAA 和 TTTT 的测序准确性,错误率仅为 1‰～1.5‰。同时,2009 年推出的双端(paired-end)测序方法可达到 2×75 bp 的序列读长,每次循环可获得高达 100 Gb 的碱基序列,耗时 9.5 天左右。升级版的 HiSeq 2000 在测序速度和测序通量上又实现了进一步的提高,序列长度可达到 150 bp,且单个循环能产生约 600 Gb 的序列。

3) ABI/SOLiD 测序技术

不同于 Solexa 测序技术与 454 测序技术的 DNA 聚合酶测序方法,SOLiD 测序技术利用的是 DNA 连接酶和"双碱基编码原理"进行测序。其测序流程如下。先将待测 DNA 片段化,在片段两端加上接头,构建单链 DNA 文库。随后利用与 454 测序类似的方法,在水油包被的磁珠表面进行乳液 PCR 扩增,以获得足够的检测信号,同时对扩增产物的 3′端进行修饰。打破微乳滴之后,将尽可能多的磁珠在一个平玻璃板上排成阵列,以期实现测序通量的最大化。在 SOLiD 测序反应过程中,向每个反应体系中加入合成引物与标记有不同颜色荧光信号的结构为 3′-XXnnnzzz-5′ 的 8 碱基寡聚核苷酸探针,每个探针 3′ 端的 1、2 位碱基是确定的,是 A、G、C、T 中任意两个碱基的组合,且不同的组合对应 zzz 位上不同的荧光颜色。一旦 1、2 位碱基与待测 DNA 发生碱基配对,便可激发 zzz 位的荧光信号释放,从而获得待测 DNA 该位点的碱基信息。随后利用化学试剂切割探针淬灭荧光信号,并使用不同的引物进入下一个位置的循环。经过 5 轮循环以后,就获得了目的 DNA 所有位置的碱基信息。SOLiD 测序相当于对每一个碱基进行了两次检测,因此具有高达 99.9% 的准确率,然而一旦发生错误就会发生连锁的测序错误。

4)Ion Torrent 测序技术

目前,还有一种基于半导体芯片的新一代革命性测序技术——Ion Torrent。它的核心原理是使用半导体技术在化学和数字信息之间建立直接的联系。其大致过程如下。先在半导体芯片的微孔反应池中固定待测 DNA 链。随后,依次掺入 A、C、G、T 四种碱基,随着每个碱基的掺入,当 DNA 聚合酶把核苷酸聚合到延伸中的 DNA 链上时,会释放出氢离子。释放出的氢离子在穿过每个孔底部时能够被反应池下的离子感受器检测到,氢离子的离子信号直接转化为数字信号,以此实时读出 DNA 序列。该技术的文库和样本制备几乎是 454 测序技术的翻版,只是测序过程中不是通过检测荧光,而是通过化学信号的变化来获得碱基信息。

基于这种技术,Life Technologies 公司推出了两款测序仪:①Ion Personal Genome Machine(PGM)测序仪,主要用于小基因组和外显子的测序;②Ion Proton 测序仪,旨在 1 天内完成人类基因组的测序。

值得一提的是,Ion Torrent 的创始人 Jonathan Rothberg 同时也是 454 生命科学公司(后被 Roche 公司收购)的创始人,是生物界的传奇人物。他领导的 454 团队与贝勒医学院基因组中心合作,完成了 James Watson 的基因组测序,开创了个人基因组测序的先河,为 DNA 测序技术的发展做出了重大贡献。

1.3.2.3 第三代测序技术

在第二代测序技术仍处于测序领域主导地位的同时,以 Helicos BioScience 公司开创的 tSMS 测序技术、Pacific Biosciences 公司的 SMRT 技术和 Oxford Nanopore Technologies 公司的纳米孔单分子技术为代表的第三代测序技术已经逐渐发展起来。

第三代测序技术的根本特点是采用单分子测序策略,无须经过任何 PCR 扩增过程,过程更加简单,并且测序通量更高,成本更低,使得对更多的物种尤其是未知物种进行测序成为可能。相比于其他测序方法,第三代测序技术还有着更加显著的优势:第一,单分子测序技术可直接对 RNA 序列进行测序,这样大大降低了体外反转录产生的系统误差;第二,可以直接检测甲基化的 DNA 序列,为表观遗传学研究提供了极大便利;第三,可对特定序列的 SNP 进行检测,实现对稀有突变及其频率的测定。目前,第二代测序技术与第三代测序技术并驾齐驱,不仅将对生物学、基因组学和进化学的研究产生深远的影响,而且会给食品、医疗卫生等行业带来里程碑式的变革。

人们将第三代测序技术统称为单分子测序技术,但具体到每个公司的技术原理,还是相差甚远。

1) tSMS 测序平台

Helicos Bioscience 公司于 2008 年推出的 HeliScope 单分子测序平台被认为是第一个商品化的第三代测序仪。Helicos Bioscience 公司将其测序技术称为真正单分子测序(true single molecule sequencing,tSMS)技术。tSMS 技术仍建立在边合成边测序的基础上,并使用了一种高度灵敏的荧光探测仪进行测序,其检测方法更加灵敏。它利用电场的作用以采集与聚合酶结合的标记核苷酸的荧光特征进行测序。其基本流程为:首先,将基因组 DNA 切割成随机的小片段 DNA 分子,并在每个片段 3′端加上 poly(A)尾;其次,通过 poly(A)尾和固定在芯片上的 poly(T)杂交,将待测模板固定到芯片上,制成测序芯片;最后,借助聚合酶将荧光标记的 4 种单核苷酸掺入到引物上,进行延伸,并利用全内反射显微镜采集荧光信号进行单色成像,之后切除荧光标记基团,洗涤,加帽,再进行下一轮测序反应。如此反复,最终获得完整的序列信息。

2) SMRT 测序平台

SMRT 测序技术其实也应用了边合成边测序的思想,采用零模式波导(zero-mode waveguide,ZMW)技术,并以 SMRT 芯片为测序载体进行测序。SMRT 芯片是带有很多 ZMW 孔的金属片,ZMW 孔则是一种直径只有几十纳米的孔。由于其底部上的小孔短于激光的单个波长,导致激光无法直接穿过小孔,而会在小孔处发生光的衍射,形成局部发光的区域,即为荧光信号检测区,该区域内锚定有 DNA 聚合酶。测序基本原理是:DNA 聚合酶和模板结合,4 色荧光标记 4 种碱基,在碱基配对阶段,不同碱基的加入,会发出不同的光,根据光的波长与峰值可判断进入的碱基类型。其基本流程为：首先，将待测的 DNA 样品随机打断，制成滴液分散到 SMRT 芯片上不同的 ZMW 孔中；其次，当 ZMW 孔底部聚合反应发生时，被不同荧光标记的核苷酸会在小孔的荧光探测区域中被聚合酶滞留数十毫秒，从而在激光束的激发下发出荧光，进而识别核苷酸的种类；最后，在荧光脉冲结束后，被标记的磷酸基团被切割并释放，聚合酶转移到下一个位置，下一个脱氧核苷酸连接到位点上开始释放荧光脉冲，进行下一个循环。

3）Nanopore 测序平台

纳米孔测序技术是一种纯物理学的方法，它是基于电信号而不是光信号的测序技术，其基本原理是利用不同碱基通过纳米孔时产生的电信号变化进行测序。Oxford Nanopore 的关键技术是以 α-溶血素来构建生物纳米孔，孔的外表面依附着核酸外切酶，内表面共价结合着一种合成的环糊精作为传感器。测序过程大致为：首先，在核酸外切酶的作用下，待测 DNA 的分子被迅速地逐一割落入直径非常小的纳米孔；其次，单个碱基与孔内侧环糊精短暂地相互作用，就会影响通过纳米孔原本的电流；最后，通过不同的电流变化幅度来区分不同的碱基，进而推断出待测 DNA 的序列信息。

1.3.2.4　RNA 测序

mRNA 测序（mRNA sequencing，mRNA-Seq）是指应用高通量测序技术对 mRNA 反转录生成的 cDNA 进行测序从而获得来自不同基因的 mRNA 片段序列。mRNA-Seq技术与基因组测序技术的主要差别在于构建 RNA 测序文库之前要把 mRNA 反转录为 cDNA 片段。可以先把 mRNA 反转录为 cDNA，然后进行扩增，构建测序文库；或者先把 mRNA 片段扩增，然后反转录为 cDNA 片段。除了 mRNA，其他各种类型的转录本都可以用高通量测序技术进行测序，统称为 RNA 测序（RNA sequencing，以下简称RNA-Seq）[49]。RNA-Seq除了能使人们对该生物样品在当前发育状态的基因表达有一个全局的了解之外，还能通过检测不同细胞类型或不同发育时期的转录组研究基因表达的变化，这对于人类疾病研究包括临床诊断和药物研发具有十分重要的意义。此外，RNA-Seq还可以提供可变剪接、转录后调控、基因融合和突变以及 SNP 位点等信息，并通过挖掘未知和稀有转录本，帮助人们更全面、更深层次地剖析一个完整的转录组。

1.4 不同平台转录组学研究方法比较

EST 测序在提供大量序列信息的同时也产生了大量的冗余序列,特别是那些高表达的基因。虽然这些冗余序列可以通过均一化或消减的策略降低,但是因为时间和费用方面的局限,EST 测序不是一个可行的寻找差异表达的方法[31]。

芯片可以同时检测几千个基因的表达信息,但是不能给出芯片上包含的有关该基因的碱基信息,因此需要一些已知的信息。芯片存在的缺陷也是相当明显的:首先是成本高昂的问题,一般实验室难以承担其高昂的费用;其次在芯片实验技术上还有多个环节尚待提高,如在探针合成方面如何进一步提高合成效率及芯片的集成程度,以及样品制备的简单化与标准化等[32, 40]。

SAGE 和 MPSS 产生大量的序列数据,而且能够表现实际的不同转录本的比例。但它们有共同的缺点,即所产生的短标签(17～20 bp)在进行数据处理的时候会遇到很多的问题。此外,MPSS 的专利技术费用也较昂贵。

上文简单介绍了从第一代测序技术到第三代测序技术代表性测序方法的测序原理,每一种测序技术都有各自的优缺点,其中测序成本、测序速度、序列读长和测序通量等因素被作为综合评价一种测序方法的主要指标。表 1-1 对不同测序方法进行了多方面的比较。

表 1-1 三代测序技术比较

	技术名称	测序方法	序列读长(bp)	优 点	缺 点
第一代测序	双脱氧链终止法	毛细管电泳测序	600～1 000	读长长、准确性高	通量低、耗时久、成本高
	化学降解法	毛细管电泳测序	600～1 000	读长长、准确性高	通量低、耗时久、成本高
第二代测序	454	焦磷酸测序	400	读长较长、通量较高	同聚物测序准确性低、成本高
	Solexa	边合成边测序	150	高通量、低成本	读长短、运行时间长
	SOLiD	连接测序	50	高通量	读长短、仪器昂贵
	PGM	半导体测序	200	准确、快速、成本低	读长相对短、单碱基重复
	Proton	半导体测序	200	准确、快速、成本低	读长相对短、单碱基重复

（续表）

	技术名称	测序方法	序列读长(bp)	优　点	缺　点
第三代测序	tSMS	单分子合成测序	50	高通量	读长短、准确性较低
	SMRT	实时单分子测序	1 000	高通量、读长长	仪器昂贵
	Nanopore	纳米孔外切酶测序	可长达200 kb	读长长、便携	准确性低

第一代与第二代测序技术中除了 SOLiD 的边连接边测序以外，另外 5 种测序方法均采用边合成边测序的方法。第一代测序技术读长可达 1 000 bp，准确性极高，但操作烦琐且成本较高。与第一代测序技术相比，第二代测序不仅大幅度提高了测序速度，实现了测序高通量，同时有效降低了测序成本，因而得到了十分广泛的应用。然而，第二代测序技术的显著缺点是测序读长较短。其中，Solexa 与 SOLiD 技术尤为显著，短的序列读长给后续的基因组拼接和计算分析等工作带来更大的困难，而 454 技术在读长方面则优于前两者，因此适用于基因组未知物种的测序。为了解决第二代测序中读长短的问题，第三代测序技术应运而生，它们保持了前者低成本、高通量的特点，有针对性地提高了测序的读长，其中 SMRT 技术已能达到 1 000 bp，而纳米孔技术则有望达到更高数量级的序列读长。与此同时，第三代测序技术采用单分子测序技术，整个过程无须用到任何 PCR 扩增，因此有效避免了 PCR 过程的系统误差与碱基错误率。总的来说，DNA 测序技术在朝着一个更低成本、更高通量、更长读长与更低错误率的趋势稳步前进，这将为转录组学、基因组学、分子生物学、人类医学病理学及其他众多生物学领域的研究提供更好的技术支持，并产生前所未有的深远影响。

参考文献

[1] Lockhart D J, Winzeler E A. Genomics, gene expression and DNA arrays [J]. Nature, 2000, 405(6788)：827-836.

[2] Crick F H. On protein synthesis [J]. Symp Soc Exp Biol, 1958, 12：138-163.

[3] Jacob F, Monod J. Genetic regulatory mechanisms in the synthesis of proteins [J]. J Mol Biol, 1961, 3：318-356.

[4] Hoagland M B, Stephenson M L, Scott J F, et al. A soluble ribonucleic acid intermediate in protein synthesis [J]. J Biol Chem, 1958, 231(1)：241-257.

[5] Berget S M, Moore C, Sharp P A. Spliced segments at the 5′ terminus of adenovirus 2 late mRNA [J]. Proc Natl Acad Sci U S A, 1977, 74(8)：3171-3175.

[6] Chow L T, Gelinas R E, Broker T R, et al. An amazing sequence arrangement at the 5′ ends of adenovirus 2 messenger RNA [J]. Cell, 1977, 12(1)：1-8.

［7］ Dong Z，Chen Y. Transcriptomics：advances and approaches［J］. Sci China Life Sci，2013，56(10)：960-967.

［8］ Stark B C，Kole R，Bowman E J，et al. Ribonuclease P：an enzyme with an essential RNA component［J］. Proc Natl Acad Sci U S A，1978,75(8)：3717-3721.

［9］ Cech T R. The generality of self-splicing RNA：relationship to nuclear mRNA splicing［J］. Cell，1986,44(2)：207-210.

［10］ Guerrier-Takada C，Gardiner K，Marsh T，et al. The RNA moiety of ribonuclease P is the catalytic subunit of the enzyme［J］. Cell，1983,35(3 Pt 2)：849-857.

［11］ Kruger K，Grabowski P J，Zaug A J，et al. Self-splicing RNA：autoexcision and autocyclization of the ribosomal RNA intervening sequence of Tetrahymena［J］. Cell，1982,31(1)：147-157.

［12］ Ecker J R，Davis R W. Inhibition of gene expression in plant cells by expression of antisense RNA［J］. Proc Natl Acad Sci U S A，1986,83(15)：5372-5376.

［13］ Napoli C，Lemieux C，Jorgensen R. Introduction of a chimeric chalcone synthase gene into petunia results in reversible co-suppression of homologous genes in trans［J］. Plant Cell，1990,2(4)：279-289.

［14］ Romano N，Macino G. Quelling：transient inactivation of gene expression in Neurospora crassa by transformation with homologous sequences［J］. Mol Microbiol，1992,6(22)：3343-3353.

［15］ Fire A，Xu S，Montgomery M K，et al. Potent and specific genetic interference by double-stranded RNA in Caenorhabditis elegans［J］. Nature，1998,391(6669)：806-811.

［16］ Montgomery M K，Xu S，Fire A. RNA as a target of double-stranded RNA-mediated genetic interference in Caenorhabditis elegans［J］. Proc Natl Acad Sci U S A，1998,95(26)：15502-15507.

［17］ Elbashir S M，Harborth J，Lendeckel W，et al. Duplexes of 21-nucleotide RNAs mediate RNA interference in cultured mammalian cells［J］. Nature，2001,411(6836)：494-498.

［18］ Hamilton A J，Baulcombe D C. A species of small antisense RNA in posttranscriptional gene silencing in plants［J］. Science，1999,286(5441)：950-952.

［19］ Zamore P D，Tuschl T，Sharp P A，et al. RNAi：double-stranded RNA directs the ATP-dependent cleavage of mRNA at 21 to 23 nucleotide intervals［J］. Cell，2000,101(1)：25-33.

［20］ Giraldez A J，Mishima Y，Rihel J，et al. Zebrafish MiR-430 promotes deadenylation and clearance of maternal mRNAs［J］. Science，2006,312(5770)：75-79.

［21］ Osokine I，Hsu R，Loeb G B，et al. Unintentional miRNA ablation is a risk factor in gene knockout studies：a short report［J］. PLoS Genet，2008,4(2)：e34.

［22］ Bartel D P. MicroRNAs：genomics，biogenesis，mechanism，and function［J］. Cell，2004,116(2)：281-297.

［23］ Tsuchiya S，Okuno Y，Tsujimoto G. MicroRNA：biogenetic and functional mechanisms and involvements in cell differentiation and cancer［J］. J Pharmacol Sci，2006,101(4)：267-270.

［24］ Liu J. Control of protein synthesis and mRNA degradation by microRNAs［J］. Curr Opin Cell Biol，2008,20(2)：214-221.

［25］ Cho W C. OncomiRs：the discovery and progress of microRNAs in cancers［J］. Mol Cancer，2007,6：60.

［26］ Lee R C，Hammell C M，Ambros V. Interacting endogenous and exogenous RNAi pathways in Caenorhabditis elegans［J］. RNA，2006,12(4)：589-597.

［27］ 郭艳合,刘立,蔡荣,等. 小 RNA 家族的新成员-piRNA［J］.遗传,2008,30(1):28-34.

［28］ Zhang H，Chen Z，Wang X，et al. Long non-coding RNA：a new player in cancer［J］. J Hematol Oncol，2013，6：37.

［29］ Huarte M，Rinn J L. Large non-coding RNAs：missing links in cancer? ［J］. Hum Mol Genet，2010，19(R2)：R152-161.

［30］ Schmitt A M，Chang H Y. Long noncoding RNAs in cancer pathways［J］. Cancer Cell，2016，29(4)：452-463.

［31］ Adams M D，Kelley J M，Gocayne J D，et al. Complementary DNA sequencing：expressed sequence tags and human genome project［J］. Science，1991，252(5013)：1651-1656.

［32］ Duggan D J，Bittner M，Chen Y，et al. Expression profiling using cDNA microarrays［J］. Nat Genet，1999，21(1 Suppl)：10-14.

［33］ Marshall A，Hodgson J. DNA chips：an array of possibilities［J］. Nat Biotechnol，1998，16(1)：27-31.

［34］ Orntoft T F. DNA microarrays (DNA chips) used in molecular medical research［J］. Ugeskr Laeger，2003，165(8)：786-790.

［35］ Lipshutz R J，Fodor S P，Gingeras T R，et al. High density synthetic oligonucleotide arrays［J］. Nat Genet，1999，21(1 Suppl)：20-24.

［36］ Lockhart D J，Dong H，Byrne M C，et al. Expression monitoring by hybridization to high-density oligonucleotide arrays［J］. Nat Biotechnol，1996，14(13)：1675-1680.

［37］ Pease A C，Solas D，Sullivan E J，et al. Light-generated oligonucleotide arrays for rapid DNA sequence analysis［J］. Proc Natl Acad Sci U S A，1994，91(11)：5022-5026.

［38］ Fodor S P，Read J L，Pirrung M C，et al. Light-directed，spatially addressable parallel chemical synthesis［J］. Science，1991，251(4995)：767-773.

［39］ Schena M，Shalon D，Davis R W，et al. Quantitative monitoring of gene expression patterns with a complementary DNA microarray［J］. Science，1995，270(5235)：467-470.

［40］ Hacia J G，Edgemon K，Sun B，et al. Two color hybridization analysis using high density oligonucleotide arrays and energy transfer dyes［J］. Nucleic Acids Res，1998，26(16)：3865-3866.

［41］ Szameit S，Weber E，Noehammer C. DNA microarrays provide new options for allergen testing［J］. Expert Rev Mol Diagn，2009，9(8)：843-850.

［42］ Kocabas A M，Crosby J，Ross P J，et al. The transcriptome of human oocytes［J］. Proc Natl Acad Sci U S A，2006，103(38)：14027-14032.

［43］ Avery O T，Macleod C M，McCarty M. Studies on the chemical nature of the substance inducing transformation of pneumococcal types：induction of transformation by a desoxyribonucleic acid fraction isolated from pneumococcus type Ⅲ［J］. J Exp Med，1944，79(2)：137-158.

［44］ Sanger F，Nicklen S，Coulson A R. DNA sequencing with chain-terminating inhibitors［J］. Proc Natl Acad Sci U S A，1977，74(12)：5463-5467.

［45］ Margulies M，Egholm M，Altman W E，et al. Genome sequencing in microfabricated high-density picolitre reactors［J］. Nature，2005，437(7057)：376-380.

［46］ Turcatti G，Romieu A，Fedurco M，et al. A new class of cleavable fluorescent nucleotides：synthesis and optimization as reversible terminators for DNA sequencing by synthesis［J］. Nucleic Acids Res，2008，36(4)：e25.

［47］ Shendure J，Porreca G J，Reppas N B，et al. Accurate multiplex polony sequencing of an evolved bacterial genome［J］. Science，2005，309(5741)：1728-1732.

［48］ Miftahudin，Ross K，Ma X F，et al. Analysis of expressed sequence tag loci on wheat chromosome group 4 [J]. Genetics, 2004,168(2): 651-663.

[49] Mortazavi A, Williams B A, McCue K, et al. Mapping and quantifying mammalian transcriptomes by RNA-Seq [J]. Nat Methods, 2008,5(7): 621-628.

[50] Parkinson J, Mitreva M, Hall N, et al. 400000 nematode ESTs on the Net [J]. Trends Parasitol, 2003,19(7): 283-286.

[51] Goldman G H, dos Reis Marques E, Duarte Ribeiro D C, et al. Expressed sequence tag analysis of the human pathogen Paracoccidioides brasiliensis yeast phase: identification of putative homologues of Candida albicans virulence and pathogenicity genes [J]. Eukaryot Cell, 2003,2 (1): 34-48.

[52] Velculescu V E, Zhang L, Vogelstein B, et al. Serial analysis of gene expression [J]. Science, 1995,270(5235): 484-487.

[53] Wang S M. Understanding SAGE data [J]. Trends Genet, 2007,23(1): 42-50.

[54] Reinartz J, Bruyns E, Lin J Z, et al. Massively parallel signature sequencing (MPSS) as a tool for in-depth quantitative gene expression profiling in all organisms [J]. Brief Funct Genomic Proteomic, 2002,1(1): 95-104.

[55] Brenner S, Johnson M, Bridgham J, et al. Gene expression analysis by massively parallel signature sequencing (MPSS) on microbead arrays [J]. Nat Biotechnol, 2000,18(6): 630-634.

[56] Shendure J, Ji H. Next-generation DNA sequencing [J]. Nat Biotechnol, 2008, 26 (10): 1135-1145.

[57] Mitra R D, Shendure J, Olejnik J, et al. Fluorescent in situ sequencing on polymerase colonies [J]. Anal Biochem, 2003,320(1): 55-65.

2

转录组学的研究方法

    RNA 是一种核苷酸聚合物分子,具有多种生物学作用,如编码基因(mRNA)、解码(tRNA)、调控(miRNA,piRNA 和 lncRNA)和表达等。mRNA 是传递遗传信息并指导蛋白质合成的 RNA 分子,也叫信使 RNA。通过比较转录组,可以鉴定不同细胞、组织或条件下的差异表达基因,从而揭示这些基因的转录调控、功能和在生理病理中的作用。与基因组不同,转录组会随着时间、空间、环境等发生变化。转录组学的主要研究目的包括转录本的鉴定与分类(mRNA、ncRNA 和 sRNA 等)、基因的转录本结构鉴定(5′端、3′端、剪接模式和转录本修饰等)和转录本的表达水平定量等。

    本章主要介绍基于 RNA-Seq 数据新特性而逐渐被广泛应用的转录组学研究方法,包括转录组数据质量控制、基因和转录本表达量研究、基因和转录本差异表达分析、基因的转录本可变剪接、融合基因鉴定、非编码 RNA 鉴定和 RNA 编辑鉴定等(见图 2-1)。

2.1 转录组学数据质量控制

    RNA-Seq为转录组学研究提供了海量的转录组信息[1]。目前标准的RNA-Seq测序数据都是使用 FASTQ(序列和碱基质量)格式(https://en.wikipedia.org/wiki/FASTQ_format)。FASTQ 格式是一种基于文本的储存测序序列和对应质量值的文件格式。测序获得的每个碱基和其对应的质量值都由单个 ASCII 字符编码。和所有测序技术一样,RNA-Seq也存在偏好性、测序错误和人工影响。RNA-Seq 在样品制备、反转录为 cDNA、文库构建、上机测序及图片处理等过程中都有可能会引入测序错误[2]。因

此，

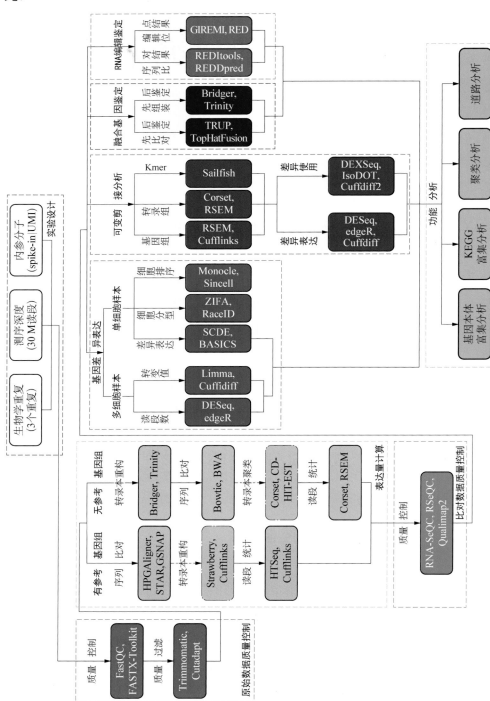

图 2-1 转录组学的研究内容

为了降低和去除这些测序错误对后续数据分析的影响，在获得RNA-Seq原始数据后，首先要对原始数据进行质量检测和过滤。

为了检测RNA-Seq数据的质量，数据质量值、GC含量、核苷酸组成、未知碱基个数、序列长度分布、序列重复水平、占比过高序列、接头序列、k-mer内容、测序芯片整体质量等常被用作表征数据质量的控制指标，根据这些数据质量指标来判定数据质量的高低。目前可用于检测数据质量的软件有FastQC、HTQC、BIGpre、NGS QC Toolkit和FASTX-ToolKit(http://hannonlab. cshl. edu/fastx_toolkit/)等。FastQC由于其使用简单方便和利用直观易懂的图片来描述数据质量而被广泛使用。

根据质量检测结果，需要对原始数据进行质量过滤，包括去除测序序列（read）中的接头序列、低质量序列、较短序列（如小于30 bp的序列）和末尾低质量序列等。常用的原始序列过滤软件有FASTX-ToolKit、Trimmomatic和Cutadapt等。Trimmomatic软件针对Illumina测序数据，可以进行多种序列的剪接和去除接头（adapter）序列，并可以多线程运行，适用于大样本、高通量Illumina数据的质量过滤。

除了对原始数据进行质量检测和过滤外，还需要对数据比对结果进行进一步的质量检测和过滤，这是因为RNA-Seq数据的一些质量偏好性，如PCR偏好性、文库构建质量、细菌污染等需要通过序列比对才可以鉴别出来。根据数据比对结果，可以通过检测文库插入长度、基因/外显子序列覆盖度、基因组序列覆盖度、基因序列数、表达基因个数、测序饱和度、rRNA序列百分比、序列百分比、序列覆盖度均一性、5′和3′末端序列覆盖度等数据质量指标，来进一步评价RNA-Seq数据的质量。其中RNA-SeQC、RSeQC、QoRTs和Qualimap 2等是常用的根据数据比对结果进行质量检测的软件。在这些数据质量指标中，测序饱和度是评价RNA-Seq数据是否适合后续分析的主要因素[3]。如果数据质量较差，可能需要去除质量较差的样本数据，以免影响后续数据分析。

对单细胞RNA-Seq来说，序列比对后的质量控制尤为重要。可以根据是否含有污染序列（和细菌基因组比对）、重复的读段（duplicated reads）比例、比对到基因组上的读段（mapped reads）比例、内参（spike-in）序列比对到基因组上的读段比例、主成分分析等来鉴定质量较差的细胞样本并去掉这些样本，以免给后续分析引入错误[4]。

2.2 mRNA 表达量研究

基因表达模式可以驱动控制生物学过程的分子机制,目前生物学家发现了大量的证据表明转录组对理解疾病及其他生物学问题非常关键[5]。RNA-Seq为鉴定特定功能通路、发现新转录本及评价药物对基因表达的影响等生物学问题提供了有力的工具。

通过测量基因的表达量,可以获得基因在特定细胞、组织或物种中的表达量,从而进一步研究基因的功能。此外,研究基因表达可以用来诊断疾病,鉴定细菌、真菌和病毒感染等,是医学领域常用的分子生物学方法。

基因表达可以通过鉴定蛋白表达和(或)其对应的 RNA 表达来定量。由于 RNA 检测的方便性,根据 RNA 表达量来鉴定基因表达成为最为常用的方法。RNA 表达量的鉴定有多种方法,包括 RNA 印迹法、RT-qPCR、芯片杂交、EST、SAGE、CAGE 和 RNA-Seq等。相比其他方法,RNA-Seq具有许多优势,如可获得单核苷酸分辨率、较高的检测深度和广度以及可以构建转录本。由于RNA-Seq可以不依赖已知基因组序列来研究特定样本的转录组情况,大大拓展了转录组研究的范围,如新基因的鉴定、基因组未知物种的转录组研究和融合基因鉴定等。

利用RNA-Seq数据构建转录本主要有两类方法。一类是依赖于基因组序列的转录本构建方法,如 Strawberry、StringTie、Cufflinks 和 Scripture 等;另一类是不依赖基因组序列的转录本构建方法,如 Bridger、Trinity、Trans-ABySS、SOAPdenovo-Trans 和 Oases 等。Cufflinks 由于开发较早,具有兼容的上下游分析软件(序列比对、差异表达分析和绘图等)和使用方便等特性,是目前使用最广泛的依赖于基因组序列的转录本构建方法。最近公布的 Strawberry 和 StringTie 在转录本构建水平方面有所改进,可能会逐渐取代 Cufflinks。Trinity 是较早开发的不依赖基因组序列的转录本构建方法,应用较广。新开发的 Bridger 在性能上优于 Trinity,也已经开始被使用。RNA-Seq最主要的应用就是获得基因的表达量,从而方便后续其他分析。

RNA-Seq数据分析中最重要的一步就是把获得的RNA-Seq序列比对到参考序列上(基因组或者转录组),从而获得特定基因组区域或特定转录本的表达信息(读段个数)。为了实现这一目的,现已开发了多款针对RNA-Seq短读段的序列比对软件。根据这些软件是否可以比对和鉴定外显子连接处的读段(junction reads),可以将这些序列比对软件分为不支持和支持外显子连接处的读段鉴定两类。支持外显子连接处的读段鉴定,对于鉴定新基因、研究可变剪接和发现融合基因非常关键。目前,大多数RNA-Seq数据都是利用支持外显子连接处的读段鉴定的比对软件进行序列比对,常用的有 GSNAP、MapSplice、TopHat、STAR、HPG Aligner、HISAT 等。GSNAP 虽然计算速度较慢,但是准确性较高,而且外显子连接处的读段和正常读段在序列比对时权重一致,成为主要的支持外显子连接处的读段比对的序列比对软件。

RNA-Seq数据比对到基因组或转录组后,根据比对结果,可以获得每个基因或转录本的读段个数。常用的读段数统计软件有 HTSeq、Picard、BEDTools、featureCounts和 Cufflinks 等。HTSeq 主要适合基因读段个数统计,而 cufflinks 可以对基因、转录本、编码序列、启动子、剪接(splicing)、转录起始位点等进行读段个数统计。

获得基因或转录本的读段个数后,需要对读段数进行标准化。读段数标准化是后续表达分析的关键,因为不同的样本可能含有不同的读段数及由文库构建方法、测序平台和核苷酸组成等引入的技术偏差[6]。数据标准化的目的就是尽可能地降低由测序深度和技术偏差等引入的差异,从而准确地比较不同样本之间的差异。读段数标准化的方法主要有 RPKM[RPKM 是指将比对到基因的读段数除以比对到基因组的所有读段数(以百万为单位)和 RNA 的长度(以 kb 为单位)]、FPKM[FPKM 是指将比对到基因的 fragment 数除以比对到基因组的所有 fragment 数(以百万为单位)和 RNA 的长度(以 kb 为单位)]以及引入各种标准化因子(scaling factor)。其中,fragment 指的是测序片段,可以是单端测序片段,也可以是双端测序片段。RPKM 和 FPKM 由于使用了所有基因的读段数来衡量每个基因的表达量,使得那些较少的高表达基因影响了低表达基因的表达量。基因表达的统计学模型主要有泊松分布(Poisson distribution)和负二项分布(negative binomial distribution)两种。大多数差异表达基因鉴定软件都是以这两种基因表达分布模型进行表达量的标准化。

为了获得较为准确的基因表达量及方便表达量标准化计算(适应统计学模型),从而进一步比较准确地进行后续数据分析,RNA-Seq实验设计时需要考虑生物学重复和测序深度。一般情况下,生物学重复越多,测序深度越大,越有利于后续数据分析。根据不同的实验目的,所需考虑的侧重点也不尽相同。如果要构建新转录本(isoform)的差异表达,通常对于人和小鼠等哺乳动物来说,短测序序列的测序深度一般要达到 100～200 M 读段;如果主要是用于发现不同样本之间的差异表达基因,那么每个实验组和对照组至少需要 3 个实验重复,每个实验重复的短测序序列的测序量通常需要达到 30 M 读段(测序饱和曲线进入平台期)。通过比较研究发现,当测序深度达到 10 M 以后,测序深度对差异表达分析的影响会越来越小,而增加生物学重复则可以显著提高差异表达基因的鉴定[7]。Rapaport 等[8]的研究结果也支持这一结论。

目前已有成千上万基于 RNA-Seq 的研究并产生了海量的 RNA-Seq 数据[9]。为了促进利用这些海量 RNA-Seq 数据并为后续研究提供一个基因表达比较的数据源,Wan 等[10]首先构建了基于癌症研究 RNA-Seq 数据的基因表达数据库,可以为研究人员提供方便的癌症相关基因表达量查询。

2.3　mRNA 差异表达分析

2.3.1　mRNA 差异表达分析概述

发现不同条件下基因的差异表达是理解表型变异的分子生物学基础的一个重要组成部分。利用表达芯片鉴定不同样本之间的差异表达基因已有十几年的历史,特别适合对大样本和中高表达基因进行基因差异表达分析。针对表达芯片,已开发了多款成熟的差异表达基因鉴定软件,如最常用的软件 limma。随着测序成本的不断降低,利用 RNA-Seq 来研究基因的差异表达已成为一种主要趋势。RNA-Seq 是利用第二代测序技术对 RNA 反转录获得的 cDNA 进行测序,并获得数以百万计的短序列,进而研究不同样本的转录情况(转录组)。通过对 RNA-Seq 数据进行质量评估和过滤(去掉接头序列和低质量序列),留下来的高质量测序数据被比对到参考基因组或转录组序列上,并根据比对上的读段数获得基因、转录本或外显子的表达丰度,从而研究基因的差异表达。转录组研究最核心的问题就是揭示不同样本之间(不同条件、组织、细胞、发育时期和疾病等)的转录本差异,也就是说鉴定差异表达基因和转录本。根据 RNA-Seq 样本的特性,可以将 RNA-Seq 分为多细胞或组织样本的多细胞 RNA-Seq(bulk cell RNA-Seq)和单个细胞样本的单细胞 RNA-Seq(single cell RNA-Seq,scRNA-Seq)两种。

与 RT-PCR、表达芯片、EST、SAGE 等传统方法相比,RNA-Seq 在转录组研究中具有许多传统方法无法比拟的优势,如转录组研究的广度和深度、高分辨率(单碱基水平）、新转录本鉴定、融合基因鉴定、RNA 编辑研究、可变剪接和序列变异鉴定等[11]。当然，RNA-Seq 也有其不足，如序列短、测序错误、转录本读段分布不均等。此外，多样本之间比较时也会引入建库、测序深度等方面的差异。为了弥补 RNA-Seq 的这些不足，一方面，需要对原始测序结果进行过滤，获得高质量的测序读段，另一方面，需要提高序列比对的准确性并进行样本之间的标准化，以进一步降低建库和测序深度等对基因表达比较的影响。

2.3.2 多细胞 RNA-Seq 差异表达分析

为了利用多细胞 RNA-Seq 数据鉴定差异表达基因，已有许多相关软件和工具被开发出来（见表 2-1）。综合评价这些软件，发现增加样本重复次数对基因差异表达鉴定准确性的影响高于增加测序深度。根据这些软件使用的表达量数据，可以将它们分为两类，一类是利用读段数进行差异表达分析，另一类是利用转化后的表达量（如标准化文库大小和转录本长度的 RPKM）进行差异表达分析。此外，为了加快基于 RNA-Seq 数据的基因差异表达分析，生物信息学家提供了一些经典的 RNA-Seq 数据分析方案，大大加快了 RNA-Seq 的数据分析过程。另外，为了研究那些没有参考基因组序列的物种的基因差异表达，一般需要进行转录组从头（*de novo*）组装、读段比对到转录本、转录本聚类为基因、基因水平表达量计算和基因差异表达分析等步骤（见图 2-1）。

表 2-1　差异表达基因鉴定软件

方法	读段数/转化值	方法特点	链　　接
DESeq	是|否	过于保守，多样本假阳性较低	http://bioconductor. org/packages/release/bioc/html/DESeq. html
edgeR	是|否	略微宽松，假阳性较高	https://bioconductor. org/packages/release/bioc/html/edgeR. html
NBPSeq	是|否	过于宽松	https://cran. r-project. org/web/packages/NBPSeq/index. html
TSPM	是|否	样本数依赖型，样本数增加，准确性提高	http://www. stat. purdue. edu/～doerge/software/TSPM. R
PoissonSeq	是|否	适应于单向差异表达数据（都上调或下调）	https://cran. r-project. org/web/packages/PoissonSeq/index. html

（续表）

方法	读段数|转化值	方法特点	链　　接
baySeq	是|否	适用于多样本（重复）和上下调基因均等分布情况	http://bioconductor. org/packages/release/bioc/html/baySeq. html
EBSeq	是|否	假阳性较高，大样本较好	http://bioconductor. org/packages/release/bioc/html/EBSeq. html
NOISeq	是|否	对离散度高的样本效果较好	https://www. bioconductor. org/packages/release/bioc/html/NOISeq. html
SAMseq	是|否	适用于多样本（最少 4～5 个样本重复）	http://www. inside-r. org/packages/cran/samr/docs/SAMseq
ShrinkSeq	是|否	假阳性较高	http://www. few. vu. nl/~ mavdwiel/ShrinkBayes. html
Limma	否|是	适用于多样本（最少 3 个样本重复）和单向差异表达数据（都上调或下调）	https://bioconductor. org/packages/release/bioc/html/limma. html
Cuffdiff	否|是	适用于转录本差异表达鉴定	http://cole-trapnell-lab. github. io/cufflinks/cuffdiff/

注：实验重复可以显著提高差异表达基因鉴定的准确性

2.3.3　单细胞RNA-Seq差异表达分析

在单细胞水平鉴定基因表达可以去除多种细胞类型对基因表达的影响，并研究特定细胞环境下基因的表达调控。早先，人们在蛋白质水平利用显微镜偶联报告基因或免疫组化的方法研究单细胞内蛋白质的表达；在 RNA 水平利用单细胞定量 PCR 或者单分子 RNA 荧光原位杂交来研究单细胞内的 RNA 分子。最近，方法学的发展使得单细胞转录本检测成为可能，促进了无偏差分析细胞转录组状态的发展。单细胞 RNA-Seq可以发现相似细胞之间基因表达水平的差异。然而，除了单细胞获取和同时进行多个 RNA 文库测序等实验技术问题外，单细胞测序具有高水平的技术噪声，给分析鉴定细胞间差异表达基因带来了挑战，如高度的 cDNA 扩增和反转录过程中转录本丢失等。由于单细胞测序还有许多新的特征，之前基于多细胞测序的基因差异表达分析方法已经不适用。

单细胞测序时，通常需要加入量化标准，常用的人工合成 spike-in（内参）混合物是基于细菌序列的 92 个带有 poly（A）的外源参比转录本（ERCC RNA spike-in control mixes)[12]。一般将等量的内参分子加入细胞提取物中,测序后根据内参分子数量在多个细胞中应该一致来进行基因表达数据的标准化和估计测序引入的误差。最近的研究通过在反转录过程中向每个 cDNA 分子加上独特的分子标识符(unique molecular identifiers,UMI)来大幅减少那些无法解释的技术噪声及消除测序深度变化和其他扩增偏好性等带来的影响。UMI 方法能够以转录分子的个数来估计基因表达量,而不是利用比对到基因上的读段个数来衡量基因表达。

单细胞 RNA-Seq 的分析步骤与传统RNA-Seq分析步骤类似,包括读段比对、统计基因读段个数、质量控制、表达量标准化及后续分析等。但是,一些单细胞RNA-Seq特有的数据特性需要予以注意(见图 2-2)。第一,如果使用了 spike-in 分子,比对参考序列中需要加入 spike-in 分子的 DNA 序列。第二,如果使用 UMI 标记方法,序列比对前需要去掉 UMI 标记序列。第三,如果含有 UMI 标记,可以统计比对到特定基因上所有读段的唯一 UMI 标签个数,获得基因的转录本个数。第四,数据质量控制分为两部分,一

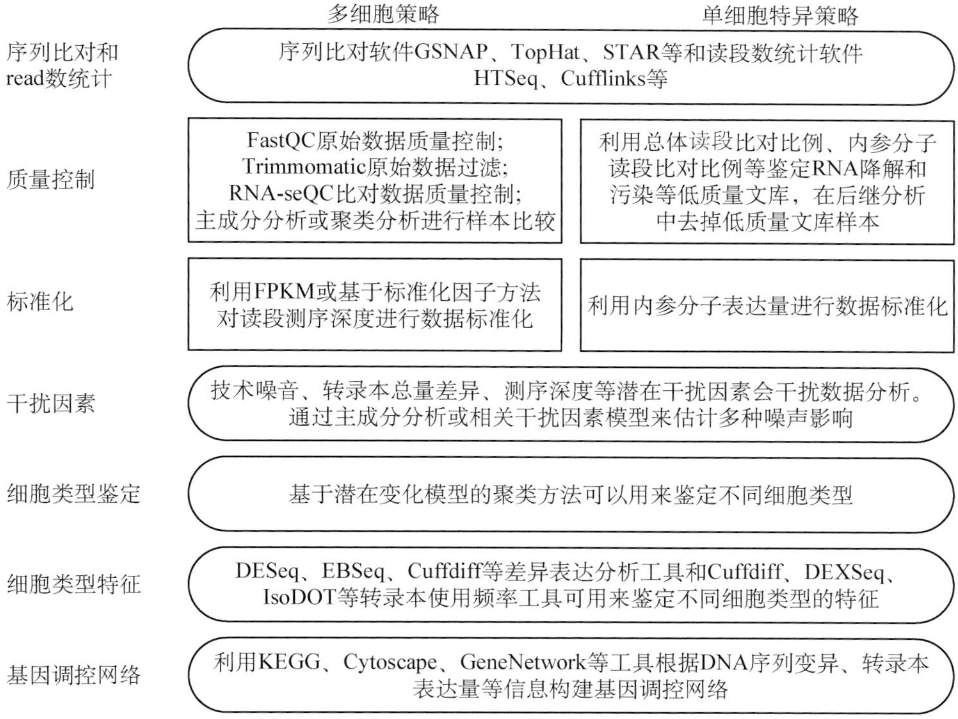

	多细胞策略	单细胞特异策略
序列比对和read数统计	序列比对软件GSNAP、TopHat、STAR等和读段数统计软件HTSeq、Cufflinks等	
质量控制	FastQC原始数据质量控制;Trimmomatic原始数据过滤;RNA-seQC比对数据质量控制;主成分分析或聚类分析进行样本比较	利用总体读段比对比例、内参分子读段比对比例等鉴定RNA降解和污染等低质量文库,在后继分析中去掉低质量文库样本
标准化	利用FPKM或基于标准化因子方法对读段测序深度进行数据标准化	利用内参分子表达量进行数据标准化
干扰因素	技术噪音、转录本总量差异、测序深度等潜在干扰因素会干扰数据分析。通过主成分分析或相关干扰因素模型来估计多种噪声影响	
细胞类型鉴定	基于潜在变化模型的聚类方法可以用来鉴定不同细胞类型	
细胞类型特征	DESeq、EBSeq、Cuffdiff等差异表达分析工具和Cuffdiff、DEXSeq、IsoDOT等转录本使用频率工具可用来鉴定不同细胞类型的特征	
基因调控网络	利用KEGG、Cytoscape、GeneNetwork等工具根据DNA序列变异、转录本表达量等信息构建基因调控网络	

图 2-2 多细胞RNA-Seq和单细胞RNA-Seq分析策略比较

图中展示了多细胞RNA-Seq和单细胞RNA-Seq数据的分析流程。两种数据可以共同使用的方法用椭圆形表示,多细胞RNA-Seq和单细胞RNA-Seq分析具有明显差异的方法用不同的矩形表示

部分是原始读段质量控制,另一部分是比对后鉴定低质量文库构建的细胞(RNA降解、污染等)。第五,表达量标准化,需要考虑细胞内转录本总量差异、测序深度、模拟混杂变量、模拟技术变量等。单细胞RNA-Seq主要应用于3个方面:鉴定和描述细胞类型以及研究它们在时间和(或)空间上的组织形式;推理个体细胞之间的基因调控网络及其稳健性;转录随机成分的鉴定。目前已有多种统计学方法应用于单细胞RNA-Seq数据分析的不同阶段或者不同应用领域(见表2-2)[13]。

表2-2　单细胞RNA-Seq实验的统计学分析方法

方　法	描　述	要　求
数据标准化		
GRM, http://wanglab.ucsd.edu/star/GRM	适用于含spike-in内参分子的FPKM数据,采用多项式伽马回归模型拟合;估计参数用来将基因FPKM表达量转换成每个细胞内绝对标准的表达量	执行细胞标准化,可以用于FPKM、RPKM、TPM等表达数据
SAMstrt, https://github.com/shka/R-SAMstrt	基于重采样的多细胞RNA-Seq数据标准化方法SAMseq被应用于spike-in内参分子	假定相同数量的spike-in内参分子被加入到所有的细胞中
鉴定高度变化基因		
Brennecke 等, http://www.nature.com/nmeth/journal/v10/n11/full/nmeth.2645.html	利用伽马广义线性模型拟合由spike-in内参分子表达量的变异系数平方值量化的平均值-方差关系,从而估计技术噪声参数。这些参数然后被用来估计技术变化对基因表达量的影响,并用来检测基因是否超过一个变化阈值	利用中位数标准化法对spike-in内参分子和基因分别进行标准化。靠基因特异性P值鉴定高度变化基因
Kim 等, http://www.nature.com/ncomms/2015/151022/ncomms9687/full/ncomms9687.html	用spike-in内参分子估计与技术变化有关的参数,允许不同细胞间有不同的变化差异。通过利用总体变化减去技术变化估计基因特异性生物学变化	利用中位数标准化方法估计标准化因子。一个基于模拟的框架用来检测高度变化基因
BASiCS, https://github.com/catavallejos/BASiCS	利用共享的参数对spike-in内参分子和基因进行联合泊松-伽马分层模拟	横跨所有基因来联合估计标准化参数。基因特异性后验概率被用来鉴定低水平和高水平变化基因
降噪		
scLVM, https://github.com/PMBio/scLVM	高斯过程潜变量模型被用来估计与潜在因子相关的协方差矩阵。来自线性混合模型的残差与协方差项来表示降噪表达估计	需要把与潜在因子相关的基因先鉴定出来。利用中位数标准化方法估计标准化因子

（续表）

方　法	描　述	要　求
OEFinder，https://github.com/lengning/OEFinder	使用正交多项式回归鉴定表达量与 C1 Fluidigm 集成流体通路上位置相关的基因	基因特异性 P 值用来鉴定受技术噪声影响的基因
细胞分型		
ZIFA，https://github.com/epierson9/ZIFA	在因子分析（线性降维）框架下模拟丢弃率并作为一个表达函数	需要通过标准化和对数转换估计基因表达（0 没有被转化）
Destiny，http://bioconductor.org/packages/release/bioc/html/destiny.html	扩展扩散地图（非线性降维的方法）处理 0 和单细胞固有的采样密度不均匀性	需要方差稳定的基因表达估计；对大量细胞实验非常适用
SNN-Cliq，http://bioinfo.uncc.edu/SNNCliq/	在一个共享的最近邻（SNN）图中通过鉴定和合并子图（准派系）来聚类细胞；聚类数是自动选择的	需要一个减少基因集。研究人员推荐使用 RPKM 大于 20 的基因并对基因表达量进行对数转化来降低异常值的影响。依赖于图形参数的有效选择
RaceID，https://github.com/dgrun/RaceID	将 K-均值应用于所有细胞两两之间的皮尔逊相关系数相似度矩阵；使用间隙统计来选择聚类数。异常细胞是那些不能用一个鉴定技术和生物学噪声的背景模型解释的细胞。稀有亚群可以被鉴定，异常细胞可以聚类为异常类，然后新的聚类中心再次被计算，每个细胞被分配给最高度相关的聚类中心	需要一个减少的基因集。研究人员认为基因应该至少在每个细胞中含有 5 个转录本
SCUBA，http://www.pnas.org/content/111/52/E5643.full	用 K-均值法沿着分叉树来聚类数据。分叉树用来对时间进程数据说明分叉事件。沿着使用分支理论的树进行表达调控模拟	需要降低的基因集。研究人员推荐使用在最少 30％ 的细胞中表达的 1 000 个表达量变化最大的基因
BackSPIN，http://science.sciencemag.org/content/347/6226/1138.full	迭代地将一个双向（基因和细胞）排序的表达矩阵拆分为两个包含独立的细胞和基因的聚类簇。算法有一个终止条件避免将非常一致的数据拆分开	需要降低的基因集和允许的最大拆分数。研究人员推荐选择经简单噪声模型拟合后有最大残差的表达量最高的 5 000 个基因
PCA/t-SNE，https://lvdmaaten.github.io/tsne/	线性/非线性降维方法被用来对细胞进行无监督聚类	输入典型的相关性或相似性矩阵

（续表）

方　法	描　述	要　求
PAGODA，http://pklab. med. harvard. edu/scde/	允许在细胞群中鉴定和解释转录异质性。在每个基因集中进行一个加权主成分分析；可以用显著超过基因组背景期望值的第一主成分来解释的表达量差异基因集被鉴定出来。为了提供一个非冗余的异质性结构视图，显示高度相似性的不同基因集的主成分被合并来形成一个单一的成分异质性	需要非标准化基因表达数（执行类似于 SCDE 里的内部校正）。使用基因本体注释的基因集或用户定义的基因集
差异鉴定		
MAST，https://github.com/RGLab/MAST	逻辑回归模型被用来检测不同组之间的差异表达比例；高斯广义线性模型（GLM）被用来描述非零表达的表达估计。模型根据细胞检测率校正	需要标准化的基因表达估计和提供来自两个成分的沃尔德测试或求和似然比的基因特异性 P 值
SCDE，http://pklab. med. harvard. edu/scde/	模拟基因特异表达为两个成分混合物：一个泊松成分描述 0 表达量和一个负二项成分描述非 0 表达	需要非标准化的基因表达数（执行内部校正）并提供两个生物学条件间差异表达的基因特异性后验概率。只对非 0 表达进行差异表达检测
scDD，https://github.com/kdkorthauer/scDD	将表达数模拟为一个正常的狄利克雷（Dirichlet）过程混合模型（DPM）来检测与表达成分中多模态相关的差异分布基因。之后进一步鉴定样本在两个生物学条件下的基因特异性分布差异，来鉴定差异表达基因	需要标准化和对数转换的基因表达估计和提供两个生物学条件不同分布基因的特异性 P 值（或者假阳性发现率控制列表）。不同分布基因被分为不同的特定分布差异类型
伪时间排序		
Monocle，http://monocle-bio. sourceforge. net/	降低的数据用来进行独立成分分析（ICA）和构建最小生成树（MST）以将细胞进行伪时间排序	需要标准化和对数转换的基因数减少的基因集表达估计。研究人员推荐鉴定不同时间点的差异表达基因或者高于平均值和方差阈值的基因
Waterfall，http://www. sciencedirect. com/science/article/pii/S1934590915003124	无监督聚类被用来鉴定一个基于 PCA 图中相对位置假定顺序的细胞间聚类。在 PCA 图和最小生成树中单细胞转录组的 K-均值聚类来链接聚类中心和决定伪时间	需要去掉异常值后标准化的基因表达估计
Sincell，http://bioconductor. org/packages/3. 1/bioc/html/sincell. html	一个灵活的 R 流程构建有降维、聚类和构图等多个选项的细胞等级。允许用户评价图的相似性和执行重采样或模拟重复随机细胞替代来评价估计等级的稳健性	需要标准化和对数转换的基因表达估计和一个降低的基因集。研究人员推荐鉴定高度变化基因

（续表）

方　法	描　述	要　求
Oscope，https://www.biostat.wisc.edu/~kendzior/OSCOPE/	采用配对正弦模型和 K-medoids 聚类鉴定变化基因集。对每一个变化基因集，一个扩展的最近插入算法被用来构建细胞循环顺序（定义为在一个变化周期内指定每个细胞的位置顺序）	当存在是鉴定变化基因集。需要标准化的基因表达。推荐只使用高平均值和高变化的基因
Wanderlust，http://www.cell.com/cell/abstract/S0092-8674(14)00471-1	细胞在一个 K-近邻图集合中被表示为节点。对每一个图，用户定义的起始细胞被用来通过迭代计算细胞之间最短路径计算一个方向轨迹。最终的轨迹是所有图的平均轨迹	使用单细胞质量流式细胞仪数据开发，通常用来描述少数基因（<50）和成千上万细胞

（表中数据来自参考文献[13]）

2.4　mRNA 可变剪接

通过选择性剪接前体 mRNA，大约有 90% 以上哺乳动物的多外显子基因可以产生多个 mRNA 和蛋白异构体[14]。RNA-Seq数据的高通量和高分辨率特性为研究转录本选择性剪接提供了有力工具，并被迅速应用于基因组注释、多组织转录本比较、发育和疾病等领域，成为分子生物学和遗传学研究中不可替代的常规分析方法。

选择性剪接转录本与组织/细胞特性、细胞重编程、发育、诱导多能性和疾病等密切相关。例如，大量组织特异性选择性剪接在人类多个组织中被发现；肌盲（muscleblind）样蛋白 1 和 2（MBNL1/ MBNL2）在间充质细胞中表达，而它们的下调会促进体细胞重编程；上皮剪接调节蛋白 1 和 2（ESR1/ ESR2）建立了上皮特定模式的可变剪接表达；在诱导多能性的过程中，基因具有不同的选择性剪接模式；破坏正常的由不同剪接因子调控的剪接程序会导致人类疾病。另外，作为一个主要的转录后调控机制，基因的选择性剪接参与了许多类型的癌症。

转录本可变剪接分析的基础是利用不同的外显子-外显子连接（exon-exon junction）来鉴定和区分可变剪接转录本。现在已经有多款软件研究转录本可变剪接的表达量[3, 15]，根据这些软件选择的比对策略，可以将相关软件分为比对转录组、比对基因组和利用 kmer 索引 3 种（见表 2-3）。准确的基因表达定量对于研究和理解正常和疾病个体、组织和细胞的基因表达调控具有重要意义。影响基因表达定量的因素很多，主要包括读段长度、转录本不均匀的覆盖度和读段深度等。此外，转录本长度、转录本 GC 含量、基因转录本个数等也会影响转录本表达定量。随着第三代测序技术的应用（如 Pacific Biosciences 的 SMRT 技术），可以直接获得全长 cDNA 序列，大大方便和促进了选择性可变剪接的研究，但是由于测序通量低，不能精确定量选择性剪接转录本的表达[16]。

表 2-3　优秀的可变剪接转录本表达量鉴定方法

方　　法	参考序列	基因|转录本	差异表达分析方法
Cufflinks，http://cole-trapnell-lab. github. io/cufflinks/	基因组	是|是	Cuffdiff2，http://cole-trapnell-lab. github. io/cufflinks/
IsoEM，http://dna. engr. uconn. edu/software/IsoEM/	基因组	是|是	IsoDE，http://dna. engr. uconn. edu/software/IsoDE/[17]
Strawberry，https://github. com/ruolin/Strawberry	基因组	是|是	Cuffdiff2，http://cole-trapnell-lab. github. io/cufflinks/
eXpress，https://github. com/adarob/eXpress	转录组	否|是	eXpress，https://github. com/adarob/eXpress
RSEM，http://deweylab. github. io/RSEM/	转录组	是|是	EBSeq，http://bioconductor. org/packages/release/bioc/html/EBSeq. html
BitSeq，http://code. google. com/p/bitseq	转录组	否|是	BitSeq，http://code. google. com/p/bitseq
StringTie，https://ccb. jhu. edu/software/stringtie	转录组	是|是	Ballgown，http://www. nature. com/nbt/journal/v33/n3/full/nbt. 3172. html
Sailfish，http://www. cs. cmu. edu/~ckingsf/software/sailfish	转录组（kmer）	否|是	DESeq，http://bioconductor. org/packages/release/bioc/html/DESeq. html
Kallisto，https://pachterlab. github. io/kallisto/	转录组（kmer）	否|是	EBSeq，http://bioconductor. org/packages/release/bioc/html/EBSeq. html

注：Cufflinks 可变剪接转录本表达量鉴定能力相对较差，可以用 eXpress 软件代替

值得注意的是，与直接统计基因内读段个数来计算基因表达量的方法相比，利用累加可变剪接转录本的表达量来计算基因表达量更加准确[15]。主要原因可能是转录本表达量累加方法可以很好地平衡不同转录本的长度，而读段个数统计方法只能用其中一个长度代替所有的转录本。

可变剪接转录本差异表达分析可以分为两类，一类是基于读段数（reads count）的软件，包括 baySeq、DESeq 和 edgeR 等；另一类是基于转录本表达量的软件，如 BitSeq、

Cuffdiff2、IsoDE 和 EBSeq 等。根据比较分析，基于读段数的差异表达分析软件中 DESeq 具有相对较好的表现[8]。

最近的研究表明，在不同的组织/细胞、发育时期或疾病中表达的可变剪接转录本是不同的，因此鉴定不同组织和细胞类型中基因不同转录本的使用频率具有重要的细胞和发育生物学意义。可变剪接转录本的差异使用频率（DTU）和可变剪接转录本差异表达（DTE）不同，DTU 考虑基因多个转录本使用频率的改变，而 DTE 考察同一转录本在不同样本中的差异表达[18]（见图 2-3）。

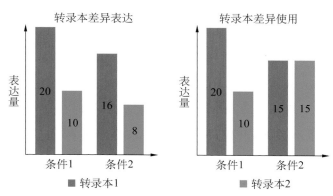

图 2-3　一个含有两个转录本的基因在条件 1 和 2 之间的转录本差异表达和转录本差异使用

转录本差异表达意味着可以在条件 1 和 2 之间至少观察到一个转录本的表达量发生了改变。而每个转录本的表达比例（以占基因所有转录本总表达量的百分比表示）在两个条件之间不一定会发生改变，也就是说转录本可能差异表达但是不一定差异使用。转录本差异使用是指转录本的相对表达量在两个条件中发生改变，而对应的转录本总表达量可能并不一定改变。因为转录本差异使用中至少有一个转录本的表达量发生了改变，所以可以得出转录本表达也存在差异。图中数字表示表达量

通过研究 4 个哺乳动物和 1 个鸟类中的组织特异性剪接模式，发现许多外显子呈现高度保守的组织特异性剪接模式[19]。目前已有多款软件致力于鉴定不同样本中的转录本使用频率，如 cuffdiff2、MISO、DEXSeq、DiffSplice、SigFuge、IsoDOT、IUTA 等。最近的研究显示，转录本预先过滤可以提高鉴定不同转录本使用频率的准确性[18]。

尽管 RNA-Seq 已经成为转录组范围内研究可变剪接的强有力工具，但是 RT-PCR 仍然是定量和验证可变剪接的标准方法。PrimerSeq 提供了基于 RNA-Seq 数据的系统设计和可视化 RT-PCR 引物的用户友好化软件，缩小了利用 RNA-Seq 数据鉴定可变剪接和利用 RT-PCR 验证可变剪接之间的距离。此外，为了进一步解释和分析差异表达或使

用可变剪接转录本，一些具有特定功能的软件被开发出来，如预测控制可变剪接的共价 RNA 基序（motif）[20] 和根据荧光信号自动跟踪和定量人类细胞中特定转录本等。

2.5　基因融合鉴定

融合基因（fusion gene）是指两个原先分开的基因融合形成一个杂合基因或嵌合基因。第一个发现的融合基因是在慢性髓细胞性白血病（chronic myelogenous leukemia）中发现的 *BCR-ABL1* 融合基因，由 22 号染色体上的 *BCR* 基因与 9 号染色体上的 *ABL1* 基因融合形成。融合基因通常是癌基因，如 *BCR-ABL* 可以诱导慢性粒细胞白血病；*TMPRSS2-ERG* 调控前列腺癌（prostate cancer）；*BCAM-AKT2* 是高级别浆液性卵巢癌（high-grade serous ovarian cancer）特有的一个融合基因；*ETV6-NTRK3* 是先天性纤维肉瘤（congenital fibrosarcoma）的癌基因，同时在分泌性乳腺癌和唾液腺、乳腺样分泌癌中也有发现；*WWTR1-CAMTA1* 是上皮样血管内皮瘤（epithelioid hemangioendothelioma，EHE）的一个特征基因。另外，最近的一项研究表明人类前列腺癌中含有大量的嵌合 RNA，揭示了嵌合 RNA 的普遍性，表明嵌合 RNA 代表着癌症中一类独特的分子变化类型[21]。融合基因与癌症形态之间的强关联，使得融合基因成为非常有用的诊断标记。例如 *BCR-ABL1* 在超过 90% 的慢性髓细胞性白血病患者中表达，而超过 50% 的前列腺癌患者携带有 *TMPRSS2-ERG* 融合基因[22]。

融合基因的传统鉴定方法经历了多个阶段，包括染色体显带技术（chromosome banding technique）、荧光原位杂交（fluorescence *in situ* hybridization，FISH）、RT-PCR 和微阵列（microarray）等。第二代测序技术的出现，大大促进了染色体异常和融合基因的研究，如乳腺癌[23] 和前列腺癌的相关研究[24]。第二代测序技术可以提供单碱基水平的序列信息并应用于多种多样的人类遗传学研究。利用第二代测序技术的优势研究融合基因也促进了融合基因检测软件的开发。

融合基因检测的实验方法可以分为基于全基因组测序的方式（WGS）和基于 RNA-Seq 的方式。基于全基因组的测序周期长，成本高，计算复杂，但是检测覆盖度广，几乎可以检测到所有的融合基因（启动子、内含子和外显子区）；RNA-Seq 数据鉴定融合基因，简单、方便、快捷，但是不能检测到启动子区的融合现象，受融合基因表达程度影响及检测假阳性高。融合基因检测的准确性与读段长度、测序深度、测序错误、双端测序数据插入长度等有关,还会与通读(read-through)转录本和反式剪接转录本相混淆。通读转录本也叫转录诱导嵌合体(transcription-induced chimeras),是由于转录酶在上一个基因的转录终止位点并没有停止转录,而是继续转录到相邻转录本造成的,最终成为嵌合转录本[25]。此外,反式剪接(trans-splicing)也在正常和肿瘤细胞中被发现[26, 27],增加了融合基因鉴定的复杂度。

融合基因检测的计算方法可以分为两大类,包括先比对后鉴定和先组装后比对两类。目前已有多款相关软件被开发出来,常用的代表性融合基因鉴定软件如表 2-4 所示。不管哪类软件,最终都是利用 split read、spanning read 和 supported read(比对到融合基因)来鉴定融合基因(见图 2-4)[28]。split read 是指读段分成两部分并分别比对到融合基因的两个基因上;spanning read 是指双端测序读段的两条读段分别比对到融合基因的两个基因内部;supported read 是指那些能够比对到融合基因上的读段个数,主要是用来鉴定融合基因的序列覆盖度。为了降低假阳性,相关软件都会对候选融合基因结果进行严格的过滤,主要过滤条件包括序列相似性(去掉比对错误)、重复序列(去掉基因组相似序列之间的比对)、双端测序读段插入长度(去掉插入长度不符合实验的结果)、核糖体 RNA 序列(去掉 rRNA 的影响)、融合基因之间的距离(去掉通读的影响)等。

表 2-4　基于第二代测序技术的融合基因检测软件

方　　法	特征	WGS∣RNA-Seq
BreakDancer,http://breakdancer.sourceforge.net/	split read 和 spanning read	是∣否
CREST,http://www.stjuderesearch.org/site/lab/zhang	split read	是∣否
Comrad,http://compbio.cs.sfu.ca/	split read 和 spanning read	是∣是
FusinMap,http://www.omicsoft.com/fusionmap	split read	是∣是
FusionSeq,http://rnaseq.gersteinlab.org/fusionseq/	split read 和 spanning read	否∣是
Tophat-Fusion,https://ccb.jhu.edu/software/tophat/fusion_index.shtml	split read	否∣是
TRUP,https://github.com/ruping/TRUP	split read 和 spanning read	否∣是

（续表）

方　　法	特征	WGS丨RNA-Seq
Trans-ABySS，https：//github. com/bcgsc/transabyss	split read 和 spanning read	否丨是
Trinity，https：//github. com/trinityrnaseq/trinityrnaseq/releases	split read 和 spanning read	否丨是
Bridger，https：//sourceforge. net/projects/rnaseqassembly/files/? source＝navbar	split read 和 spanning read	否丨是

注：Comrad 软件需要同时提供 RNA-Seq 和 DNA-Seq 数据

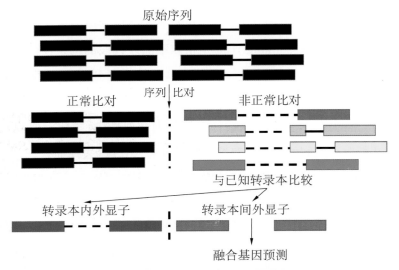

图 2-4　利用双端测序数据通过序列比对鉴定融合基因的过程

(1) 读段比对到基因组序列上。那些正常比对的读段被丢掉,而非正常比对的读段被作为潜在的融合基因位点;

(2) 那些非正常比对到基因组上的读段通过与已知转录本比较推断可能的融合边界。那些位于转录本内外显子的读段被丢掉,而位于转录本间外显子的读段被用来预测融合基因;

(3) 候选融合基因位点通过读段数、比对质量等过滤,获得具有很高可能性的真实融合基因位点

综上,融合基因的鉴定应该结合转录组方面的 RNA-Seq 和 RT-PCR 及基因组方面的 PCR、FISH 和细胞遗传学方法,以获得更加可靠的融合基因。

目前,根据已经公布的 RNA-Seq 数据,生物信息学家构建了一些融合基因相关的数据库,如 ChimerDB（http：//genome. ewha. ac. kr/ChimerDB）、ChiTaRS 2.1（http：//chitars. bioinfo. cnio. es/）、FusionCancer（http：//donglab. ecnu. edu. cn/databases/FusionCancer/）等,为快速查询融合基因及研究融合基因的进化和功能等提供了便利。

2.6　RNA 编辑鉴定

2.6.1　RNA 编辑概述

RNA 编辑(RNA editing)是指 RNA 分子中特定核苷酸改变的一个分子生物学过程。目前,RNA 编辑已在真核生物的 tRNA、rRNA 和 mRNA 分子中被发现。RNA 编辑在细胞核、线粒体和质体中都可以发生。然而,大多数 RNA 编辑过程似乎是在最近的进化过程中独立获得的。RNA 编辑包括核苷酸修饰(如 C→U 和 A→I 脱氨基)和核苷酸插入或者缺失两种。

RNA 编辑于 1986 年首次在锥虫线粒体(trypanosome mitochondria)中被报道,该报道发现 mRNA 中有尿嘧啶核苷酸的插入和缺失[29]。核苷酸插入/缺失类型的 RNA 编辑目前主要在锥虫和黏菌线粒体中被发现。在原生动物门动机体目中,插入缺失类型的 RNA 编辑广泛存在。RNA 编辑正确的插入位点和精确插入尿嘧啶(U)的个数是由向导 RNA 来指导的。核苷酸修饰类型的 RNA 编辑主要包含 C→U 和 A→I 脱氨基修饰,另外,U→C、G→A 和 U→A 转换也在哺乳动物中有少量发现。在哺乳动物中,载脂蛋白 B(apolipoprotein B,apo B)和 1 型神经纤维瘤病(neuro-fibromatosis type 1,NF1)肿瘤抑制基因 mRNA 中含有 C→U RNA 编辑。C→U RNA 编辑是由特定的酶——载脂蛋白 B RNA 编辑酶催化多肽 1(apolipoprotein B mRNA editing enzyme catalytic polypeptide 1,APOBEC1)催化的脱氨反应。谷氨酸应答离子通道(glutamate-responsive ion channels,GluR)mRNA 和 5-羟色胺 2 受体(5-CR2HT)mRNA 中含有 A→I RNA 编辑。A→I RNA 编辑是在双链 RNA 分子上由一个单一亚基脱氨酶(dsRAD 或 DRADA 或 ADAR,adenosine deaminase acting on RNA)介导的。此外,肾母细胞瘤易感性 mRNA(Wilms tumor susceptibility mRNA,*WT1*)中含有 U→C RNA 编辑,小鼠 GlcNAc-1 磷酸转移酶(UDP-N-acetylglucosamine-decaprenyl-phosphate N-acetylglucosaminephosphotransferase)mRNA 中含有 G→A RNA 编辑,人 κ-半乳糖苷酶(κ-galactosidase)中含有 U→A RNA 编辑。另外,在几乎所有陆生植物的线粒体和质体中都存在 RNA 编辑(如 C→U 和 U→C)。

在哺乳动物中,C→U RNA 编辑由 APOBEC1 脱氨酶催化,目前已知只有 *apoB* 和

NF1 中存在。A→I RNA 编辑由 ADAR 催化,在哺乳动物中广泛存在。ADAR 催化时需要结合双链 RNA。A→I RNA 编辑在 *Alu* 重复序列中普遍存在,因为 *Alu* 重复序列可以形成双链 RNA 二级结构。在非 *Alu* 区域,则需要依赖双链 RNA 二级结构和 ADAR 结合序列基序。ADAR 可以调控 RNA 编辑、转录本稳定性和基因表达。最近研究提出,两个邻近的灵长类特异性 *Alu* 重复序列可以作为 ADAR 的募集元件行使功能[30]。

2.6.2　RNA 编辑与疾病的关系

与基因组中的 DNA 突变类似,RNA 编辑在转录组中普遍存在。RNA 编辑活性与多种疾病相关,包括神经疾病和神经退行性疾病(精神分裂症、阿尔茨海默病和抑郁症)、癌症和自身免疫病等。

RNA 编辑对正常脑发育是必需的。转录后(A→I)RNA 编辑增加了蛋白质的多样性,扩大了许多重要神经元表达基因的功能输出[31]。RNA 编辑的效率在神经分化和大脑成熟过程中增加。对 GluK2 Q/R 编辑缺陷型小鼠的研究显示,未经编辑的亚基可通过长时程增强(LTP)参与突触可塑性,而 Q/R 位点未编辑会导致癫痫发作和死亡。阿尔茨海默病中 A→I RNA 编辑水平降低,表明阿尔茨海默病可能与 RNA 编辑缺陷有关。GluA2 RNA 编辑水平降低会导致 Ca^{2+} 通透性增加,从而导致短暂前脑缺血(transient forebrain ischemia)。肌萎缩性侧索硬化症(amyotrophic lateral sclerosis, ALS)是一种致命的神经退行性疾病,特征为运动神经元的进行性恶化。研究显示 ALS 患者 GluA2 Q/R 位点的 RNA 编辑水平显著降低[32],GluA2 Q/R 位点低水平 RNA 编辑是由于作用于 RNA 的腺苷脱氨酶 2(ADAR2)下调所致[33]。

最近的研究表明,乳腺癌、膀胱癌、前列腺癌、神经母细胞瘤、卡波西肉瘤、急性白血病、转移性黑色素瘤和慢性髓细胞性白血病等都与 A→I RNA 编辑有关。此外,*AZIN1* mRNA 的 RNA 编辑可能是一个潜在的肝细胞癌(hepatocellular carcinoma)发病原因,肝细胞癌样本中 *AZIN1* mRNA 发生 A→I RNA 编辑水平增加。与对照样本相比,多形性胶质母细胞瘤(glioblastoma multiforme,GBM,a grade Ⅳ astrocytoma)组织样品显示 GluA2 Q/R 位点 RNA 编辑显著降低,表明 RNA 编辑在肿瘤发生中的作用。最近关于乳腺癌转录组的研究表明,A→I RNA 编辑是转录组多样性的普遍来源,并主要由人类癌症中非常普遍的 1q 扩增和炎症两个因子来控制。与对照样本相比,在肿瘤组织中 RNA 编辑的频率有所增加。Nurit Paz-Yaacov 等的工作验证了上述结论，A→I RNA编辑在多种癌症类型中升高。通过泛癌症分析，证实了一些肿瘤类型的先前研究结果，并提出 RNA 编辑水平在蛋白编码区和 3'-UTR 区的变化可能是一个促进肿瘤生长的通用机制。

Aicardi-Goutières 综合征是由于分子生物学通路中参与核苷酸检测（外源 dsRNA）的基因发生遗传突变导致的[34]。*ADAR1* 突变可以导致与Ⅰ型干扰素紊乱相关的 Aicardi-Goutières 综合征。

此外，RNA 编辑可以影响 RNA 选择性剪接、修饰 miRNA 并影响 mRNA 靶基因及其蛋白质合成以及调控环形 RNA（circular RNA，circRNA）的形成。

2.6.3　RNA 编辑的鉴定

RNA 编辑在转录组中是普遍存在的，最近的研究表明 RNA 编辑与多种疾病相关。因此，RNA 编辑的鉴定成为转录组研究中的常规分析。另外，利用 RNA 编辑普遍存在的特性，RNA 编辑被用来鉴定 RNA 结合蛋白在细胞中的特异性靶基因，并获得了较好的效果。RNA 编辑的鉴定主要经历了 3 个阶段：第一个阶段是传统的单个基因 RNA 编辑鉴定，主要通过 RT-PCR 与测序的方法；第二个阶段是利用生物信息学方法鉴定，主要是通过比较基因组、cDNA 序列和基因组序列比较等方法；第三个阶段是基于第二代测序技术的 RNA-Seq 方法鉴定。与传统方法相比，RNA-Seq 具有全面、精确和低成本等优势，是目前主要的 RNA 编辑鉴定方法。大量的 RNA-Seq 公共数据也为 RNA 编辑的鉴定与研究提供了绝佳的机会。例如，利用人类 ENCODE RNA-Seq 数据，5695 A →I RNA 编辑位点被鉴定出来。

尽管 RNA-Seq 为 RNA 编辑鉴定提供了前所未有的广度和深度，但是如何在海量数据中将真实的 RNA 编辑位点与基因组变异、测序错误和其他人为或实验因素引入的错误区分开来，是 RNA 编辑鉴定面临的一个巨大挑战。假阳性主要来自 3 个方面，包括测序错误、序列比对错误［变异体（variant）鉴定错误］和基因组变异。为了降低测序错误，目前的主要方法是进行读段质量过滤，包括去掉接头序列、低质量的序列和读段末端序列（读段末端质量较差）等，常用的软件有 FASTX toolkit（http://hannonlab. cshl. edu/fastx_toolkit/）和 trimmomatic 等。为了提高序列比对准确性，使用比对准确度较高的软件，如 GSNAP 和 BWA，是目前较好的选择。序列比对结果直接影响变异体鉴定,目前主流的变异体鉴定软件包括 GATK 和 samtools。GATK 准确性相对较高,但是较为烦琐;samtools 准确性相对较低,但是使用简单。根据对两款软件的比较,发现当变异体的测序深度≥3 时,两款软件的准确性相似。为了去掉基因组变异,目前有两种策略。一种是通过与已知基因组变异数据(如 dbSNP)相比,降低假阳性;另一种是对同一样本同时进行转录组和基因组测序,利用基因组测序中鉴定的基因组变异数据为背景来降低假阳性。同时进行转录组和基因组测序,是目前的主流方法。

此外,为了判断 DNA-RNA 差异是真实的 RNA 编辑事件还是测序错误,对数似然比(log-likelihood ratio,LLR)常被用来评价预测 RNA 编辑位点的显著性。LLR 用来描述特定位点是 RNA 编辑位点的可能性与测序错误位点的可能性的比值。另外,通过利用已知的 RNA 编辑位点优化 RNA 编辑鉴定方法,从而进一步降低假阳性,也是一种不错的选择。常用的 RNA 变异已知数据库有 DARNED(http://darned.ucc.ie/)和 RADAR(http://rnaedit.com/)。其中,RADAR 数据库还提供了 RNA 编辑位点在特定组织的编辑水平,为研究 RNA 编辑水平在不同组织之间的变化提供了必要的数据。最新的研究通过计算和实验的方法,表明非经典 RNA 编辑位点更倾向于是假阳性位点,可以作为根据用来优化 RNA 编辑位点鉴定的相关算法和软件。

为了促进 RNA 编辑的鉴定,目前已经开发了多款相关软件(见表 2-5)。然而,大部分软件都有一定的局限性。rddChecker 只支持 hg19 和 mm9,而且假阳性率较高。REDItools 是一款简单易用的基于 python 的软件,可以进行已知 RNA 编辑位点鉴定、基于 DNA-Seq 和 RNA-Seq 数据的 RNA 编辑位点鉴定及只基于 RNA-Seq 数据的 RNA 编辑位点鉴定。VIRGO 只可以用来鉴定 A→I RNA 编辑位点。RCARE 是一款注释已知 RNA 编辑位点的工具。GIREMI 利用相邻位点的相互信息鉴定 RNA 编辑位点,适合大基因组数据,而对小基因组数据(线粒体和叶绿体 RNA-Seq 数据)则效果较差。RED 是一款 RNA 编辑位点鉴定及可视化的软件,但是敏感性较差,且安装过程比较复杂。RDDpred 是基于机器学习的 RNA 编辑鉴定软件,可以显著降低假阳性。根据笔者对相关软件的使用以及软件自身特性的考虑,REDItools 是一款简单易用的 RNA 编辑鉴定软件。

表 2-5 RNA 编辑鉴定软件

方法	算法	未知/已知	链接
rddChecker	多重过滤	是/是	http://ccb.jhu.edu/software/rddChecker/
REDItools	鉴定 SNP 和过滤	是/是	https://sourceforge.net/projects/reditools/
VIRGO	过滤和二代测序数据支持	否/是	http://atlas.dmi.unict.it/virgo/
RCARE	与已知位点比较	否/是	http://www.snubi.org/software/rcare/
GIREMI	相互信息和广义线性模型	是/是	https://www.ibp.ucla.edu/research/xiao/GIREMI.html
RED	规则和统计学过滤	是/是	http://github.com/REDetector/RED
RDDpred	机器学习	是/是	http://biohealth.snu.ac.kr/software/RDDpred

  RNA 编辑可以影响 RNA 选择性剪接。Liguo Wang 等开发了一款工具 PVAAS（https://sourceforge.net/projects/pvaas/files/? source＝navbar），可以根据RNA-Seq 数据来鉴定与选择性剪接相关的单核苷酸多态性位点。该软件可以用来鉴定 RNA 编辑与转录本选择性剪接之间的相互关系。另外，笔者所在实验室开发了针对细胞器基因组的第一款 RNA 编辑鉴定软件 REDO（https://sourceforge.net/projects/redo/），可以显著降低假阳性并提供详细的 RNA 编辑位点注释、统计分析、RNA 编辑水平比较分析及多样本聚类分析等。此外，与 PVAAS 相比，笔者实验室开发的剪接事件相关序列变异鉴定软件 ISVASE（https://sourceforge.net/projects/isvase/）显著提高了鉴定剪接事件相关序列变异的准确性和敏感性。

2.7 环形 RNA 鉴定及其功能预测

  过去的 20 多年见证了 RNA 研究的巨大进步——大量研究都表明 RNA 不仅仅是负责传递 DNA 遗传信息用于合成蛋白质的信使，更是一大类形式多样且功能广泛的生物活性分子。已发现的 RNA 从几十个碱基到几千个碱基甚至更长，功能更是覆盖了从细胞的转录、翻译、调控到生物体的疾病状态等广泛的过程与方面。然而自 RNA 发现以来，人们的认识都基于 RNA 中绝大多数都以线性形式存在这一假设上，并且一直被这个对 RNA 的最初印象所束缚。直到 2012 年 Salzman 等发现环形 RNA 在人类细胞中普遍及稳定存在，以及 2013 年 Memczak 等与 Hansen 等分别同时证明的 CDR1as 这一环形 RNA 对 miRNA 吸附(miRNA 海绵功能)及由此引起的转录后水平的调控作用,人们才得以重新认识 RNA 的存在形式,并开展针对环形 RNA 这一类之前被普遍忽视的非编码 RNA 的相关研究。本节着重介绍环形 RNA 的相关背景以及研究现状。

2.7.1 环形 RNA 的分类

广义的环形 RNA 泛指所有以环状或类似环状形式存在的 RNA 分子,包括类病毒等的环状单链 RNA 基因组、转运 RNA 等成熟过程中产生的环状中间产物、套索经过 RNA 酶 R 处理后残留的环状部分及真核基因转录后经后向剪接接合形成的环形 RNA 等。

2.7.1.1 环状单链 RNA 基因组

类病毒是一类无蛋白衣壳但是具有独立侵染性的环状单链 RNA 分子[35]。目前已知的类病毒大多是植物病原体,如 *Pospiviroid* 属主要侵染植物块茎,而 *Hostuviroid* 属则可侵染啤酒花。所有发现的类病毒环状单链 RNA 基因组均较小,介于 246~467 bp,且不编码任何蛋白质。研究表明,这些环状单链 RNA 基因组由于内部碱基的自我互补配对,会形成类似杆状的自然结构。经过变性处理,会逐渐转化为球拍形乃至完全的环形。

丁型肝炎病毒(hepatitis D virus)是引起丁型肝炎的病原体,其基因组为全长 1.7 kb 且具有较高 GC 含量的单链环状 RNA[36]。由于只有在乙型肝炎病毒存在并提供蛋白质衣壳的情况下丁型肝炎病毒才能繁殖,因此其也被认为是乙型肝炎病毒的亚病毒。不过由于丁型肝炎病毒的 RNA 基因组以反义链形式编码其特有的丁型肝炎抗原,其仍有别于上述类病毒。其 RNA 基因组中约 70% 的序列也能够自我互补配对,从而形成具有部分双链的杆状结构。

2.7.1.2 tRNA 环形中间产物以及 tRNA 与 rRNA 内含子的切除环化

单细胞藻类的重排 tRNA 基因(permuted tRNA gene)产生的 tRNA 前体在成熟过程中会产生一个环形 RNA 的中间产物。具体步骤推测为经 tRNA 剪接内切酶切除引导和拖尾序列,再由 tRNA 连接酶将外显子的 5′ 与 3′ 端共价连接形成环状。该环形 RNA 中间体随后由 RNA 酶 P 与 tRNA 酶 Z 共同切除间隔序列产生一个成熟的 tRNA。

古菌 tRNA 及 rRNA 的内含子在经剪接内切酶从前体切除后,会进一步经 RNA 连接酶催化发生环化。这些环形内含子多数既不稳定也无研究表明具有功能,然而也有例外。例如,广域古菌 *Haloferax volcanii* 的色氨酸 tRNA 长度为 105 bp 的内含子从前体切除并成环以后是高度稳定的,其内部包含了一个 C/D 盒 RNA,能指导成熟 tRNA 的 34 与 39 位核苷酸进行化学修饰。此外,有些古菌物种中包含开放阅读框的 rRNA 环化内含子也较为稳定。

2.7.1.3　套索经过 RNA 酶 R 处理后残留的类似环状部分

在真核转录生成的前体 RNA 进行内含子切除并连接两端外显子的过程中,会产生一种套索结构的中间产物。具体来说,该剪接反应的第一步是 $5'$ 剪接位点受到来自分支位点腺嘌呤上 $2'$-OH 的亲核攻击,本来与内含子 $5'$ 端连接的外显子变为线性,而剩下的内含子-外显子复合分子则变成套索结构。该套索是由原内含子 $5'$ 端同时发生酯交换反应,并与内含子内部分支位点(branch point)腺嘌呤以 $2',5'$-磷酸二酯键连接形成的。在第二步中,由第一步反应中释放出的外显子的自由 $3'$-OH 攻击 $3'$ 末端剪接位点,随后本来与内含子 $5'$ 端和 $3'$ 端相连的两外显子连接成一个线性分子,而原套索结构的分支端在第二步切除外显子后变短。在多数情况下,该套索随后会被释放并进入降解通路。

不过,也有研究表明有些套索在剪接完成后仍然存在并具有功能。Zhang 等[37]指出,在人类细胞核内发现了丰度较高的此类套索结构,而对其中一些进行沉默会导致亲本基因表达的降低。其中一种高表达的 ci-ankrd52 被认为能够通过与 RNA 合成酶 II 相互作用从而促进后者的转录作用。由于 $2',5'$-磷酸二酯键的存在,套索在经过能对线性 RNA 进行消化的外切酶 RNA 酶 R 处理后其分支端被消化,但是类似环状部分仍然存在,Zhang 等进而将该部分命名为环形内含子长非编码 RNA(circular intronic long noncoding RNA)[37],也有少数报道将该类套索称为内含子型环形 RNA(intronic circRNA)。需要指出的是,$2',5'$-磷酸二酯键与该结构内其他核苷酸之间的 $3',5'$-磷酸二酯键并不相同,因此与下述后向剪接接合形成的环形 RNA 属于两种截然不同的 RNA 分子。

2.7.1.4　真核转录后经后向剪接接合形成的环形 RNA

相比于上述 mRNA 等线性转录产物在剪接过程中将内含子切除后将本来与该内含子 $5'$ 端和 $3'$ 端相连外显子进行连接的经典剪接方式,有一类剪接方式会将与原下游内含子 $5'$ 端相连的外显子接合于与原上游另一内含子 $3'$ 端相连的外显子末端,从而导致非共线性的接合(non-colinear junction),被称作后向剪接接合(backsplice)。后向剪接接合产物会包含所接合的两外显子(或同一外显子两端)之间的切除内含子的所有剩余部分,从而形成所有内部核苷酸都以 $3',5'$-磷酸二酯键共价连接,在拓扑结构上完全均一的完美环形。这种环形 RNA 在 2012 年由 Salzman 等发现,普遍并稳定存在于动物细胞内[38],而其中一些也被证明具有 miRNA 吸附及其他重要生物功能。本节主要介绍该类环形 RNA,而将上述套索经过 RNA 酶 R 处理后残留的类似环状部分称为"套索的环状部分"以示区别。

2.7.2 环形 RNA 的生化特性

2.7.2.1 环形 RNA 与线性 RNA

相比于线性 RNA,环形 RNA 不具有 $3'$ 及 $5'$ 端;而相比于 mRNA,环形 RNA 还缺少了 $5'$ 帽与 poly(A)尾。这些不同都使得环形 RNA 往往不能通过常用的线性 RNA 检测手段发现。具体来说,检测环形 RNA 不能通过依靠 poly(A)尾的分子手段。例如,poly(A)富集建库 RNA 高通量测序及 cDNA 末端快速扩增技术(rapid amplification of cDNA ends,RACE)。但是由于环形结构本身并不影响反转录酶合成 cDNA,通过对去除核糖体 RNA 的总 RNA 进行随机六聚体扩增合成 cDNA 并建库进行高通量测序,可以有效捕捉环形 RNA 信息,这也是目前常用的环形 RNA 研究方法之一。此外,针对环形 RNA 具有环形接合位点这一特性,之前的许多研究都根据环形 RNA 接合位点区域设计外向引物对进行扩增。由于外向引物往往不能对线性 RNA 进行特异扩增,因此可用于环形 RNA 的实验验证。

2.7.2.2 环形 RNA 的稳定性

之前的研究都指出环形 RNA 相对于线性 RNA 更加稳定。例如,Jeck 等对 4 种环形 RNA 与相应的线性 RNA 进行比较,发现环形 RNA 能稳定存在 48 小时以上,而线性 RNA 则不超过 20 小时。而 Memczak 等也通过阻断转录实验发现,环形 RNA 的稳定性显著高于 GAPDH 等持家基因的线性转录产物。由于已知线性 RNA 的不稳定因素之一在于其易受核糖核酸酶水解,推测环形 RNA 的稳定性可能得益于其缺乏线性末端而难以被某些核糖核酸酶消化,或者阻止了体内针对 RNA $3'$ 端的降解通路,从而容易维持其分子结构的完整性。

2.7.2.3 环形 RNA 与核糖核酸酶

核糖核酸酶在自然环境下广泛存在,同时也是生物及医学研究中普遍采用的 RNA

水解酶,主要可分为内切酶与外切酶两大类。例如,最常见的核糖核酸酶 A 就属于典型的内切酶,能够将嘧啶类核糖核苷酸 3′ 端与相邻核糖核苷酸 5′ 端之间的磷酸共价键逐一破坏从而水解整个 RNA。此类核糖核酸酶能够降解环形 RNA。此外,核糖核酸酶 H 单一降解与 DNA 互补的 RNA 部分,因此当该酶水解与单一寡核苷酸杂交的线性 RNA 时,会产生两个水解产物,而对于环形 RNA,却只能使其线性化。之前的研究通过使用核糖核酸酶 H 配合 RNA 印迹确认了成年小鼠 Sry 基因产生的环形 RNA。需要着重介绍的是一般生化实验中较少使用的核糖核酸酶 R(RNA 酶 R)。这是一类能够从 RNA 的自由 3′ 端向 5′ 端方向逐一水解的核糖核酸外切酶。RNA 酶 R 能够比较有效地降解带有二级结构的线性 RNA,但是却不能作用于没有自由 3′ 端的环形 RNA。RNA 酶 R 已经在很多环形 RNA 相关研究中得到应用,如用于去除线性转录产物以纯化环形 RNA 或者判断所检测的环形 RNA 是否为假阳性。之前的研究中还曾配合使用烟草酸性磷酸酶及终止子外切酶以达到相似的效果。前者可以特异地作用于核苷酸上的双磷酸或三磷酸基团,而后者则负责从 RNA 的 5′ 单磷酸核苷酸末端向 3′ 端方向逐一水解 RNA。

2.7.2.4　环形 RNA 的迁移特性

不同的 RNA 结构会导致电泳过程中不同的迁移速度。一般来说,线性 RNA 比同等长度的环形 RNA 或套索的迁移速度更快。随着凝胶交联程度的增加,这种迁移的差别会加剧。这些特性可被应用于 RNA 印迹以检测环形 RNA。有研究进一步表明,使用在两个方向上交联程度不同的二维凝胶电泳会引起环形 RNA 特异的迁移轨迹,从而与线性 RNA 的对角线迁移轨迹相区分[39]。此外,将环形 RNA 与融化的琼脂糖混合后上样能够利用交联特性完全阻止环形 RNA 在电泳过程中的迁移,由于线性 RNA 不受此过程影响,该方法可以实现对环形 RNA 的特异性捕获。

2.7.2.5　环形 RNA 的广泛存在

2012 年,Salzman 等在人类 CD19$^+$T 细胞、CD34$^+$T 细胞和中性粒细胞中发现了 1 300 多种环形 RNA。2013 年 Jeck 等报道了人类成纤维细胞中高达 7 771 种环形 RNA 的识别。随后,多个课题组分别在 ENCODE 项目测序的 15 种人类细胞系、果蝇的 62 个不同组织与发育时期样本、人类与小鼠不同区域的脑组织及猪不同胚胎发育时期的脑部样本等来自多种动物的时空特异性样本中都找到了广泛存在的环形 RNA。此外,有报道称水稻中也存在多样的环形 RNA,而 Salzman 组 Wang 等的一项研究甚至指出环形 RNA 广泛存在于从真菌、植物到原生生物的所有真核生物主要分支中。除了存在于细胞中,最新的一篇报道又发现环形 RNA 大量稳定存在于人类的外泌体中[40]。所有上述报道都证明环形 RNA 是一类普遍存在且值得深入研究的 RNA 分子。

2.7.3 环形 RNA 的早期研究

早在 1979 年,Hsu 等[41]就通过电子显微镜观察到在变性条件下,HeLa 细胞质中约 1%～2% 的分子呈现类似环形的结构,而且这种结构的分子会在 RNA 酶的作用下消失,提示其很可能为环形 RNA。值得注意的是,该报道中有些环形分子包含类似"锅柄"的结构,有时该结构还呈现类似"兔耳"的形式。由于电子显微镜的分辨率限制,现在无法判断研究人员当时观察到的是尚未变性完全的环形互补部分,还是套索结构的分支端,因此也不能确定所有的这些环形分子究竟是套索、环形 RNA 还是两者的混合物。

最早的可能针对环形 RNA 表达特征进行的研究报道出现于 1991 年。Nigro 等[42]发现一种可能的癌症抑制基因 DCC 产生的千分之一的转录产物中外显子顺序异常。这种剪接使用的剪接位点与经典剪接完全一致,但是有两个外显子以"杂乱"(scrambled)的顺序被剪接,这种现象在人类及啮齿类来源的正常及肿瘤细胞中都有发现。值得注意的是,研究人员是在细胞质 RNA 的无 poly(A) 富集组分中发现上述现象的,因此虽然研究人员当时并没有意识到所检测到的转录产物并非线性的可能性,现在一般认为该报道中的杂乱排序的外显子其实来源于 DCC 基因产生的环形 RNA。

随后,Capel 等于 1993 年报道了成年小鼠睾丸中 Sry 基因会产生环形转录产物。他们首先发现睾丸的 Sry 基因转录产物的 cDNA 克隆中来源于 3′ 端的序列位于 5′ 端位置,而 RNA 酶保护实验及 RT-PCR 表明该转录产物在睾丸中具有较高的丰度。研究人员随后利用与单一寡核苷酸杂交的线性 RNA 和环形 RNA 在受到 RNA 酶 H 水解时会分别产生两个片段及一个片段的特征,对总 RNA 进行 RNA 酶 H 处理配合 RNA 印迹法,最终确定该转录产物为环形 RNA。研究人员还发现该环形 RNA 位于细胞质中,但是蔗糖梯度分离实验显示其并不与多核糖体结合,而是与单核糖体及游离的信使核糖核蛋白等转录非活跃组分相关。

在随后的 20 年中,又陆续有几种环形 RNA 被发现,包括人类原癌基因 ETS-1、细胞色素 P450 2C18 基因和钠钙转运体 NCX1 基因等。值得注意的是,上述环形 RNA

大多是意外发现的,而由于表达量较低,它们也常常被认为是非特异性的表达副产物,有些报道甚至直接把它们的出现归因于转录的噪声或者实验中产生的人工产物,同时上述这些研究中也没有关于环形 RNA 确切功能的报道。总体来说,由于缺乏有效的研究手段及对 RNA 整体认识上的不足,环形 RNA 的早期研究整体水平较低,而且其中很多观点在现在看来是不正确的。直到近几年,RNA 测序技术和相应生物信息学的发展终于使得对环形 RNA 机制和功能的系统研究成为可能。

2.7.4　环形 RNA 的生成机制

若干研究都表明,剪接体不但是产生线性转录产物所必需的,还密切参与了环形 RNA 的生成。同时虽然存在极少数例外,经典的剪接位点也被认为是绝大多数环形 RNA 形成的必要特征。因此,目前所有环形 RNA 生成机制的提出都是建立在已知剪接体对线性转录产物的经典剪接机制之上的。这些已有的机制主要包括内含子中反向重复序列的介导、形成包含外显子的套索中间产物介导以及 RNA 结合蛋白及剪接因子介导等。

2.7.4.1　邻近内含子中反向重复序列介导的成环机制

小鼠 *Sry* 基因的环形 RNA 两端的内含子中含有反向重复序列,这强烈提示至少某些环形 RNA 的生成受到邻近内含子中反向重复序列的调节。当发现环形 RNA 广泛存在于动物细胞之后,Jeck 等又在其研究中针对该可能性提出了"直接成环"(direct circularization)或"内含子配对驱动成环"(intron-pairing-driven circularization)模型,认为诸如 *Alu* 等重复序列间的互补或其他 RNA 二级结构会拉近原本较远的向后剪接接合的供体与受体,从而促进环化。该模型随后在诸多研究中得到验证。比较有代表性的是 Zhang 等[43]于 2014 年发表的研究成果。通过构建表达载体并插入不同的内含子片段,Zhang 等证明了两端内含子的反向互补对于某些成环是必需的。此外,两端内含子间反向互补与同一端内含子内反向互补的竞争会影响相应的成环效率,而不同内含子间的反向互补还会导致可变成环(alternative circularization)的现象。

2.7.4.2　裂殖酵母中通过包含外显子的套索介导的成环机制

早在 1996 年,Zaphiropoulos 等就在细胞色素 *P450 2C18* 基因中发现外显子跳读与环形 RNA 生成的对应关系。随后基于线性转录产物剪接过程中产生的内含子套索中间产物,包含外显子的套索中间产物介导成环的模型被提出。例如,在 Jeck 等的报道中将此类模型命名为"套索驱动"成环（lariat-driven circularization）模型，该模型中环形RNA的产生必然会伴随相应线性产物的外显子跳读。尽管曾有后续报道指出高等动物中的外显子跳读与环形RNA确实具有一定相关性，套索介导成环机制在高等动物中尚未得到有效的实验验证。然而，由于低等真核生物中的重复序列远较哺乳动物少见，内含子中反向重复序列介导的成环机制不太可能普遍存在，相关研究又重新考虑套索介导模型在此类生物中存在的普遍性。Salzman课题组的Barrett等[44]随后于2015年通过利用一株分支酶缺陷型裂殖酵母对 *mrps16* 基因进行质粒表达，重现了环形RNA与线性RNA生成的定量关系，而对剪接位点的删除也进一步证明了包含外显子的套索对酵母细胞内的环形RNA生成是必要的。

2.7.4.3　RNA结合蛋白及剪接因子介导的成环机制

除了以上两种机制外，Conn等[45]于2015年提出并证明了第三种真核转录产物成环机制。该研究发现在上皮细胞向间充质细胞转化（epithelial-mesenchymal transition，EMT）中，有超过1/3的高表达环形RNA受到可变剪接调控因子Quaking的调控作用。通过序列分析、突变及沉默实验，发现这种调控作用是通过环形RNA邻近内含子上Quaking的结合位点实现的，而增加Quaking的结合位点也足以使原本线性剪接的转录本成环。由于Quaking是二聚体，该机制很有可能是通过把两端内含子拉近从而促进环化的。同时，Quaking本身也在EMT过程中受到相关调控，因此该机制提示环形表达受到细胞的主动调控，也在一定程度上解释了以往研究中发现的环形RNA细胞特异性表达现象。类似地，Ashwal-Fluss等也曾在2014年指出果蝇的剪接因子MBL由于在两侧内含子上的结合位点，能促进包括自身基因在内的几个基因的环形转录产物生成。随后，Kramer等也于2015年报道了hnRNP及SR家族蛋白的协同作用影响了果蝇 *Laccase2* 基因的成环。然而后面的两个报道中RNA结合蛋白所影响的成环基因较少，涉及机制也不如Quaking蛋白介导的成环机制明确。

2.7.4.4　目前已知成环机制的不足

尽管目前上述3种成环机制已经分别得到验证，但是它们尚不足以完全解释环形RNA的表达特征。首先，上述机制虽然构成了某些环形RNA成环的必要条件，却仍不是其充分条件。例如，人类基因组内含子中以 *Alu* 为代表的重复序列数量非常巨大，但并不是所有这些重复序列都最终导致成环现象；而酵母中发生的许多外显子跳读事件也没有发现对应的环形RNA。其次，前两个机制过于简单，不能解释环形RNA的细胞特异性表达,即使是第三种机制也仅能解释 EMT 这一单一过程中 1/3 的成环现象及果蝇中个别基因的成环。许多剪接因子及 RNA 结合蛋白都有与 Quaking 相似的功能和特性,它们是否也都能介导成环以及具体机制又有何区别与联系,诸多相关疑问仍然亟须解决。更多的研究也表明,环形形成与 RNA 前体的二级结构、环形内部序列及长度都有关系,因此实际的成环过程可能比上述机制更加复杂。

2.7.5　环形 RNA 的功能

2.7.5.1　环形 RNA 的反式调控功能

环形 RNA 特异吸附 miRNA 并间接调控编码基因是迄今为止研究最透彻的反式调控功能。2013 年,Hansen 等与 Memczak 等分别在同一期 *Nature* 杂志上发表了 *CDR1* 的反义链环形 RNA 产物 CDR1as(或称 ciRS-7)通过其序列上的结合位点吸附 miR-7 的研究成果。Hansen 等首先分析了该环形 RNA 的序列,共发现了 73 个 miR-7 的潜在靶点,对这些靶点的分析发现其在所有真哺乳亚纲中相对于邻近序列都更保守。而针对 AGO2 免疫共沉淀的小鼠大脑高通量测序数据分析显示,AGO2 与该环形 RNA 紧密联系。Hansen 等随后构建了 ciRS-7 的表达载体,并发现虽然含有大量 miR-7 的结合位点,但是 ciRS-7 本身并不受 miR-7 影响。在 HEK293 细胞的 Myc-AGO2 免疫共沉淀实验显示,内生的 miR-7 会促进 ciRS-7 与 AGO2 的联系,而荧光原位杂交显示 ciRS-7 与 miR-7 在定位上有较大的重叠。进一步对小鼠大脑使用分别与碱性磷酸酶配对的 ciRS-7 与 miR-7 探针对两种 RNA 的表达进行可视化研究,发现两者在细胞内表现出清晰的共表达。研究人员又分别构建了在其 3′-UTR 区域插入一个miR-7靶点或完整的 ciRS-7 序列的萤光素酶报告载体,并与 ciRS-7 和 miR-7 的表达载体共转染,结果显示 ciRS-7 会显著降低 miR-7 的沉默作用。而在 HEK293 细胞中,当转染了 miR-671 后,ciRS-7 显著减少,从而使 miR-7 的沉默作用得以恢复。研究人员还在小鼠 *Sry* 基因的环形 RNA 中找到 16 个 miR-138 的潜在靶点,相关实验验证该环形 RNA 也具有类似的吸附作用。而在 Memczak 等的报道中也对 CDR1as 进行了类似的 miR-7 靶点分析、AGO 的免疫共沉淀及两者的共表达分析。除此之外,Memczak 等还在本身缺失 cdr 位点的斑马鱼体内进行了 miR-7 的沉默实验,结果导致中脑体积显著减小。而分别注射了能够表达 CDR1as 对应的线性序列和 CDR1as 本身的环形质粒也会出现与上述沉默实验类似的效果;当注射 miR-7 前体后,上述中脑减小的现象又得到了部分恢复。这两个独立的研究中使用了大量的序列分析、染色体定位分析、沉默和转染实验，结果都清晰地表明 CDR1as 是通过其序列上大量的结合位点对 miR-7 进行了有效吸附，调节了后者的抑制作用，从而实现了该环形 RNA 对其他编码基因的反式调控作用。

2016 年，Zheng 等的发现又进一步补充了具有 miRNA 海绵功能的环形 RNA。该研究对 6 种正常细胞和 7 种癌症细胞进行了去除核糖体的高通量测序，并发现了在这两种类型组织中特异表达的环形 RNA，包括 *HIPK3* 基因的第二个外显子形成的环形 RNA。通过设计环形接合区域、线性特有区域以及第二外显子上的 siRNA 分别对该环形 RNA、其相应线性转录产物以及两者进行 RNA 干扰实验，结果表明对环形 RNA 的下调会抑制多种类型细胞的生长，而只对线性产物干扰的对照组没有引起相应的生长抑制。通过 CRISPR 技术对环形 RNA 进行沉默也产生了类似的结果。进一步的免疫共沉淀实验揭示了该环形 RNA 与 AGO2 密切联系，而构建的萤光素酶报告载体的表达也因为在 3′-UTR 区域插入了该环形 RNA 的线性序列受到 miRNA 的下调，当过表达该环形 RNA 时又得到恢复。研究人员发现共有 9 种 miRNA 至少下调了该表达的 30％以上，这 9 种 miRNA 均已有报道证明本身能够抑制细胞生长，但是所有的 9 种 miRNA 都不能直接影响该环形 RNA 本身的表达。对报告载体上靶点位置的突变会导致对应 miRNA 下调作用的消失。此外，转染发生同样突变的环形 RNA 也不能恢复报告载体的表达。

虽然上述研究都对所研究环形 RNA 的 miRNA 海绵功能提供了非常翔实的实验证据，然而 Salzman 等及 Jeck 等通过生物信息学手段对检测到的环形 RNA 进行内部结构靶点分析却显示所有的环形 RNA 中只有很少的比例含有大量（如大于 10 个）的 miRNA 靶点，因此这两个研究的研究人员都认为具有此类功能的环形 RNA 可能并不常见。需要指出的是，在 Zheng 等研究中的 *HIPK3* 基因环形 RNA 内部含有每种 miRNA 的靶点（≤5）都并不多，而且 Salzman 等的计算其实只是根据现有线性 RNA 的注释信息进行的环形内部结构的推测，并没有基于环形 RNA 真实的内部结构。

2.7.5.2 环形 RNA 的顺式调控作用

除了上述 miRNA 海绵功能外，还有一些已经被报道的环形 RNA 功能。Li 等[46]于 2014 年通过针对 Pol Ⅱ 的免疫共沉淀技术对 HeLa 细胞中与 Pol Ⅱ 相关的 RNA 进行了测序，并找到了 15 种高表达的环形 RNA。进一步分析发现这 15 种环形 RNA 都是由两个以上外显子及其之间的内含子构成的，因此属于一类新的环形 RNA 子类型，研究人员将该类环形 RNA 命名为外显子-内含子型环形 RNA（exon-intron circular RNA，EIciRNA）。研究人员着重对其中两种来自 *EIF3J* 基因和 *PAIP2* 基因的环形 RNA 进行了研究，荧光原位杂交显示上述两种环形 RNA 均定位于细胞核内，而在 HeLa 和 HEK293 细胞中对它们进行沉默实验会导致亲本基因 mRNA 表达水平的降低，但并不影响其邻近基因的表达，且对亲本基因 mRNA 的沉默也并不影响环形 RNA 的表达。RNA-DNA 双重荧光原位杂交则显示两种环形 RNA 在半数以上的细胞中均定位于亲本基因的基因组位置上。进一步研究发现，这两种环形 RNA 不但与 U1A、U1C 蛋白及 U1 snRNA 联系紧密，还与亲本基因的启动子及第一外显子相关，表明两种环形 RNA 与 U1 snRNP 以及 Pol Ⅱ 在其亲本基因启动子区域相互作用。序列分析显示，U1 snRNA 仅在两种环形 RNA 保留内含子的 5′ 剪接位点上有潜在结合位点，对该位点进行空间阻断降低了 U1 snRNA 与环形 RNA 的相互作用，同时显著降低了核内亲本基因的转录，表明 U1 snRNA 与两种环形 RNA 通过结合位点的相互作用对于后者的顺式转录增强作用是必需的。

早在 1998 年，Chao 等[47]就曾提出未经证实的环形 RNA 影响亲本基因表达的粗略模型。小鼠 *Fmn* 基因突变会导致四肢缺陷以及肾发育不全，该研究发现该基因会产生包含第四与第五外显子的多个环形 RNA，分别对两个外显子进行同源重组删除会导致环形 RNA 不能产生，但是不会影响不含相应外显子的线性转录产物生成。这种删除虽不影响小鼠四肢但却会导致肾发育不全的性状。研究人员进而提出模型认为，正常的成环过程本身占用了包含所有线性转录产物终止密码子的第四外显子，因此是后者的陷阱（trap），而对成环的控制会影响对转录产物翻译，最终起到对基因功能的调节作用。此外，Ashwal-Fluss 等在对果蝇成环机制的研究中指出，成环过程与经典剪接过程会相互竞争前体 RNA，也就是说环形 RNA 的产生会负向调控对应线性转录产物的剪接乃至亲本基因的表达。上述两个研究代表了从另一角度对环形 RNA 功能的思考，即成环过程本身而非环形产物会顺式作用于亲本基因的剪接或表达，但是对此理论仍需要更多的实验证据。

2.7.5.3 环形 RNA 同时顺式调控亲本基因并反式调控其他基因

有趣的是，Yang 等[48]于 2015 年的研究成果表明环形 RNA 的 miRNA 海绵功能也可以同时起到上述顺式和反式调节作用。其研究发现了叉头家族转录因子成员之一的 *FOXO3* 基因的环形 RNA circ-FOXO3 及其假基因线性转录产物 *FOXO3P* 都含有与

FOXO3 线性转录产物相似的多个 miRNA 结合位点,所有 3 种转录产物在多种癌症及非癌症细胞系中表达但是在后者中表达量更高。在通过表达载体分别转染了 3 种转录产物之后,发现相较于转染对照载体组,人类乳腺癌细胞——MDA-MB-231 细胞的生长速度变慢,而且在过氧化氢(双氧水)处理时细胞存活率变低。而且,将上述转染了 3 种转录产物的细胞注射到小鼠后形成的肿瘤组织也显著小于转染对照载体组。随后研究人员针对 8 种在上述转录产物中具有至少一个结合位点的 miRNA 进行了进一步的转染实验,发现转染这些 miRNA 的标记类似物到稳定转染了环形 RNA 的细胞会捕获更多的环形 RNA,同时对于 *FOXO3P* 以及 *FOXO3* 线性转录产物的捕获会下降,而对稳定转染了 *FOXO3P* 的细胞则会捕获更多的 *FOXO3P* 而对环形 RNA 及 *FOXO3* 线性转录产物的捕获会下降。构建的在 3'-UTR 区域插入了 8 种 miRNA 靶点序列或 *FOXO3* 序列的萤光素酶报告载体的表达受到这些 miRNA 的抑制,而这种抑制作用会因为转染了 3 种转录产物而减弱。分别对环形 RNA 和 *FOXO3P* 进行 siRNA 沉默,虽然 *FOXO3* 线性转录产物本身未受到相应 siRNA 影响,但是却引起了 *FOXO3* 水平的下降及细胞生长的抑制。相比于 Hansen 等及 Memczak 等发现的环形 RNA 通过 miRNA 海绵功能影响了其他基因的表达,Yang 等[48] 的发现表明这种调控也可以影响自身亲本基因的转录产物,而由于该过程涉及多达 8 种 miRNA,该环形 RNA 的表达变化也会不可避免地间接影响含有这些 miRNA 靶点的种类繁多的其他基因。

概括来说,目前已知功能并得到充分验证的环形 RNA 还限于少数几种,所涉及的具体功能也集中在 miRNA 海绵功能和对亲本基因的顺式调控,而对于大量的环形 RNA 功能的探索才刚刚开始。

2.7.6　环形 RNA 的识别方法

2.7.6.1　基于注释信息的环形 RNA 识别方法

最早的环形 RNA 识别算法是 Salzman 等于 2012 年提出的,其最初的研究目的是通过对去除了核糖体 RNA 的总 RNA 进行测序以探索基因内重排是否广泛发生于急性淋巴细胞白血病患者的骨髓细胞中。研究人员首先将所有双端测序读段与加州大学圣克鲁兹分校(University of California Santa Cruz,UCSC)开发的基因组浏览器上的人类转录组序列数据库进行比较,然后将不能成功比对的读段与将 hg19 已经注释的外显子两两组合所构建的数据库进行比对。当一端读段比对到基因内部而其配对末端读段比对到两两组合外显子的接合区域时，认为该读段对指示出杂乱的外显子顺序。对这种杂乱顺序的转录产物进行相对丰度的估计方法是将所有上述接合读段对与符合经典剪接的读段对数目进行比较。研究人员认为由于杂乱顺序的转录产物也会产生符合经典剪接的读段对，该方法是对实际相对丰度的低估。因此研究人员又提出了第二种评估方法，即将每个基因按 200 bp 的窗口进行划分，并计算下列两种读段对的比例：第一种读段对的一端读段映射到一个固定的窗口内，而其配对末端读段与该读段的相对方向与这两个读段的基因组映射位置不符；第二种读段对的上述相对方向与其基因组映射位置相符。除此之外，研究人员还设计了一种分辨这些找到的杂乱顺序的转录产物是属于串联重复或者是环形的统计检验方法。该方法针对全长与插入库长可比的环形，对于一端读段指示杂乱外显子顺序的配对末端读段位置是否在假定环形范围内进行统计，并按照插入库长与所推断的环形大小，估计在假定环形范围内配对末端读段符合该比例的概率。借助上述方法，Salzman 等首次成功地发现了人类癌症及非癌症细胞内普遍存在着环形 RNA。然而需要指出的是，该方法基本上是基于注释信息的，因此无法应用于注释信息不全物种中环形 RNA 的预测，同时其使用的第一种相对丰度估算方法会严重低估真实环形丰度，而第二种方法则完全不能确定具体的环形 RNA 接合位点。该方法分辨串联重复或者是环形的统计检验是基于推断而非真实的环形 RNA 全长，而且仅对插入库长较大的测序数据或者全长较小的环形 RNA 适用。

2013 年，Salzman 等发表了对于 ENCODE 15 种人类细胞系数据的分析结果，该研究中的环形 RNA 识别方法也在之前的基础上做了改进，改进主要在于从基于注释信息找到的候选环形 RNA 中筛选出置信度更高的环形 RNA。具体来说，研究人员并不对读段与两两组合的外显子边界数据库的比对质量进行直接的限制，而是首先根据指示出假阳性环形的读段对产生一个比对质量的经验无义分布。这些指示出假阳性环形的读段对都具有如下特征，即其一端读段比对到上述外显子边界，但其配对末端也能映射到该基因但是却在上述外显子边界之外。将所有这种指示出某一假阳性环形的读段对的比对质量计算平均值后作为经验无义分布，再将每个检测到的疑似环形 RNA 中读段对的平均比对质量值与该经验无义分布比较，根据设定的错误检出率（FDR）标准筛除假阳性。该算法的好处是不需要人为对比对质量进行无根据的限制，而是通过相对客观的 FDR 标准进行筛选。不过，在具体实现过程中，由于 Illumina 等测序平台对于两端测序读段的测序质量相差很大，而后端测序质量又往往比较差，上述算法实际上只能对前端读段比对到上述外显子边界的读段对做上述筛选，这就不可避免地漏掉了大约一半指示疑似环形的读段对，导致识别灵敏度的降低。同时同源基因中有些区域的序列完全一致，而目前测序读段长度仍然有限并不一定能跨过整个一致区域，某些个别测序错误的存在可能也会使筛选策略本身失效。

2.7.6.2 不基于注释信息的环形 RNA 识别方法

2013 年，Memczak 等发表的环形 CDR1as 的 miRNA 海绵功能的文章中提出了一种不基于注释信息的识别方法。具体来说，研究人员首先借助比对软件（bowtie2）将所有的测序读段与参考基因组进行比对，并弃掉能够连续全长比对到基因组上的序列。随后，将只能部分比对的读段的两个末端各 20 bp 提取出来作为锚点（anchor）独立地与参考基因组进行比对。如果两个末端在基因组上的映射位置与其在读段内的相对位置相反，则可能指示环形 RNA。将这种读段的两端与基因组比对进行延伸，如果通过延伸可以使原来的读段以两段式完全比对到基因组上且断点附近有 GT/AG 剪接信号存在，则认为该读段指示出环形 RNA。2014 年，Guo 等[49] 在其对哺乳动物中环形 RNA 分析的报告中使用了类似的方法，只是在第二步的读段两个末端比对中使用了 BLAT 代替 bowtie2。上述算法通过多次组合使用现有的比对工具（bowtie2 或 BLAT）及 SAM 处理工具[50] 实现了不基于注释的环形 RNA 识别，不过对非完全比对测序读段的简单两段式比对要求并不适用于所有情况，同时由于缺乏系统的筛选策略，可能会导致检测的假阳性。

相比之下，Jeck 等于 2013 年提出的结合实验处理与测序读段分析的方法更加可靠。利用 RNA 酶 R 能够消化具有 3′ 自由末端的多种二级结构线性 RNA，但是并不影响环形 RNA 的特性，研究人员对去除了核糖体 RNA 的总 RNA 两个重复中的一个进行 RNA 酶 R 处理，而另一个重复不进行 RNA 酶 R 处理。当分别对两个样品进行测序之后，再使用 MapSplice 这种针对融合基因及反式剪接设计的比对软件进行分段比对。随后用两种处理的总测序读段数目分别对总覆盖度进行标准化，并比较两种处理之间符合环形 RNA 特征的融合剪接位点。具体来说，对未进行 RNA 酶 R 处理样品中找到的疑似环形 RNA，当其在 RNA 酶 R 处理的测序数据中也检测到且该疑似环形的测序读段数目得到显著富集时，就认为该环形 RNA 是可信的。这种识别方法相当于在识别过程中采用了实验验证，因此非常可靠，同时还能方便地对环形 RNA 进行定量。然而，必须有配对的 RNA 酶 R 处理测序数据限制了该方法在不针对环形 RNA 测序数据上的应用。

随后,又涌现出更多的不依赖上述富集步骤且表现更加全面可靠的环形 RNA 识别算法。例如,一种基于环形 RNA 测序数据与基因组比对时产生的成对交叉剪接信号开发的识别算法 CIRI,能对目前几乎所有常用的第二代测序平台产生的读长进行处理,其引入的系统筛选策略在确保了较低错误检测率的前提下,能全面地检测非外显子型以及短外显子邻接环形接合位点的环形 RNA。除此之外,最新发表的算法 CIRI-AS,更是突破了以往计算手段上的瓶颈,是第一个可用于环形内部结构识别的工具。由于其基于环形 RNA 特有的向后剪接接合读段的比对特征开发,不受线性转录产物的干扰,因此可准确地预测环形外显子及可变剪接,并能方便地对后者进行定量。

2.8　piRNA 鉴定及其功能预测

2.8.1　piRNA 的早期研究

2.8.1.1　piRNA 概述

对 piRNA 的关注始于果蝇小 RNA 的功能研究。Aravin 等在对果蝇小 RNA 研究过程中发现了 178 种 rasiRNA(repeat-associated small interfering RNA),这些 rasiRNA 与转座子序列、微卫星 DNA 序列同源。对 *Stellate* 基因的抑制进行深入分析后,发现是 *Su(Ste)* 序列来源的 rasiRNA 的表达抑制了 *Stellate* 基因的表达。因此推测这些 rasiRNA 可能具有抑制转座子的转座、调控基因表达的功能[51, 52]。随着研究的深入,更多的类似小 RNA 被发现,并最终被命名为 piRNA。现已证实 piRNA 是一类与生殖相关的小 RNA,参与表观遗传修饰、转座子沉默,在来源和功能上与 miRNA 和 siRNA 不同。在表达方式上至少有 3 个明显特征:第一,piRNA 的种类繁多,如在人体内发现了十几万到几十万种 piRNA,在鼠体内 piRNA 的数量甚至多达上百万种,如此多种类 piRNA 的出现,让人们对其倍加关注;第二,目前 piRNA 只在动物体内被发现,piRNA 集中在生殖相关的细胞中表达,维持着生殖细胞的更新,调控着后代的可育性以及基因组结构的稳定性;第三,piRNA 的表达方式特殊,既有初级 piRNA 表达途径,又有次级 piRNA 表达途径,而且来源途径具有很强的保守性,从海绵动物到人类都存在类似来源途径。从 piRNA 在基因组上的定位来看,piRNA 至少有 3 种来源位置:一是来自 piRNA 簇区(piRNA cluster),通过转录、加工等方式直接生成 piRNA,piRNA 簇区主要位于基因间区;二是来自 mRNA 的 3′-UTR 区域,该类 piRNA 可能由 mRNA 剪接而来;三是来自长非编码 RNA,此类 piRNA 也可能是长非编码 RNA 的加工产物。尽管 piRNA 的来源途径具有多样性,但一些物种的 piRNA 来源位置却集中分布在染色体的特定区域内,如线虫 piRNA 主要来自 4 号染色体 4.5～7.0 M 区域和 13.5～17.2 M 区域(见图 2-5)。人、猴、鼠中的 piRNA 的来源位置也是集中分布在染色体的特定区域内。

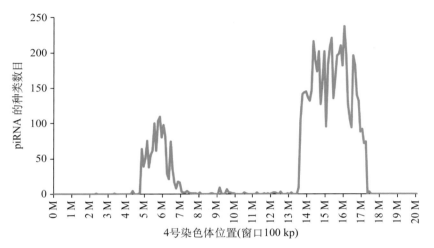

图 2-5　线虫体内 piRNA 主要来自 4 号染色体

2.8.1.2　piRNA 的结构和分类

piRNA 序列不具有保守性,但是序列的首位碱基通常是单磷酸尿嘧啶核苷酸(U),末位碱基是甲基化修饰的核苷酸,序列长度为 25～31 nt(见图 2-6)[53],线虫体内的 piRNA 序列长度略短,为 21 nt。因为 piRNA 序列不具有保守性,所以很难从序列上对 piRNA 进行分类。有学者认为可以从 piRNA 结合的蛋白质对 piRNA 进行分类[54]。例如,在果蝇体内与 piRNA 结合的蛋白质有 3 种,分别为 Piwi、Aub 和 Ago3,其中 Piwi 蛋白与初级 piRNA 表达途径的 piRNA 结合,Ago3 蛋白和 Aub 蛋白分别与 Ping-Pong 模型中的 sense-piRNA 和 antisense-piRNA 结合,Ago3 结合的 piRNA 的第 10 位碱基通常为腺嘌呤核苷酸(A),Aub 蛋白结合的 piRNA 的首位碱基通常为单磷酸尿嘧啶核苷酸。piRNA 通过序列互补识别和调控靶基因,因此也可以从 piRNA 的来源和靶基因的种类,对 piRNA 进行简单归类,如转座子相关的 piRNA、mRNA 相关的 piRNA、疾病相关的 piRNA 等。

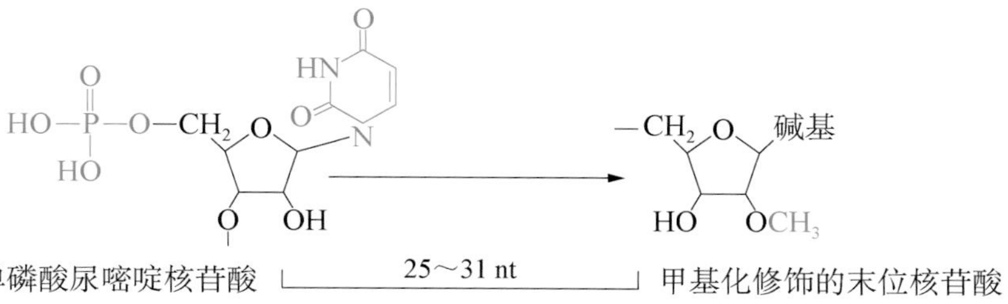
HO
O
HO
P
O
CH2
O
HN
O
O
N
O
OH
—CH2
O
碱基
HO
OCH3
单磷酸尿嘧啶核苷酸
25～31 nt
甲基化修饰的末位核苷酸

图 2-6 piRNA 的基本结构

2.8.2 转座子相关的 piRNA

2.8.2.1 转座子相关 piRNA 的结构特点

转座子相关的 piRNA 是最早发现的 piRNA，有两类 piRNA 产生途径，即初级 piRNA 途径（primary piRNA pathway）和次级 piRNA 途径（secondary piRNA pathway）。这两类途径产生的 piRNA 都负责调控转座子的转座，但这两类 piRNA 的产生机制不同，初级 piRNA 首位碱基通常为 U，并激活 Ping-Pong 机制，诱导生成次级 piRNA。初级 piRNA 来自 piRNA 簇的转录本，该转录本经过切割后形成各种长度的 piRNA 中间体（piRNA intermediate），Piwi 蛋白偏爱与首位碱基为 U 的 piRNA 中间体结合，正是 Piwi 蛋白的这种偏爱性，使得成熟的初级 piRNA 中，首位碱基通常为 U。piRNA 中间体与 Piwi 蛋白结合后，没有受到 Piwi 蛋白保护的 piRNA 中间体的 3′端会被一些未知的酶降解，最终在 Piwi 蛋白上保留下来的 piRNA 中间体成为成熟的初级 piRNA。次级 piRNA 则是从一些转座子转录本的剪接片段中产生，次级 piRNA 的生成需要初级 piRNA 的参与。在结合蛋白上，初级 piRNA 和次级 piRNA 结合的 Piwi 蛋白是不同的，以果蝇为例，初级 piRNA 通常与 Piwi 蛋白和 Aub 蛋白结合，次级 piRNA 通常与 Ago3 蛋白结合。需要指出的是，与 Piwi 或 Aub 蛋白结合的 piRNA 与转座子序列互补，来自转座子反义序列的转录本，Ago3 蛋白结合的 piRNA 主要是来自转座子的转录本。

2.8.2.2 转座子相关 piRNA 的产生机制

根据对果蝇 piRNA 的研究，发现果蝇 piRNA 通过 Ping-Pong 机制对转座子 mRNA 进行沉默，在沉默过程中，次级 piRNA 也被加工出来，Ping-Pong 机制将转座子沉默和次级 piRNA 的生成有机地结合在一起（见图 2-7）[55]。

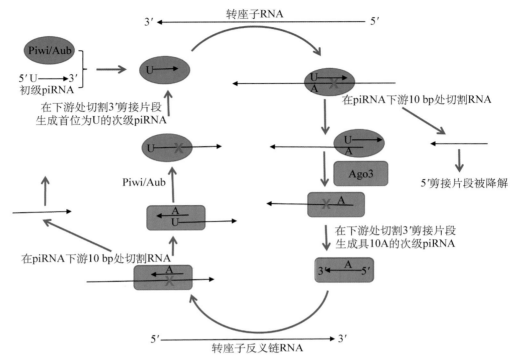

图 2-7 piRNA 调控转座子的 Ping-Pong 模型

初级 piRNA 的转录本经过加工后,得到 piRNA 中间体,与 Piwi 蛋白或 Aub 蛋白结合形成复合物。Piwi/Aub-piRNA 复合物利用序列互补性,识别转座子序列,并结合到 piRNA 的互补区域,具核酸内切活性的酶(或蛋白)在初级 piRNA 的下游第 10~11 位处将转座子 mRNA 切割成 5′端剪接片段和 3′端剪接片段,5′端剪接片段被随后的降解机制降解,3′端剪接片段与 Ago3 蛋白结合,3′端剪接片段在 Ago3 蛋白上被加工成次级 piRNA,该类次级 piRNA 的第 10 位碱基以 A 为主。Ago3-piRNA 的复合物同样通过序列互补性,识别并结合到转座子反义链转录而来的转录本,具核酸内切酶活性的酶(或蛋白)同样将该转录本切割成 5′端剪接片段和 3′端剪接片段,3′端剪接片段与 Piwi 蛋白或 Aub 蛋白结合并进一步加工成为新的次级 piRNA。该类 piRNA 首位碱基为 U[55,56]。依据 Ping-Pong 机制,初级 piRNA 是该机制的触发条件,最初的初级 piRNA 又是如何产生的? 初级 piRNA 转录本可能被某种不均一的剪接机制剪接成长短不一的 piRNA 中间体,Piwi 蛋白通过偏爱性选择首位碱基为 U 的 piRNA 中间体,这个中间体随后被加工成为初级 piRNA。

2.8.3　mRNA 相关的 piRNA

2.8.3.1　调控含转座子的 mRNA

piRNA 可以参与转座子的调控,同时也可以参与 mRNA 的调控。事实上很多 mRNA 的 3′-UTR 区含有 1 个或多个反转座子序列,如鼠的 27.7% 的 mRNA(来源于 RefSeq 数据集合)中含有反转座子序列,人的 28.5% 的 mRNA(来源于 RefSeq 数据集合)中也含有反转座子序列。piRNA 可能会互补识别 3′-UTR,实现对 mRNA 的转录后调控。例如,早在 2006 年,科研人员以鼠为实验材料,通过将反转座子序列插入到报告 mRNA 中,报告 mRNA 的稳定性明显下降。同样,鼠的一些 mRNA 的 5′-UTR 中也含有转座子序列,在 Mili、Gasz 等蛋白质突变后,这些 mRNA 的表达上升,说明 piRNA 可以对含有转座子的 mRNA 互补识别后,对 mRNA 进行转录后调控。Zhang 等人的研究进一步证实 piRNA 能够识别并剪接调控 mRNA,这种机制在小鼠中是普遍存在的[57]。Yuan 等对鼠 Miwi 蛋白结合的 piRNA 分析后,预测 3 385 种 piRNA 参与到 mRNA 切割,其中 88.5% 的 piRNA 来自基因组重复序列区域,如 SINE 家族重复区域 (66.4%)、LINE 家族重复区域(6.0%)、LTR 家族重复区域(8.0%)等。基因组重复区域通常是转座子片段插入区域,Yuan 等人的研究结果也暗示 piRNA 对靶基因的调控是通过识别转座子实现的[58]。

2.8.3.2　调控与假基因同源的 mRNA

在果蝇雄性不育研究中,X 染色体连锁的 *Stellate* 基因表达过多时,翻译的蛋白质容易积累形成晶体状结构,造成雄性个体不育,同源假基因 *Su(Ste)* 的表达可以消除 *Stellate* 基因的转录本。研究认为 Y 染色体连锁的假基因 *Su(Ste)* 可以产生 piRNA,对 *Stellate* 的转录本(mRNA)进行降解。在普通狨猴(*Callithrix jacchus*)的雄性睾丸中也发现一些 piRNA 簇中含有假基因,这些假基因来源的 piRNA 可能会对同源的蛋白基因进行转录后调控。Watanabe 等人在鼠精子 piRNA 研究过程中,发现假基因 *Stambp-ps1* 来源的 piRNA 通过错配方式识别 *Stambp* mRNA。当假基因 *Stambp-ps1* 突变后,相应的 piRNA 表达下降,*Stambp* mRNA 表达上升,但不影响 *Stambp* mRNA 前体的表达,说明 piRNA 对 *Stambp* mRNA 的调控方式是转录后调控模式。

2.8.3.3　清除 mRNA

动物的精子成熟之后,细胞内留存的 mRNA 非常少。因为精子在成熟过程中,细胞会有序地将 mRNA 清除，Miwi 蛋白和 piRNA 参与了这个过程。研究发现 Miwi 蛋白与去腺苷化酶 CAF1（deadenylase CAF1）形成复合物，并在精子伸长期（elongating spermatid stage）大规模清除 mRNA，CAF1 蛋白是 CCR4-Not 去腺苷化酶复合物（CCR4-Not deadenylase complex）的组分之一。同样，受精卵会继承卵细胞中的 mRNA，这些 mRNA 在胚胎发育早期有着重要的作用。随着胚胎的发育，这些继承而来的 mRNA 会逐渐被受精卵自身转录的 mRNA 取代。这些继承而来的 mRNA 是如何被降解的呢？Rouget 等对果蝇研究时发现，胚胎形成的素蛋白 mRNA（nanos mRNA）由母性遗传而来，在卵子向受精卵转化过程中 nanos mRNA 被降解，参与降解的是 CCR4-Not 去腺苷化酶复合物。Aub 蛋白突变后，nanos mRNA 的降解受阻，分析认为 Aub 蛋白与 Smg 蛋白形成复合物，通过招募 CCR4-Not 去腺苷化酶复合物，完成对 nanos mRNA 的降解。piRNA 在这个过程中的作用是决定哪种 mRNA 是降解对象。需要指出的是，Smg 蛋白正好是受精后才被翻译的蛋白质，因此假说认为 Smg 蛋白出现的时刻是受精卵从母性继承的 mRNA 开始降解的时刻。

2.8.3.4　清除其他类型的转录本

在细胞分裂和生长过程中，DNA 和染色体的各类修饰处在一个动态平衡中，这些修饰的改变影响着基因的转录水平。在配子发育过程中，DNA 和染色体的修饰要经历重建过程，在重建过程中，一些原本极少表达 RNA 的异染色体区域开始表达 RNA。如在表观修饰重建过程中，鼠的 *Rasgrf1*-imprinted 基因座位于异染色质区域，转录一个 lncRNA，该 RNA 只在鼠生殖母细胞的染色体甲基化重建时期表达，该 lncRNA 可能会被 piRNA 识别并降解。

2.8.4　Piwi 蛋白参与癌细胞的发生

随着对 piRNA 的深入研究，在体细胞中也发现了 piRNA 的踪迹，如癌细胞。因为癌症是人类健康的头号杀手，因此 piRNA 在癌细胞中的作用引起了科研人员的广泛关注[59]，目前，已经有几十篇文献涉及 piRNA 与癌症的关系。Piwi 蛋白与 piRNA 一样主要在生殖相关的细胞中表达，然而越来越多的实验数据证实，Piwi 蛋白也在癌细胞中表达。例如，人的 PIWIL1 蛋白在宫颈癌（cervical cancer）、结肠癌（colon cancer）、子宫内膜癌（endometrial cancer）、胃癌（gastric cancer）、肝癌（liver cancer）、乳腺癌（breast cancer）等癌症中表达，人的 PIWIL2 蛋白在乳腺癌、卵巢癌（ovarian cancer）、胃癌、结肠癌等癌症中均有表达。piRNA 有可能在这些 Piwi 蛋白的介导下参与癌细胞的多项代谢活动。

2.8.4.1　促进癌细胞分裂

Piwi 蛋白能促进细胞增殖。在乳腺癌和胃癌中,PIWIL1 蛋白具有促进细胞增殖的作用,同样 PIWIL2 蛋白也具有促进结肠癌和乳腺癌增殖的能力。这些 Piwi 蛋白是如何促进癌细胞增殖的呢? 通过对 PIWIL1 蛋白进行抑制,发现胃癌细胞的生长停滞在 G_2/M 期。在鼠的 PIWIL2 研究中,PIWIL2 的一种蛋白剪接体 PL2L60 具有促进癌细胞从 G_0/G_1 期向 S 期分裂的作用。这些研究成果说明 Piwi 蛋白可以参与细胞周期的调控。

2.8.4.2　抑制细胞凋亡

正常细胞当达到一定分裂次数后便停止分裂,细胞程序性死亡(凋亡)机制会淘汰衰老的细胞。但癌细胞具有不断分裂的能力,细胞凋亡机制似乎对癌细胞不起作用。当对胶质瘤(glioma)的 PIWIL1 蛋白基因进行突变后,可以重新启动癌细胞的凋亡过程。当 PIWIL1 蛋白表达受到抑制后,一些与细胞凋亡有关的蛋白质,如 p21、细胞周期蛋白 D1、Bcl-2 以及 Bax 等的表达都发生了变化,由此推测 PIWIL1 可能具有抑制细胞凋亡的作用。PIWIL2 蛋白也有类似的作用。对人乳腺癌细胞系(MDA-MB-231)中的 PIWIL2 蛋白进行功能测定,发现该蛋白质具有类似原癌基因的功能,可以激活 STAT3/Bcl-xL 蛋白,抑制癌细胞的凋亡,并促进癌细胞的分裂。对宫颈癌 HeLa 细胞系的分析证实,PIWIL2 蛋白与 STAT3 蛋白可以形成复合物。其他 Piwi 蛋白中,PIWIL4 可以降低 p14ARF 基因座附近的甲基化修饰,提高 p14ARF 蛋白的表达,进而促进了 p14ARF/p53 通路的活性,该通路在宫颈癌中具有原癌基因的功能,该通路的活性增大,促进了宫颈癌细胞的生长。

2.8.4.3　促进细胞的迁移

癌症发展到一定阶段后,癌细胞会具有很强的迁移和侵袭能力,对身体造成极大的伤害。癌细胞需要众多蛋白质的参与才能完成迁移和侵袭。虽然对癌细胞的迁移和侵袭机制还不是很清楚,但其中癌组织的表皮细胞转化成间充质细胞的过程必不可少。当表皮细胞转化为间充质细胞后,细胞就具有了较强的迁移能力和侵袭能力,一些转录因子也会在发生转化的癌细胞中大量表达,如 Slug、Snail、Twist、Zeb1 等蛋白质。虽然转化后的癌细胞具有很强的迁移能力和侵袭能力,但癌细胞也受胞外基质

（extracelluar matrix，ECM）影响。胞外基质中一种金属蛋白酶（matrix metallopeptidase 9，MMP 9)可以改变癌细胞周围的微环境，影响癌细胞的迁移和侵袭的每一个过程。再如一些肝癌细胞系中 PIWIL1 蛋白表达水平明显偏高，如 MHCC97l、HCCLM3 细胞系。当 PIWIL1 蛋白突变后，MMP9 蛋白表达下降，细胞的迁移性和侵袭能力降低。

2.8.5　癌症相关的 piRNA

2.8.5.1　piRNA 表达与癌症发生有关

虽然动物体内有很多种 piRNA 表达，但是在体细胞和癌细胞中表达的并不多。Martinez 等人利用 TCGA 数据库（The Cancer Genome Atlas，TCGA），分析了 508 个正常组织样本，对人类 20 831 个 piRNA 的表达状况进行评估，仅能找到 273 种 piRNA 在正常组织样本中表达，发现的比例仅为 1.3%（注：要求每种 piRNA 的表达量≥1 RPKM，而且至少在 10% 的样本中能够同时被发现），但这 273 种 piRNA 在正常组织样本的分布却极为广泛，即同一类型的组织样本中存在多种类型 piRNA 的表达，而且这些 piRNA 的表达量有高有低。虽然每种组织中都有较多种类的 piRNA 表达，但是经过归类汇总之后，发现不同的正常组织中都有其个性化的 piRNA 表达。同样在癌组织中也发现了 522 种高表达的 piRNA。将癌组织和正常组织中的 piRNA 表达状况进行比较发现，当细胞癌化之后，在 522 种 piRNA 中有 324 种 piRNA 的表达水平普遍提高。通过聚类分析，利用这 324 种 piRNA 可以将癌组织与正常组织区分开来[60]。Martinez 等人的分析研究结果显示，正常组织中的 piRNA 种类和表达量普遍偏低，细胞癌化之后，piRNA 的种类增加，而且一半以上 piRNA 种类的表达量提高。从测序大数据来看，不同癌组织中 piRNA 的种类和表达量存在一定差异，piRNA 可能是癌组织细胞中重要的表达产物[60]。

2.8.5.2　癌组织中的 piRNA

piRNA 不仅在生殖类细胞中表达，在癌细胞中同样存在表达，而且当细胞癌化之后，部分 piRNA 的表达水平升高。根据对 piRNA 功能的研究，piRNA 不仅可以调控转座子，也可以对 mRNA 进行转录后调控，而且 piRNA 还参与一些 DNA 或染色体的表观遗传修饰。人体的各个器官或组织中都有癌症发生的可能，据美国国家癌症研究所（National Cancer Institute，NCI）公布的数据显示（http://www.cancer.gov/types/

common-cancers），在美国最常见的癌症分别为乳腺癌、肺癌、前列腺癌、膀胱癌、结直肠癌、黑色素瘤、非霍奇金淋巴瘤、甲状腺瘤、肾癌、白血病、子宫内膜癌、胰腺癌等，这些癌症的发生严重影响着人类的健康。目前还没有有效的手段治愈癌症，预防和检测是减少癌症发生的主要方式。piRNA 频繁地出现在多种癌细胞中，将来 piRNA 也许能够成为癌症早期检测的重要指标。

1）乳腺癌中的 piRNA

乳腺癌是发生频率最高的癌症，严重影响着女性的身心健康。通过测序技术和 RT-PCR 技术陆续在乳腺癌中发现多达 100 种以上的 piRNA，与正常的细胞相比，有 10 多种 piRNA 在细胞癌化之后表达水平明显提高，分别为 piR-932、piR-4987、piR-20365、piR-20485、piR-20582、piR-021285、piR-34736、piR-36249、piR-35407、piR-36318、piR-34377、piR-36734、piR-36026 和 piR-31106 等。其中，PIWIL2 蛋白与 piRNA-932 复合物提高抑癌基因 *Latexin* 启动子区的甲基化程度，降低 Latexin 蛋白的表达水平，进而促进乳腺癌的上皮细胞转化为间充质细胞。另外，在 piR-021285 功能研究中发现，在乳腺癌细胞中存在 piR-021285 基因的一个单核苷酸多态性位点 rs1326306 G→T。体外实验发现，将具多态性位点的 piR-021285 转入癌细胞 MCF7 株系中，MCF7 株系 *ARHGAP11A* 基因的 5′-UTR 和第一个外显子区的甲基化程度降低，功能分析结果显示 piR-021285 促进了 *ARHGAP11A* 基因的 mRNA 转录水平升高，并提高了细胞的入侵性。

2）肺癌中的 piRNA

肺的主要功能是完成体内和体外的气体交换，将大气中的氧气运输到血液中，并将血液中的二氧化碳排出到大气中。吸烟、空气污染是肺癌发生的最主要因素，肺癌也是造成癌症患者死亡最多的疾病之一。在非小细胞肺癌（non-small cell lung cancer，NSCLC）中发现一种 piRNA，即 piR-L-163，在癌细胞中表达水平是下降的。piR-L-163 的基因座位于 *LAMC2* 基因的第 10 个内含子内。因为 LAMC2 蛋白使癌细胞的迁移能力和侵袭能力提高，因此 LAMC2 蛋白是肺癌发生的重要信号分子。实验证实，当减少 piR-L-163 在肺支气管上皮细胞（human bronchial cell，HBEC）中的表达后，可明显提高肺支气管上皮细胞的迁移和侵袭能力，该结果显示 piR-L-163 很有可能负向调控癌症的发生。

3）胃癌中的 piRNA

胃癌是一种比较严重的恶性肿瘤，患者的存活时间一般不会超过 5 年。Martinez

等对癌症基因组中心(Cancer Genomics Hub，CGHub)数据库中胃癌的数据进行分析显示，在胃癌细胞中同样存在多达 299 种 piRNA[61]，其中 70.9%的 piRNA 来自蛋白质编码序列，而不是来自 piRNA 簇，这些 piRNA 似乎参与蛋白基因的调控。从表达量来看，共有 156 种 piRNA 在细胞癌化之后，表达明显提高，如 FR222326、FR162144、FR233520 等。胃癌中的 piR-651 是被证实与胃癌发生有直接关系的 piRNA，将 piR-651 的抑制因子转染到胃癌细胞中，胃癌的细胞生长受到抑制，细胞生长停留在 G_2/M 期。并不是所有 piRNA 都能通过提高表达水平增强癌细胞的转移和侵袭能力，piR-823 就是其中一例。体外细胞培养证实，当 piR-823 表达水平提高后，居然可以抑制胃癌细胞的生长。

4) 肾癌中的 piRNA

肾癌是肾脏细胞癌变引发的癌症。Li 等利用高通量测序技术，居然在肾脏样本中发现多达 26 991 种 piRNA，其中 46 种 piRNA 与细胞转移有关。在这 46 种 piRNA 中，piR-32051、piR-39894 和 piR-43607 来自同一 piRNA 簇。通过对不同肾癌样本进行分析证实，这 3 种 piRNA 的表达水平与肾癌细胞的转移有着紧密的关联。同样，在肾癌样本中，Busch 等人利用芯片技术，发现了 23 677 种 piRNA，将癌症样本与对照样本比较，具有明显表达差异的 piRNA 有 604 种，其中 235 种 piRNA 表达上调，369 种 piRNA 表达下调。通过 RT-PCR 技术对个别 piRNA 的表达水平进行验证，发现 3 种与癌症样本关联紧密的 piRNA，分别为 piR-38756、piR-57125 和 piR-30924。这 3 种 piRNA 在良性肿瘤中的表达水平比正常组织还低，但是与癌化组织比较后，发现这 3 种 piRNA 的表达水平发生了变化，即发现 piR-38756 和 piR-30924 表达水平提高，piR-57125 的表达水平下降。从上述两项研究成果可以看出，肾癌细胞中的 piRNA 种类非常多，而且有些 piRNA 表达水平升高，有些 piRNA 的表达水平降低。

2.8.5.3 癌症诊断与 piRNA

目前还没有治愈癌症的有效手段，但是在癌症发生早期发现癌症并对其进行治疗，可以显著延长患者的生存时间。癌症发生的早期患者通常没有特别的体征变化，寻找有效的生物标志物(biomarker)是目前癌症检测的首要问题。既然在癌细胞中陆续发现 piRNA 的存在，一些 piRNA 也的确在癌细胞中发挥着作用，那么能否将一些特定 piRNA 的表达变化作为癌细胞发生的检测标记呢？Hanahan 等针对癌症提出了 6 种共同的标志性特征，包括具有持续增殖的信号、具有逃避生长抑制的能力、具有抗细胞凋亡的能力、具有永久复制的能力、具有血管增生的能力、具有侵袭和转移的能力。根据这 6 种特征,依靠 piRNA 作为检测标记似乎不足。细胞癌化后,细胞中 DNA 的甲基化通常会发生变化,进而影响基因的表达[62]。piRNA 作为一类小型 RNA,至少参与两方面的基因表达调控,即转录水平的调控和转录后水平的调控。在转录水平上,piRNA 在细胞核中利用序列互补识别 DNA 靶序列,抑制靶序列的转录;在转录后水平上,piRNA 在细胞质中同样利用序列互补识别转座子 RNA 或 mRNA,造成 RNA 靶序列降解。依据癌细胞中低水平的甲基化修饰现象,Assumpcao 等认为,在正常的体细胞中,DNA 处于全面的甲基化状态,只有特定的 DNA 区域不存在甲基化或甲基化程度很低,即正常细胞中基因的表达受到严格限制,因此正常的细胞仅需要很少量的小 RNA 参与细胞的表观修饰,如 piRNA。相反,在癌细胞中,表观遗传修饰发生改变,癌细胞 DNA 处于低甲基化水平修饰状态,基因表达不再受到约束,转座子 RNA 也会被大量转录出来。因为转座子转座对基因组的结构具有很大的破坏性,因此细胞需要 piRNA 抑制转座子的转录和转座,以避免细胞受到伤害,同时也有维持细胞原有状态的作用(见图 2-8)。由此推测癌细胞中 piRNA 的作用是为癌细胞的分裂生长提供基础保障,虽然 piRNA 在癌细胞中的具体调控机制还不是特别清楚,但在越来越多的癌细胞中发现有 piRNA 的表达,而且随着癌细胞的发生,piRNA 的表达水平也普遍提高,因此很多学者将癌细胞中的部分 piRNA 看作癌细胞的生物标志物分子(见表 2-6)。

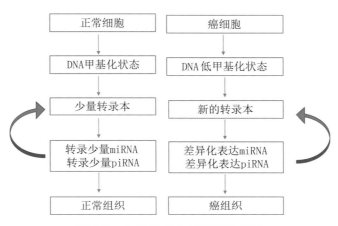

图 2-8 小 RNA 参与表观修饰调控

表 2-6　癌症中与临床相关的 piRNA

癌症类型	piRNA 名称	临 床 指 标
胃癌	piR-59056	胃癌复发后的 3 种 piRNA 信号
	piR-54878	
	piR-62701	
	piR-651	细胞癌化转移后血液中的 2 种 piRNA 信号
	piR-823	
结肠癌	piR-59056	结肠癌复发后的 3 种 piRNA 信号
	piR-54878	
	piR-62701	
乳腺癌	piR-4987	淋巴结中的 piRNA 信号
肾癌	piR-30924	肾癌发生过程中的 3 种 piRNA 信号
	piR-57125	
	piR-38756	
	piR-32051	肾癌细胞转移过程中的 3 种 piRNA 信号
	piR-39894	
	piR-43607	

(表中数据来自参考文献[63])

piRNA 要成为癌症检测的参照物,首先需要确定 piRNA 只能在特定癌细胞中表达。Martinez 等认为,胃癌患者在无瘤生存期中,癌症复发后会检测到 3 种 piRNA 的表达,即 piR-59056、piR-54878 和 piR-62701。当采用血液作为检测样本时,piR-823 和 piR-651 可以作为胃癌检测标志物,因为这两种 piRNA 在正常人外周血中的表达水平低于胃癌患者外周血中的表达水平。随着研究的深入,在人体唾液中也发现了 piRNA 的存在。在健康个体中,因为唾液中 piRNA 的表达丰度低于血液中 piRNA 的表达丰度,所以推测这两类 piRNA 的来源途径可能不一致,但是健康个体之间唾液中 piRNA 的表达水平相似。人体唾液是一种成分复杂的体液,通常健康个体的唾液中细胞成分较少,但是患者的唾液中可能含有多种人体的重要细胞,如红细胞、白细胞、上皮细胞等。将来唾液中的 piRNA 也许会成为检测标志物,用于疾病的检测。

2.8.6　piRNA 的研究方法

虽然 piRNA 的种类很多,但是多数 piRNA 的表达量并不高,并且对 piRNA 来源的细节也不是很清楚,因此对 piRNA 的研究基本上依赖于测序技术。通常有 3 种测序手段,分别是常规 piRNA 测序、免疫共沉淀测序(co-immunoprecipitation,Co-IP)和高碘酸钠(NaIO$_4$)氧化处理测序。

2.8.6.1 常规 piRNA 测序

采用目前普遍使用的高通量测序流程,提取总 RNA,通过电泳收集 18～35 nt 范围内的所有小 RNA,通过加接头、反转录、PCR 扩增、测序等过程,得到首位碱基为单磷酸的所有小 RNA 序列。目前测序技术非常成熟,如无特殊要求,只需将提取的总 RNA 交给测序公司,测序公司就会反馈测序所得的所有小 RNA 及其测序量。

常规测序得到的小 RNA 专一性较差,测到的小 RNA 中既有 piRNA 存在,也有 miRNA 及大量未知小 RNA 存在。因此,常规测序数据分析包括:已知 piRNA 的表达分析、新 piRNA 的预测分析及未知小 RNA 的分析。其中,针对 piRNA 的预测分析包括:通过软件进行预测[64]和通过 piRNA 基因座的保守序列进行预测。常规测序简便易行,是目前较为常用的测序手段。虽然并不能直接找到特定 piRNA 的靶序列,但可以利用序列互补进行靶基因预测。

2.8.6.2 免疫共沉淀测序

在机体内 piRNA 与 Piwi 蛋白结合形成复合物,因此可以采用免疫共沉淀技术,利用 Piwi 蛋白抗体将 Piwi/piRNA 复合物从细胞裂解液中分离出来,再通过 RNA 提取技术,将所有与 Piwi 蛋白结合的 RNA 全部提取出来,然后再按照常规测序技术,对提取的 RNA 进行测序。

因为在测序之前有免疫共沉淀过程,因此可以有目的地收集与 Piwi 蛋白结合的各类小 RNA,其中以 piRNA 为主。如果 piRNA 蛋白复合物与靶序列结合,通过测序也可以获得靶位点的序列,这为研究 piRNA 调控靶基因提供直接的证据。因此,免疫共沉淀测序数据分析包括:已知 piRNA 的表达水平分析、新 piRNA 的种类与表达水平分析、piRNA 的靶基因调控分析。因为 piRNA 本身就是与 Piwi 蛋白相结合的小 RNA,所以免疫共沉淀技术获得的小 RNA 基本都是 piRNA,这比预测获得的 piRNA 要准确得多。

2.8.6.3 高碘酸钠氧化处理测序方法

由于 piRNA 序列 3′端的碱基多为甲基化修饰状态,相对比较稳定。所以在常规 piRNA 测序和免疫共沉淀方法中,收集到 RNA 片段后分成两份,可以用高碘酸钠对其中一份样品进行氧化处理,从而可以对 piRNA 进行富集。再对两份样品进行测序,通过分析进一步准确地将 piRNA 识别出来。

2.8.7 piRNA 功能研究的现状与展望

体检过程中通常将血液作为检测样本,如果能够利用血液中 piRNA 的种类和 piRNA 的表达水平推测癌症的类型,将会有助于癌症的早期发现和诊断。就目前的研究状况来看,癌症中的 piRNA 越来越受到广泛关注。虽然从 piRNA 的发现至今只有短短十余年时间,piRNA 的功能却涉及多个方面,如生殖细胞的自我更新、转座子的抑制、DNA 或染色体的表观修饰、异常转录本的监控等。针对癌细胞,既有促进细胞癌化的 piRNA 存在,也有抑制细胞癌化的 piRNA 存在。目前的研究分析表明,piRNA 主要在生殖相关的细胞中表达,参与转座子的抑制,以保证基因组结构的稳定性。在体细胞中表达的 piRNA 种类相对偏少,但是细胞癌化之后,piRNA 的表达种类增加,piRNA 的表达水平也普遍提高,说明 piRNA 的表达可能与细胞癌化相关。相对于生殖相关细胞中的 piRNA,体细胞中 piRNA 的种类和表达水平总体是偏低的,比较例外的是肾脏癌细胞中 piRNA 的种类可以达到 2 万种以上。

尽管在很多癌细胞中都发现了 piRNA 的存在,但只有少数 piRNA 的功能被研究报道,绝大多数 piRNA 在癌细胞中的功能还不清楚,有待于进一步研究。那么,piRNA 作为癌细胞检测的标志物是否合适呢?从已发表的研究成果来看,癌细胞 piRNA 的表达的确具有一定的组织特异性。需要指出的是,在同一器官中,细胞癌化前后均有 piRNA 的表达,因此需要一个特定标准来判定 piRNA 的表达变化,用于确定细胞处在癌化状态、细胞转移状态还是正常状态,然而这个标准很难确定。如果仅从 piRNA 的种类检测癌症类型,是否会出现假阳性的结果? 也许经过多年的研究,逐渐阐明 piRNA 在癌细胞中的作用机制后,才能更为精准地从 piRNA 的类型上判断癌症的类型。总之,科研人员对癌细胞 piRNA 研究之后,确定了一些疑似 piRNA 的信号,这些研究拓宽了癌症检测的思路。

2.9 lncRNA 的功能及其鉴定

近年来,lncRNA 一直是研究热点,相关文章发表数量呈现指数增长的趋势。随着对 lncRNA 研究的深入,很多生物学上的问题得到了解答。本节内容从 lncRNA 分子作用模式研究进展、lncRNA 功能机制研究进展及 lncRNA 与各类疾病的发病关系研究进展 3 个方面对 lncRNA 相关研究进展进行阐述。

2.9.1 lncRNA 的分子作用模式

关于 lncRNA 分子作用模式的研究,已经有比较成熟的理论。按照 lncRNA 分子作用模式不同,可将 lncRNA 分为 4 种[65],如图 2-9 所示。

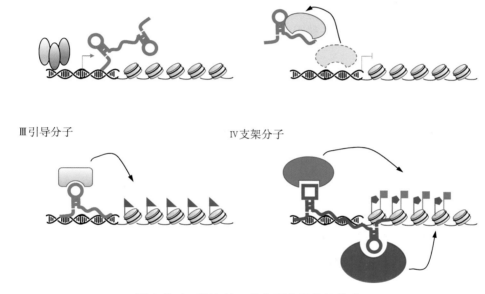

I 信号分子　　　　　　　　　　　II 诱导分子

III 引导分子　　　　　　　　　　IV 支架分子

图 2-9　lncRNA 的 4 种典型分子作用模式

2.9.1.1　信号分子

lncRNA 的第 1 种分子作用是调控下游基因转录。lncRNA 的转录一般发生在生物体发育过程中特定的时间和特定的组织中,其转录本可能作为信号分子参与信号通路的传导,进一步调控下游基因的表达。这类基因转录本中通常包含一些具有调控功能的核酸序列,在这种情况下,人们可以根据 lncRNA 的表达情况推测染色质的状态。

2.9.1.2　诱饵分子

lncRNA 的第 2 种分子作用是分子阻断剂。lncRNA 作为诱饵分子间接调控目标基因的转录,这是 lncRNA 的另一种重要效应方式。这一类 lncRNA 被转录后会直接和蛋白质(与这类 lncRNA 相互作用的蛋白质都是转录因子/转录调节子)结合,从而阻断该分子的作用和信号通路。由于 lncRNA 的结合,这类转录因子的功能被阻断,从而调控下游的基因转录。

2.9.1.3 引导分子

第 3 种分子作用模式是 lncRNA 与蛋白质结合(通常是转录因子),然后将蛋白复合物定位到特定的 DNA 序列上。在这一作用方式中,lncRNA 作为 RNA 结合蛋白的引导者,指导包含该蛋白质的蛋白复合体定位到调控位点。lncRNA 的转录会调节附近基因的表达(顺势调控),还会通过不同的机制靶向远处的转录激活元件或抑制元件(反式作用)。这种调控作用通常是利用 lncRNA 特定的空间构象,而非特定序列实现的。

2.9.1.4 支架分子

第 4 种分子作用模式是 lncRNA 可以起到一个“中心平台”的作用,即多个相关的转录因子都可以结合在这个 lncRNA 分子上。作为支架分子,lncRNA 可以为多个相关分子成员的装配提供一个交流平台,这对许多生物信号的传递、分子间相互作用及对信号本身的特异性和动态性的精确调控具有极其重要的意义。在多种复合体的形成过程中,除了传统观点上的蛋白质成员外,近来的研究发现 lncRNA 也发挥了重要的作用。

虽然 lncRNA 的分子作用模式可以总结为上述 4 种,但是这 4 种作用机制和模式是相互关联,而并非相互排斥的。在研究 lncRNA 时,不应孤立地看待某一种 lncRNA 的作用方式,这样会使视野受限,不利于更好地理解 lncRNA 的作用机制。

2.9.2 lncRNA 的功能机制

非编码 RNA 起初被认为是基因组转录的“噪声”,不具有生物学功能。而近年来的研究表明,lncRNA 能够在多种层面调控基因的表达水平,其调控机制开始被人们所揭示(见图 2-10)。

根据发现的 lncRNA 作用机制,lncRNA 可能主要具有以下几个方面功能。

(1) 通过在蛋白编码基因上游启动子区(蓝)发生转录,干扰下游基因(灰)的表达(如酵母中的 *SER3* 基因)。

(2) 通过抑制 RNA 聚合酶 II 或者介导染色质重构及组蛋白修饰,影响下游基因(灰)表达(如小鼠中的 *p15AS* 基因)。

(3) 通过与蛋白编码基因的转录本形成互补双链(黄),干扰 mRNA 的剪接,从而产

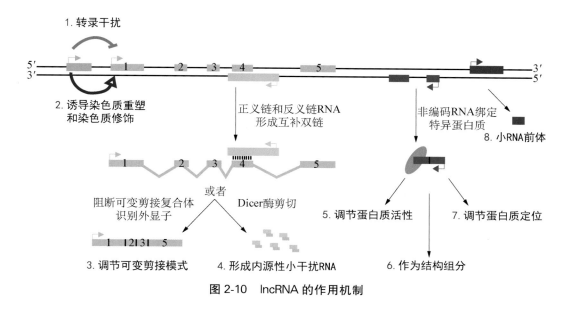

图 2-10　lncRNA 的作用机制

生不同的剪接形式。

（4）通过与蛋白编码基因的转录本形成互补双链（黄），进一步在 Dicer 酶作用下产生内源性的 siRNA，调控基因的表达水平。

（5）通过结合到特定蛋白质，lncRNA 的转录本（紫）能够调节相应蛋白质的活性。

（6）作为结构组分与蛋白质形成核酸-蛋白质复合体。

（7）通过结合到特定蛋白质上，改变该蛋白质的胞质定位。

（8）作为小分子 RNA 如 miRNA、piRNA 的前体分子转录。

总结起来，虽然关于 lncRNA 的调控作用已经有很多研究，但目前还有很多关键问题没有解决。例如，细胞如何平衡调控 miRNA 和 lncRNA 的表达、lncRNA 如何得到结合 miRNA 的信号等。随着对 lncRNA 的研究越来越深入，研究者也将通过细胞如何平衡调控 miRNA 和 lncRNA 的表达、lncRNA 如何得到结合 miRNA 的信号等情况发现更多 lncRNA 调控模式。

2.9.3　lncRNA 与疾病发病的关系

lncRNA 与疾病关系的研究是目前研究 lncRNA 最为广泛的内容之一。lncRNA 与多种疾病都有密切的关系。

例如，lncRNA 参与了肿瘤的发生发展过程。lncRNA *ncRAN* 等与肿瘤细胞的增殖有关，lncRNA *HOTAIR* 等与肿瘤转移相关，而 lncRNA *CUDR* 等与肿瘤耐药性相关。

lncRNA 参与了心血管疾病的发病过程。lncRNA *Fendrr* 参与了心血管的生长与分化，敲除 lncRNA *Fendrr* 基因致使心脏和腹侧体壁发生畸形，这对于胚胎来说是致命的。lncRNA *ANRIL* 是冠心病重要的易感区域，相继在不同研究人群中得到印证。

lncRNA 与免疫疾病相关，一些 lncRNA 参与了免疫细胞的分化以及免疫炎症反应。lncRNA *lnc-DC* 可以在细胞质中绑定转录因子 STAT3，参与其翻译后修饰，调控树突状细胞（DC）的分化。lncRNA 也可以通过直接作用于促炎性细胞因子的表达，控制炎症反应。

另外，lncRNA 在人类老年病中也发挥了重要的作用。lncRNA *MALAT1*、*MEG3*、*7SL* 和 *UCA1* 等参与了细胞衰老调节，包括调节细胞周期，调控端粒长度，参与表观调控等。lncRNA *ANRIL*、*PINT* 等参与了组蛋白共价修饰，在细胞周期和衰老等事件中发挥重要作用。

众多证据表明，许多疾病的发生与 lncRNA 的突变或失调有关。

2.9.4　lncRNA 的生物信息学鉴定

近年来，人们鉴定出越来越多的 lncRNA，然而用实验的方法批量鉴定它们的真实性显然是不现实的，因此人们面临的问题是，如何用生物信息学的方法准确定义 lncRNA，如何收集并管理，以及如何搭建 lncRNA 分析平台？

判断转录本是否为 lncRNA 最基本的标准是评估它的编码潜能和同源序列。目前常用的预测软件基于以下几种原理。

（1）开放阅读框（open reading frame，ORF）预测。ORF 是可以编码蛋白质的一段序列，从起始密码子开始到终止密码子结束。通过检测密码子偏好性可以预测序列是否有功能。然而，lncRNA 的开放阅读框非常复杂。例如，含有多个 ORF 的序列容易被误认为是 lncRNA，或者由于 ORF 太短而被忽视，造成假阳性[66]。尽管判断 ORF 不是一件容易的事情，许多软件仍然会考虑利用 ORF 这一特征来筛选 lncRNA。

（2）序列比对和同源性检测也被广泛应用在预测蛋白质功能中。隐马尔可夫模型过程（profile hidden Markov models，Profile-HMM）在进行多序列比对时能计算出比对的特异性位置，进一步搜索数据库查找其他比对到该位置的序列[67, 68]。该模型是 HMMER 软件的核心思想，即假设可通过检测序列所含普遍特征，如 CpG 岛、*Alu* 重复序列和超保守非编码 RNA(transcribed ultraconserved noncoding RNA，T-UCR)等，根据编码区中保守性变化和碱基的插入/删除率构建稳定的 Profile-HMM 模型来鉴定新的非编码 RNA[69, 70]。

（3）机器学习模型。一个常用软件是北京大学开发的编码潜能计算器(coding potential calculator，CPC)。该软件的构建基于支持向量机(support vector machine，SVM)模型，使用一系列序列特征，如 ORF 长度、序列相似性等参数，训练机器学习模型对序列进行归类，并调用 BlastX 计算比对值，最终输出序列的打分值及分类[71-73]。

虽然关于 lncRNA 的研究报道层出不穷，但是人们对 lncRNA 的认识仍然只是冰山一角，lncRNA 的神秘面纱还没有被真正揭开。不过可以确信的是，随着研究的深入，更多组织特异的 lncRNA 会被发现，将对疾病的防御、诊断、治疗等产生重要的影响。

2.10 3′poly(A)长度变化分析

多数真核生物的成熟 mRNA 末端，带有由多聚腺苷酸组成的 poly(A)尾结构。poly(A)的添加发生在转录末期的初级转录本加工过程中，通过细胞核内包括 poly(A)多聚酶在内的多种蛋白复合体对 mRNA 上的多聚腺苷酸化信号序列(多数是 AAUAAA)进行识别和完成[74]。细胞质中，mRNA 的 3′poly(A)结构与 5′帽结构可以通过 poly(A)结合蛋白(PABP)、真核翻译起始因子 eIF4E 和 eIF4G 的识别，形成稳定的闭合环状结构，维持 mRNA 结构的稳定性并有效地启动翻译过程[75]。在细胞质中，3′poly(A)的结构可以被去腺苷酸酶缩短，然而在某些状态下(如在动物卵母细胞、早期的胚胎和神经突触中)，带有短 3′poly(A)的 mRNA 能够储存在细胞质中，被 poly(A)聚合酶重新延长后可以再次被激活[76-78]。

许多证据表明，3′poly(A)的长度对于成熟 mRNA 的出核转运、在某些发育时期翻译调控及降解过程都有着至关重要的影响[77, 79, 80]。通过对 mRNA 3′poly(A)的直接测定发现，哺乳动物细胞的 mRNA 3′poly(A)的长度中位数是 60～96 nt，在拟南芥和果蝇 S2 细胞中分别为 51 nt 和 50 nt，在酵母细胞中约为 27 nt。同一基因不同可变剪接产物的 3′poly(A)长度略有差异，但总体来说集中于某一种长度[80]。

目前发现，在不同的细胞周期和发育过程中，某些基因的 mRNA 3′poly(A) 长度呈现动态变化并与其功能调控紧密相关[80,81]。另外,在周期节律基因的调控过程中,去腺苷酸酶介导的 $3'$poly(A)长度变化也起重要作用[82,83]。在斑马鱼及蛙的早期胚胎中,转录本整体倾向于短 $3'$poly(A),其长度与 mRNA 翻译的效率有很强的相关性,而在后期发育过程中,这种调控方式可能迅速被其他机制所替代[80]。而另一项研究表明,在 HeLa 细胞系中,翻译效率与 $3'$poly(A) 长度相关仅存在于拥有短 $3'$poly(A)(长度小于 20 bp)的转录本中[81]。此外,poly(A)聚合酶活性增强与某些癌症的不良预后有关[84],而 poly(A)聚合酶抑制剂会影响某些炎症相关基因的表达[85],提示 poly(A)尾长度的调控可能与某些疾病的发生有关。

由于之前的测序手段很难读取长串连续相同碱基的信号,针对 poly(A)的研究多局限于某些组分或者某一单一基因的 $3'$poly(A)的长度。最近随着高通量测序技术在不同领域的逐渐发展,某些成熟技术改造后可以直接与高通量建库相对接。下面总结了以往和现有的对于 $3'$poly(A)长度的研究方法,主要可以分为单基因检测和全基因组范围检测两种(见表 2-7)。

表 2-7　$3'$poly(A)长度变化研究

	研究方法	实验原理	发表年代	优缺点
单基因检测方法	RACE-PAT	基于 $3'$RACE 方法,用 $5'$端富含 GC 序列、$3'$端 oligo(dT)的锚定引物进行反转录。随后用基因特异序列和锚定引物序列进行 PCR 扩增	1992	mRNA 内部腺苷酸富集区可能会造成干扰
	LM-PAT	用磷酸化的 oligo(dT)以及 T4 连接酶,与 $3'$poly(A)序列近乎饱和互补,$3'$poly(A)末端残留的未互补序列与带有 oligo(dT)的锚定序列进行互补,通过反转录进行反转	1995	连接反应可能对于低表达 mRNA 的结果造成误差
	G-tailing	用 poly(A)聚合酶和 GTP 延伸 mRNA 末端,经锚定引物 Oligo(dC_9T_6)反转录后,根据 $3'$端非 poly(A)序列与锚定引物序列进行 PCR 扩增	2001	poly(A)聚合酶成本以及反应对于低表达 mRNA 的影响较大
	ePAT	含有 oligo(dT)的锚定引物在高温下准确地与 $3'$poly(A)末端互补,随后加入 Klenow 聚合酶和 dNTPs 进行末端延伸	2012	mRNA 内部腺苷酸富集区可能会造成干扰
	Hire-PAT	提取总 RNA 后,在 $3'$端加上由鸟苷酸和次黄嘌呤构成的序列片段。应用末端含有 oligo(dC)的引物进行反转录。用靠近 $3'$-UTR 的特异序列以及末端荧光标记的含有 poly(dC)的引物进行 PCR 扩增。产物进行毛细管电泳或双脱氧链终止法测序	2012	连接反应可能对于低表达 mRNA 的结果造成误差

（续表）

研究方法	实验原理	发表年代	优缺点
sPAT	利用 DNA：RNA 夹板(splint)接头中的 RNA 序列与 3′poly(A)末端在 T4 连接酶作用下直接连接,随后通过接头中的 DNA 序列进行反转录延伸	2014	相对地减少操作步骤,RNA 用量少,并且无须预先进行 mRNA 分选,与其他 PAT 方法相比,准确度和敏感性高
circTAIL-Seq	总 RNA 在 T4 连接酶作用下进行环化,通过 5′和 3′端附近的特异序列进行反转录和 PCR 扩增,随后应用 Illumina MiSeq 进行测序	2016	高灵敏度,能够针对某一个极低丰度或变化多样的转录本进行检测,并且同时检测 3′和 5′端位置。可用于细胞器转录本、非 poly(A)转录本
根据 poly(A)长度的 RNA 分离	mRNA 与表面包被 oligo(dT)的磁珠吸附并通过不同盐浓度的洗脱,或在低温条件下通过 poly(dU)琼脂糖包埋并配合梯度热洗脱,能够粗略分出 3′poly(A)长、短不同的 mRNA 组分,随后可以用芯片进行定性、定量	2007	仅能用于粗略区分不同 poly(A)长度组分,后需定量、定性,可对接芯片或高通量转录组测序
PAL-Seq	(1) 建库方法与 sPAT 类似,两侧的接头引物含有测序引物序列并且其中一端被生物素标记用于选择性分离; (2) 经标准建库在 Illumina 测序仪玻片上生成序列簇后,测序引物在仅含有 dTTP 以及生物素标记的 dUTP 情况下进行延伸。定量的关键是需要成比例地在延伸阶段掺入生物素标记的 dUTP。当 poly(A)区域延伸终止后,添加正常测序的底物,测定非 poly(A)区域 36 nt 作为基因序列定性标记。加入荧光标记的亲和素,不同长度 poly(A)掺入的标记物数目不同,所对应的荧光强度可以反映 poly(A)的长度 建库过程中掺入了带有不同长度 3′poly(A)的内参 mRNA,以建立荧光强度与 poly(A)长度的基线及标准曲线	2014	高通量全转录组水平 poly(A)长度信号读取以及 poly(A)添加位点的鉴定。需要改变测序运行程序
TAIL-Seq	(1)总 RNA 去除核糖体 RNA,仅保留大于 200 nt 的 RNA;(2)RNA 的 3′端与生物素标记的接头引物 P2 进行连接;(3)应用低浓度 RNA 酶 T1(识别 G);(4)亲和素磁珠富集带有完整 3′poly(A)的片段,并进行末端补平;(5)胶回收 500～1 000 bp 的片段,以去除短非编码 RNA;(6)5′端与另一测序接头引物 P1 进行连接;	2014	高通量全转录组水平 poly(A)长度信号读取以及 poly(A)添加位点的鉴定。与 PAL-Seq 相比步骤较简单

第一列"全基因组范围检测"跨 PAL-Seq 和 TAIL-Seq 行

（续表）

研究方法	实验原理	发表年代	优缺点
	（7）建库并应用 Illumina HiSeq 平台测序 需要说明的是：（1）接头引物 P2 的 3′端带有 15 bp 的简并序列，用于平衡测序的信号并减少建库中 PCR 反应的非均匀扩增；（2）双端测序反应中，P1 端测序 51 nt 用于转录本定位，P2 端测序 251 nt 用于鉴定 poly(A)的长度；（3）研究者开发了一套基于高斯混合隐马尔可夫模型的补偿算法，用于矫正 P2 端结果		
PAT-Seq	在 ePAT 方法的基础上进行改进，经末端锚定序列互补的 RNA 进行 RNA 酶 T1 有限降解，应用亲和素进行回收、末端补平及根据研究物种特征进行长度选择。建库进行单向测序。应用 tail-tools 流程进行分析	2015	高通量全转录组水平 poly(A)长度信号读取以及 poly(A)添加位点的鉴定。与 TAIL-Seq 相比步骤较简单

参考文献

［1］ Wang Z，Gerstein M，Snyder M. RNA-Seq：a revolutionary tool for transcriptomics［J］. Nat Rev Genet，2009，10(1)：57-63.

［2］ Robasky K，Lewis N E，Church G M. The role of replicates for error mitigation in next-generation sequencing［J］. Nat Rev Genet，2014，15(1)：56-62.

［3］ Yang I S，Kim S. Analysis of whole transcriptome sequencing data：workflow and software［J］. Genomics Inform，2015，13(4)：119-125.

［4］ Stegle O，Teichmann S A，Marioni J C. Computational and analytical challenges in single-cell transcriptomics［J］. Nat Rev Genet，2015，16(3)：133-145.

［5］ Costa V，Aprile M，Esposito R，et al. RNA-Seq and human complex diseases：recent accomplishments and future perspectives［J］. Eur J Hum Genet，2013，21(2)：134-142.

［6］ Dillies M-A，Rau A，Aubert J，et al. A comprehensive evaluation of normalization methods for Illumina high-throughput RNA sequencing data analysis［J］. Brief Bioinform，2013，14(6)：671-683.

［7］ Liu Y，Zhou J，White K P. RNA-seq differential expression studies：more sequence or more replication?［J］. Bioinformatics，2014，30(3)：301-304.

［8］ Rapaport F，Khanin R，Liang Y，et al. Comprehensive evaluation of differential gene expression analysis methods for RNA-seq data［J］. Genome Biol，2013，14(9)：R95.

［9］ Leinonen R，Sugawara H，Shumway M. The sequence read archive［J］. Nucleic Acids Res，2011，39(DATABASE ISSUE)：D19-D21.

［10］ Wan Q，Dingerdissen H，Fan Y，et al. BioXpress：an integrated RNA-seq-derived gene expression database for pan-cancer analysis［J］. Database (Oxford)，2015，2015(bav019)：1-13.

［11］ Ozsolak F，Milos P M. RNA sequencing：advances，challenges and opportunities［J］. Nat Rev Genet，2011，12(2)：87-98.

［12］ Jiang L，Schlesinger F，Davis C A，et al. Synthetic spike-in standards for RNA-seq experiments ［J］. Genome Res，2011，21(9)：1543-1551.

［13］ Bacher R，Kendziorski C. Design and computational analysis of single-cell RNA-sequencing experiments ［J］. Genome Biol，2016，17：63.

［14］ Wang E T，Sandberg R，Luo S，et al. Alternative isoform regulation in human tissue transcriptomes ［J］. Nature，2008，456(7221)：470-476.

［15］ Kanitz A，Gypas F，Gruber A J，et al. Comparative assessment of methods for the computational inference of transcript isoform abundance from RNA-seq data ［J］. Genome biol，2015，16(1)：1-26.

［16］ Tseng E，Clark T，Ashby M，et al. Full-length isoform sequencing of the human MCF-7 cell line using PacBio ® long reads ［J］. Peptides，2015，50(41,699)：50,594.

［17］ Al Seesi S，Tiagueu Y T，Zelikovsky A，et al. Bootstrap-based differential gene expression analysis for RNA-Seq data with and without replicates ［J］. BMC genomics，2014，15(Suppl 8)：S2.

［18］ Soneson C，Matthes K L，Nowicka M，et al. Isoform prefiltering improves performance of count-based methods for analysis of differential transcript usage ［J］. Genome biol，2016，17：12.

［19］ Merkin J，Russell C，Chen P，et al. Evolutionary dynamics of gene and isoform regulation in Mammalian tissues ［J］. Science，2012，338(6114)：1593-1599.

［20］ Cereda M，Pozzoli U，Rot G，et al. RNAmotifs：prediction of multivalent RNA motifs that control alternative splicing ［J］. Genome Biol，2014，15(1)：R20.

［21］ Kannan K，Wang L，Wang J，et al. Recurrent chimeric RNAs enriched in human prostate cancer identified by deep sequencing ［J］. Proc Natl Acad Sci U S A，2011，108(22)：9172-9177.

［22］ Nam R，Sugar L，Yang W，et al. Expression of the TMPRSS2：ERG fusion gene predicts cancer recurrence after surgery for localised prostate cancer ［J］. Br J Cancer，2007，97(12)：1690-1695.

［23］ Stephens P J，McBride D J，Lin M L，et al. Complex landscapes of somatic rearrangement in human breast cancer genomes ［J］. Nature，2009，462(7276)：1005-1010.

［24］ Berger M F，Lawrence M S，Demichelis F，et al. The genomic complexity of primary human prostate cancer ［J］. Nature，2011，470(7333)：214-220.

［25］ Akiva P，Toporik A，Edelheit S，et al. Transcription-mediated gene fusion in the human genome ［J］. Genome Res，2006，16(1)：30-36.

［26］ Li H，Wang J，Mor G，et al. A neoplastic gene fusion mimics trans-splicing of RNAs in normal human cells ［J］. Science，2008，321(5894)：1357-1361.

［27］ Gingeras T R. Implications of chimaeric non-co-linear transcripts ［J］. Nature，2009，461(7261)：206-211.

［28］ Wang Q，Xia J，Jia P，et al. Application of next generation sequencing to human gene fusion detection：computational tools，features and perspectives ［J］. Brief Bioinform，2013，14(4)：506-519.

［29］ Benne R，Van Den Burg J，Brakenhoff J P，et al. Major transcript of the frameshifted coxll gene from trypanosome mitochondria contains four nucleotides that are not encoded in the DNA ［J］. Cell，1986，46(6)：819-826.

［30］ Daniel C，Silberberg G，Behm M，et al. Alu elements shape the primate transcriptome by cis-regulation of RNA editing ［J］. Genome Biol，2014，15(2)：R28.

［31］ Behm M，Öhman M. RNA Editing：A Contributor to Neuronal Dynamics in the Mammalian

Brain [J]. Trends Genet, 2016,32(3): 165-175.

[32] Kwak S, Kawahara Y. Deficient RNA editing of GluR2 and neuronal death in amyotropic lateral sclerosis [J]. J Mol Med (Berl), 2005,83(2): 110-120.

[33] Hideyama T, Yamashita T, Aizawa H, et al. Profound downregulation of the RNA editing enzyme ADAR2 in ALS spinal motor neurons [J]. Neurobiol Dis, 2012,45(3): 1121-1128.

[34] Crow Y J, Manel N. Aicardi-Goutieres syndrome and the type I interferonopathies [J]. Nat Rev Immunol, 2015,15(7): 429-440.

[35] Krebs J E, Goldstein E S, Kilpatrick S T. Lewin's GENES X[M]. Burlington: Jones & Bartlett Publishers, 2009.

[36] Makino S, Chang M F, Shieh C K, et al. Molecular cloning and sequencing of a human hepatitis delta (delta) virus RNA [J]. Nature, 1987,329(6137): 343-346.

[37] Zhang Y, Zhang X O, Chen T, et al. Circular intronic long noncoding RNAs [J]. Mol Cell, 2013,51(6): 792-806.

[38] Salzman J, Gawad C, Wang P L, et al. Circular RNAs are the predominant transcript isoform from hundreds of human genes in diverse cell types [J]. PLoS One, 2012,7(2): e30733.

[39] Tabak H F, Van der Horst G, Smit J, et al. Discrimination between RNA circles, interlocked RNA circles and lariats using two-dimensional polyacrylamide gel electrophoresis [J]. Nucleic Acids Res, 1988,16(14A): 6597-6605.

[40] Li Y, Zheng Q, Bao C, et al. Circular RNA is enriched and stable in exosomes: a promising biomarker for cancer diagnosis [J]. Cell Res, 2015,25(8): 981-984.

[41] Hsu M T, Coca-Prados M. Electron microscopic evidence for the circular form of RNA in the cytoplasm of eukaryotic cells [J]. Nature, 1979,280(5720): 339-340.

[42] Nigro J M, Cho K R, Fearon E R, et al. Scrambled exons [J]. Cell, 1991,64(3): 607-613.

[43] Zhang X O, Wang H B, Zhang Y, et al. Complementary sequence-mediated exon circularization [J]. Cell, 2014,159(1): 134-147.

[44] Barrett S P, Wang P L, Salzman J. Circular RNA biogenesis can proceed through an exon-containing lariat precursor [J]. Elife, 2015,4: e07540.

[45] Conn S J, Pillman K A, Toubia J, et al. The RNA binding protein quaking regulates formation of circRNAs [J]. Cell, 2015,160(6): 1125-1134.

[46] Li Z Y, Huang C, Bao C, et al. Exon-intron circular RNAs regulate transcription in the nucleus [J]. Nat Struct Mol Biol, 2015,22(3): 256-264.

[47] Chao C W, Chan D C, Kuo A, et al. The mouse formin (Fmn) gene: Abundant circular RNA transcripts and gene-targeted deletion analysis [J]. Mol Med, 1998,4(9): 614-628.

[48] Yang W, Du W W, Li X, et al. Foxo3 activity promoted by non-coding effects of circular RNA and Foxo3 pseudogene in the inhibition of tumor growth and angiogenesis [J]. Oncogene, 2016, 35(30): 3919-3931.

[49] Guo J U, Agarwal V, Guo H, et al. Expanded identification and characterization of mammalian circular RNAs [J]. Genome Biol, 2014,15(7): 409.

[50] Li H, Handsaker B, Wysoker A, et al. The Sequence Alignment/Map format and SAMtools [J]. Bioinformatics, 2009,25(16): 2078-2079.

[51] Aravin A A, Naumova N M, Tulin A V, et al. Double-stranded RNA-mediated silencing of genomic tandem repeats and transposable elements in the D. melanogaster germline [J]. Curr Biol, 2001,11(13): 1017-1027.

［52］ Aravin A A, Lagos-Quintana M, Yalcin A, et al. The small RNA profile during Drosophila melanogaster development ［J］. Dev Cell, 2003,5(2): 337-350.

［53］ Bamezai S, Rawat V P, Buske C. Concise review: The Piwi-piRNA axis: pivotal beyond transposon silencing ［J］. Stem Cells, 2012,30(12): 2603-2611.

［54］ Czech B, Hannon G J. Small RNA sorting: matchmaking for Argonautes ［J］. Nat Rev Genet, 2011,12(1): 19-31.

［55］ Brennecke J, Aravin A A, Stark A, et al. Discrete small RNA-generating loci as master regulators of transposon activity in Drosophila ［J］. Cell, 2007,128(6): 1089-1103.

［56］ Gunawardane L S, Saito K, Nishida K M, et al. A slicer-mediated mechanism for repeat-associated siRNA 5′end formation in Drosophila ［J］. Science, 2007,315(5818): 1587-1590.

［57］ Zhang P, Kang J Y, Gou L T, et al. MIWI and piRNA-mediated cleavage of messenger RNAs in mouse testes ［J］. Cell Res, 2015,25(2): 193-207.

［58］ Yuan J, Zhang P, Cui Y, et al. Computational identification of piRNA targets on mouse mRNAs ［J］. Bioinformatics, 2016,32(8): 1170-1177.

［59］ Esteller M. Non-coding RNAs in human disease ［J］. Nat Rev Genet, 2011,12(12): 861-874.

［60］ Martinez V D, Vucic E A, Thu K L, et al. Unique somatic and malignant expression patterns implicate PIWI-interacting RNAs in cancer-type specific biology ［J］. Sci Rep, 2015,5: 10423.

［61］ Martinez V D, Enfield K S, Rowbotham D A, et al. An atlas of gastric PIWI-interacting RNA transcriptomes and their utility for identifying signatures of gastric cancer recurrence ［J］. Gastric Cancer, 2016,19(2): 660-665.

［62］ Matzke M A, Mosher R A. RNA-directed DNA methylation: an epigenetic pathway of increasing complexity ［J］. Nat Rev Genet, 2014,15(6): 394-408.

［63］ Ng K W, Anderson C, Marshall E A, et al. Piwi-interacting RNAs in cancer: emerging functions and clinical utility ［J］. Mol Cancer, 2016,15: 5.

［64］ Zhang Y, Wang X, Kang L. A k-mer scheme to predict piRNAs and characterize locust piRNAs ［J］. Bioinformatics, 2011,27(6): 771-776.

［65］ 杨峰,易凡,曹慧青,等.长链非编码 RNA 研究进展［J］.遗传,2014,36(5): 456-468.

［66］ Washietl S, Will S, Hendrix D A, et al. Computational analysis of noncoding RNAs ［J］. Wiley Interdiscip Rev RNA, 2012,3(6): 759-778.

［67］ Gardner P P. The use of covariance models to annotate RNAs in whole genomes ［J］. Brief Funct Genomic Proteomic, 2009,8(6): 444-450.

［68］ Li H, Wei Z, Maris J. A hidden Markov random field model for genome-wide association studies ［J］. Biostatistics, 2010,11(1): 139-150.

［69］ Sonnhammer E L, Eddy S R, Durbin R. Pfam: a comprehensive database of protein domain families based on seed alignments ［J］. Proteins, 1997,28(3): 405-420.

［70］ Wistrand M, Sonnhammer E L. Improving profile HMM discrimination by adapting transition probabilities ［J］. J Mol Biol, 2004,338(4): 847-854.

［71］ Kong L, Zhang Y, Ye Z Q, et al. CPC: assess the protein-coding potential of transcripts using sequence features and support vector machine ［J］. Nucleic Acids Res, 2007, 35 (Web Server issue): W345-W349.

［72］ Danic-Tchaleu G, Heurtebise S, Morga B, et al. Complete mitochondrial DNA sequence of the European flat oyster Ostrea edulis confirms Ostreidae classification ［J］. BMC Res Notes, 2011, 4: 400.

[73] Doucet-Beaupré H, Breton S, Chapman E G, et al. Mitochondrial phylogenomics of the Bivalvia (Mollusca): searching for the origin and mitogenomic correlates of doubly uniparental inheritance of mtDNA [J]. BMC Evol Biol, 2010,10: 50.

[74] Moore M J, Proudfoot N J. Pre-mRNA processing reaches back to transcription and ahead to translation [J]. Cell, 2009,136(4): 688-700.

[75] Silvera D, Formenti S C, Schneider R J. Translational control in cancer [J]. Nat Rev Cancer, 2010,10(4): 254-266.

[76] Richter J D. Cytoplasmic polyadenylation in development and beyond [J]. Microbiol Mol Biol Rev, 1999,63(2): 446-456.

[77] Weill L, Belloc E, Bava F A, et al. Translational control by changes in poly(A) tail length: recycling mRNAs [J]. Nat Struct Mol Biol, 2012,19(6): 577-585.

[78] Mendez R, Richter J D. Translational control by CPEB: A means to the end [J]. Nat Rev Mol Cell Biol, 2001,2(7): 521-529.

[79] Curinha A, Oliveira Braz S, Pereira-Castro I, et al. Implications of polyadenylation in health and disease [J]. Nucleus, 2014,5(6): 508-519.

[80] Subtelny A O, Eichhorn S W, Chen G R, et al. Poly(A)-tail profiling reveals an embryonic switch in translational control [J]. Nature, 2014,508(7494): 66-71.

[81] Park J E, Yi H, Kim Y, et al. Regulation of poly(A) tail and translation during the somatic cell cycle [J]. Mol Cell, 2016,62(3): 462-471.

[82] Kojima S, Sher-Chen E L, Green C B. Circadian control of mRNA polyadenylation dynamics regulates rhythmic protein expression [J]. Genes Dev, 2012,26(24): 2724-2736.

[83] Kojima S, Gendreau K L, Sher-Chen E L, et al. Changes in poly(A) tail length dynamics from the loss of the circadian deadenylase Nocturnin [J]. Sci Rep, 2015,5: 17059.

[84] Scorilas A. Polyadenylate polymerase (PAP) and 3′ end pre-mRNA processing: Function, assays, and association with disease [J]. Crit Rev Clin Lab Sci, 2002,39(3): 193-224.

[85] Kondrashov A, Meijer H A, Barthet-Barateig A, et al. Inhibition of polyadenylation reduces inflammatory gene induction [J]. RNA, 2012,18(12): 2236-2250.

3 转录组学在出生缺陷疾病和生殖健康中的应用

出生缺陷是指胚胎发育过程中由于遗传或环境因素所导致的形态、结构、功能、代谢、精神或行为异常等。现已确定,某些环境因素及遗传因素会增加出生缺陷发生的风险,但大多数出生缺陷的原因还不清楚。据世界卫生组织(WHO)报道,全球范围内每年有接近 27 万新生儿死于出生缺陷,330 万儿童患有先天性畸形[1]。

已知的出生缺陷种类超过 4 000 种,主要的出生缺陷有:心脏缺陷、唇裂或腭裂、脊柱裂和畸形足。而稀有的先天性出生缺陷由于样本量相对较少,要研究孕妇与出生缺陷之间的关系,就需要大范围流行病学的统计学支撑[2]。目前,出生缺陷的产前诊断方法主要分为侵入式和非侵入式两类,涉及生化遗传学、细胞遗传学及分子细胞遗传学等。侵入性产前诊断方法有:羊膜穿刺术、绒毛膜活检和脐带血穿刺。非侵入性产前诊断方法有:孕妇外周血循环的胎儿细胞、孕妇外周血胎儿游离 DNA(cell-free fetal DNA,cffDNA)、孕妇外周血胎儿游离 RNA(cell-free fetal RNA,cffRNA)检测。其中,非侵入式的无创产检因为具有灵敏、特异及对胎儿无损伤性等特点已经被广大孕妇所接受,逐渐从科学研究走向了临床常规,并有机会在未来普及到每一个家庭。

随着高通量测序技术应用于转录组学研究,基因表达水平的变化可以揭示组织病变、细胞及胚胎发育,以及新生儿和胎盘发育的动态过程,同时也为研究与出生缺陷相关的组织或器官的发育异常提供了理论基础。转录组学技术的应用为诊断遗传因素、环境因素导致的胎儿出生缺陷开辟了一个新的思路[3]。本章主要介绍转录组学在出生缺陷及生殖健康方面的研究与应用。

3.1　出生缺陷相关疾病的转录组学研究进展

转录组学研究技术的出现为产前遗传、发育和环境所导致的疾病生理状态的研究开辟了一个新的思路,增加了人们对新生儿发育的认识;同时,也帮助人们从器官角度揭示与孕龄相关的基因表达的动态变化,为正常和异常新生儿转录组的分析及产前诊断提供了新的方法[3]。

3.1.1　转录组学与生殖细胞及胚胎发育机制

"生殖"是生命的开端,也是生命的延续。一个人的生命发育从受精开始。雄性配子(精子)和雌性配子(卵子)融合为一个细胞——称为"受精卵"。这个高度特异的细胞具有全能性,标志着每个独立生命的开始。受精卵是肉眼不可见的,它含有来自父母双亲的遗传物质。虽然生命起始于受精卵,但是形成受精卵所需的雌、雄配子却早在它们上一代的胚胎时期便开始形成。在胚胎发育早期便已分化出原始生殖细胞,这些原始生殖细胞之后通过配子发生过程形成了精子和卵子。生殖细胞和胚胎转录组提供了生殖发育过程的重要信息,为进一步阐明生殖发育过程中关键事件的分子机制提供了基础。

2007 年,Kim 等人[4]应用大规模平行测序(MPSS)对鸡的胚胎性腺和原始生殖细胞转录组进行分析,并直接使用 MPSS 数据和特征分类对替代多腺苷化的转录产物进行了评估,对性腺和原始生殖细胞文库的转录组图式进行了比较分析,并建立了鸡的转录组数据库。例如,他们发现在原始生殖细胞中表达量极高的热休克蛋白 90(heat shock protein 90,HSP90)在性腺上的表现并非如此,据此推测 HSP 在生殖细胞发育过程中或许扮演着信息转导或调控者的角色。2013 年,Sylvestre 等人[5]应用微阵列杂交技术对脊椎动物跨门和跨种的转录组进行了比较分析研究,提示脊椎动物卵母细胞转录组具有进化保守性。这是第 1 篇关注脊椎动物卵母细胞转录组相似度的研究,发现与特定功能(如细胞周期调控和胚胎发育)相关的基因更具有保守性,并进一步提供了卵母细胞比体细胞更具有独特性的线索。正因为卵母细胞在排卵前转录都处于受抑制状态,所以这些稳定表达的 RNA 在完成减数第 2 次分裂以及受精卵基因组活化前在维持胚胎发育方面都是非常重要的。

　　尽管大部分研究都关注雌性生殖细胞,转录组学方法在雄性生殖细胞上的研究同样非常具有前景。例如,2016 年 Zhu 等人通过研究人类精子发生过程中转录组的动态变化,预测了调节人类生殖细胞产生的潜在关键基因。他们对不育男性睾丸标本进行了转录组学分析,发现了其中具有特定表达模式的基因,并发现了一些在调节精子发生过程中的关键基因,如 *HOXs*、*JUN*、*SP1*、*TCF3* 等,并提示它们有作为临床应用分子工具的潜能。

　　在胚胎方面,2015 年 Vilella 等人[6]对植入前胚胎转录组的研究发现,人类子宫上皮分泌的 hsa-miR-30d 能被植入前胚胎摄取,并可能参与修饰后者的转录组。该研究组通过微阵列分析得到 27 个母源特异性 miRNA 中的 6 个在植入窗口期的人类子宫内膜上皮中表现为差异化表达。其中 hsa-miR-30d 的表达水平显著上调,而它与一些编码胚胎黏附蛋白的基因间接相关。当在体外使用 miR-30 孵育小鼠胚胎时,发现胚胎黏附性显著提高。这项研究成果暗示了母源子宫 miRNA 可能扮演了植入前胚胎转录修饰者的角色。除对 miRNA 的研究之外,也有关注转录组长非编码 RNA 的相关研究。如 2016 年 Durruthy 等[7]对灵长类动物特异性非编码 RNA 在人类胚胎植入前发育过程的研究发现,*HPAT5* 调节人类植入前胚胎发育和核编程的多能性。*HPAT5* 是在哺乳动物转位元件(transposable elements,TE)附近高表达的长基因间非编码 RNA(long intergenic noncoding RNA,lincRNA)。3 种 TE 诱导产生的人类 lincRNA (*HPAT2*、*HPAT3* 和 *HPAT5*)有可能与全能性获得和内细胞团形成有关。Durruthy 等人通过 CRISPR 技术敲除多能干细胞中这些 lincRNA 的对应基因并联合转录组学分析,得到 *HPAT5* 是多能性网络中的关键因子这一推论,同样体现了转录组学研究方法的重要性。

　　此外,单细胞基因表达模式对理解人类胚胎发育的基因调控网络至关重要。2013 年,Yan 等[8]研究应用单细胞转录组测序的方式得到了人类植入前胚胎发育各阶段及从囊胚中分离出人类胚胎干细胞(human embryo stem cells,hESC)的基因表达图谱。使用 RNA-Seq 技术测到 22 687 种基因,远较之前用微阵列方法测得的 9 735 种要多得多,其中还包括 8 701 种 lncRNA,这是首次在人类早期胚胎上进行的母源 lncRNA 表达分析。而相当大一部分 lncRNA 表现出阶段特异性的表达模式,暗示它们可能参与植入前胚胎发育的调控过程。研究人员还发现外胚层细胞的转录组与原始 hESC 显著不同,回答了长期以来人们关于外胚层细胞和体外 hESC 的基因表达特征是否相同的问题。这项工作有助于人们理解早期胚胎发育和 hESC 的转录图式。这项工作意义重大，胚胎单细胞转录组测序为在转录水平上进行植入前诊断提供了技术支持。2015 年，Guo 等[9]应用单细胞测序手段首次分析了人类原始生殖细胞（PGC）从迁移期到性腺期的转录组信息。研究发现，人类 PGC 表现出独特的转录组模式，多能性基因和生殖系统特异性基因及其发育阶段特异性的基因亚群协同性表达。此外，他们还分析了人类 PGC DNA 全基因组去甲基化水平，发现 PGC 几乎无 DNA 甲基化，男女性 PGC 的中位甲基化水平分别为 7.8% 和 6.0%。这项工作解密了生殖系统为保存受精卵全能性进化了复杂的表观重编程过程。

3.1.2　侵入性出生缺陷相关疾病的转录组学研究进展

基于转录组学的侵入性诊断及研究的主要取样方式是羊膜穿刺术、绒毛膜活检和脐带血穿刺，解剖学及伦理上的障碍限制了对新生儿在孕期进行持续观测。而各种胚胎组织来源的 cffRNA 可进入羊水中，这使得利用侵入性手段获取孕妇的羊水进行转录组分析成为可能。通常情况下，对利用侵入性手段得到的羊水细胞进行核型分析，以确认新生儿的染色体是否为非整倍性，之后可以利用这些来源的新生儿 cffRNA 与已确诊患有疾病的新生儿 cffRNA 进行对比研究，从而准确筛查新生儿是否患有疾病。Larrabee 在 2005 年首次针对羊水中的 cffRNA 进行了转录组测序以研究胎儿 mRNA 能否用于分析胎儿中大规模基因表达及其与性别、胎龄及胎儿病理状态之间的关系[10,11]。

先兆子痫是孕中期比较常见的妊娠合并症，主要症状是血压升高。先兆子痫及相关综合征，如溶血、肝功能异常、低血小板综合征、妊娠高血压综合征等都是新生儿疾病和死亡的主要原因。全球每年有 7 万~8 万孕妇和超过 50 万的新生儿因此而死亡[12]。对于孕妇，先兆子痫可以导致肝、肾、大脑和凝血系统的急性疾病。在欧洲因先兆子痫而死亡的孕妇占总病死率的 17~24%。

Antonio 等利用 cDNA 微阵列对确定会发生子痫的 10 个单生子孕妇与 50 个对照组样本进行绒毛膜转录组分析。研究结果表明，涉及滋养层细胞侵入（TITIN）、炎症压力（MHC-2、LTF）、内皮细胞异常（CLDN6）、血管生成和血压控制（ADD1）等生理病理相关的基因表达量发生改变，而先兆子痫患者外周血中这些基因的表达也发生了明显的改变。在此之前，ADD 和 CLDN 蛋白浓度与先兆子痫患者之间的关系并没有人研究过，ADD 是一种异二聚体细胞骨架蛋白，可与其他膜骨架蛋白相互作用影响离子转运通道，而 CLDN 蛋白是细胞间紧密连接的重要成分，但在子痫孕妇妊娠晚期绒毛膜内皮中表达降低，这一降低可能会导致紧密连接解除对一些分子通过的限制，进而导致孕妇高血压的发生。绒毛膜转录组的异常可能预示着先兆子痫的发生，而这些相关基因也可作为子痫发生的分子标志物[13]。随后，Roxana 等对基因表达综合数据库（Gene Expression Omnibus，GEO）上先兆子痫孕妇与对照组的转录组数据进行荟萃分析结果表明，在缺氧和氧化压力作用下，表皮生长因子受体（EGFR）信号通路的受损可能受 TFIIH 受损或者其他机制影响，而这一结果又会导致转化活化因子 3（ATF3）表达上调，从而导致先兆子痫临床症状的发生。

Hui 等对 12 组患儿的转录组数据进行分析，发现有 40 个胎盘特异的基因在羊水细胞中存在。同时，羊水核心转录组包括 476 个已注释的基因，3 个高组织特异性（肝、肺、脑）转录产物，其中 6 个在胎儿脑组织中高表达。功能分析鉴定到羊水核心转录组代表性的 6 个与生理系统（包括骨骼系统和神经系统）的发育和功能、胚胎和器官发育相关的基因[14]。随后该研究组又对双胎输血综合征（TTTS）患儿羊水中的 cffRNA 进行转录组分析，发现与对照组相比 TTTS 患儿中有 801 个差异表达基因，且主要富集在神经系统疾病和心血管系统疾病中，同时分析到与 TTTS Ⅲ期患儿多普勒诊断异常相关的基因和信号通路。这一发现为揭示 TTTS 分子机制及应对治疗方案提供了理论基础[15]。

之后，该研究组对 8 个分娩期羊水样本和 8 个经羊膜穿刺获得的孕中期羊水样本进行分析，得到了 2 871 个显著差异表达基因。功能分析表明，分娩期羊水样本中唾液腺、气管和肾脏组织转录产物被富集，而孕中期羊水样本中富集到的主要是脑组织和胚胎神经细胞转录产物。新生儿 cffRNA 反映了新生儿发育中实时的生理状态，也为新生儿发育过程提供了研究基础，同时有助于发现可用于器官和疾病特异的新的分子标志物[16]。

除了神经系统及心血管系统疾病，染色体异常导致的胎儿异常也占据了很大比例，其中以 21-三体综合征为最多。21-三体综合征又叫唐氏综合征（Down syndrome，DS），是我国发病率最高的出生缺陷性疾病，患儿多表现为智力低下，体格发育不全，并伴有多个脏器畸形。我国每年约有 2 万多名唐氏综合征患儿出生，由于缺乏有效的治疗方法，给社会和家庭带来了沉重的负担。而利用转录组学研究可以揭示唐氏综合征患儿的发育过程,为其诊断及治疗提供新策略。

Volk 等对培养的唐氏综合征患儿母亲的羊水细胞进行转录组测序。结果分析表明,21 号染色体上的基因差异表达明显,同时,鉴定到的 240 个基因具有作为生物分子标志物的潜力,而非 21 号染色体上的基因总体倾向于表达下调[17]。Hui 等将羊水细胞中的 mRNA 与神经系统、胚胎干细胞、混合细胞系、脐带和上皮细胞的特异转录产物进行比对吻合,发现脑皮质特异性的 mRNA 最多。而将 18/21 染色体三体患儿与正常新生儿的转录组进行比较分析,结果表明,唐氏综合征患儿更倾向于患有神经系统疾病,同样的结果也出现在 18-三体综合征患儿中,且两类染色体非整倍体患儿中神经系统疾病有相当一部分重叠。这为揭示唐氏综合征和 18-三体综合征患儿神经系统疾病相关表型及治疗提供了理论基础[18]。

Iruretagoyena 等利用死亡胎儿脑组织进行大脑发育过程中的转录组分析,以研究孕早期及孕中期新生儿的大脑发育。研究结果表明,第 10～12 周,大脑中神经元迁移相关基因表达上调;第 10～18 周,大脑中编码神经元迁移、分化和连通性的基因表达上调。脊髓和纹状体的标志基因 ALDH1A1 和 NPY 分别在 B_1 和 B_3 期大脑中表达上调,与耳朵和眼睛感受相关的基因 SLITRK6 和 CRYAB-PCDH18 在 B_1 期大脑中表达上调。B_1 期大脑中主要是编码神经元迁移、分化、细胞编程性死亡和感觉器官的基因表达(FN1、MPZL2、LGALS1、LAM 和 MYOF 基因是这一时期表达最高的基因,CRYAB 和 PCDH18 基因与眼睛发育有关,SLITRK6 和 HAS2 基因与耳朵发育有关,这 4 个基因在 B_1 时期高表达);B_3 期大脑主要是神经元增殖、分支和髓鞘形成的基因表达(FOXG1、SLA、NEUROD6、SATB2 和 ZNF238 基因表达在这个时期是最高的)。对人类胎儿大脑不同发育阶段的转录组研究为揭示大脑发育的动态过程提供了新线索,同时也为大脑发育异常新生儿的产前诊断提供了理论依据[19]。

3.1.3　非侵入性出生缺陷相关疾病的转录组学研究进展

传统的侵入性产前检查可能对胎儿的正常发育产生一定的危害,并存在发生率约 2‰的流产风险,该发生率的正确性有待确定。Lo 等人在 1997 年首次在健康孕妇血浆中检测到新生儿 DNA 的存在[20],而 Poon 等则在 2002 年第 1 次报道了利用两步反转录-PCR(RT-PCR)发现孕妇血浆中新生儿来源的 RNA[21]。孕妇外周血游离胎儿 DNA(cffDNA)以及 RNA(cffRNA)的发现为无创产前检测(non-invasive prenatal testing,

NIPT)技术提供了一个新的着力点。随后对 cffDNA 和 cffRNA 在血浆中稳定性的研究，为利用孕妇血浆对胎儿进行无创产前检测开辟了新的、更安全可靠的检测手段。

孕妇循环血中的 RNA 检测理论上可以应用于所有的孕妇，并不受胎儿性别和孕妇与胎儿多态性的限制，利用胎儿或疾病特异的 RNA 可以开发出更多用于临床诊断的基于 RNA 的分子标志物。Ng 等在 2003 年利用实时定量反转录 PCR 鉴定到促肾上腺皮质激素释放激素（corticotropin-releasing hormone，CRH）在正常孕妇血浆和先兆子痫孕妇血浆中有 10 倍的表达差异，因此此血浆中 CRH 的 mRNA 可作为检测孕妇先兆子痫的一个分子标志物[22]。这表明，从妊娠母亲血浆 mRNA 中可筛选出用于诊断胎盘来源的 RNA 标志物，同时也为利用转录组学筛选疾病或生理状态特异的标志物提供了分子基础。

胎源 RNA 与 DNA 在妊娠第 3 周时即可被检测到，在第 5 周时可被稳定检测到。Wong 等对孕妇血浆中 mRNA 完整度的研究表明：5′端 mRNA 的丰度通常比 3′端要高，这可能是由于 3′端 mRNA 的降解速度要比 5′端快。对血浆 mRNA 及 DNA 的稳定度研究进一步明确了利用血浆 mRNA 和 DNA 进行产前诊断的可行性[23]。随后，Chiu 等发现循环血中的新生儿 RNA 同样可以在早期被检测到，且妊娠第 8 周母亲血浆中的胎盘转录物可 100% 被检测到[24]。Nancy 等研究发现，在两例妊娠早期患者中新生儿 RNA 占孕妇血浆中 RNA 的 3.7%，然而到妊娠末期，这一比例上升到 11.28%。其中 PAPPA 的胎盘双等位基因表达模式、H19 的单等位基因表达模式和印记母系表达基因在孕妇血浆中都被检测到。通过对怀孕前后孕妇血浆转录组的检测，得到了一系列与孕期相关联的基因。这再次证明了孕妇血浆 RNA 测序可以提供一个全面的孕妇血浆转录组，使利用循环血浆中的核酸进行产前诊断及研究成为可能[25]。

利用 cffRNA 在孕妇怀孕早期进行非侵入式胎盘转录组分析，可以在症状发生前对有发生先兆子痫和相关症状风险的孕妇进行预测，这种检测手段已成为急需的诊断选项。另外，利用通路分析，孕妇血浆中鉴定到的 RNA 的特征可以用来反映相关病理学通路、疾病亚型的鉴别以及筛选出新的治疗靶点[26]。ADAM12 的转录产物在先兆子痫患者血浆中表达升高，且在整个孕期都可以检测到，为将孕妇血浆 RNA 作为检测分子标志物的可行性提供了基础[27]。对正常孕妇全基因组范围血浆 RNA 的测序分析结果表明，胎盘转录组是特异且可信的；在怀孕早期至少有 109 个转录产物来源于胎盘，同时另外一些 RNA 家族（miRNA 和 circRNA）也可以在孕妇血浆中检测到。基于这些血浆中特异的胎盘转录产物,研究者认为长期的表型改变可以追溯到孕妇和新生儿中[28]。

先天性出生缺陷、新生儿畸形都是在早期胚胎生成的过程中产生的,而要通过定向和个体化干预预防出生缺陷,就需要在早期对发育异常的风险和标志物进行检测。当前对结构异常的检测主要依赖于超声检测,而超声检测只能在缺陷形成后进行,从而错过了最佳治疗时期。蛋白类分子标志物已被用于胎儿畸形的诊断,然而这类分子标志物用于检测胚胎畸形缺乏足够的灵敏度,而游离 miRNA 的相对稳定使其可作为潜在的分子标志物。同时,一些 miRNA 的表达已被证明与新生儿出生缺陷有关。尽管它们的稳定性与灵敏度都还有待验证,但是可作为潜在早期形态发育异常的分子标志物。对新生儿发育的动态过程及正常与异常新生儿生理状态的研究需求推动了新生儿转录组研究,新生儿的 RNA 水平变异较大,基因的差异表达也反映了发育过程中的功能变化。转录组研究的另一个领域是母亲血浆中的胎盘 miRNA,miRNA 是血浆中小 RNA 的主要组分。miRNA 在大多数生物学过程中起作用,包括代谢、细胞增殖和凋亡、发育和形态发生、干细胞维持及组织分化,与着床前调控、胚胎干细胞分化、分娩及怀孕相关疾病等也有关。目前对 miRNA 表达水平测定主要有 3 种方法:RT-PCR、微阵列和高通量测序,RT-PCR 通常被认为是基因表达检测及定量的标准。但是随着 miRNA 种类的增多,RT-PCR 的效率远远不能满足基因组水平 miRNA 表达的检测需要。反映孕妇生理状态的一类分子标志物,如氧化压力分子标志物(内生的抗氧化物、脂质过氧化产物),已被用于评估发育中的胎儿畸形风险。蛋白质分子标志物也被用于检测妊娠过程中的新生儿畸形,然而,由于其灵敏度和可信度低,这类检测只能用于进一步确证超声的结果[29]。miRNA 在母亲血浆中的稳定性,使得 miRNA 可作为一类新的稳定可靠的分子标志物[30]。

Kiyonori 等通过利用包含 723 个胎盘 miRNA 的微阵列进行分析,最终选择了高表达的胎盘来源的 82 个 miRNA,并确认其中 24 个是妊娠相关的 miRNA。其中 16 个定位到 19q13.42,5 个定位到 14q32 区域上,19 号染色体上的 hsa-miR-515-3p、hsa-miR-517a、hsa-miR-517c、hsa-miR-518b 和 hsa-miR-526b 的表达水平在妊娠末期显著上升,而 14 号染色体上的 miRNA 并没有明显改变。新发现的 miRNA 大多定位到 19q13.42 或者 14q32 位置上,而这一区域对于胎盘和胚胎发育尤其重要。这些妊娠相关的 miRNA 可能可作为监控怀孕相关疾病的分子标志物[31]。Yang 等第 1 次分析了先兆子痫孕妇血浆中 miRNA 的表达谱,发现先兆子痫患者中有 22 个 miRNA 表达异常,其中 15 个表达上调,7 个表达下调。与胎盘中异常表达的 miRNA 相比,hsa-let-7d、hsa-let-7f 和 hsa-miR-223 在所有的血清样本中表达都下调,另外 19 个是新发现的表达下调的 miRNA。对 miRNA 的靶基因预测分析表明,hsa-miR-519d、hsa-miR-520g 和 hsa-miR-520h 的靶基因都是血管内皮细胞生长因子(VEGF),而 hsa-miR-125a 和 hsa-miR-125b 都与血管疾病有关。同时有 573 条 miRNA 匹配到 miRBase 中,而且水平稳定。这一结果表明循环血中 miRNA 的表达谱具有较高的可信度,证明循环血中 miRNA 只是在体液中循环的 miRNA 的一部分,并不是新的核酸分子[32]。

近年来,研究者通过对孕期妇女血清中的 miRNA 检测探讨早期发现胎儿神经管缺陷(neural tube defects,NTD)的生物标志物。胎盘的转录组研究表明,神经管缺陷新生儿胎盘中 17 个 miRNA 在孕妇血清中比正常孕妇中有比较明显的改变。定量分析结果表明,miR-144、miR-720、miR-765、miR-575 和 miR-1182 表达上调,miR-1275 表达下调。出生前与出生后的对比分析结果表明,除了 miR-1182,其余均与妊娠显著相关,并且 miR-142-3p 和 miR-144 水平在产后下降非常显著(分别为 13 倍和 9 倍)。miR-143-3p 和 miR-144 水平在所有的 NTD 组中都显著高于对照组,且先天无脑高于脊柱裂。不同 NTD 间的对比结果表明,miR-720、miR-575 和 miR-765 只在脊柱裂组高于对照组水平,而 miR-1275 只在先天无脑组中低于对照组水平。ROC 分析结果表明,miR-144、miR-720、miR-142-3p 和 miR-765 作为 NTD 潜在的诊断分子标志物具有较好的预期效果[33]。

3.2 基于转录组学的出生缺陷出生后诊断

3.2.1 基于转录组学的出生缺陷出生后诊断的研究基础

唐氏综合征是发生频率较高的一种小儿染色体病,平均每 800 个新生儿中就有一个患有唐氏综合征,60% 患儿在胎儿早期即夭折流产。唐氏综合征包含一系列遗传病,其中最具代表性的是第 21 号染色体的三体现象,会导致学习障碍、智能障碍和残疾等高度畸形。对唐氏综合征小鼠模型出生后大脑转录组的研究,揭示了干扰素相关的分子网络的崩解(见图 3-1)[34]。

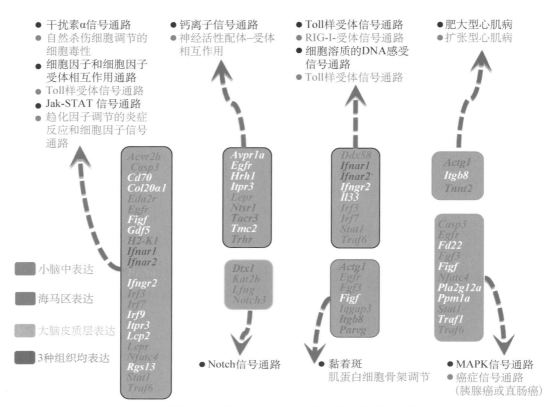

图 3-1　21-三体小鼠 3 种脑组织中差异表达基因聚簇分析部分结果

大部分差异表达基因与干扰素受体相关分子网络有关。橙色，仅在大脑皮质中表达；蓝色，仅在小脑中表达；绿色，仅在海马区表达；红色，在 3 种组织中均表达；白色，在 3 种组织中均不表达

同源结构蛋白可能参与早期神经系统的模式发生以及神经元分化。对唐氏综合征小鼠模型出生后小脑转录组的研究表明，*Dlx1* 和 *Dlx2* 负性调节 Notch 信号通路特异性地促进一组神经元先祖的终末期分化。甲状腺素运载蛋白，脑脊液中淀粉状蛋白质的转运体，在小鼠唐氏综合征模型中也有差异表达，表明该蛋白质的异常表达可能与唐氏综合征相关表型有关[35]。

miRNA 通常在转录后通过结合转录物的 3′-UTR 抑制转录物的翻译，在蛋白质水平上抑制基因表达；miRNA 也可以通过结合非 3′-UTR 区来调节基因表达[并不是在所有模式生物中均存在，可能通过对 poly(A)尾巴的脱腺苷化在 mRNA 水平上抑制基因表达]。先天性心脏病(congenital heart disease，CHD)是一大类涉及心脏结构和功能缺陷的心脏发育畸形，是最常见的出生缺陷，全世界每年约有 135 万 CHD 患儿出生[12]。miRNA 可能是心脏不完全分化、心肌细胞增殖下降、收缩力下降及 SMC 分化标记丢失的主导因子[29]，miRNA 可调节心血管形态的发生以及细胞增殖、分化和表型调整。miR-1 和 miR-133 可调控心肌细胞的分化，同时 miR-1 可调控终端分化中的心脏及骨骼肌细胞的形成，而 miR-133 则会阻碍心脏的分化。miR-208a、miR-208b 和 miR-499 是研究比较透彻的内含子 miRNA，miR-208a/*Myh6*、miR-208b/*Myh7* 在心脏不同发育时期差异表达。miR-208/miR-499 信号通路并不是在所有心脏组织都有调控作用，其只在慢肌纤维中有活性，这也说明了要理解 miRNA 的功能必须要结合特定的生理状况。miR-17～92 簇对于胚胎阶段的心脏发育特别重要，功能缺失实验证明该簇的缺失会导致心脏隔膜缺损及导致围生期死亡的肺组织缺损，然而同源簇的功能缺失并不会影响突变个体的生存能力，同时有研究证明 miR-17～92 的表达上调通过下调 *Isl1* 和 *Tbx1* 基因的表达促进心肌分化[36]。但是 miRNA 的研究存在一定的缺陷。首先，miRNA 敲除后靶基因的表达上调可能会被次级调控基因所掩盖；其次，敲除效应可能会被互补机制所掩盖；最后，使过剩的 miRNA 失活仍有技术上的挑战[37]。

基于动物模型的出生后转录组学诊断为人类新生儿产后诊断提供了基础，也帮助研究者进一步理解新生儿产后发育的动态过程及功能失调。随着对人类新生儿出生后转录组研究的深入，相信新生儿产后诊断的精确度与灵敏度将显著提高，并且新生儿出生后的个体化精准医疗也将得到极大的发展。

3.2.2 基于转录组学的出生缺陷出生后诊断的应用前景

随着新生儿基因组学的发展，结合基于转录组学对新生儿生理状态的认识，对新生儿实行个体化精准医疗的技术已初现雏形[38]。转录组学作为能够揭示生理或病理状态动态变化的工具，能够筛选出新生儿疾病特异的新型分子标志物，也可以帮助临床医师理解罕见病的功能通路，从而提出更好的治疗方案。随着这一技术在临床应用方面的大面积推广，将为很多复杂的出生缺陷诊断及治疗带来福音。*CRISPR/Cas9* 基因编辑技术的发展，能够让人类对目标基因进行"编辑"，实现对特定 DNA 片段的敲除、敲入等。相信在不久的将来，结合基因组学、转录组学和基因编辑技术，复杂的出生缺陷可得到个体化的精准治疗。

3.3 基于转录组学的出生缺陷产前诊断

产前诊断的发展可以有效地降低缺陷患儿出生率，提高国民的健康水平。目前产前诊断技术分为有创和无创两种[39]。传统的产前诊断方法因为其有创性操作而不被广大孕妇所接受。除此以外,孕妇血液中的胎儿有核红细胞因分选困难且数量稀少,也限制了传统方法在临床上的应用。而近年来,孕妇外周血胎儿游离DNA(cffDNA)或孕妇外周血胎儿游离RNA(cffRNA)检测[28]因其灵敏、无创等特点已经逐渐应用于临床。其中,cffRNA检测作为一个新兴的领域,一种非侵入性的早期检测手段,目前已显示出良好的发展前景和巨大的应用潜力,这使得基于转录组对出生缺陷进行产前诊断成为可能(见图3-2)[28,40]。

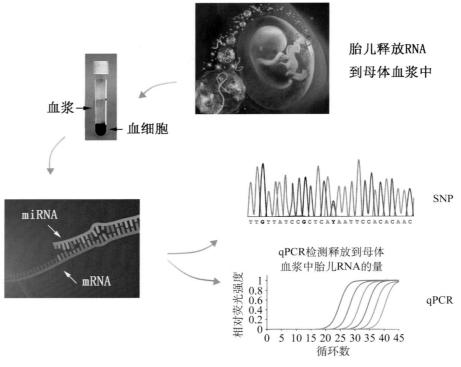

图3-2 利用母血中的胎儿RNA进行无创产前诊断

胎儿在发育中会将自己的RNA释放到母亲血浆中,从母亲血浆中提取的胎儿RNA包括mRNA和miRNA等,可以进一步进行定量检测或SNP检测,从而对相应的疾病进行诊断

3.3.1 母血中游离RNA的生物特性与检测

目前,体外无创产前诊断研究较多是母血中cffDNA,但是cffDNA检出率低,特异性差,存在大量母体DNA的背景干扰,很难有更深层次的应用。与此相比,cffRNA特

异性较高,经 PCR 扩增后易于检测,且一些标志性 RNA 可在母体外周血中稳定存在,因此 cffRNA 很有可能在未来成为无创产检的标志物。

由于自然界普遍存在 RNA 酶,且 RNA 本身极不稳定,所以相较于 cffDNA,cffRNA 的发现较晚。直到 2000 年,胎源的 RNA 才被发现,这些 RNA 中有部分是经由特殊的颗粒包裹免于降解。之后研究者们一直致力于研究这些游离 RNA 的来源、结构、稳定性、清除机制及完整性等基本生物学特性。关于其来源机制,目前有 3 种假说[41]:细胞周期性凋亡、胚胎细胞坏死及胚胎细胞主动释放。这 3 种机制中哪一种为主要来源,目前的研究众说纷纭,但细胞周期性凋亡为多数研究者认同。随着研究的不断开展,越来越多的研究证实,孕妇血浆或血清中的 cffRNA 并不同于细胞中的 RNA 存在形式。它是以一种颗粒结合形式存在的,这种特殊的颗粒可以对 cffRNA 起保护作用,抵御 RNA 酶对它的降解作用。

研究发现,孕妇血浆血清中的游离 RNA 有着良好的稳定性。Ng 等[42]对比取血后立即提取血浆标本中的 RNA 和室温放置 24 h 再提取 RNA 两种情况,发现两种情况下 HPL 和 β-hCG mRNA 含量无明显差异。因此如果能发现一些特异的可稳定存在的 cffRNA,将其作为某些胎儿产前诊断的标志物,可大大提高疾病诊断的灵敏性和准确性。除此以外,从理论上说,一个细胞的 DNA 拷贝只有 2 个,但是 mRNA 却有多个,变异的 RNA 分子水平会较高,这有可能使检测游离 DNA 的敏感性不如检测游离 RNA 的敏感性高。以胎儿 DNA 为分子标志物的检测,常常因胎源的 DNA 浓度过低而产生假阴性结果,而 RT-PCR 可以稳定检测出孕妇血中游离的 RNA,并且妊娠第 4 周就可以检测到胎源 RNA。同目前临床所用的血清蛋白分子标志物相比,实时荧光定量 PCR 已经可以分析几乎所有的 mRNA 标志物。不同的血清蛋白标志物需要不同的检验方法,且血清蛋白检验对孕期有非常严格的要求,而 mRNA 的检测则可以在孕期的任意时刻,比较灵活。而且,有些 mRNA 是不表达蛋白质的,故检测游离 RNA 的指向性更广[43]。除此之外,游离 RNA 反映的是基因表达情况,具有时空特异性和组织特异性,更能反映病变的时空和组织位点;再加上它无性别和多态性依赖,相对来说,特异性会更高。这使妊娠期母血中游离 RNA 具有无创性产前诊断的潜力,丰富发展了产前诊断的分子标志物种类。最近几年,研究母血中游离 RNA 已成为一股热潮,其应用研究也取得了较大发展。

3.3.2 基于胎儿游离 mRNA 的产前出生缺陷诊断

3.3.2.1 基于 mRNA 等位基因比率的唐氏综合征产前筛查

由于唐氏综合征无法通过后期的药物治愈，一旦出生，多数患者生活无法自理，将对社会、家庭造成极大的经济和精神负担。目前唯一有效的手段是通过产前筛查避免该类患儿的出生，因此产前筛查对防范唐氏综合征具有重大的社会、经济效益[44]。

与传统筛查相比较，基于胎儿的转录组筛查更加灵敏和特异，其中运用最广泛的是"RNA-SNP"等位基因比例法。该方法的原理是选取只有胎盘组织才能转录的某些特异性 mRNA（如 *PLAC4*），在其编码区选择一个杂合型 SNP 位点。通过 RT-PCR 的方法将 mRNA 反转录成 cDNA 并扩增，通过检测碱基延伸产物分析所选择的杂合型 SNP 中等位基因比率。假如杂合型 RNA-SNP 有两个等位基因 A 和 B，胎儿染色体的剂量信息可以通过检测杂合型胎儿胎盘中的 RNA-SNP 等位基因比率进行评估，胎盘表达的 mRNA 释放至孕妇血浆中的 RNA-SNP 比率能反映胎盘自身的等位基因比率。那么正常染色体胎儿 RNA-SNP 等位基因比率应为 1∶1，而 21 号染色体三倍体的等位基因比率应为 1∶2 或 2∶1。使用 RNA-SNP 进行 21 号染色体三倍体产前诊断，能够达到 90% 的灵敏度和 96% 的特异性，后期通过优化血浆处理和 RNA 提取技术进而增加延伸产物产量可进一步减少误诊率[45, 46]。除此以外，该方法还可运用到其他染色体异常疾病或其他能够释放 RNA 到血浆中的复杂疾病。

3.3.2.2 基于 cffRNA 诊断胎儿异常

鉴于血液中 cffRNA 具有易检测、高特异等优点，已有许多靶标分子被用作胎儿异常疾病的标志物。Pang 等人研究发现母体血浆中绒毛膜生长激素 1（CSH1）、生长激素 2（GH2）和解整合素金属蛋白水解酶 12（ADAM12）的表达水平与胎儿的大小呈正相关，且生长激素 2 的 mRNA 水平与超声检测的腹围、股骨长、双顶径数据呈正相关关系[47, 48]。以上研究结果表明，上述胎盘特异表达的 mRNA 可以作为评估胎儿生长情况的指标，并且可以作为预测胎盘大小或胎儿出生体重的参考。另外，宫内发育迟缓伴随先兆子痫孕妇的 *ADAM12* mRNA 水平和正常孕妇比，其中位数上升 7.3 倍，提示 *ADAM12* mRNA 水平可以辅助诊断胎儿异常的宫内发育迟缓以及妊娠相关疾病。研究还显示，母血中游离胎盘来源的 RNA 如 β-hCG mRNA、胎儿血细胞来源的 mRNA 和 γ-球蛋白 mRNA 都是研究胎儿基因表达的良好素材。除此以外，有研究认为 β-hCG mRNA 不仅能反映胎儿基因表达情况[49],还能提示胎盘的病理生理变化,并与妊娠期间滋养层细胞的功能有关。

3.3.3 基于胎儿游离 miRNA 的产前出生缺陷诊断

在母体孕期,胎源 miRNA 分子同已知的循环核酸(cffDNA 和 cffRNA)一样,广泛存在于孕期母体的血浆和血清中。并且,随着生理状况、疾病状况不同,胎儿特异地表达某些特殊 miRNA。研究发现,循环 DNA 检测率低,特异性差,存在大量母体 DNA 的背景干扰;循环 RNA 虽易于检测,但容易降解,作为标志物缺乏稳定性。而循环 miRNA 有着作为临床标志物足够的稳定性和特异性。最近几年对一些妊娠相关疾病的研究表明,作为妊娠相关疾病无创产检的生物标志物,miRNA 是一种极具潜力的候选者[50]。

3.3.3.1 胎源游离 miRNA 检测胎儿染色体异常

部分唐氏综合征胎儿在胎盘特异性表达 miRNA,因此,孕妇血浆中的 miRNA 可作为胎儿唐氏综合征无创产前诊断的标志物。其中,miR-125b-2 因在唐氏综合征胎儿脑组织和心脏组织中高表达,而被检测到其在正常孕妇和异常孕妇的血清中表达量差异显著。研究结果显示,唐氏综合征筛查高危孕妇血清 miR-125b-2 水平高于妊娠中期孕妇,最终确诊为异常的孕妇血清中 miR-125b-2 水平明显高于正常孕妇。因此,miR-125b-2可以单独或与其他检测指标联合使用,用于唐氏综合征无创产检。

3.3.3.2 胎源游离 miRNA 检测胎儿结构异常

先天性心脏病是一种常见的婴儿出生缺陷。虽然目前反映胎儿先天性心脏病的筛查指标有多种,如颈半透明度(NA)、β-hCG 和 PAPP-A,但这些指标有非特异性且假阳性率高。与心脏发育相关的特异性 miRNA 已被发现,并且这些特异性 miRNA 与胎盘 miRNA 的表达有关,并出现在妊娠妇女的外周血中,这预示着妊娠妇女的外周血 miRNA 可作为胎儿先天性心脏病诊断的潜在生物标志物[51]。Mouillet[52] 等发现一组受缺氧调节的胎盘滋养层 miRNA,这些 miRNA 与妊娠妇女血清中的胎儿 miRNA 密切相关;他们检测和比较了正常妊娠妇女与胎儿生长受限(fetal growth restriction, FGR)的妊娠妇女血清中的胎儿 miRNA,发现后者的胎儿 miRNA 水平明显增高。因此可通过高通量筛查及分子鉴定,明确将若干代表性的 miRNA 作为胎儿先天性疾病的分子标志物。

3.4　基于转录组学的出生缺陷胚胎植入前诊断

胚胎植入前遗传学诊断(preimplantation genetic diagnosis，PGD)最早由 Edwards 于 1965 年提出，是指体外受精形成的胚胎在植入母体前，取一个或部分细胞进行遗传学分析[53]，从而指导临床选择优质胚胎进行移植的方法。1989 年，Handysides 等首次利用 PCR 技术为携带 X 连锁遗传疾病基因的夫妇进行了胚胎性别选择，这标志着 PGD 临床应用的开始。PGD 诊断的材料有极体、卵裂球、滋养外胚层细胞和囊胚腔液。PGD 的适应证有：生育过患病子女(遗传病)、女性高龄(≥35 岁)、染色体异常、有家族遗传病史、反复流产和体外受精胚胎移植术(*in vitro* fertilization and embryo transfer，IVF-ET)失败史的夫妇。

早期胚胎发育可看作是植入前胚胎的发育过程[54]，主要包括的时期有：精子与卵子结合形成受精卵，经过一次分裂后形成 2 细胞，再次分裂形成 4 细胞，接着是 8 细胞，桑椹期和囊胚期[55, 56]。2011 年，Vassena 等通过对植入前人单个胚胎进行 RNA 测序分析并建立了人类胚胎资源(human embryo resource，HumER)数据库[57]，揭示了早期胚胎发育的过程及其中转录组水平的一系列变化。胚胎发育过程中，各胚胎时期的发育具有不同的特征，但其中最主要的还是胚胎基因组的激活。哺乳动物的卵母细胞在生长和成熟过程中，积累了一套控制胚胎早期发育的母型 RNA 和蛋白质，在卵子成熟后与精子受精直至胚胎的第 1 次分裂，这个过程都是由卵母细胞中的 mRNA 和蛋白质调控，在这段时期内细胞或胚胎受到母体基因组控制，因此也称作是母型调控。在形成 2 细胞后，母型 RNA 和蛋白质的表达下调，合子基因组激活，母型调控能力日益衰减，而基因组逐渐发挥作用，此时称为合子型调控[58]。母型调控向合子型调控的转变，这是一段功能相互转换的过渡时期，母型调控逐渐减弱直至消失，最终完全由整个合子基因组控制整个胚胎的发育，这个过程必经过合子型基因激活的过程[59]。在合子基因激活的过程中，胚胎发育在各个水平上都发生了错综复杂的转变，一旦某些重要基因表达失调就会导致整个细胞的功能紊乱。若未能顺利度过该时期，则可能产生发育终止。

在胚胎发育过程中具有不同功能的基因和调控因子参与并调控了胚胎的生长发育，在特定的时期，由特定的 mRNA 翻译成具有特定功能的蛋白质，特定的因子调控特定 mRNA 的转录翻译。这些过程体现出胚胎内的基因在不同位置和不同阶段可能具有不同的功能，并以此推动着胚胎的发育。但目前关于胚胎植入前的诊断，主要集中在基因组信息、染色体结构等方面，却很少聚焦于转录组。需要指出的是，尽管细胞的基因组信息能够决定胚胎的完整性及疾病的易感性，但很多细胞行为依赖于 DNA 修饰、表观遗传学状态及环境因素对基因表达的影响。这些理论适用于各种类型体细胞，同样，卵子、胚胎的转录组状态也更直接地反映出胚胎发育潜能及健康状况。因此，在胚胎植入前通过对其转录组进行分析，尤其是对一些发育缺陷、功能障碍的标志性基因进行表达检测显得尤为必要。技术上可通过 RT-PCR 等定量技术分析转录组，过程主要包括 RNA 提取、RNA 反转录、RNA 扩增等。通过对关键基因进行定量分析从而在胚胎植入前对胚胎的健康状况、发育潜能有全面而细致的评估，便可及早排除"问题胚胎"，从而避免对孕妇造成不必要的精神及经济负担。

飞速发展的高通量诊断技术给生命科学和医学研究带来里程碑式的变化，建立在辅助生殖技术（assisted reproductive technology，ART）和遗传学诊断技术基础上的胚胎植入前遗传学诊断迎来了一个新时代。得益于胚胎序贯培养、胚胎活检、胚胎玻璃化冷冻技术的成熟应用，以及全基因组扩增技术的不断优化，高通量检测已进入胚胎植入前遗传学诊断范畴。基于微阵列的胚胎植入前遗传学诊断诊断范围覆盖全基因组，操作简便、高效；基于微阵列技术的染色体非整倍体筛查和染色体结构异常植入前诊断已开始临床应用；基于高通量测序的胚胎染色体非整倍体或单基因病诊断的临床前研究和临床试验也已见报道。通过单细胞转录组分析，可以了解到更多的细胞表达特征，对全基因组范围内的基因调控网络进行深入研究，可以找出细胞可能会出现的基因表达缺陷[60, 61]。相信随着高通量技术的进一步发展与应用，基于转录组学的出生缺陷胚胎植入前诊断可以真正地走向临床应用。

卵丘-颗粒细胞的转录组研究表明[62]，分析卵丘-颗粒细胞（COC）的转录组信息能够阐明卵子到胚胎发育的一些生理过程，也有助于胚胎的选择及评价激素刺激后卵子、胚胎的反应。卵子因数量和操作的原因远比体细胞难于分析，检测卵子转录就必须明确卵泡的转录组信息，而目前这方面的工作尚未完成。同时，在操作过程中还要防止其他类型细胞的污染，因此到目前为止还未见转录组标记物用于临床检测。但很多研究发现，COC 具有分子标志物特征的 mRNA 数量与胚胎活力和妊娠相关[63]，但这些标志物的应用尚需大量临床验证和前瞻性评估。卵子-胚胎的转录组分析不同于体细胞，单个卵子、胚胎的 RNA 数量极少,同时也缺乏足够可靠的扩增技术。而且在不同的发育阶段胚胎转录表达情况也是动态变化的[64]。选择其作为检测指标时,首先,要保证这些检测指标在不同临床表现、激素治疗和遗传背景下都有效;其次,尚需要一个稳定的方案来评价这些标志物与环境的相互关系;最后,因为微量 RNA 的高度不稳定性,仍需要检测一些蛋白标志物。

参考文献

[1] Shilo S, Roy S, Khanna S, et al. Evidence for the involvement of miRNA in redox regulated angiogenic response of human microvascular endothelial cells [J]. Arterioscler Thromb Vasc Biol, 2008, 28(3): 471-477.

[2] Alwan S, Chambers C D. Findings from the National Birth Defects Prevention Study: Interpretation and translation for the clinician [J]. Birth Defects Res A Clin Mol Teratol, 2015, 103(8): 721-728.

[3] Zwemer L M, Bianchi D W. The amniotic fluid transcriptome as a guide to understanding fetal disease [J]. Cold Spring Harb Perspect Med, 2015, 5(4): 1-18.

[4] Kim H, Park T S, Lee W K, et al. MPSS profiling of embryonic gonad and primordial germ cells in chicken [J]. Physiol Genomics, 2007, 29(3): 253-259.

[5] Sylvestre E L, Robert C, Pennetier S, et al. Evolutionary conservation of the oocyte transcriptome among vertebrates and its implications for understanding human reproductive function [J]. Mol Hum Reprod, 2013, 19(6): 369-379.

[6] Vilella F, Moreno-Moya J M, Balaguer N, et al. Hsa-miR-30d, secreted by the human endometrium, is taken up by the pre-implantation embryo and might modify its transcriptome [J]. Development, 2015, 142(18): 3210-3221.

[7] Durruthy-Durruthy J, Sebastiano V, Wossidlo M, et al. The primate-specific noncoding RNA HPAT5 regulates pluripotency during human preimplantation development and nuclear reprogramming [J]. Nat Genet, 2016, 48(1): 44-52.

[8] Yan L, Yang M, Guo H, et al. Single-cell RNA-Seq profiling of human preimplantation embryos and embryonic stem cells [J]. Nat Struct Mol Biol, 2013, 20(9): 1131-1139.

[9] Guo F, Yan L, Guo H, et al. The transcriptome and DNA methylome landscapes of human primordial germ cells [J]. Cell, 2015, 161(6): 1437-1452.

[10] Larrabee P B, Johnson K L, Lai C, et al. Global gene expression analysis of the living human fetus using cell-free messenger RNA in amniotic fluid [J]. JAMA, 2005, 293(7): 836-842.

[11] Larrabee P B, Johnson K L, Peter I, et al. Presence of filterable and nonfilterable cell-free mRNA in amniotic fluid [J]. Clin Chem, 2005, 51(6): 1024-1026.

[12] Fahed A C, Gelb B D, Seidman J G, et al. Genetics of congenital heart disease: The glass half empty [J]. Circ Res, 2013, 112(4): 707-720.

[13] Farina A, Morano D, Arcelli D, et al. Gene expression in chorionic villous samples at 11 weeks of gestation in women who develop preeclampsia later in pregnancy: implications for screening [J]. Prenat Diagn, 2009, 29(11): 1038-1044.

[14] Hui L，Slonim D K，Wick H C，et al. The amniotic fluid transcriptome：a source of novel information about human fetal development [J]. Obstet Gynecol，2012，119(1)：111-118.

[15] Hui L，Wick H C，Moise K J Jr，et al. Global gene expression analysis of amniotic fluid cell-free RNA from recipient twins with twin-twin transfusion syndrome [J]. Prenat Diagn，2013，33(9)：873-883.

[16] Hui L，Wick H C，Edlow A G，et al. Global gene expression analysis of term amniotic fluid cell-free fetal RNA [J]. Obstet Gynecol，2013，121(6)：1248-1254.

[17] Volk M，Maver A，Lovrecic L，et al. Expression signature as a biomarker for prenatal diagnosis of trisomy 21 [J]. PLoS One，2013，8(9)：e74184.

[18] Hui L，Slonim D K，Wick H C，et al. Novel neurodevelopmental information revealed in amniotic fluid supernatant transcripts from fetuses with trisomies 18 and 21 [J]. Hum Genet，2012，131(11)：1751-1759.

[19] Iruretagoyena J I，Davis W，Bird C，et al. Differential changes in gene expression in human brain during late first trimester and early second trimester of pregnancy [J]. Prenat Diagn，2014，34(5)：431-437.

[20] Lo Y M，Corbetta N，Chamberlain P F，et al. Presence of fetal DNA in maternal plasma and serum [J]. Lancet，1997，350(9076)：485-487.

[21] Poon L L，Leung T N，Lau T K，et al. Presence of fetal RNA in maternal plasma [J]. Clin Chem，2000，46(11)：1832-1834.

[22] Ng E K，Leung T N，Tsui N B，et al. The concentration of circulating corticotropin-releasing hormone mRNA in maternal plasma is increased in preeclampsia [J]. Clin Chem，2003，49(5)：727-731.

[23] Wong B C，Chiu R W，Tsui N B，et al. Circulating placental RNA in maternal plasma is associated with a preponderance of 5′ mRNA fragments：implications for noninvasive prenatal diagnosis and monitoring [J]. Clin Chem，2005，51(10)：1786-1795.

[24] Chiu R W，Lui W B，Cheung M C，et al. Time profile of appearance and disappearance of circulating placenta-derived mRNA in maternal plasma [J]. Clin Chemi，2006，52(2)：313-316.

[25] Tsui N B，Jiang P，Wong Y F，et al. Maternal plasma RNA sequencing for genome-wide transcriptomic profiling and identification of pregnancy-associated transcripts [J]. Clin Chem，2014，60(7)：954-962.

[26] Oudejans C B. Maternal plasma RNA sequencing [J]. Clin Biochem，2015，48(15)：942-947.

[27] Pang W W，Tsui M H，Sahota D，et al. A strategy for identifying circulating placental RNA markers for fetal growth assessment [J]. Prenat Diagn，2009，29(5)：495-504.

[28] Koh W，Pan W，Gawad C，et al. Noninvasive in vivo monitoring of tissue-specific global gene expression in humans [J]. Proc Natl Acad Sci U S A，2014，111(20)：7361-7366.

[29] Pan Y，Balazs L，Tigyi G，et al. Conditional deletion of Dicer in vascular smooth muscle cells leads to the developmental delay and embryonic mortality [J]. Biochem Biophys Res Commun，2011，408(3)：369-374.

[30] Li X，Zhao Z. MicroRNA biomarkers for early detection of embryonic malformations in pregnancy [J]. J Biomol Res Ther，2014，3(3)：1-8.

[31] Miura K，Miura S，Yamasaki K，et al. Identification of pregnancy-associated microRNAs in maternal plasma [J]. Clin Chem，2010，56(11)：1767-1771.

[32] Yang Q，Lu J，Wang S，et al. Application of next-generation sequencing technology to profile the

circulating microRNAs in the serum of preeclampsia versus normal pregnant women [J]. Clin Chim Acta，2011，412(23-24)：2167-2173.

[33] Gu H，Li H，Zhang L，et al. Diagnostic role of microRNA expression profile in the serum of pregnant women with fetuses with neural tube defects [J]. J Neurochem，2012，122(3)：641-649.

[34] Ling K H，Hewitt C A，Tan K L，et al. Functional transcriptome analysis of the postnatal brain of the Ts1Cje mouse model for Down syndrome reveals global disruption of interferon-related molecular networks [J]. BMC Genomics，2014，15：624.

[35] Dauphinot L，Lyle R，Rivals I，et al. The cerebellar transcriptome during postnatal development of the Ts1Cje mouse, a segmental trisomy model for Down syndrome [J]. Hum Mol Genet，2005，14(3)：373-384.

[36] Ventura A，Young A G，Winslow M M，et al. Targeted deletion reveals essential and overlapping functions of the miR-17～92 family of miRNA clusters [J]. Cell，2008，132(5)：875-886.

[37] Boettger T，Braun T. A new level of complexity：the role of microRNAs in cardiovascular development [J]. Circ Res，2012，110(7)：1000-1013.

[38] Bianchi D W. From prenatal genomic diagnosis to fetal personalized medicine：progress and challenges [J]. Nature Med，2012，18(7)：1041-1051.

[39] Chan K C，Zhang J，Hui A B，et al. Size distributions of maternal and fetal DNA in maternal plasma [J]. Clin Chem，2004，50(1)：88-92.

[40] Mazloom A R，Dzakula Z，Oeth P，et al. Noninvasive prenatal detection of sex chromosomal aneuploidies by sequencing circulating cell-free DNA from maternal plasma [J]. Prenat Diagn，2013，33(6)：591-597.

[41] Halicka H D，Bedner E，Darzynkiewicz Z. Segregation of RNA and separate packaging of DNA and RNA in apoptotic bodies during apoptosis [J]. Exp Cell Res，2000，260(2)：248-256.

[42] Ng E K，Tsui N B，Lau T K，et al. mRNA of placental origin is readily detectable in maternal plasma [J]. Proc Natl Acad Sci U S A，2003，100(8)：4748-4753.

[43] Xu Y，Chen S，Yin X，et al. Embryo genome profiling by single-cell sequencing for preimplantation genetic diagnosis in a beta-thalassemia family [J]. Clin Chem，2015，61(4)：617-626.

[44] Ashoor G，Syngelaki A，Wagner M，et al. Chromosome-selective sequencing of maternal plasma cell-free DNA for first-trimester detection of trisomy 21 and trisomy 18 [J]. Am J Obstet Gynecol，2012，206(4)：322 e1-e5.

[45] Dhallan R，Guo X，Emche S，et al. A non-invasive test for prenatal diagnosis based on fetal DNA present in maternal blood：a preliminary study [J]. Lancet，2007，369(9560)：474-481.

[46] Lo Y M，Tsui N B，Chiu R W，et al. Plasma placental RNA allelic ratio permits noninvasive prenatal chromosomal aneuploidy detection [J]. Nat Med，2007，13(2)：218-223.

[47] Farina A，Chan C W，Chiu R W，et al. Circulating corticotropin-releasing hormone mRNA in maternal plasma：relationship with gestational age and severity of preeclampsia [J]. Clin Chem，2004，50(10)：1851-1854.

[48] Fujito N，Samura O，Miharu N，et al. Increased plasma mRNAs of placenta-specific 1 (PLAC1) and glial cells-missing 1 (GCM1) in mothers with pre-eclampsia [J]. Hiroshima J Med Sci，2006，55(1)：9-15.

[49] Tjoa M L，Jani J，Lewi L，et al. Circulating cell-free fetal messenger RNA levels after fetoscopic

interventions of complicated pregnancies [J]. Am J Obstet Gynecol，2006，195(1)：230-235.

[50] Chim S S，Shing T K，Hung E C，et al. Detection and characterization of placental microRNAs in maternal plasma [J]. Clin Chem，2008，54(3)：482-490.

[51] Yu Z，Han S，Hu P，et al. Potential role of maternal serum microRNAs as a biomarker for fetal congenital heart defects [J]. Med Hypotheses，2011，76(3)：424-426.

[52] Mouillet J F，Chu T，Hubel C A，et al. The levels of hypoxia-regulated microRNAs in plasma of pregnant women with fetal growth restriction [J]. Placenta，2010，31(9)：781-784.

[53] Wilton L. Preimplantation genetic diagnosis for aneuploidy screening in early human embryos：a review [J]. Prenat Diagn，2002，22(6)：512-518.

[54] Yang J，Zeng Y. Identification of miRNA-mRNA crosstalk in pancreatic cancer by integrating transcriptome analysis [J]. Eur Rev Med Pharmacol Sci，2015，19(5)：825-834.

[55] Dey B K，Mueller A C，Dutta A. Long non-coding RNAs as emerging regulators of differentiation，development，and disease [J]. Transcription，2014，5(4)：e944014.

[56] Liang P，Pardee A B. Differential display of eukaryotic messenger RNA by means of the polymerase chain reaction [J]. Science，1992，257(5072)：967-971.

[57] Vassena R，Boue S，Gonzalez-Roca E，et al. Waves of early transcriptional activation and pluripotency program initiation during human preimplantation development [J]. Development，2011，138(17)：3699-3709.

[58] Bianchi E，Sette C. Post-transcriptional control of gene expression in mouse early embryo development：a view from the tip of the iceberg [J]. Genes (Basel)，2011，2(2)：345-359.

[59] Galan A，Montaner D，Poo M E，et al. Functional genomics of 5-to 8-cell stage human embryos by blastomere single-cell cDNA analysis [J]. PLoS One，2010，5(10)：e13615.

[60] Ramskold D，Luo S，Wang Y C，et al. Full-length mRNA-Seq from single-cell levels of RNA and individual circulating tumor cells [J]. Nat Biotechnol，2012，30(8)：777-782.

[61] Guo G，Huss M，Tong G Q，et al. Resolution of cell fate decisions revealed by single-cell gene expression analysis from zygote to blastocyst [J]. Dev Cell，2010，18(4)：675-685.

[62] Assou S，Haouzi D，Mahmoud K，et al. A non-invasive test for assessing embryo potential by gene expression profiles of human cumulus cells：a proof of concept study [J]. Mol Hum Reprod，2008，14(12)：711-719.

[63] Seli E，Robert C，Sirard M A. OMICS in assisted reproduction：possibilities and pitfalls [J]. Mol Hum Reprod，2010，16(8)：513-530.

[64] Wrenzycki C，Herrmann D，Niemann H. Messenger RNA in oocytes and embryos in relation to embryo viability [J]. Theriogenology，2007，68 (Suppl 1)：S77-S83.

4

转录组学在恶性肿瘤
诊疗中的应用

2014 年世界卫生组织(WHO)发布了全球癌症报告,预测全球癌症病例将迅猛增长,由 2012 年的 1 400 万人增长到 2025 年的 1 900 万人[1]。癌症病例增多是一方面,另一方面人类平均寿命延长也是现实,这意味着肿瘤将作为一种常见疾病长期存在。经过多年论证,WHO 将肿瘤确定为可控慢性病,并将很多工作重点前移。目前,循证医学、诊疗个体化已成为临床学术界的公认趋势,而能否实现诊疗个体化很大程度上依赖于人们所能获得的数据。近年来,生命科学尤其是肿瘤领域的数据呈现出爆炸式增长,人类疾病研究正在由传统的假说导向型向数据驱动型转变,基因组学的研究正在改变人类疾病研究以及临床治疗的进程。2015 年 1 月,美国总统奥巴马向国会提议斥资 2.15 亿美元,以开展美国 100 万人基因组研究的精准医疗(precision medicine)计划,致力于治愈癌症和糖尿病等疾病,让所有人获得需要保障自己和家人健康的个性化信息。

肿瘤的发生与发展涉及基因组、转录组、表观组、蛋白质组及代谢组等多个不同层次的病理过程,多组学数据的整合分析(见图 4-1)是医学数据挖掘的趋势,也是个体化诊疗的必要前提。本章以转录组为例介绍组学数据在肿瘤分型、预后、药效预测、治疗靶点等方面的应用。

4.1 基于转录组学的肿瘤分子标志物筛选和分子分型

4.1.1 肿瘤分子标志物的概念

肿瘤分子标志物是一种由肿瘤组织或肿瘤细胞由于癌基因、抗癌基因或其他肿瘤

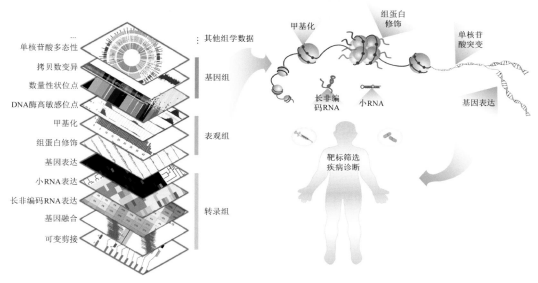

图 4-1　多组学数据分析流程

现有的组学数据主要包括：基因组(数量性状位点、拷贝数变异和单核苷酸多态性)、转录组(基因表达、小 RNA 表达、长非编码 RNA 表达、基因融合和可变剪接)和表观组(DNA 酶高敏感位点、甲基化和组蛋白修饰)

相关基因及其产物异常表达所产生的抗原或生物活性物质。它们通常可以反映肿瘤的发生、发展过程，可以在肿瘤患者的组织、体液和排泄物中检出，在正常组织或良性病变时也有一定程度或微量表达。肿瘤分子标志物主要应用于肿瘤的早期发现和筛查、肿瘤的鉴别诊断与分期、肿瘤的预后判断、肿瘤的疗效监测和肿瘤复发的检测。近年来，随着分子生物学技术的发展，已经有越来越多的肿瘤分子标志物被发现和确定，这为研究肿瘤的发生机制以及肿瘤的临床筛查及早期诊断提供了可靠的标志性依据(见表 4-1、图 4-2)。

表 4-1　常见的肿瘤分子标志物

肿瘤名称	肿瘤分子标志物
肝癌	AFP、CA19-9、CEA、γ-GT、SF
胃癌	CEA、CA19-9、CA724、CA242、CA50、CA125、AFP
结、直肠癌	CEA、CA50、CA242、CA19-9、CA724、TPA、SF、CA125
乳腺癌	CA15-3、CEA、BR27-29、SF、TPA、CA125
卵巢癌	CA125、CEA、CA724、CA19-9、CA15-3、AFP、HCG，CA125/CEA 比值>100 为界定值

（续表）

肿瘤名称	肿瘤分子标志物
子宫颈癌	HCG、CEA、SCCA、CA125、CA19-9、AFP、CA15-3、Cyfra21-1
子宫内膜癌	CA125
绒毛膜上皮细胞癌、葡萄胎	HCG
前列腺癌	PSA、fPSA、PAP
肺癌	NSE、Cyfra21-1、CEA、SCCA、CA125、CA50、ACTH、CT
胰腺癌	CEA、CA19-9、CA242、CA50、CA125
睾丸癌	HCG、CEA、AFP
膀胱癌	TPA、CEA、NMP22、SCCA
甲状腺滤泡细胞癌	TG
甲状腺髓样癌	CT、CEA、NSE
垂体瘤	PRL、LH、FSH、ACTH、TSH、GH
白血病、淋巴瘤	β2-MG

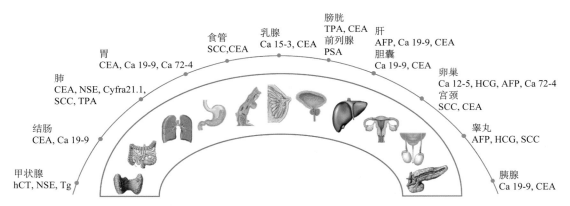

图 4-2　常用肿瘤标志物

4.1.2　单种肿瘤的分子标志物研究

随着分子生物学和生物信息学技术的进步，组学分析手段开始应用于肿瘤分子标志物的筛选。它具有比传统的筛选方法规模更大、更加高效等优势，为人们寻找更多的肿瘤分子标志物带来了更宽广的视野。

在过去的研究里，人们在寻找肿瘤分子标志物的时候，更多把关注的焦点集中在基因上。随着组学研究技术的加入，特别是基因组学和转录组学数据（甚至还有蛋白质组学和表观组学数据)的整合分析,加快了人们寻找肿瘤标志基因的研究。

前列腺癌是一种男性常见的上皮恶性肿瘤,在不同的患者中表现出很大的个体异质性。美国 Taylor 等人利用 218 个前列腺癌患者的转录组微阵列数据,整合了他们的 DNA 拷贝数数据和外显子测序数据,分析发现了一个新的前列腺癌原癌基因——细胞核受体共激活物基因 *NCOA2*。在前列腺癌细胞中,*NCOA2* 不仅在其基因区有很高的拷贝数,其转录本也有非常显著的高表达,同时研究人员还检测出该基因的外显子区突变。总之,在 20% 的前列腺原发癌细胞和 63% 的转移癌细胞中存在 *NCOA2* 基因或转录本的异常变化。后续的功能分析发现,*NCOA2* 通过调控在早期和晚期前列腺癌中发挥重要作用的雄性激素受体通路(AR 通路),实现其驱动前列腺癌发生发展的作用[2]。

乳腺癌是另外一种非常高发的恶性肿瘤,全世界每年新发乳腺癌患者超过 130 万例,同时有超过 45 万人死于这种恶性肿瘤。来自癌症基因组图谱研究网络(the Cancer Genome Atlas Research Network,CGAN)的研究人员通过整合分析来自 825 个乳腺癌患者肿瘤细胞的 DNA 拷贝数、DNA 甲基化、外显子组测序、mRNA 芯片、miRNA 测序和反向蛋白质芯片等多维组学数据,发现一些新的突变基因(*GATA3*、*PIK3CA* 和 *MAP3K1*)可能是管腔 A 型乳腺癌的生物标志物。

除了功能基因,越来越多的研究显示,非编码 RNA 也是一类具有重要生物功能的分子。近些年的研究发现,在恶性肿瘤的发生、侵袭和迁移过程中,许多非编码 RNA 也发挥着重要的作用。基于转录组学数据,非编码 RNA 作为肿瘤标志物更多地被研究者们发现。

如今,大家期待发现一些具有非侵入性、高灵敏度等特征的分子标志物,能够更好地应用于恶性肿瘤的临床诊断。外周血循环的 miRNA 是其中一种较为合适的分子标志物。Ying 等基于癌症基因组图谱数据库(The Cancer Genome Atlas,TCGA)和基因表达综合数据库(Gene Expression Omnibus,GEO)的转录组微阵列数据,通过比较胶质瘤细胞和神经干细胞的 miRNA 表达数据,发现 miR-204 是一种新的胶质瘤分子标志物。研究发现 miR-204 在正常脑组织中高表达,而在胶质瘤和神经干细胞中低表达,并且发现 miR-204 通过靶向调控干性的转录因子 SOX4 和促进迁移受体 EphB2,显著抑制胶质瘤细胞侵袭以及干细胞样表型[3]。此外,还有很多胶质瘤相关的 miRNA 也被发现,如 miRNA-21、miRNA-185、miRNA-195、miRNA-124、miRNA-218 等,均与胶质瘤的凋亡抑制、恶性增殖、侵袭和迁移相关。

除了 miRNA，越来越多的研究发现 lncRNA 也可以作为肿瘤的分子标志物。美国密歇根大学的研究者们通过 RNA-Seq 和微阵列数据，对上千个不同发展程度的前列腺癌患者进行分类，发现一个新的 lncRNA——*SChLAP1*，可以作为侵袭性前列腺癌的一个潜在生物标志物。与早期疾病相比，*SChLAP1* 在转移性前列腺癌中的表达更高[4]。*SChLAP1* 主要存在于前列腺癌细胞中，而不在其他肿瘤细胞或正常细胞中。这为研究人员提供了希望，或许可以开发一种非侵入性的测试方法，来检测 *SChLAP1*。这种测试方法可以用来帮助患者及其医生对早期前列腺癌做出治疗决定。美国俄亥俄州立大学综合癌症中心的研究人员从事的一项新研究，描述了 lncRNA 的分子表达模式，可能帮助医生为许多急性髓细胞性白血病（acute myelogenous leukemia，AML）老年患者选择毒性最小、最有效的治疗方法。他们确认了 48 个 lncRNA 的表达模式，它们的表达谱与 6 个临床上重要的正常核型急性髓细胞性白血病（CN-AML）突变有关。这组 lncRNA 的表达谱可预测老年 CN-AML 患者对标准化疗的反应和总生存率。这显示 lncRNA 表达谱可以预测患者对标准治疗的反应，成为白血病的预后标志物[5]。

4.1.3 多种肿瘤的泛标志物研究

广谱肿瘤标志物和多肿瘤标志物都是当前肿瘤标志物应用的常用策略，可提高检测灵敏度，有较多机会发现肿瘤，对治疗监测、预后判断、指导治疗、监视复发都有一定帮助。

近来，来自日本、丹麦和澳大利亚的科学家在国际学术期刊 *Cancer Research* 上发表了一项最新研究进展，他们利用转录组分析的方法对多种癌症类型中反复出现的一些基因突变进行了揭示，而这些新发现的基因突变或可作为潜在生物标志物在癌症的临床诊断和靶向治疗过程中发挥重要作用[6]。

为了全面揭示能够用于癌症临床诊断和治疗的靶向基因，研究人员首先对 225 种不同癌细胞系及与其相对应的 339 个原代细胞样本进行了基因表达分析，发现了一些在多种癌症类型中反复出现失调的转录本。之后研究人员又对 TCGA 和 FANTOM5 数据集中 4 055 个肿瘤组织和 563 个健康组织的 RNA-Seq 数据进行对比，最终发现了具有临床治疗诊断价值的一组核心转录本。研究人员确定了 128 个标志物，他们在两个数据库的各种肿瘤类型中的变化是一致的[6]。除此之外，该研究还发现了一些在癌症中出现上调的增强子 RNA 及与癌症中经常出现上调的一些重复元件（特别是 SINE/

Alu 和 LTR/ERV1 元件)发生部分重叠的启动子。他们也找到一些新的标志物,包括非编码 RNA,来自重复序列和增强子元件的 RNA。特别是,他们发现一个鲜为人知的重复单元——*REP522*,它在许多癌症中是上调的[6]。

这项基于全基因组表达谱的分析方法比较全面地发现了一些或可用于标识多种癌症类型的候选生物标志物,同时也大大拓展了人们对于重复序列元件在癌症发生过程以及癌症预测方面发挥重要性作用的认识。

4.1.4　肿瘤分子分型的提出

早在 1999 年 1 月,美国国立癌症研究所就提出"肿瘤分子分型"相关的项目建议书。在这份项目建议书中,它提出应该加强分子分析技术在肿瘤分型中的应用,使得肿瘤分型的信息更为翔实,并为改变肿瘤分类的依据从形态学到分子特性奠定基础。同年,一篇发表在 *Science* 杂志上的论文《癌症的分子分型:通过基因表达检测进行肿瘤级别发现与预测》(*Molecular classification of cancer: class discovery and class prediction by gene expression monitoring*),针对当时"并没有通用的方法发现新的肿瘤种类或者将发现的肿瘤归于已知种类"的情况,根据 DNA 微阵列产生的基因表达量数据给出了一般方法,是早期具有代表性的肿瘤分子分型文章。

4.1.5　肿瘤分子分型的概念及其重要性

分型是一个各因素按层级排列的组织,组内成分按照各自特征排列在其中。传统的肿瘤分子分型以肿瘤形态学特征为主,但这种分类方法有很多缺陷,如具有相似组织病理学特征的肿瘤患者,有时会对相同的治疗表现出明显不同的反应和预后。人们慢慢意识到肿瘤具有极强的组织异质性,组织形态学相似并不代表着相同的分子遗传学和病理学特征,传统的肿瘤形态分类已经不能应对现代的肿瘤分类诊断。在 WHO 公布的肿瘤分型计划中,明确表明该计划结合病理和分子遗传特征对肿瘤进行分类,明确指出了遗传和基因表达谱在其中不可或缺的地位。综上所述,肿瘤的分子分型应需求而出现。

4.1.6　肿瘤分子分型的具体方法及应用

目前可以在 DNA、RNA、蛋白质水平对肿瘤分子分型进行研究。在 DNA 水平上,检测基因组突变、表观遗传学修饰等进行分子分型。在 RNA 水平上，主要基于基因表达谱，对肿瘤分子进行分型，这种方法是目前分子分型最广泛使用的方法。此外，转录组水平的可变剪接等方法也被逐渐应用到分子分型中。蛋白质水平则根据蛋白质表达谱差异、蛋白质翻译后修饰等对肿瘤实施分子分型。

在这里着重介绍基于转录组的分子分型方法。

与大多数其他国家类似，乳腺癌已经成为中国女性中发病率最高的癌症，根据 2014 年的报道数据，中国乳腺癌新增病例约占世界范围内新增病例的 12.2%，中国乳腺癌患者病死率约占世界乳腺癌病死率的 9.9%。基于它的广泛性和高发性，加之近些年高通量基因表达谱技术的产生，极大地推动了乳腺癌群体的研究和乳腺癌亚型的鉴定。基于基因表达谱的经典案例来自于 Perou 等对乳腺癌亚型的分类，他们通过对来自 42 个个体的 65 个人类乳腺癌样本进行 cDNA 微阵列研究，对 8 102 个具有代表性的基因进行分析，获取基因表达谱，在层级聚类分析后，获取一组 1 753 个具有明显差异性的基因条目。通过分析这些共表达的差异基因条目，最终获取明显不同的分子模式，对乳腺癌进行了 4 种亚型分型的建议[7]。此外，在应用基因表达量上，也会采用非监督性、半监督性及 50 基因-PAM 模型相辅相成的方法。

粗略统计，全球每年有(1～2)百万个新增结直肠癌病例和 60 万例死于结直肠癌的患者，因此，结直肠癌成为世界第三大高发癌症和第四大最容易致死的肿瘤。结直肠癌患者的分子发病机制的异质性很高，这对临床上诊断、治疗以及准确预测预后带来了一定困难。基于此，有很多科学家们致力于从分子水平上对其进行分类，比如对大规模转录组数据的初步分型分析，以及基于现有的结直肠癌分类系统，对目标转录组的详细分析等。他们通过在 GEO 数据库上下载的 3 个包含有可靠临床信息的结直肠癌数据，对其进行了分子分型，同时鉴别出了明显与复发有关的基因表达模式(大多数间质基因表达升高)，而这些基因全部聚集在预后差的分子分型中。其中，*TGF-β* 表达在预后差的表型中表现尤为突出，而 TGF-β 通路的靶点基因也被显示与结直肠癌预后差有明显关系，并且在 9 个相互独立的数据集中得到验证。同时，他们也提出，抗 TGF-β 的发展很可能会对预后差的结直肠癌亚型做出一定贡献。

此外，在其他癌症中如急性淋巴细胞白血病、肺腺癌等，转录组表达谱数据也为疾病分型或表达模式探寻提供了良好的指导作用。

在另一篇 TCGA 发表的乳腺癌亚型鉴定文章中，提到了多平台相互协作，经过多方整合信息对乳腺癌亚型分类鉴定,其中平台之一即是 miRNA 测序平台(如 Illumina 测序仪)。简而言之,在 miRNA 数据库(miRBase)获取参考序列前提下,对前 25% 变化最显著的 miRNA,采取 NMF 算法聚类丰度矩阵,得到了 7 种不同的亚型,这些亚型中的一部分表现出与转录组分型和基因突变相似的分子特征,但余下的几种亚型和其他平台得出的亚型却鲜有相关性。笔者认为这也从侧面阐述了单纯基于 miRNA 分类的局限性。

同样地,在 B 细胞淋巴癌的分子分型中,科学家们也特别对 miRNA 的表达谱进行了分析研究。通过获取弥散性大 B 细胞淋巴癌、伯基特淋巴癌等淋巴癌和正常 B 细胞的 miRNA 表达谱以及相应的基因表达谱数据进行整合分析,比较 miRNA 与"金标准"的基因表达谱信息,发现潜在的弥散性大 B 细胞淋巴癌 miRNA 标志物,包括 miR-155 等,并在动物模型中进行了验证,研究人员提到了其将来运用于临床治疗的可能性[8]。

随着下一代测序技术越来越普遍,单细胞测序作为一种新型测序技术也被运用到分子分型之中。有科学家根据多发性骨髓瘤的肿瘤异质性,以来自 11 个骨髓瘤细胞系的 528 个单细胞和来自 8 个多发性骨髓瘤患者的 418 个细胞为基础,对蛋白酶体抑制剂耐药性进行了测试,开发了以 R 包中的单细胞定向转录组数据为基础的统计分析软件 SCATTome(single-cell-analysis-targeted-transcriptome),建立了肿瘤分型模型以及用药反应模型。

此外,有科学家提出异常的可变剪接在肿瘤患者中非常常见,去除类似组织特异性等噪声数据之后,可变剪接类型的聚类分析很可能会对肿瘤亚型鉴定起到重要指导作用;而基因组(比如拷贝数、突变)和转录组表达量相结合的方式也对肿瘤分型指出新的方向。

随着越来越多的治疗靶标的鉴定以及遗传信息的涌入,肿瘤分子分型在未来的诊断、治疗、用药决定的确定上将会变得越来越举足轻重;而随着个体化医疗的发展,精确的分子分型也将会推动现代肿瘤学的进步。

4.2　基于转录组学的肿瘤预后预测

4.2.1　肿瘤预后预测的原理和常用方法

肿瘤的预后预测是指预测肿瘤的病程和结局,它不仅包括简单的治愈或死亡,还有并发症、致残、恶化、复发、缓解、存活期限等病情发生某种变化或达到新的稳定状态的情况。从政府部门的角度来看,它是制定政策的依据;对患者来说,它是人生规划的重要考虑因素;对临床医生来说,它是医疗决策的参考,所以肿瘤的预后预测是肿瘤防治工作中的关键领域。

在传统的预后预测研究中,应用最广泛的预测体系为 TNM 分期系统(T, tumor,原发肿瘤范围;N, lymph node,淋巴结转移情况;M, metastasis,远处转移情况)。该系统以癌症在原发位点的侵袭程度(T)、淋巴结累及情况(N)以及远处转移情况(M)为基础,提供预测信息并支持治疗决策。应用最为广泛的统计学方法有 5 年(或者其他时间)生存率、Kaplan-Meier 非参数预测模型、Logrank 检验和 Cox 回归模型等。近年来,临床医学和生命组学领域的数据呈爆发式增长,给机器学习算法应用于肿瘤预后预测带来了机遇。由于它们具有更好的自适应性,允许因变量之间所有可能的相互作用以及不需要明确的分布假设,人工神经网络(artificial neural networks,ANN)、贝叶斯网络(Bayesian networks,BN)、支持向量机(support vector machines,SVM)、决策树(decision trees,DT)等算法开始广泛应用于肿瘤的预后预测[9]。目前 ANN 已经被美国食品药品监督管理局(Food and Drug Administration,FDA)批准用于宫颈癌的预后预测[10],而且在前列腺癌等多种实体肿瘤中的实践也显示其疗效预测的准确性优于传统方法。

4.2.2　影响肿瘤预后预测的因素

4.2.2.1　病例选择

一项预后研究中所观察到的病例,仅仅是样本,而研究目的是要将结论推至它的总体。因此,最能代表总体的样本应该是从它的总体中随机抽取的。但现实情况中,有条件做系统预后研究的医院收留的患者通常病情比较重或复杂,他们的预后往往比人群中的患者更严重一些。选择这些患者做样本而将其预后推至其他患者就会有很大的偏倚。除此之外,被观察疾病起始时刻的选择也会影响预后,对每个对象观察的起始时刻应当是该疾病发展的同一起始阶段,否则预后的结果也会产生偏倚。

4.2.2.2　基线参数分类

传统的 TNM 体系对病例分期依赖性很高,对基线参数分类不当、竞争性结果以及偏倚造成的预后低估或者高估,尤其是在涉及竞争性风险因素时偏倚明显。例如年龄,如果将年龄作为肿瘤专项生存(cancer-specific survival,CSS)的相关因素考虑,在临床研究中,老年患者比例往往偏低,从而导致该模型出现偏倚。

4.2.2.3 肿瘤特异性

为了确定基质对肿瘤生长的反应是一般现象还是与肿瘤类型相关,Planche 等[11]利用表达谱芯片对正常乳腺和前列腺基质细胞以及乳腺癌和前列腺癌的基质细胞进行了转录组分析。乳腺癌基质细胞中特异上、下调的基因,以及前列腺癌中特异上、下调的基因,可以分别将乳腺癌和前列腺癌患者区分成不同的组,而且单变量 Cox 分析显示这些基因的表达量和生存期强烈相关,而两种肿瘤共有的上、下调基因则无法预测生存信息。

4.2.2.4 肿瘤亚型特异性

HER2 在淋巴结阴性患者中比淋巴结阳性乳腺癌患者中的预后能力差,这种限制要求在预后预测时采用多个分子标志物,如 genomics grade index、PAM50TM 和 IHC4 等。美国 FDA 采用的 MammaPrintR 适用于淋巴结阴性、ER 阴性或阳性且肿瘤 ≤5 cm 的亚型。Oncotype DX® panel 包括 16 个肿瘤相关基因和 5 个持家基因,适用于 ER 阳性、淋巴结阴性乳腺癌患者的预后预测。

4.2.3 基于转录组学的肿瘤预后预测

传统的诊断和预后都是基于肿瘤的形态学检测,这一手段明显会有很多限制。相比较而言,基于转录组的肿瘤预后预测有两个方面的优势:一方面转录组可以在全基因组范围内一次性鉴定所有基因的表达量;另一方面的优势来自于技术,本书第 1 章和第 2 章已经提到基于新一代高通量测序的 RNA-Seq 技术可以在基因表达定量的同时检测更多的指标,比如 lncRNA、可变剪接事件、基因融合、选择性多聚腺苷酸化等,结合统计方法可以尽可能多地考虑不同因素的相互作用。

Sotiriou 等[12]对 99 例乳腺癌患者进行了 cDNA 芯片分析,基于表达量进行无监督层次聚类,聚类结果和传统分子分型一致。对于聚类得到的组进一步通过 Kaplan-Meier 和 Cox 回归分析发现,管腔型的患者在无复发和癌症特异生存期上都长于基底型患者。进一步的 Cox 比例风险回归分析鉴定出 16 个基因与无复发生存期显著相关。

乳腺癌的分级可以提供重要的预后信息,然而 30%～60% 的乳腺癌被列为 2 级,这一级别的肿瘤复发风险中等,所以不足以提供足够的信息进行治疗决策。Sotiriou

等[13]比较了 189 例侵袭性乳腺癌和已经发表的乳腺癌病例的表达谱数据,首先用 64 例 ER 阳性的病例作为训练集,比较了 3 级和 1 级肿瘤并用差异表达基因建立基因表达量级别索引,发现 97 个基因的表达量与组织学分级显著相关。基于训练集的结果,进一步通过 Kaplan-Meier 分析评估了包含 597 个独立肿瘤样本的测试集基因表达量级别索引和无复发生存期之间的相关性,发现乳腺癌的分级和基因表达谱有很强的相关性。在组织学分级为 2 级的患者中,97 个基因表达量级别索引高的复发风险高,相应地,表达量级别索引低的对应的复发风险低。这样实现了对 2 级乳腺癌患者进一步分类,提高了预后的准确性。

除了常规的基因表达量,转录组可以鉴定的其他指标也可以应用到肿瘤的预后预测中。选择性多聚腺苷酸化(APA)是一种常见的真核生物前体 mRNA(pre-mRNA)转录后加工方式,可以从 pre-mRNA 上产生出不同的 mRNA。人类大约 70% 的基因通过不同的多聚腺苷酸化位点产生各种转录亚型。目前已证实 APA 与多种疾病相关,但其对于肿瘤发生的临床意义、具体的分子机制及功能性结果等尚处于研究的起始阶段。Xia 等[14]以 TCGA 的 7 种肿瘤类型、358 例患者的 RNA-Seq 数据为基础(基因表达与小 RNA 表达),利用自行研发的生物信息学算法(DaPars)鉴定出 1 346 个基因对应复发和肿瘤特异性 APA,并进一步将动态的 APA 事件与患者的生存期做了关联分析,以评估其作为预后生物标志物的价值。研究人员首先用标准 Cox 比例风险模型分析了多个临床协变量(如肿瘤分期、年龄、性别、是否抽烟等),将患者分成了高风险和低风险两个组,然后通过 LASSO 方法选出了可以区分不同风险患者的 APA 事件,计算了 APA 对应的基因表达量以及这些基因在肿瘤/正常组织的表达值变化倍数(fold change,FC),并将上述 3 个因素分别加入临床协变量中做生存分析。似然比例检验(likelihood ratio test,LRT)结果显示:mRNA+临床协变量和 mRNAFC+临床协变量只是很少地增加了预后的显著性,而 APA+临床协变量则非常显著地提高了预后的显著性,且是独立于常用的表达量、体细胞突变等分子数据。上述结果提示 APA 作为独立的预后标志物的潜在应用。

lncRNA 作为一种与多种生理和病理过程相关的分子,其表达谱与多种肿瘤的复发性突变、临床特征和预后有关。Garzon 等[15]首先通过订制的 lncRNA 芯片检测了 148 个未经治疗的大年龄(≥60 岁)核型正常(cytogenetically normal,CN)AML 患者中 lncRNA 的表达量,然后通过单变量 Cox 分析筛出与无事件生存期(event-free survival,

EFS)相关的 48 个 lncRNA。这 48 个 lncRNA 表达量的线性组合给出了长非编码 RNA 分值(lncRNA score),通过这个分值将患者分为两组:具有良好预后得分和具有不好预后得分的患者。然后,研究人员在 71 名接受同样治疗的 CN-AML 患者独立匹配组 RNA-Seq 实验中,验证了预后得分。将具有不好预后得分的患者与具有良好预后得分的患者进行对比,显示如下:①具有不好得分的患者,具有较低的完全反应(CR)率(分别为 54%和 89%);②完全反应 3 年后,具有不好得分的患者当中,只有 7%的人完全摆脱了疾病,而具有良好分值的患者中,这个值是 39%;③具有不好得分的患者 3 年的总生存率是 10%,而具有良好得分的患者为 43%;④独特的 lncRNA 表达谱与 6 个临床上重要的 CN-AML 基因突变有关。这些结果显示了 lncRNA 作为治疗反应和生存期的预后指标的潜在应用。随着对 lncRNA 研究的深入,密西根大学的研究者们利用 RNA-Seq技术,确认了在正常组织和一些常见的癌症组织里有超过 58 000 个 lncRNA 基因。他们收集到的这些在各种正常组织和癌症组织的数据中将会有大批各种 lncRNA 作为新的生物标志物应用于癌症诊断、预后和治疗[16]。

用于预后预测的因子单独使用效果不好[17]。Greg 等通过 53 例原位乳腺癌基质细胞的表达谱芯片分析,得到了包含 26 个基因的预后因子,这些预后因子的发现不依赖于任何临床使用的预后指标,也不依赖于已经发表的其他基于表达的预后指标。单独使用时准确率已经超过了美国 FDA 的预后因子,联合已发现的预后因子使用的效果有进一步提高[18]。

4.2.4　肿瘤预后预测的前景

前文提到影响预后的大量因素,包括临床及分子层面的。目前的研究也已经发现了多种有预后能力的分子标志物,但面临如此大量的分子种类,还很难准确说明其是它们独立作用还是相互作用的结果。幸而近年来大数据的研究方法已在生物医学领域发挥作用,先进的半自动化、自动化的分子数据采集方式、跨区域海量的患者及其医学数据收集和层出不穷的算法都在不断提高模型预测能力,改进治疗方式,提高疗效。例如,美国临床肿瘤学会(American Society of Clinical Oncology,ASCO)实施的 CancerLinQ 项目,目前已经建立起强大的 IT 支持,采集了 177 000 例乳腺癌患者的临床、基因等综合信息,通过收集的信息自我学习可以帮助临床医生提高肿瘤的诊疗水平。这种全新的大数据研究方法,更加接近总体样本,必将对传统的 TNM 系统以及循证医学体系构成有力补充，从而推动肿瘤诊疗进入新的时代。

4.3 抗肿瘤药物疗效预测
——转录组学、药物反应和临床数据的整合

4.3.1 抗肿瘤药物的常见不良反应

在肿瘤的治疗过程中，抗肿瘤药物是手术之外最主要的治疗手段，其显著的疗效和耐受性得到了广泛的应用。但由于正常细胞和肿瘤细胞的代谢差异不大，抗肿瘤药物在消灭肿瘤细胞的同时也会杀伤正常细胞，对机体会有很大的损伤及不良反应。常见的不良反应主要包括如下几点。

4.3.1.1 骨髓抑制

骨髓抑制是一种常见的抗肿瘤药物引起的不良反应，表现为骨髓中的血细胞前体细胞的活性下降。骨髓的抑制程度根据 WHO 的标准分为 0～Ⅳ级。0 级：白细胞计数 $\geqslant 4.0 \times 10^9$/L，血红蛋白含量 $\geqslant 110$ g/L，血小板计数 $\geqslant 100 \times 10^9$/L。Ⅰ级：白细胞计数为 $(3.0 \sim 3.9) \times 10^9$/L，血红蛋白含量为 $95 \sim 100$ g/L，血小板计数为 $(75 \sim 99) \times 10^9$/L。Ⅱ级：白细胞计数为 $(2.0 \sim 2.9) \times 10^9$/L，血红蛋白含量为 $80 \sim 94$ g/L，血小板计数为 $(50 \sim 74) \times 10^9$/L。Ⅲ级：白细胞计数为 $(1.0 \sim 1.9) \times 10^9$/L，血红蛋白含量为 $65 \sim 79$ g/L，血小板计数为 $(25 \sim 49) \times 10^9$/L。Ⅳ级：白细胞计数为 $(0 \sim 1.0) \times 10^9$/L，血红蛋白含量 <65 g/L，血小板计数 $<25 \times 10^9$/L。治疗骨髓抑制的药物主要有：环磷酰胺、异环磷酰胺、卡铂、顺铂、多柔比星(阿霉素)、米托蒽醌、博来霉素、阿糖胞苷、吉西他滨、氟尿嘧啶、希罗达、紫杉醇、多西他赛、长春瑞滨、伊立替康、依托泊苷、长春地辛、长春新碱等。

4.3.1.2 神经系统毒性

神经系统毒性包括周围神经系统毒性和中枢神经系统毒性。周围神经系统毒性包括肢体麻木、可逆性末梢神经炎、深腱反应消失、肌无力。中枢神经系统毒性包括短暂语言障碍、意识混乱、嗜睡、罕见惊厥和意识丧失。引起神经系统毒性的常见药物有：紫杉醇、异环磷酰胺、丙卡巴肼、长春新碱、铂类等。在临床上，对于轻度的神经毒性，一般不考虑采用药物治疗措施；对于中度的神经毒性，可以采用相应的药物治疗来减轻症

状,如维生素 B_1、维生素 B_6、对乙酰氨基酚、阿米替林、非麻醉性或麻醉性止痛药、神经生长因子等;对于重度的神经毒性,可以考虑减少用药剂量或停止使用。

4.3.1.3　呼吸系统不良反应

呼吸系统不良反应主要表现为肺毒性,包括间质性肺炎、肺水肿、肺纤维化、急性呼吸衰竭等。常见症状有干咳、呼吸困难、疲乏不适等,严重者可出现呼吸困难加重、气促、发绀等。急性肺毒性作用不可逆。慢性肺毒性主要与剂量有关,开始时患者出现干咳但不发热。当 X 线显示进行性弥漫性浸润性改变时,应进行肺活检并停止药物治疗。主要药物有博莱霉素、卡莫司汀、丝裂霉素、甲氨蝶呤、吉非替尼等。

4.3.1.4　消化道不良反应

消化道不良反应是肿瘤患者治疗期间最常见的不良反应之一,主要表现为恶心、呕吐、口腔黏膜炎、厌食、急性胃炎、腹泻、便秘等,严重时出现脱水、胃肠道出血、肠梗阻、肠坏死,还有不同程度的肝损伤。临床上常用的止吐药物主要有格雷司琼、昂丹司琼、托烷司琼、地塞米松、阿瑞吡坦和甲氧氯普胺等。

4.3.1.5　泌尿系统不良反应

临床主要表现为肾实质损伤和泌尿道刺激反应,表现为血清肌酐升高、蛋白尿、少尿、无尿等。对于抗肿瘤药物引起的泌尿系统反应主要以预防为主,发生上述不良反应时应该及时调整药物剂量并应用利尿剂保证尿量。

4.3.1.6　心脏毒性

蒽环类抗肿瘤药物致心脏毒性作用最为突出,但心脏毒性的发生机制还有待研究,目前无可靠的心脏毒性检测方法。临床上主要表现为心力衰竭、呼吸困难、心脏扩大等。左心射血分数(left ventricular ejection fraction,LVEF)、肌钙蛋白 I(troponin I,TNI)、脑尿钠肽(brain natriuretic peptide,BNP)等多种指标能有效地预测心脏毒性。临床上常用的治疗心脏毒性药物主要有曲美他嗪、左卡尼汀和磷酸肌酸等。

4.3.2　基于转录组学研究的抗肿瘤药物疗效预测

转录组学在抗肿瘤药物研究中的应用着重于一般化疗敏感度的预测,即通过研究个体基因组表达水平,预测其接受抗肿瘤药物治疗后出现疗效或耐药的可能,以期甄别耐药患者,避免或减少各种不必要的化疗不良反应。

张艳等[19]收集了 PubMed、中国知网等 5 个数据库中 515 例晚期非小细胞肺癌患者基因表达数据及用药信息,通过荟萃分析发现核糖核苷酸还原酶 M1(RRM1)的表达与抗肿瘤药物吉西他滨的疗效有显著的相关性。吉西他滨在 235 例 *RRM1* 高表达/阳性患者的有效率为 17.9%,在 280 例 *RRM1* 低表达/阴性患者的有效率为 44.3%。由此说明 *RRM1* 基因低表达患者接受吉西他滨治疗的效果优于 *RRM1* 高表达患者。此外,脑胶质瘤中切除修复交叉互补基因 1(*ERCC1*)的低表达患者接受铂类药物的治疗效果较好[20],胸苷酸合成酶(TS)基因的高表达会抑制培美曲塞的药效[21],β 微管蛋白 3(TUBB3)基因高表达患者对紫杉醇和长春瑞滨药物不敏感[22],*STMN1* 低表达患者接受长春瑞滨治疗的效果较好,*STMN1* 高表达患者接受长春瑞滨的疗效较差[23]。

随着分子生物学的发展,肿瘤分子靶向治疗在临床实践中已取得显著疗效。肿瘤分子靶向治疗是指针对致癌位点的基因片段或者基因转录出来的蛋白质,设计相应的治疗药物,该药物特异性地结合致癌位点发生作用。FDA 现已批准 45 款肿瘤靶向药物(见表 4-2),临床医生不仅需要了解采取何种靶向治疗及其临床意义,还需要了解这些靶向疗法的不良反应、对患者生活质量的影响、治疗成本,尤其是如何在恰当的时间给予临终关怀的判定。

表 4-2   45 种 FDA 批准的抗肿瘤靶向药

药物名(中文)	药物名(英文)	适 应 证	靶 点
阿法替尼	afatinib	含有 *EGFR19* 外显子突变或 21 外显子(L858R)突变的转移性非小细胞肺癌	EGFR,EGFR1/2,HER2 和 HER4
阿西替尼	axitinib	肾细胞癌	VEGFR-1,VEGFR-2,VEGFR-3,PDGFR,c-KIT
博舒替尼	bosutinib	费城染色体阳性的 CML	Bcr-Abl 激酶和 Src 家族激酶
卡博替尼	cabozantinib	转移性甲状腺髓样癌	c-MET,VEGFR-2,FLT-3,c-KIT,RET
色瑞替尼	ceritinib	转移性 ALK 阳性非小细胞肺癌,且对克唑替尼耐药者	ALK,IGF1R,胰岛素受体
克唑替尼	crizotinib	转移性 ALK 阳性非小细胞肺癌	ALK,c-MET

（续表）

药物名（中文）	药物名（英文）	适 应 证	靶 点
达拉非尼	dabrafenib	转移性或不可切除恶性黑色素瘤，且含有 *BRAF V600E* 或 *V600k* 突变	BRAF V600E 或 V600k 激酶，野生型 BRAF 和 CRAF 激酶，MEK
达沙替尼	dasatinib	费城染色体阳性的 CML，费城染色体阳性的 ALL	Bcr-Abl 激酶和 Src 家族激酶
厄洛替尼	erlotinib	转移性或局部进展性非小细胞肺癌，且携带 *EGFR19* 外显子突变或 L858R 突变，转移性或进展性胰腺癌（需与吉西他滨联用）	EGFR，PDGFR，c-Kit
吉非替尼	gefitinib	转移性非小细胞肺癌，且携带 *EGFR19* 外显子突变或 L858R 突变	EGFR
依鲁替尼	ibrutinib	套细胞淋巴瘤，至少接受过一次化疗的 CLL，或者携带 17p 缺失的 CLL，Waldenstroem 巨球蛋白血症	BTK
艾代拉里斯	idelalisib	复发性 CLL，复发性滤泡状 B 细胞-非霍奇金淋巴瘤，SLL	PI3K delta
伊马替尼	imatinib	费城染色体阳性的 ALL 和 CLL；MDS；慢性嗜酸细胞性白血病；高嗜酸粒细胞血症；GIST；皮肤纤维化	Bcr-Abl 激酶
拉帕替尼	lapatinib	*HER2* 过表达的乳腺癌	EGFR，HER1，HER2
乐伐替尼	lenvatinib	局部复发或转移的、放射性碘治疗抵抗的分化型甲状腺癌	VEGFR-1，VEGFR-2，VEGFR-3 及其他血管生成肿瘤生长相关的激酶
尼洛替尼	nilotinib	费城染色体阳性的 CML	Bcr-Abl，PDGFR，c-kit
帕博西尼	palbociclib	转移性 HER2 阴性 ER 阳性的绝经后乳腺癌患者，需与来曲唑联合用药	CDK4/6
帕唑帕尼	pazopanib	进展期肾细胞癌，进展期软组织肉瘤	VEGFR-1，VEGFR-2，VEGFR-3，PDGFR，F-GFR，c-kit 和其他激酶
普纳替尼	ponatinib	CML，费城染色体阳性的 ALL	Bcr-Abl 激酶
瑞格非尼	regorafenib	转移性结直肠癌，GIST	多种激酶，包括 VEGF-2 和 TIE2
鲁索利替尼	ruxolitinib	骨髓纤维变性，对羟基脲耐药的真性红细胞增多症	JAK1，JAK2

（续表）

药物名（中文）	药物名（英文）	适 应 证	靶 点
索拉菲尼	sorafeinib	进展期肾细胞癌，不可切除的肝癌，局部进展或者转移、对放射性碘剂耐药的甲状腺癌	多种激酶，包括 VEGFR、PDGFR 和 Raf 激酶
舒尼替尼	sunitinib	进展期肾细胞癌，GIST，不可切除或进展期胰腺神经内分泌肿瘤	多种激酶，包括 VEGFR、PDGFR 和 KIT
曲美替尼	trametinib	不可切除的恶性黑色素瘤（需携带 *BRAF V600E* 或 *V600k* 突变）	MEK-1，MEK-2
凡德他尼	vandetanib	甲状腺髓样癌	EGFR，VEGF
维罗非尼	vemurafenib	不可切除或转移性恶性黑色素瘤（需携带 *V600E* 突变）	BRAF V600E
曲妥珠单抗抗体-药物共轭物	ado-trastuzumab emtansine	*HER2* 过表达的转移性乳腺癌	HER2 蛋白细胞外段
阿伦单抗	alemtuzumab	B 细胞慢性淋巴细胞白血病	B 细胞和 T 细胞上的 CD52 蛋白
贝伐珠单抗	bevacaizumab	转移性结直肠癌，肾癌以及非小细胞肺癌；铂类耐药的复发性上皮细胞卵巢癌、输卵管癌，或者原发性腹膜后肿瘤；宫颈癌；脑胶质瘤	VEGF
双特异性抗体	blinatumomab	费城染色体阴性的复发难治性 B 细胞前体急性淋巴细胞白血病	B 细胞上的 CD19，T 细胞上的 CD3
新型靶向抗体-药物偶联物	brentuximab vedotin	CD30 阳性的霍奇金淋巴瘤	CD30,共轭的细胞毒性药物 MMAE 结合细胞微管
西妥昔单抗	cetuximab	转移性 KRAS 阴性的结直肠癌，头颈部鳞癌	EGFR
地诺塞麦	denosumab	手术不能切除的骨巨细胞瘤	RANK 配体
替伊莫单抗	ibritumomab tiuxetan	复发难治性非霍奇金淋巴瘤	CD20，Tiuxetan 是 ^{90}Y（钇-90）金属螯合剂
伊匹单抗	ipilimumab	不可切除或转移性恶性黑色素瘤	CTLA-4
纳武单抗	nivolumab	不可切除或转移性黑色素瘤，且对其他治疗药物反应不佳，转移性鳞状非小细胞肺癌	PD-1
阿托珠单抗	obinutuzumab	未经治疗的 CLL（需与苯丁酸氮芥联用）	CD20
奥法木单抗	ofatimumab	难治性 CLL，未经前线治疗的 CLL（需与苯丁酸氮芥联用）	CD20
帕尼单抗	panitumumab	表达 EGFR 的结直肠癌	EGFR

（续表）

药物名 （中文）	药物名 （英文）	适 应 证	靶 点
帕托珠单抗	pertuzumab	转移性 HER2 阳性乳腺癌，需与曲妥珠单抗和多西他赛联用	HER2 蛋白细胞外段二聚化过程
雷莫芦单抗	ramucirumab	进展/转移性胃癌或胃食管交界癌，转移性非小细胞肺癌（经铂类联合多西他赛治疗期间或治疗后疾病仍然没有进展的患者），转移性结直肠癌（需与 FOLFIRI 化疗方案联用）	VEGFR-2
利妥昔单抗	rituxumab	B 细胞非霍奇金淋巴瘤，CLL	CD20
司妥昔单抗	siltuximab	HIV 和 HHV-8 阴性的多灶性 Castleman 病	可溶性和细胞膜上的白细胞介素-6
托西莫单抗	tositumomab	CD20 阳性的非霍奇金淋巴瘤	先给予 CD20"裸"抗体，再给予放射性[131]I（碘-131）结合的抗体
曲妥珠单抗	trastuzumab	*HER2/neu* 过表达的乳腺癌，部分胃腺癌	HER2 蛋白的细胞外段

4.3.3 抗肿瘤药物疗效预测常见问题及前景

随着人类多种生命组学的不断发展，分子靶向药物的临床应用愈加广泛，组学技术亦逐渐应用于预测各种抗肿瘤药物的疗效，进而指导临床用药，使肿瘤患者的生活质量得到改善。然而，转录组学用于抗肿瘤药物疗效的预测仍面临诸多挑战。

肿瘤异常复杂，在其发生发展过程中具有持久的增殖信号、对生长抑制基因的逃避、细胞死亡受阻、寿命无限、诱导血管发生、激活浸润和转移、重构能量代谢、避免免疫破坏等特征[24]。除此之外，肿瘤不仅仅是狭义的癌细胞数量的增长，它们是由多种明显不同类型细胞构成的肿瘤微环境，微环境中的各种不同细胞之间存在异质性。这些复杂的肿瘤特性导致患者会对药物产生耐药性、不良反应等，也阻碍了对抗肿瘤药物疗效的精准预测。

临床样本数量与质量受限。现在已有利用转录组学预测抗肿瘤药物疗效的研究，得到的肯定结论较少，其余或者为阴性结果，或者在不同研究中结论存在争议。很大程度上是因为基于非随机对照研究或小规模样本的研究，其可信度大大降低。例如，应用同样的方法在小样本研究中发现某药物的疗效显著、不良反应小，当扩大样本量的情况下，药物可能就会对患者造成较大的不良反应，且疗效较差。同时，临床样本的分型是否整齐、生活习惯是否一致、遗传背景是否单一、对照样本是否健康或随机都会影响药效的判断。

临床样本各项指标的衡量以及转录组数据产出与分析的标准不统一。一方面，在基于转录组对抗肿瘤药物疗效的各项研究中，所选样本的入组因素、观察指标的检查方法、评价标准及取材部位等不同，使相互之间进行比较非常困难。另一方面，从样本中提取 DNA 到最终差异表达基因、融合基因、基因变异的获得，中间设计很多实验与分析步骤，每一步的操作都会引入因标准不同而造成的误差，最终影响药物疗效预测的准确性。

随着测序技术发展，成本逐渐降低，各类组学与生物信息学也随之快速发展。尽管对抗肿瘤药效的预测面临诸多挑战，其未来的前景还是非常可观。精准医学已经被列为"十三五"健康保障发展问题研究的重大专项之一，各地也正在积极筹建精准医学研究院。我国是人口大国，也是疾病大国，临床资源丰富，同时我国在基因组学和蛋白组学的研究已经处于国际前沿，这为精准医学的开展奠定了坚实的基础。但是为了实现对抗肿瘤药物疗效的准确预测，仍需进行大量的基础和临床研究。要求大规模、前瞻性、随机对照，分子分型精确并且生活习惯与遗传背景一致的临床样本，不同平台之间的操作标准规范一致，对肿瘤发生、发展机制的深入研究等。

4.4 基因融合作为肿瘤治疗靶点

4.4.1 致病融合基因、肿瘤治疗靶点及融合基因检测方法

随着对基因融合的深入研究，科研人员发现，除血液系统肿瘤外，实体瘤中也频繁存在着基因融合现象，如前列腺癌、肺癌、宫颈癌、甲状腺癌等[25-28]。基因融合在肿瘤的发生中扮演着重要的角色，并且可以作为诊断和治疗恶性肿瘤的靶标。前列腺癌中存在 *TMPRSS2-ETS* 的基因融合（雄激素和遗传胁迫可明显增加 *TMPRSS2-ETS* 基因融合），其他组织肿瘤中尚未发现[25]。雄激素受体一方面可与雄激素调节基因 *TMPRSS2* 的 5′端结合，另一方面还可与 *ETS* 基因（其中包括 *ERG* 和 *ETV1*）的上游序列结合，这种结合可诱导 *TMPRSS2*、*ETS* 这两种基因在距离上靠近。

基因间靠近被认为是染色体重排和基因融合所必需的一个前提条件,同时,这种靠近还会造成敏感性的变化,该位点对遗传损伤的敏感性增强。因此,辐射等胁迫便可引起染色体局部断裂,在相关酶的协助下,通过利用非同源末端连接机制,便可实现 *TMPRSS2* 与 *ETS* 的重新连接,从而形成基因融合。*TMPRSS2-ERG* 基因融合造成的 *ERG* 过表达还可影响染色体的结构变异,如染色体拷贝数的变化,这也被认为是造成恶性肿瘤发生的一个重要因素;*ERG* 基因还可通过促进组蛋白去乙酰化酶 1(histone deacetylase 1,HDAC1)表达的增加进而改变细胞的表观遗传学状态,这也是肿瘤发生的一个重要因素;*ERG* 过表达可直接激活 H3K27 甲基转移酶 EZH2 而抑制雄激素受体基因表达,破坏雄激素受体信号转导的作用,从而导致肿瘤发生[25]。

典型的基因融合有:可以导致白血病的 *EML4-ALK*、*BCR-ABL* 等融合基因,在前列腺癌里经常被发现的 *TMPRSS2-ERG*[25],2007 年在非小细胞肺癌里发现的 *EML4-ALK*[26],在宫颈癌中新发现的融合基因 *FGFR3-TACC3*[27],以及在甲状腺癌里发现的发生在 2 号染色体短臂上的 *STRN-ALK* 融合基因[28]。

目前,最简单、最常用的用来检测融合基因的方法有以下 3 种:荧光原位杂交(FISH),RT-PCR 和免疫组织化学(IHC)。然而这 3 种技术具有通量低、操作复杂、不便于大规模样品筛查的缺点。还有报道使用双脱氧链终止法测序、二代测序,尤其是全基因组或者全转录组测序分析,如通过 RNA-Seq 等手段发现新的基因融合。RNA-Seq 的出现大大加快了融合基因研究的进展,RNA-Seq 具有高通量、高检测精度、低成本和检测范围广的优点,它与全基因组测序相比,不仅能找到由于重排导致的融合基因,还能找到多转录水平上的融合[28]。

有一种方法检测基因融合,利用一种新的分析手段——COPA(cancer outlier profile analysis,一种新的用于筛选癌症相关过度表达基因的过程),用以鉴别过度表达的基因。结果在过表达 *ERG* 或者 *ETV1* 的前列腺癌细胞中,发现了 *ERG*、*ETV1* 与 *TMPRSS2* 基因的上游区域发生了奇特的融合现象。在进一步的 FISH 实验中,29 个样品中 80%"巧合地同样发生了基因融合"。

另一种基因融合检测算法是 SOAPfuse,此算法提高了基因融合的检测效率,推动了疾病尤其是恶性肿瘤的研究,对临床分子分型和抗肿瘤新药的开发具有重要意义。SOAPfuse 首先通过比对到基因组和转录本中双末端的序列寻找候选的基因融合,然后采用局部穷举算法和一系列精细的过滤方法,在尽量保留真实融合的情况下过滤掉其中假阳性的基因融合。据报道，模拟数据和真实验证数据的综合测评表明，SOAPfuse可以大大减少资源消耗，还具有预测融合断点和可视化的功能。

所谓靶向治疗，是指在细胞分子水平上，针对已经明确的致癌位点，设计相应的治疗药物。该位点可能是肿瘤细胞内部的一个蛋白质分子，也可能是一个基因片段。当药物进入体内，将会特异地选择致癌位点，并与之结合发生作用，使肿瘤细胞特异性死亡，并不会波及肿瘤周围的正常组织细胞。所以，分子靶向治疗又被称为"生物导弹"。

伴随着科学技术和生物技术的发展，肿瘤治疗观念已经发生了一些根本性的改变，由此前的细胞攻击模式向当前的靶向性治疗模式转变。肿瘤治疗研究的热点转变为利用恶性肿瘤产生的特异性的信号传导或特异性的代谢途径所控制的"靶点治疗"和利用靶向技术向恶性肿瘤区域精确递送药物。

4.4.2　融合基因作为肿瘤治疗靶点在白血病中的应用

砷是一种古代药物，这种传统中药通过治疗急性早幼粒细胞白血病（acute promyelocytic leukemia，APL）引起了全人类的关注。APL 是骨髓中存在大量异常的早幼粒细胞并产生一定量的积累，并且伴有严重出血倾向的白血病类型之一，在 FAB 分型中属 M3 型急性髓细胞性白血病（AML M3），它的主要特征是具有 t(15；17)染色体易位的细胞遗传学标志[29]。染色体的易位会发生基因融合，从而使其蛋白产物抑制转录因子的正常功能，并且使细胞分化过程中所必需的基因转录过程受到遏制，最终导致细胞分化停滞，并且影响细胞凋亡。这就是包括 APL 在内的 AML 发生的主要机制之一[30]。

在 APL 中，表现最为显著的就是 *PML-RARa* 融合基因，它是位于染色体 17q21 上的 *RARa* 基因与染色体 15q22 上的早幼粒细胞白血病基因发生易位所形成的 *pML-RARa* 和 *RARa-PML* 基因融合的现象[31]。据报道，PML-RARa 蛋白保留了 PML 分子氨基端的"环指"结构、B1、B2 盒和螺旋线圈结构域，以及 RARa 的 B-F 结构域。PML-RARa通过 PML 分子中的螺旋结构能与 PML 形成异二聚体，或者形成同二聚体。过量表达的 PML-RARa 可与 RXR 结合，并对 RXR 大量"扣押"，使 RARa 以及其他核受体如维生素 D_3 受体，因为缺乏辅助蛋白而不能与相对应的 DNA 反应元件相结合。据报道，这些受体的正常功能很可能就是与早幼粒细胞的分化相关的[30]。由于

PML-RARa和野生型 PML 易形成异二聚体,使得 PML 粗颗粒状的正常核体(nuclear bodies,NB)结构解体化,因而容易被数百个微小的颗粒所代替,导致 PML 在核内的正常定位发生改变,部分功能丧失[31]。PML-RARa 在体外可引起细胞的转化,在体内可引起转基因动物发生 APL 现象[30]。上述研究结果说明 PML-RARa 是 t(15;17)APL 致病基因的融合蛋白。于是,靶向降解 PML-RARa 融合蛋白便有可能恢复野生型 *RARa* 和 *PML* 基因的生物功能,解除其对基因的转录抑制,由此进一步提出了 APL 靶向治疗的理论[30]。

三氧化二砷(As$_2$O$_3$)在较高浓度(2 μmol/L)可诱导细胞凋亡;较低浓度(约 0.5 μmol/L)可诱导细胞分化[31]。研究结果表明,1 μmol/L 的 As$_2$O$_3$ 作用 24 h 即可降解 PML-RARa 融合蛋白;免疫荧光实验结果表明,As$_2$O$_3$ 可使 NB4 细胞及 APL 原代白血病细胞中呈弥漫细颗粒状分布的异常 PML 小体恢复 10～20 个粗颗粒状的 PML 小体[30]。据发现,As$_2$O$_3$ 还可使 PML 蛋白骨架上第 160 位赖氨酸残基与泛素化的 SUMO-1 结合,使得 PML-RARa/PML 与 SUMO-1 形成高分子复合物,之后发生依赖于 11S 蛋白酶体的降解[31]。据报道,全反式视黄酸(ATRA)与 As$_2$O$_3$ 的作用靶点均为异常的 PML-RARa,但前者针对 RARa 受体,后者通过磷酸化后使 PML-RARa 致病蛋白发生降解[31, 32]。

分化障碍使细胞停留在原始/早期阶段而不能分化,这是包括白血病等在内的许多恶性肿瘤的特征之一,APL 就是一个典型的例子。如今,每年新增的 APL 患者数以千计,APL 发病急,预后差,是一种难治的白血病,所以如何开发新的治疗方法是全球血液学工作者迫切需要解决的课题[30]。

4.4.3 融合基因作为肿瘤治疗靶点的药物应用

目前,已经研发出了将融合基因作为肿瘤治疗靶点并利用此靶点治疗恶性肿瘤的药物[29]。在甲状腺癌中,存在着 *ALK* 重排,这属于一种基因融合现象,它被认为是一个有效的治疗靶标,其中若干 ALK 激酶的小分子抑制剂已经被开发出来,并通过临床前研究和临床研究分析其特征[29]。其中之一是克唑替尼(crizotinib),这是一种有效的、口服的 ATP-竞争氨基吡啶,是用于治疗肺癌的携带 *EML4-ALK* 重排和 *MET* 的激酶抑制剂[29]。报道称,它能抑制活化的 ALK 酪氨酸磷酸化,并且对于 57% 出现 *ALK* 重排阳性的肺癌患者有一定的治疗作用[29]。

据报道,依马替尼(又称格列卫、STI571)是继全反式视黄酸成功治疗白血病之后又一个被公认的基因产物的靶向药物,并且它对表达 *bcr/abl* 融合基因的肿瘤细胞具有治疗作用[32]。该研究表明,依马替尼对 CML、ALL、AML 等恶性肿瘤均有治疗作用,能有效地阻断各肿瘤中融合基因蛋白的磷酸化过程,使得酪氨酸激酶失活,生物信号传导受阻,进一步导致细胞凋亡[32]。但药物的远期疗效仍需时间考验,与其他药物联合治疗的方案也需要深入研究。针对这一靶点的研究,可以为白血病患者的治疗策略提供有意义的参考,指导医务工作者做出更合理的临床决策,向"个体化医疗"的目标迈进。

4.5 RNA 编辑在肿瘤治疗中的应用

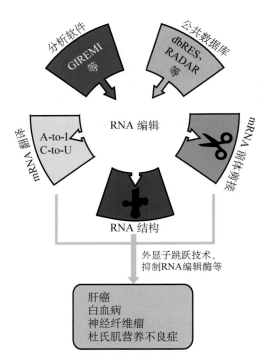

图 4-3 RNA 编辑应用于治疗的流程

人们能够获得针对鉴定 RNA 编辑开发的开源软件,利用 RNA-Seq 技术获得的数据进行分析,并能够从公共数据库中获取其对应的生物学意义。转录后水平的编辑可以改变生物学过程,包括改变 mRNA 包含的密码子信息从而翻译出不同的蛋白质;通过编辑可变剪接位点的序列改变可剪接事件;通过编辑碱基序列改变 RNA 的结构,从而影响依赖 RNA 结构的生物学过程

4.5.1 概述

真核生物基因表达存在复杂而又精细的调控机制,包括在基因转录前以及转录后发生的种种调控事件。其中,RNA 编辑是一种重要的转录后加工与修饰现象,通过对核苷酸的插入、删除或替换,使 RNA 序列与其模板序列不一致,从而改变原始遗传信息。研究表明,RNA 编辑在肿瘤发生、发展中扮演重要角色,它可能通过异常 RNA 编辑或者特定催化酶的作用,翻译出异常蛋白质从而导致原蛋白参与的生理功能失常,以此影响肿瘤的发生、发展。可以预见,随着相关研究技术的进步和精确 RNA 编辑位点的获得,越来越多的 RNA 编辑现象将被揭示出来,RNA 编辑很可能成为肿瘤诊断、治疗的一个新领域(见图4-3)。

4.5.2 RNA 编辑技术进展

众所周知,癌细胞的细胞表型和正常细胞截然不同。癌细胞的形状、增殖能力等表型是细胞内部表达的转录产物所决定的。RNA 聚合酶能够结合在 DNA 上并转录出 RNA,转录本进一步进行转录后修饰和编辑才能翻译出蛋白质。在正常细胞和癌细胞中,RNA 编辑过程有着显著差别。目前哺乳动物中只有两种已知的 RNA 编辑,一种是普遍存在的 A-to-I 编辑,即腺苷(adenosine,A)被编辑为次黄苷(inosine,I);另一种是比较罕见的 C-to-U 编辑,即胞嘧啶(cytosine,C)到尿嘧啶(uracil,U)的编辑[33]。来自美国 MD 安德森癌症中心(MD Anderson Cancer Center)的科学家 Leng Han、Lixia Diao、Gordon Mills 和 Han Liang 于 2015 年 10 月发表了一篇文章,内容详述了患有 17 种癌症的 6 236 个患者中 A-to-I RNA 编辑的图谱[34]。转录后的 RNA 编辑发生在转录区的错义密码子上能够改变翻译出的蛋白质,还可以发生在调控 RNA 上,进而改变其与目标序列的结合,也能发生在可变剪接位点,进而改变可变剪接事件。研究表明,发生在COG3和GRIA2 转录区的 RNA 编辑能够提高两者对实验试剂的敏感度,然而基因 AZIN1 转录区的 RNA 编辑却使得该基因产物对实验试剂的敏感度降低。由此可见,基因转录区的 RNA 编辑对转录本功能的影响极为显著,这一现象对精准医疗中研究药物作用靶点提供了丰富的数据。尽管 A-to-I 编辑普遍存在于人类基因组上,然而大多数情况只发生在非编码区调控序列上。由于非编码序列的研究尚未成熟,人们还不能解读更多的该区域 RNA 编辑的意义。

类比 DNA 水平的点突变,可以发现转录后水平的 RNA 编辑与点突变有着相似的特点,两者都是细胞癌变的驱动力,都能改变细胞的增殖、生存能力,当然从另外一个角度看,它们也是治疗癌症的靶标。目前研究发现,在多种肿瘤中存在着大量异常的 RNA 编辑现象,例如在肝癌中常见的 ADAR 催化的 A-to-I RNA 编辑事件,使得 AZIN1 基因产物第 376 位原本的丝氨酸被甘氨酸替换,导致相应的蛋白质结构发生变化,进而影响与其他蛋白质的结合,影响细胞生长调节[35];神经纤维瘤中也有报道,NF1 基因在载脂蛋白 B 的 RNA 编辑诱导下,可优先编辑含有外显子 23A 的转录本,其编辑程度随着肿瘤恶性程度增高而增高[36]。此外,RNA 编辑在白血病、神经胶质瘤、前列腺癌等肿瘤中也有相应的报道[37]。

近年来,高通量测序技术被广泛地应用于 RNA 编辑研究。在计算分析方面,来自中国科学院上海生命科学研究院计算生物学研究所的杨力研究组和生物化学与细胞生物学研究所陈玲玲研究组合作发展了一项高效的计算分析流程，并且应用于 RNA 编辑位点的预测。与以往检测方法不同的是，这项研究开拓性地摒弃了以往需要测定基因组信息来排除背景干扰的手段，仅通过对多个样本的 RNA 转录组信息进行比较，发现了人体组织中 600 多个成簇的 RNA 编辑新位点及其在不同组织中的差异调控[38]。尽管目前计算分析仍存在一定的局限性，该计算流程及其所带来的新发现帮助人们获得了相对高准确度的 A-to-I RNA 编辑预测，也开拓了 RNA 编辑研究的新思路。

随着 RNA 编辑研究越来越受到人们重视，许多工具软件伴随着文章发表被免费提供给科研学者们使用。来自美国洛杉矶加利福尼亚大学（UCLA）的华裔科学家 Qing Zhang 和 Xinshu Xiao 于 2015 年 3 月公开了一款软件 GIREMI，该软件能够使用一般测序深度的 RNA-Seq 寻找到 RNA 编辑位点，同时也能查找基因突变和单核苷酸多态性位点（SNP）[39]。一般来说，检测 SNP 需要从基因组或者外显子组测序数据入手，两者的测序价格远高于 RNA-Seq。GIREMI 软件的优势在于它以便宜的 RNA-Seq 数据作为输入数据就能查找到转录区所有的 RNA 编辑和 SNP 位点，这对科学家们来说无疑是个强大的吸引力。Qing Zhang 和 Xinshu Xiao 使用 GIREMI 在 93 个人类 RNA-Seq 数据中测试，发现每个人的淋巴母细胞中都存在特异的 RNA 编辑位点。这一有趣的现象表明 RNA 编辑在人类免疫系统中扮演了重要的角色。除了公开的应用软件，研究人员同样开发出提供在线查询 RNA 编辑信息的数据库（见附录 1）。dbRES[40] 是由清华大学 Tao He、Pufeng Du 和 Yanda Li 建立的一个公共数据库，它收录了从文献资料和 GenBank 中获取到的已知 RNA 编辑位点信息，方便研究者们及时获取有用信息。当然，查找 RNA 编辑的软件远不止这一个，近期许多优秀的软件和数据库都被发布出来，并将会陆续受到人们关注[41]。

4.5.3　RNA 编辑在肿瘤治疗中的应用前景

随着 RNA 编辑预测工具的发展和实验技术的不断完善，其在遗传病和肿瘤治疗方面也开始应用。肢带型肌营养不良（limb girdle muscular dystrophy，LGMD）一般是由伽马肌（gamma sarcoglycan）蛋白上的有害突变造成的[42, 43]。伽马肌蛋白对维持正常肌肉功能非常重要。该病一般遗传自父母，多发于法国、北非和部分南美国家。罹患肢带型肌营养不良的患者在儿童时期尚能自由行动，随着时间推移由于肌肉发育不正常逐渐不能自由活动，十多岁时就需借助轮椅生活。美国一位父亲 Frewing 的两个儿子在幼年时期均被诊断为肢带型肌营养不良，之后 Frewing 遍寻世界知名科学家研究该病。来自美国西北大学的 McNally 教授是当时研究该病为数不多的科学家。在Frewing 的坚持下，McNally 同意将外显子跳跃(exon skipping)技术应用到肢带型肌营养不良和迪谢内肌营养不良(Duchenne muscular dystrophy，DMD)研究，收获了意想不到的成功。外显子跳跃技术治疗迪谢内肌营养不良的原理是在转录时诱导其"跳过"基因区不正常编码部分。这一过程本质上是在转录水平进行 RNA 编辑，从而翻译出稳定的有功能的蛋白质[44]。McNally 说道："这只是治疗的第 1 个版本，尽管它只能提供患者 10 年的正常行走，这也是很大的成功。当然我们希望把治疗技术提高到第 2 个版本甚至更好，这样就能带给患者更多的希望。"

食管鳞状细胞癌(esophageal squamous cell carcinoma，ESCC)是一类发生在食管鳞状上皮的恶性肿瘤，来自于癌症干细胞大量失控地复制[45]。患者经常会出现吞咽不适或疼痛、胸口疼痛、慢性出血等一系列的症状，给身体带来沉重的负担。据统计，我国是食管癌的高发国家，也是病死率最高的国家之一。目前临床上的治疗方式以外科手术为主，亦辅助放疗或化疗，但食管癌经常扩散到周围结构，使得外科手术根除变得困难，并且患者预后情况极不理想，难以评估。近日，新加坡国立大学(NUS)的科学家们发现，RNA 腺苷酸脱氨酶 1(ADAR1)能够作为有用的生物学指标，对早期 ESCC 进行检测，帮助医生改善患者的预后情况。该研究表明，催化 RNA 编辑的酶基因 ADAR1在 ESCC 肿瘤中过表达，从而改变 *AZIN1* 的蛋白产物，进一步促进癌细胞的发展[46]。此外，ADAR1 也是潜在的治疗靶点，如能逆转或中止这种酶基因的过表达，有望阻止正常细胞向癌细胞转变。这项研究中所揭示的关键生物学过程，亦可以帮助研究人员开发新药治疗食管鳞状细胞癌。

2013 年，Wistar 研究所的一个项目组报道了由作用于 RNA 的腺苷酸脱氨酶(ADAR)的活性介导的 A-to-I 编辑发生在 miRNA 等调节 RNA 中，以此影响靶向RNA 的沉默。同年，MD 安德森癌症中心的 Menashe Bar-Eli 和他的同事们也发现了在转移性黑色素瘤中 ADAR1 的表达量减少，同时如果在体内敲除此酶，将会导致致瘤性增加。黑色素瘤是由皮肤和其他器官黑色素细胞产生的肿瘤，大多见于成人，发病率相对较低；但是由于其转移早、恶性程度高，致死率也非常高。Bar-Eli 的研究表明，含有两个 ADAR1 介导 RNA 编辑位点的小分子 RNA miR-455-5p 在经过编辑后，能够抑制黑色素瘤的生长和转移。那么，如果检测到此做法不会对其他位点产生影响，miR-455-5p 将会是一个十分有价值的药物靶标[47]。尽管此研究结果仅限于黑色素瘤，但是研究人员表示，这种机制也有可能在其他类型的癌症中被陆续发现，此项研究包含的数据也可能成为治疗癌症的新靶点。

RNA 编辑是一个非常精细的过程，能够提高生物分子多样性。转录后修饰由 RNA 编辑酶催化最终翻译出不同于原有信息的蛋白质。针对 RNA 编辑酶和蛋白质产物的药物设计成为人们的关注点。随着测序和分析技术的更新换代，转录后修饰的重要过程是当下的研究趋势和热点，相信 RNA 编辑位点信息能为人们提供更多新鲜的分析思路和癌症治疗靶点选择。

4.6 转录组学指导抗肿瘤用药

4.6.1 抗肿瘤药物治疗现状及个体化治疗

4.6.1.1 抗肿瘤药物治疗现状

对恶性肿瘤的治疗，目前临床上最常采用的是手术治疗、放疗和化疗，而近年来，生物治疗受到越来越多临床医生的关注，包括细胞因子治疗、免疫细胞治疗、基因治疗、分子靶向治疗和抗体治疗等。

化疗是用化学合成药物杀死肿瘤细胞、抑制肿瘤细胞生长和繁殖来达到治疗恶性肿瘤的一种方式，作为肿瘤三大传统治疗方法之一，化疗在多种恶性肿瘤的治疗中都得到广泛使用，是治疗肿瘤的一个重要方案。但是化疗药物在杀伤肿瘤细胞的同时，也会波及正常细胞和免疫细胞，将其一同杀死，因此也被称为细胞毒药物。由于个体间基因表达存在差异，肿瘤患者对化疗药物的治疗效果、药物不良反应表现出个体化差异，以至于同样病理分型甚至分子表型相同的患者在接受相同治疗方案后可能产生截然不同的结果。使用化疗药物前不进行遗传学分析，可能会使相当比例的患者接受错误的药物治疗，不能从化疗中受益。研究者发现一些肿瘤化疗药物的敏感性或耐药性和特定基因的表达有关，如 *BRCA1* 基因的表达水平高提示患者对抗微管类药物敏感，表达水平低则对铂类药物敏感；*TOP2A* 表达水平高的患者对蒽环类药物敏感，表达水平低的患者表现为耐药；*ERCC1* 表达水平低显示患者对铂类药物敏感，用该药治疗效果比 *ERCC1* 表达水平高的患者好；*TYMS* 表达水平低的患者对氟类药物敏感。

随着对癌症的分子生物学发病机制的不断探索，分子靶向药物应运而生并受到广泛关注。分子靶向药物是利用肿瘤细胞与正常细胞分子生物学上的差异而开发的专一性药物，它只特异地作用于肿瘤的一些特有结构或与肿瘤细胞信号传递有关的受体、酶和蛋白质等因子，从而杀伤肿瘤细胞或抑制肿瘤细胞的生长。分子靶向药物能将药物富集在靶点区域，直接作用于肿瘤细胞，药物使用剂量少，相比化疗药物，不良反应和耐药性较少。使用靶向药物前，需对相应靶点进行基因检测，以确定患者是否能够从靶向治疗中受益。例如，通过检测 *EGFR* 基因的突变情况，可指导肺癌患者是否可使用小分子酪氨酸激酶抑制剂（TKI）药物——吉非替尼和厄洛替尼。*EGFR* 基因 19～21 外显子的突变尤其是外显子 19 的缺失和外显子 21 的点突变（L858R）提示患者对 TKI 药物敏感，可以从 TKI 药物治疗中显著获益，而外显子 20 的 T790M 位点突变则与 TKI 药物的耐药相关，因此建议使用 TKI 药物的患者每月检测一次；*EGFR* 野生型的患者一线治疗最好首选化疗。

现有的肿瘤治疗方法都有其独特性及优缺点，在临床上通常是将几种方法联合起来综合治疗，从而发挥每种治疗方法的优越性，达到更好的治疗效果（比如肿瘤化疗和免疫治疗的协同效应[48]）。

4.6.1.2　精准医学和肿瘤个体化治疗

精准医学是一种基于基因组、转录组等大规模测序技术，将个体遗传因素、表型、心理特征、环境因素差异考虑在内的个体化诊断和治疗策略。精准医学的目的是改善临床的治疗效果，使对疾病的无效治疗减到最低。肿瘤是在遗传、环境、生活习惯等多重因素相互作用下产生的，由于病因不明、发病机制复杂、临床表现多变，使肿瘤患者对抗癌药物反应迥异。如果在肿瘤治疗前检测患者相关基因，判断肿瘤个体对药物的敏感性和耐药性，提前预知患者将会从哪些药物受益，那么许多患者将避免遭受不必要的和不良反应大的治疗，达到肿瘤精准治疗的目标。

研究人员已经发现许多药物反应和基因表达、突变、酶活性等因素有关，因此相关人员正在研发和利用基于遗传学和其他分子机制的诊断检测来更好地预测患者对肿瘤药物治疗的反应，以期实现个体化治疗。目前已有一些比较成熟、有较高检测精度的检测方法，常用的有检测基因大片段插入、缺失或重排的荧光原位杂交技术（FISH），用于检测小片段突变、插入、缺失的双脱氧链终止法测序技术，还有用于表达量检测的免疫组织化学方法和表达量芯片方法。但是在实际的恶性肿瘤个体化用药指导中，人们发现检测范围的局限性（单一或几个位点的突变检测）及取样困难（晚期患者无法手术取样，穿刺伤害也比较大），以及基于双脱氧链终止法测序技术进行多基因检测时烦琐的过程和高昂的检测费用，使得对于恶性肿瘤进行个体化用药指导不能发挥其最大的功效，在临床应用中受到很大限制。随着下一代测序技术成本降低，精确度增加，加上下一代测序技术与生俱来的高通量优势，下一代测序技术取代传统基因检测方法已经成为趋势。

4.6.2　转录组学技术在抗肿瘤用药指导中的作用

下一代测序技术开启了肿瘤基因组学研究的新时代。RNA-Seq 技术是研究肿瘤转录组的一个新技术，相比传统的微阵列技术，不仅能更准确地检测基因表达，还可以从可变剪接、基因融合、RNA 编辑、转录过程中的核苷酸变异以及各种非编码 RNA 等多个方面进行研究。转录组学技术在肿瘤临床治疗中的应用主要体现在用基因表达水平对肿瘤亚型进行分级以及检测基因融合或重排。

基因表达分析已经是某些人类癌症患者临床管理的一个有用的工具，比如 21 个基因检测对乳腺癌患者治疗方案的选择提供了客观的依据。2004 年 Paik 等[49] 利用 RT-PCR 技术对 NSABP B-14 研究中的石蜡组织标本进行基因筛选，结合已发表的文献、基因数据库和新鲜冷冻组织的 DNA 检测，从淋巴结阴性、ER 阳性、经他莫昔芬治疗的患者中共筛选出了 21 个基因（16 个肿瘤相关基因和 5 个内参基因），并开发了复发评分（RS）的算法。21 个基因检测可以预测乳腺癌患者的远期复发风险，以及他莫昔芬疗效，对于低 RS 评分的患者，建议只给予他莫昔芬等内分泌治疗，而不联合应用化疗。这样可以显著减少患者的过度化疗，从而使医疗资源得到更好的分配。除此之外，研究者们还利用 RNA-Seq 筛选伊立替康[50] 等肿瘤药物敏感性、耐药性相关的生物标志物，对药物敏感性不同的晚期结直肠癌细胞系进行 RNA-Seq 分析，筛选表达差异的基因，为肿瘤药物敏感性检测提供了潜在的分子标志物。

基因融合是转录组中很重要的一种突变类型，是通过易位、插入、缺失或染色体倒位将两个或多个原本应该分开的基因首、尾相连构成的嵌合 RNA（chimeric RNA），这类突变可能发生在基因组水平或转录组水平,这些融合基因通常可能是导致肿瘤形成的致癌基因。和全基因组测序相比,在分析融合基因方面,RNA-Seq 技术的优点在于花费少,可以检测由于反式剪接和转录通读形成的融合转录本,而且分析到的融合基因很大程度上会产生功能性的蛋白质,从而在组织或疾病中发挥生物学功能。Maher 等人[51]最早提出了用转录组测序技术分析基因融合的方法,而 RNA-Seq 是研究基因融合的一个非常有效的途径,利用 RNA 双端测序方法可以检测转录水平的基因融合。研究者检测到包含激酶的新的基因融合(例如肺癌中的 ALK、ROS1、RET 基因融合),给晚期癌症患者提供了新的治疗机会,并使其在激酶抑制剂药物治疗中受益[52]。同样,在儿科 B 细胞急性淋巴细胞白血病研究中,Roberts 等人鉴定到含激酶融合基因,比如 ABL1、詹纳斯激酶 2(JAK2)、集落刺激因子 1 受体(CSFR1)和神经营养因子酪氨酸激酶受体 3(NTRK3),这些融合基因有相应激酶抑制剂的靶向疗法,这为临床试验中被测试的这类白血病患者开辟了新的治疗方案[53]。目前,利用 RNA-Seq 技术检测新的、肿瘤临床相关基因融合的研究还处于起始阶段,我们期望随着肿瘤研究的发展,会发现更多新的基因融合。

除了基因表达和基因融合信息,RNA-Seq 还可以对肿瘤转录组进行更广泛的分析,如检测非编码 RNA(ncRNA)。事实上,超过一半的肿瘤转录组由非编码 RNA 组成,包括 miRNA、siRNA 和 lncRNA。这些非编码 RNA 在细胞的生命过程中起着重要的作用,比如基因沉默、DNA 复制、转录和翻译的调控等。其中,siRNA 是一种小 RNA 分子(约21~25 nt),在 ATP 的存在下,siRNA 并入 RNA 诱导的沉默复合体(RISC)中,然后与靶基因特异结合,降解靶基因。siRNA 从线虫、植物到哺乳动物中都很保守,因此成为生物医学研究的一种强大工具,并且 siRNA 装载的沉默复合体可以循环多次介导基因沉默,因此 siRNA 特别适用于肿瘤治疗(RNA-Base 疗法)。

基因组变异是一个重要的致癌因素,RNA-Seq 提供了一种研究基因组特定区域变异情况的途径,这些区域包括蛋白质编码基因的外显子区域和不同类型非编码基因。Shah 等人[54]对 4 个卵巢成人型颗粒细胞肿瘤(granulosa-cell tumor,GCT)和 11 个非颗粒细胞肿瘤卵巢肿瘤样本进行转录组测序,他们用 RNA-Seq 数据进行点突变和小缺失/插入突变分析,结果发现 FOXL2 突变可能是成人型颗粒细胞肿瘤的一个关键致癌因素。这个研究为科研工作者通过转录组测序研究基因组突变提供了一个很好的例子。因为转录组比基因组小很多,而且转录组上的突变或变异更倾向于直接影响基因表达和基因功能,所以转录组测序可能是研究肿瘤基因突变更有效的途径。

在基础医学或临床应用中,转录组学技术也可以和其他组学技术一起应用,对肿瘤样本进行综合分析,从而得到更完善的信息,给临床用药提供更准确可靠的指导。以肺癌的一个研究为例,基因组和转录组的综合分析使可量化的临床结果从组织学转变到基于点突变($BRAF\ V600E$)、拷贝数变化(MET 扩增)和基因融合(ALK)等信息的基因组学的分类,从而达到个体化靶向治疗的目的[55]。

参考文献

[1] International Agency for Research on Cancer. World Cancer Report 2014 [M]. Geneva:World Health Organization,2014.

[2] Taylor B S, Schultz N, Hieronymus H, et al. Integrative genomic profiling of human prostate cancer [J]. Cancer Cell, 2010,18(1):11-22.

[3] Ying Z, Li Y, Wu J H, et al. Loss of miR-204 expression enhances glioma migration and stem cell-like phenotype [J]. Cancer Res, 2013,73(2):990-999.

[4] Prensner J R, Iyer M K, Sahu A, et al. The long noncoding RNA SChLAP1 promotes aggressive prostate cancer and antagonizes the SWI/SNF complex [J]. Nat Genet, 2013,45(11):1392-1398.

[5] Garzon R, Volinia S, Papaioannou D, et al. Expression and prognostic impact of lncRNAs in acute myeloid leukemia [J]. Proc Natl Acad Sci U S A, 2014,111(52):18679-18684.

[6] Kaczkowski B, Tanaka Y, Kawaji H, et al. Transcriptome analysis of recurrently deregulated genes across multiple cancers identifies new pan-cancer biomarkers [J]. Cancer Res, 2016,76(2):216-226.

[7] Perou C M, Sorlie T, Eisen M B, et al. Molecular portraits of human breast tumours [J]. Nature, 2000,406(6797):747-752.

[8] Iqbal J, Shen Y, Huang X, et al. Global microRNA expression profiling uncovers molecular markers for classification and prognosis in aggressive B-cell lymphoma [J]. Blood, 2015,125(7):1137-1145.

[9] Kourou K, Exarchos T P, Exarchos K P, et al. Machine learning applications in cancer prognosis and prediction [J]. Comput Struct Biotechnol J, 2015,13:8-17.

[10] Lisboa P J, Taktak A F. The use of artificial neural networks in decision support in cancer:A systematic review [J]. Neural Netw, 2006,19(4):408-415.

[11] Planche A, Bacac M, Provero P, et al. Identification of prognostic molecular features in the reactive stroma of human breast and prostate cancer [J]. PLoS One, 2011,6(5):e18640.

[12] Sotiriou C, Neo S Y, McShane L M, et al. Breast cancer classification and prognosis based on gene expression profiles from a population-based study [J]. Proc Natl Acad Sci U S A, 2003,100(18):10393-10398.

[13] Sotiriou C, Wirapati P, Loi S, et al. Gene expression profiling in breast cancer:understanding the molecular basis of histologic grade to improve prognosis [J]. J Natl Cancer Inst, 2006,98(4):262-272.

［14］ Xia Z，Donehower L A，Cooper T A，et al. Dynamic analyses of alternative polyadenylation from RNA-seq reveal a 3′-UTR landscape across seven tumour types ［J］. Nat Commun，2014，5：5274.

［15］ Garzon R，Volinia S，Papaioannou D，et al. Expression and prognostic impact of lncRNAs in acute myeloid leukemia ［J］. Proc Natl Acad Sci U S A，2014，111(52)：18679-18684.

［16］ Iyer M K，Niknafs Y S，Malik R，et al. The landscape of long noncoding RNAs in the human transcriptome ［J］. Nat Genet，2015，47(3)：199-208.

［17］ Massague J. Sorting out breast-cancer gene signatures ［J］. N Engl J Med，2007，356(3)：294-297.

［18］ Finak G，Bertos N，Pepin F，et al. Stromal gene expression predicts clinical outcome in breast cancer ［J］. Nat Med，2008，14(5)：518-527.

［19］ 张艳，苏欣，施毅. RRM1 表达与吉西他滨治疗晚期 NSCLC 疗效关系：Meta 分析［J］. 解放军医学杂志，2012，37(2)：135-140.

［20］ Chen H Y，Shao C J，Chen F R，et al. Role of ERCC1 promoter hypermethylation in drug resistance to cisplatin in human gliomas ［J］. Int J Cancer，2010，126(8)：1944-1954.

［21］ Sigmond J，Backus H H，Wouters D，et al. Induction of resistance to the multitargeted antifolate Pemetrexed (ALIMTA) in WiDr human colon cancer cells is associated with thymidylate synthase overexpression ［J］. Biochem Pharmacol，2003，66(3)：431-438.

［22］ Reiman T，Lai R，Veillard A S，et al. Cross-validation study of class III beta-tubulin as a predictive marker for benefit from adjuvant chemotherapy in resected non-small-cell lung cancer：analysis of four randomized trials ［J］. Ann Oncol，2012，23(1)：86-93.

［23］ Kavallaris M. Microtubules and resistance to tubulin-binding agents ［J］. Nat Rev Cancer，2010，10(3)：194-204.

［24］ Hanahan D，Weinberg R A. Hallmarks of cancer：the next generation ［J］. Cell，2011，144(5)：646-674.

［25］ Kumar-Sinha C，Tomlins S A，Chinnaiyan A M. Recurrent gene fusions in prostate cancer ［J］. Nat Rev Cancer，2008，8(7)：497-511.

［26］ Soda M，Choi Y L，Enomoto M，et al. Identification of the transforming EML4-ALK fusion gene in non-small-cell lung cancer ［J］. Nature，2007，448(7153)：561-566.

［27］ Carneiro B A，Elvin J A，Kamath S D，et al. FGFR3-TACC3：a novel gene fusion in cervical cancer ［J］. Gynecol Oncol Rep，2015，13：53-56.

［28］ Parker B C，Zhang W. Fusion genes in solid tumors：an emerging target for cancer diagnosis and treatment ［J］. Chin J Cancer，2013，32(11)：594-603.

［29］ Kelly L M，Barila G，Liu P，et al. Identification of the transforming STRN-ALK fusion as a potential therapeutic target in the aggressive forms of thyroid cancer ［J］. Proc Natl Acad Sci U S A，2014，111(11)：4233-4238.

［30］ 周光飚，董颖，王月英，等. 白血病致病基因产物靶向治疗：从急性早幼粒到其他类型白血病［J］. 中国科学(C 辑)，2004，34(6)：487-500.

［31］ Melnick A，Licht J D. Deconstructing a disease：RARalpha，its fusion partners，and their roles in the pathogenesis of acute promyelocytic leukemia ［J］. Blood，1999，93(10)：3167-3215.

［32］ 孟凡义. 融合基因蛋白靶点药物——依马替尼治疗恶性血液病的临床研究［J］. 中国实用内科杂志，2006，26(6)：472-475.

［33］ Piskol R，Peng Z，Wang J，et al. Lack of evidence for existence of noncanonical RNA editing

[J]. Nat Biotechnol，2013，31(1)：19-20.

[34] Han L，Diao L，Yu S，et al. The genomic landscape and clinical relevance of A-to-I RNA editing in human cancers [J]. Cancer Cell，2015，28(4)：515-528.

[35] Chen L，Li Y，Lin C H，et al. Recoding RNA editing of AZIN1 predisposes to hepatocellular carcinoma [J]. Nat Med，2013，19(2)：209-216.

[36] Mukhopadhyay D，Anant S，Lee R M，et al. C→U editing of neurofibromatosis 1 mRNA occurs in tumors that express both the type II transcript and apobec-1，the catalytic subunit of the apolipoprotein B mRNA-editing enzyme [J]. Am J Hum Genet，2002，70(1)：38-50.

[37] Skarda J，Amariglio N，Rechavi G. RNA editing in human cancer：review [J]. APMIS，2009，117(8)：551-557.

[38] Zhu S，Xiang J F，Chen T，et al. Prediction of constitutive A-to-I editing sites from human transcriptomes in the absence of genomic sequences [J]. BMC Genomics，2013，14：206.

[39] Zhang Q，Xiao X. Genome sequence-independent identification of RNA editing sites [J]. Nat Methods，2015，12(4)：347-350.

[40] He T，Du P，Li Y. dbRES：a web-oriented database for annotated RNA editing sites [J]. Nucleic Acids Res，2007，35(Database issue)：D141-D144.

[41] Ramaswami G，Li J B. RADAR：a rigorously annotated database of A-to-I RNA editing [J]. Nucleic Acids Res，2014，42(Database issue)：D109-D113.

[42] Nigro V，de Sa Moreira E，Piluso G，et al. Autosomal recessive limb-girdle muscular dystrophy，LGMD2F，is caused by a mutation in the delta-sarcoglycan gene [J]. Nat Genet，1996，14(2)：195-198.

[43] Roberds S L，Leturcq F，Allamand V，et al. Missense mutations in the adhalin gene linked to autosomal recessive muscular dystrophy [J]. Cell，1994，78(4)：625-633.

[44] Gao Q Q，Wyatt E，Goldstein J A，et al. Reengineering a transmembrane protein to treat muscular dystrophy using exon skipping [J]. J Clin Invest，2015，125(11)：4186-4195.

[45] Lam A K. Molecular biology of esophageal squamous cell carcinoma [J]. Crit Rev Oncol Hematol，2000，33(2)：71-90.

[46] Qin Y R，Qiao J J，Chan T H，et al. Adenosine-to-inosine RNA editing mediated by ADARs in esophageal squamous cell carcinoma [J]. Cancer Res，2014，74(3)：840-851.

[47] Shoshan E，Mobley A K，Braeuer R R，et al. Reduced adenosine-to-inosine miR-455-5p editing promotes melanoma growth and metastasis [J]. Nat Cell Biol，2015，17(3)：311-321.

[48] Ramakrishnan R，Gabrilovich D I. Novel mechanism of synergistic effects of conventional chemotherapy and immune therapy of cancer [J]. Cancer Immunol Immunother，2013，62(3)：405-410.

[49] Paik S，Shak S，Tang G，et al. A multigene assay to predict recurrence of tamoxifen-treated，node-negative breast cancer [J]. N Engl J Med，2004，351(27)：2817-2826.

[50] Li X X，Zheng H T，Peng J J，et al. RNA-seq reveals determinants for irinotecan sensitivity/resistance in colorectal cancer cell lines [J]. Int J Clin Exp Pathol，2014，7(5)：2729-2736.

[51] Maher C A，Kumar-Sinha C，Cao X，et al. Transcriptome sequencing to detect gene fusions in cancer [J]. Nature，2009，458(7234)：97-101.

[52] Shaw A T，Hsu P P，Awad M M，et al. Tyrosine kinase gene rearrangements in epithelial malignancies [J]. Nat Rev Cancer，2013，13(11)：772-787.

[53] Roberts K G，Li Y，Payne-Turner D，et al. Targetable kinase-activating lesions in Ph-like acute

lymphoblastic leukemia［J］. N Engl J Med，2014，371(11)：1005-1015.

［54］ Shah S P，Köbel M，Senz J，et al. Mutation of FOXL2 in granulosa-cell tumors of the ovary［J］. N Engl J Med［J］. N Engl J Med，2009，360(26)：2719-2729.

［55］ Clinical Lung Cancer Genome Project (CLCGP)，Network Genomic Medicine (NGM). A genomics-based classification of human lung tumors ［J］. Sci Transl Med，2013，5 (209)：209ra153.

5

基于转录组学的心血管
疾病精准医学

    心血管疾病是全球最主要的致死性疾病,也是除非洲外全世界所有地区的首要致死性疾病。现阶段,我国心血管疾病患病率持续上升,目前估计全国有心血管疾病患者2.9亿,即每5个成年人中就有1名心血管疾病患者。在我国,无论城市还是农村,心血管疾病造成的死亡人数居各种疾病之首,高于肿瘤和其他疾病。心血管疾病不仅给患者生命和健康带来了极大的危害,还给社会以及患者家庭造成了沉重的经济负担。例如,2013年中国医院急性心肌梗死患者的住院总费用就高达114.7亿元。因此,对心血管疾病的精准诊断和治疗对于降低心血管疾病病死率具有十分重要的意义。

    转录组测定技术的普及使得转录组学在心血管疾病的精准医学研究中扮演了越来越重要的角色。在过去的十几年中,有大量的心血管疾病研究应用了转录组学。因为目前 mRNA、miRNA 和长非编码 RNA 是研究种类最丰富,功能最复杂多样,也是目前转录组学研究最多的三类 RNA 分子,本章将主要介绍这三类 RNA 分子的转录组学在心血管疾病精准医学中的应用。另外,本章将从疾病基因的筛选和心血管疾病相关的生物标志物等角度探讨转录组学在心血管疾病精准医学中的应用。

5.1　基于转录组学的心血管疾病基因筛选

    对心血管疾病发生发展分子机制的精准理解是心血管疾病精准诊断和治疗的前提,是心血管疾病精准医学的基础。心血管疾病的形成与发展是一个慢性过程,涉及众多生物分子的作用,既有蛋白编码基因,又有 miRNA 和 lncRNA 等非编码基因,因此筛选心血管疾病相关基因是理解心血管疾病发生发展分子机制的关键环节。转录组学在心血管疾病基因筛选上发挥了十分重要的作用，许多心血管疾病重要基因、miRNA 和 lncRNA 都是基于转录组技术筛选得到的。

5.1.1 血管平滑肌生理与病理相关基因的筛选

血管是指血液流过的一系列管道，按血管的构造功能不同，分为动脉、静脉和毛细血管3 种。血管是运送血液的管道，血液输送到全身各处需要一定的压力，尤其是动脉，承受着更大的压力和更复杂的血液流体环境。如图5-1 所示，动脉血管壁由内膜（内皮细胞）、中膜（平滑肌细胞）和外膜（结缔组织细胞）组成。其中，血管平滑肌细胞是构成血管壁及维持血管张力的主要成分，其结构和功能异常是高血

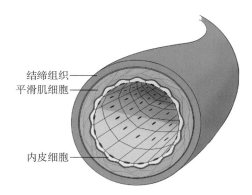

图 5-1　动脉血管壁的构造

结缔组织
平滑肌细胞
内皮细胞

压、动脉粥样硬化等疾病的病理学基础，而高血压和动脉粥样硬化又是众多心血管疾病的高危因素。血管平滑肌细胞处在复杂的血液流体动力环境中，必须要时刻监测外部力学环境，并对力学环境的变化做出相应的响应。早在 1999 年，哈佛大学的科学家就率先应用基因芯片技术筛选血管平滑肌细胞的力学诱导基因[1]。为了确定血管平滑肌细胞对力学刺激反应的分子基础，Feng 等人应用基因芯片技术对人类动脉血管平滑肌细胞的力学诱导基因进行了测定[1]。当时所应用的基因芯片只集成了 5 000 个具有功能注释的基因，Feng 等人发现了 3 个血管平滑肌力学诱导基因（表达丰度上调超过 2.5倍），环氧化酶-1（cyclooxygenase-1，COX-1）、肌腱蛋白 C（tenascin-C）和纤溶酶原活化抑制因子 1（plasminogen activator inhibitor-1）。在随后的另一项研究中，Campos 等[2]鉴定了血管平滑肌的血管紧张素 Ⅱ（angiotensin Ⅱ）反应基因。血管紧张素 Ⅱ 是已知最强的缩血管活性物质之一，它可以通过抑制血管平滑肌细胞凋亡、促进血管平滑肌细胞生长、迁移和基质生成来促进血管病变，因此鉴定其下游反应基因对理解其在血管病理改变中的作用具有重要意义。Leung 等[3]利用集成了 5 088 个基因和表达序列标签的基因芯片，筛选出膜联蛋白 Ⅰ 和膜联蛋白 Ⅱ（annexin Ⅰ and Ⅱ）等新的血管紧张素 Ⅱ 反应基因。利用 RNA 测序技术，他们还发现大鼠血管平滑肌细胞中的 lncRNA Lnc-Ang362 是血管紧张素 Ⅱ 的靶基因，并且 Lnc-Ang362 转录本还包含两个 miRNA，即

miR-221 和 miR-222。因为 *GATA-6* 基因能够抑制血管平滑肌细胞增殖和促进其收缩，Lepore 等[4] 利用基因芯片对血管平滑肌细胞中 *GATA-6* 的靶基因进行了筛选，结果筛选出 122 个表达差异在 2 倍以上的基因，包括多个参与细胞间通信和细胞-基质相互作用的基因。血小板衍生生长因子（platelet-derived growth factor，PDGF）诱导的血管平滑肌细胞表型调控过程中会激活下游的 *NFAT*。除了 mRNA 和 lncRNA 转录组，各种病理或其他处理条件下血管平滑肌细胞中的 miRNA 转录组也有所改变。例如，在一个小鼠模型中，人们发现糖尿病条件下的血管平滑肌中有 135 个 miRNA 表达异常，其中 miR-504 在血管平滑肌细胞和动脉血管中均显著升高，且其靶基因为 *Grb10* 和 *Egr2*，共同导致了血管平滑肌细胞异常[5]。干扰素调节因子 9（interferon regulatory factor 9，IRF9）是一种广泛表达的调控干扰素效应的因子，具有许多生物学功能，如免疫以及细胞命运决定，也参与了心肌肥厚（cardiac hypertrophy）。在血管生物学中，在血管损伤情况下，下调 IRF9 抑制了血管平滑肌细胞增殖和迁移，缓解了血管内膜增厚，上调 IRF9 会促进血管平滑肌细胞增殖和迁移，进一步加剧了动脉狭窄。为阐明血管损伤后上调 IRF9 促进血管平滑肌细胞增殖和迁移的分子机制，Zhang 等[6] 通过 *IRF9* 转基因小鼠模型进行了颈动脉转录组学研究。该研究发现，新生内膜调节因子（neointima formation modulator）SIRT1 被 IRF9 直接抑制。进一步研究发现，通过在平滑肌细胞中操控 SIRT1 的活性可以在很大程度上逆转 IRF9 介导的新生内膜形成效应。血管平滑肌细胞增殖和重构是动脉粥样硬化和血管再狭窄（restenosis）的重要病理生理事件，Choe 等[7] 利用 miRNA 芯片筛选了大鼠颈动脉损伤改变的 miRNA，发现 miR-132 显著上调，进一步研究发现 miR-132 通过抑制 *LRRFIP1* 调控血管平滑肌细胞增殖，进而抑制新生内膜的生成。

5.1.2　血管内皮生理与病理相关基因的筛选

血管内皮细胞形成血管的内壁，是血管管腔内血液及其他血管壁的接口，具有免疫、吞噬异物和细菌、吞噬坏死和衰老的组织等功能，在血管收缩和舒张、控制血压、血管生成、凝血等方面具有重要作用，因此和动脉粥样硬化、高血压、冠心病等心血管疾病关系十分密切。

血管紧张素 Ⅱ 相关基因　如上节所介绍，血管紧张素 Ⅱ 是已知最强的缩血管活性物质之一，它不但具有抑制血管平滑肌细胞凋亡，促进血管平滑肌细胞生长、迁移和基质生成的作用，也可以作用于血管内皮细胞特异的膜受体上。其受体主要包括 1 型（AT1）和 2 型（AT2），此外还有 3 型和 4 型，其中 AT1 受体是研究最清楚的受体。为揭示 AT2 受体的机制，Falcon 等[8]使用基因芯片技术筛选了受 AT2 受体影响的基因，结果筛选出 1 235 个差异表达的基因，其中 5 个基因的差异表达（G-蛋白信号调节器-7、泛素硫酯酶、胰岛素样生长因子结合蛋白-3、肌原纤维蛋白-2 和整合素 β 样蛋白-1）随后被 RT-PCR 进一步验证。分析发现，这些差异表达基因和细胞外基质密切相关，表明 AT2 可能和细胞迁移相关，随后研究人员发现过表达 AT2 成倍抑制了人冠状动脉内皮细胞的迁移。

血流剪切力相关基因　内皮细胞形成血液和血管的界面，并且对血液循环中的物理-化学改变高度敏感，比如血流剪切力就可以诱导血管内皮中基因的表达，这部分是通过内皮细胞生成的一氧化氮（NO）作为媒介实现的。血流剪切力可以快速诱导 *EGR1*（early growth response 1）、*NF-κB* 等转录因子基因的转录，这些转录因子于是启动一系列靶基因转录，促进 NO 合成，而新合成的 NO 能够很快地抑制内皮细胞许多基因的转录[9]。为研究 NO 对内皮细胞功能和基因转录的影响，Braam 等[10]利用基因芯片对依赖 NO 和不依赖 NO 的血流剪切力效应基因进行了筛选，发现高剪切力激活了 541 个基因，如 *HMOX1*（heme oxygenase 1）和 *PLA2G4B*（phospholipase A2）基因，抑制了 436 个基因，抑制 NO 合酶（NOS）基因表达之后极大地降低了剪切力诱导的基因表达，但是 *HMOX1* 基因的表达依然是激活的，未受 NO 合酶影响，表明它是不依赖 NO 的。血流剪切力对不同位置血管内皮细胞基因表达的影响可能不同，Butcher[11]测定了层流剪切力（laminar shear stress）刺激下主动脉内皮细胞和主动脉瓣内皮细胞转录组的变化情况，发现在平稳的层流剪切力条件下，抗氧化和抗炎基因在两种内皮细胞中的表达变化情况相似，主动脉瓣内皮细胞表达了更多的软骨发生相关基因，而主动脉内皮细胞表达了更多的成骨相关基因，同时发现血流剪切力对血管钙化具有保护作用。Qin 等[12]还对层流剪切力对脐静脉血管内皮细胞中 miRNA 转录组的影响进行了研究，发现层流剪切力调控了许多 miRNA 的表达，其中包括 miR-19a，进一步研究发现 miR-19a 直接调控细胞周期蛋白（cyclin）D1 基因，降低了其 mRNA 和蛋白质的表达水平，该研究揭示了一个血流剪切力调控内皮细胞表达的机制。

吸烟对内皮细胞基因表达影响　外界环境因素对内皮细胞也有重要影响，比如吸烟是一种公认的心血管疾病的危险因素。有研究表明，对于年轻男性，吸烟是早期动脉粥样硬化前血管壁变化的最重要的危险因素，但具体机制不明。为了阐明烟草成分促进动脉粥样硬化的机制，Bernhard 等[13]研究了烟草中的金属成分及其对血管内皮细胞基因表达的影响。烟草中含有一些金属成分，包括铝、镉、铬、铜、铅、汞、镍、锌等。研究人员发现，在年轻的吸烟者血清中镉和锶的含量显著增加，随后为了研究血管内皮细胞对镉和锶暴露的生物学效应，他们研究了动脉血管壁在镉（分别暴露 6 小时和 24 小时）和锶（暴露 24 小时）暴露前后的转录组，并筛选出一些表达水平发生改变的基因。在镉暴露条件下，动脉血管内皮细胞大范围上调了金属与氧化剂对抗基因（metal and oxidant defense genes），如金属硫蛋白，而下调的基因包括一些转录因子、中间丝蛋白［如波形蛋白（vimentin）］等，让人感到意外的是一些炎症反应蛋白也下调了。

拉伸刺激相关基因 高血压等持续的拉伸刺激会诱发血管内皮功能失常，在拉伸刺激下，斑联蛋白 zyxin 从黏着斑移位到细胞核，调控基因表达。在人脐静脉内皮细胞上，Wojtowicz 等[14]利用转录组学筛选出了 592 个对拉伸刺激敏感的基因。有意思的是，其中 402 个基因受 zyxin 调控，这表明 zyxin 是一个干预内皮细胞表型早期变化的治疗靶点。替米沙坦（telmisartan）是一种血管紧张素Ⅱ1 型受体阻滞剂，临床上用于治疗高血压。在高血压患者中，替米沙坦能够抑制心肌肥厚和改善内皮功能，还能预防动脉粥样硬化的形成，或阻止动脉粥样硬化的进程和稳定其斑块。为了更加深入理解替米沙坦的作用机制，Siragusa 和 Sessa[15]对替米沙坦处理前后的脐静脉内皮细胞进行了转录组分析，结果发现替米沙坦调控了 1 700 个基因的表达，细胞周期和凋亡等生物过程的基因被下调，替米沙坦在内皮细胞中行使了抗增殖和抗凋亡的作用。病理情况下，血管内皮细胞的基因表达也会有所改变。

重要信号通路、蛋白、脂类等对内皮细胞的调控 肺动脉高压（PAH）是一种常见病和多发病，致残率和病死率均很高，它指肺动脉压力升高超过一定界值的一种血流动力学和病理生理状态。APLN-APLNR 信号通路对于维持肺血管稳态具有重要作用。Kim 等[16]利用 miRNA 芯片技术比较了正常肺动脉血管内皮细胞 *APLN* 和 *APLNR* 单敲除及双敲除的肺动脉血管内皮细胞的 miRNA 转录组，筛选出了 14 个显著下调的 miRNA，其中 miR-424 和 miR-503 经生物信息学预测和实验验证可以直接调控 *FGF2* 和 *FGFR1*，并在肺动脉血管内皮细胞上发挥了抗增殖的作用，对维持肺血管稳态具有重要作用。氧化的低密度脂蛋白（oxidized low-density lipoprotein，OxLDL）是动脉粥样硬化的危险因素且能导致内皮功能失常，内皮细胞通过植物血凝素样氧化低密度脂蛋白受体-1（LOX-1）结合 OxLDL。为研究 OxLDL 对 LOX-1 激活后的生物学事件，Mattaliano 等[17]对 LOX-1 过表达的人动脉内皮细胞系进行了 OxLDL 处理，并在全基因组水平筛选了处理后差异表达的基因。OxLDL 促进了氧化应激、其他 OxLDL 信号通路中基因以及一些细胞因子和趋化因子高表达，如白细胞介素（interleukin）-8、CXCL2、CXCL3 和克隆刺激因子-3（colony-stimulating factor-3）等。氧化的脂质能够通过刺激内皮细胞合成白细胞介素（IL）-8 等促炎性细胞因子，促进动脉粥样硬化的发生。利用基因芯片，Gargalovic 等[18]发现动脉血管内皮细胞中超过 1 000 个基因受氧化的脂质调控。心血管疾病特别是心肌梗死（myocardial infarction，MI，以下简称"心梗"）的一个基本特征是组织缺氧，糖尿病患者往往同时具有几个可能导致心梗的危险因素，包括高糖和缺氧等。因此，基于人脐静脉内皮细胞的缺氧和高糖环境下基因表达的研究对于模拟内皮细胞在心血管疾病和糖尿病情况下的病理变化具有重要意义。

5.1.3　心肌生理与病理相关基因的筛选

心肌（cardiac muscle）是由心肌细胞构成的一种肌肉组织，是心脏生理功能的基础，也是心脏病理生理的基础。心肌的转录组学研究在心血管疾病的转录组学研究中具有重要地位。心梗是急性、持续性缺血、缺氧（冠状动脉功能不全）所引起的心肌坏死，是一种常见的心血管疾病，危害巨大。心梗伴随着许多基因表达的改变，随着高通量转录组技术的发展，越来越多的心梗相关基因被筛选出来。Harpster 等[19]利用小鼠急性心梗模型检测了心肌中心梗过程差异表达的基因。通过比较急性心梗组和假手术组的转录组，发现 515 个基因在左心室梗死心肌组织中表达有明显差异，35 个基因在左心室未发生梗死心肌游离壁中表达有明显差异，7 个基因在左心室室间隔中表达有明显差异，其中 3 个基因在上述 3 个区域内均有表达差异。在心梗模型上，Castiglioni 等[20]还发现造心梗过程中同时给予小鼠缬沙坦（一种抗高血压药物）相对于对照组会降低远端未梗死心肌的肥厚、成纤维细胞的增殖和纤维化，并且 248 个基因的表达水平发生了显著变化，其中 112 个基因在心梗情况下高表达而在缬沙坦处理组表达水平又降低了。除了大鼠、小鼠等动物模型，猪心梗模型也被用于筛选心梗相关基因。例如，Prat-Vidal 等[21]比较了猪心梗后 1 周、4 周、6 周的心肌和健康猪的心肌，发现 6 108 个基因表达有显著差异，其中绝大部分差异表达基因都是在梗死中心筛选到的，远端梗死组织只有约

200 个基因有变化。功能富集分析发现了 5 个经典的心血管疾病相关通路,包括缺氧、凋亡、心肌生成、胚胎干细胞多能性以及心肌肥厚信号传导通路。

有课题组对心脏移植手术获得的心肌组织和左心室辅助装置植入时获得的心肌组织通过基因芯片技术进行转录组分析,以研究术后发生的心力衰竭(以下简称"心衰")和恢复的情况。通过相似的研究方法,人们得到了很多与心衰发生有关的基因及其参与的细胞信号通路,有的甚至成为新的治疗靶点。Weinberg 等人通过对处理的心肌细胞进行转录组检测以研究与拉伸刺激相关的特异性基因,发现 ST2 受体发生高表达,以对心肌细胞的拉伸刺激进行反应。可溶性 ST2 蛋白可以在外周血中被检测到,近期研究表明,其在心衰患者外周血中显著升高,同时,外周血中 ST2 水平可用于对急、慢性心衰的危险等级进行评价。但美国 FDA 最近取消了商业化的 ST2 检测用于对慢性心衰患者的评价。后续的动物实验研究发现,ST2 是在心肌成纤维细胞和心肌细胞之间的一种具有心脏保护作用的旁分泌途径的一环,其在心血管疾病治疗中具有重要作用。Gallego-Delgado 等[22]对高血压诱导的左心室肥厚大鼠的心肌组织进行转录组检测发现超过 300 个转录本在发病的早期阶段发生改变。同时该课题组对药物干预后的心肌组织进行转录组研究发现,虽然药物作用能够使高血压诱导的心衰发生好转,但并不影响心衰过程中心肌组织转录组的变化。植入左心室辅助装备(left ventricular assist device,LVAD)后的心肌组织表达谱变化也备受人们关注,因为 LVAD 的支持能够形成有益的血流动力学、神经激素、结构及心脏生物化学的改变,以实现心肌的逆向重塑。Margulies 等[23]对 199 例包括心衰、非心衰及 LVAD 支持患者进行心肌组织转录组研究,分析不同条件下心肌组织基因表达水平的变化。结果显示,相对于非心衰的患者而言,有 3 088 个转录本在心衰患者的心肌组织中出现显著性的差异表达,而 LVAD 支持患者心肌组织中只有 238 个基因出现表达差异。

理解心脏发育过程对于更深地理解心脏功能以及疾病具有十分重要的作用。心肌细胞的成熟化开始于妊娠中期,直到成人后结束。在此过程中,心肌细胞逐渐地变长变宽,肌节对齐排列,然而心肌细胞成熟的调控机制仍不清楚。为了解析这一过程,Uosaki 等[24]分析了超过 200 套从早期胚胎到成年心脏的转录组数据集,并确定出大量表达水平持续、逐渐变化的基因。以 2 倍差异作为筛选标准,从胚胎早期到胚胎中期,从胚胎中期到胚胎晚期,从胚胎晚期到新生儿期,从新生儿期到成年期,分别有 578、306、431 和 1 152 个差异表达基因。进一步的通路分析发现,PPAR 通路是各组差异基因均富集的通路，在心肌细胞成熟化过程中，PPAR 通路活性持续增加。

大量心血管疾病相关的 miRNA、lncRNA 也是通过转录组学技术发现的。Yang 等[25]利用 miRNA 芯片技术发现 miR-1 在缺血以及再灌注的大鼠心肌组织中高表达。miR-1 是心肌、骨骼肌等肌肉组织特异的 miRNA，研究人员还发现冠状动脉粥样硬化性心脏病患者心肌组织中 miR-1 上调，在正常或梗死的大鼠心脏中，上调的 miR-1 会加重心律失常的发生。下调 miR-1 则会缓解心律失常，因此 miR-1 在心脏生理和病理生理过程有重要功能，是一个潜在的抗心律失常新靶点。Care 等[26]通过 miRNA 芯片发现 miR-133 和 miR-1 只在人胚胎和成人的心脏及骨骼肌中表达，他们在小鼠中也观察到了相似的表达情况。研究人员进而在小鼠和人类中发现，心肌肥厚时 miR-133 和 miR-1 表达下调，而过表达 miR-133/miR-1 会抑制心肌肥厚，抑制 miR-133 会诱导心肌肥厚，由此证明 miR-133 和 miR-1 是心肌肥厚的关键调节因子，也可能成为潜在的治疗靶点。Hu 等[27]利用 miRNA 芯片研究发现，和缺氧诱导的凋亡心肌细胞相比，活的小鼠心肌细胞中 miR-210 高表达。进一步研究发现，miR-210 能够激活血管生成因子，抑制含半胱氨酸的天冬氨酸蛋白水解酶（caspase）活性，并阻止细胞凋亡，可能是一个新的缺血性心脏病的治疗靶点。Boon 等[28]利用 miRNA 芯片筛选出的 miR-34a 和心脏衰老呈显著正相关，其在衰老的心脏中表达显著升高，沉默或敲除 miR-34a 可以减少衰老相关的心肌细胞死亡，并且抑制 miR-34a 可以减轻急性心梗引起的细胞死亡和纤维化，增强心肌恢复功能。长非编码 RNA（lncRNA）和心血管的关系亦十分密切。近年来，亦有一些重要的心血管 lncRNA 被筛选出来，如急性心梗相关的 *Novlnc6* 和心衰相关的 *Mhrt*。以心脏为取材来源的心血管疾病 lncRNA 转录组学得到了越来越多的应用，如心肌缺血、心衰等。Wang 等[29]通过 miRNA 芯片筛选到 miR-489，它在血管紧张素 Ⅱ 刺激下在心肌细胞中的表达水平持续下降，异常高表达 miR-489 会减少血管紧张素 Ⅱ 刺激引起的心肌肥厚，进一步研究发现 miR-489 的靶基因是一个 lncRNA *CHRF*，其通过和 miR-489 直接结合，调控 *Myd88* 的表达以及心肌肥厚。心脏是脊椎动物胚胎生成后第一个行使功能的器官，心血管的发育是一个多步骤的过程。Klattenhoff 等[30]通过 RNA 测序筛选到一个在心血管细胞谱系确定中发挥关键作用的 lncRNA：*Braveheart*（*Bvht*，"勇敢的心"）。他们发现，*Bvht* 对于激活一个心血管相关的基因网络是必需的。在心肌细胞分化过程中，*Bvht* 和 PRC2 复合体的一个组分 SUZ12 有相互作用，这表明 *Bvht* 介导了心脏细胞谱系确定过程中的表观遗传调控。

5.1.4　其他组织生理与病理相关基因的筛选

由于从人的心脏和血管取材具有一定的风险性,所以一些基于转录组学的心血管疾病相关基因筛选研究选取血液、血细胞、尿液等易取材样本。但实际上,更多的基于血液、血细胞、尿液等样本的转录组学研究用于筛选心血管疾病的生物标志物。尽管如此,基于血液、尿液等样本的转录组学研究仍然在心血管疾病相关基因的筛选中发挥了重要作用。例如,Li 等[31]利用 miRNA 芯片对 13 例高血压患者和 5 例健康对照者的血浆进行了 miRNA 转录组测定,发现 21 个 miRNA 基因有差异表达,该芯片也集成了一些人类病毒编码的 miRNA 探针。出乎意料的是,差异表达的 miRNA 中也包含病毒 miRNA,如人类巨细胞病毒编码的 miRNA hcmv-miR-UL112 显著上调,扩大样本量(127 个患者和 67 个健康对照者)之后的验证结果依然如此。进一步研究发现,干扰素调节因子 1(interferon regulatory factor 1, *IRF1*)基因是 hcmv-miR-UL112 的直接靶基因,最后研究人员证明人类巨细胞病毒感染是高血压的独立危险因素,由此提出了"高血压病毒起源学说"。

5.2　基于转录组学的心血管疾病生物标志物筛选

5.2.1　基于全血 RNA 转录组学的心血管疾病生物标志物筛选

血液来源的 RNA,如全血 RNA、淋巴母细胞系 RNA 及外周血单核细胞 RNA 由于取材比较方便已经被广泛用于转录组学和心血管疾病的关系研究。Kim 等人检测了急性心梗者的全血转录组,发现急性心梗患者全血基因转录组和健康人全血基因转录组有显著差异[32]。随后在对 31 例心血管原因死亡个体的研究中,对差异表达基因的表达谱进行主成分分析,其中第一主成分的打分能够准确地预测心血管原因死亡事件。而对急性心梗者全血 miRNA 转录组的首次研究来自德国海德堡大学[33],他们发现相对于健康对照者,112 个 miRNA 在急性心梗患者全血中表达有差异,其中 miR-1291 和 miR-663b 表现出了最强的区分急性心梗患者和正常人的能力。利用一种自学习 (self-learning)的模式识别算法,一个由 20 个 miRNA 组成的生物标志物取得了对急性心梗的良好预测能力(特异性为 96%,敏感性为 90%,准确率为 93%),这表明外周血

miRNA 的丰度可成为有价值的心血管疾病生物标志物。但是，miRNA 生物标志物敏感性的时间依赖性仍然不清楚，为发现急性心梗刚发生时以及发展过程表达异常的miRNA，海德堡大学的科学家还对急性 ST 段抬高的心梗患者不同时间的全血 miRNA 转录组进行了检测。他们分别检测了心梗发生后 0、2、4、12 和 24 小时全血的 miRNA 转录组，结果发现有 7 个 miRNA(miR-636、miR-7-1*、miR-380*、miR-1254、miR-455-3p、miR-566 和 miR-1291)在不同时间点有方向一致的显著改变，另外，他们还发现几个新的可作为心梗早期生物标志物的 miRNA，如 miR-1915 和 miR-181c*。

心脏移植手术之后移植心脏的健康状况通常通过常规心内膜心肌活检(心肌活检)来评估，这是诊断移植心脏是否出现排斥反应的"金标准"，但是其准确率也有限。更重要的是，心肌活检并不是一种方便的检验手段，因此需要更新的检验手段出现。Crespo-Leiro 等[34] 采集了心脏移植手术后至少 55 天的患者的血液，进行了转录组分析，并结合心肌活检结果，提出通过基因表达模式(gene-expression profiling，GEP)打分预测患者心脏是否出现排斥反应，结果表明 GEP 打分的阴性预测值和阳性预测值区间分别在 98.1%～100% 和 2.0%～4.7%，具有较好的区分度。对于心肌特异的 miRNA 来说，其在心衰患者血液中的含量是其在健康人血液中含量的 10 倍(由 0.1% 增加为1%)，且心肌特异的 miRNA 是心衰患者血液中丰度变化最大的 miRNA，进一步研究揭示这些 miRNA 是潜在的预测心肌损伤和心肌功能变化的生物标志物。

5.2.2　基于血浆 RNA 转录组学的心血管疾病生物标志物筛选

2010 年，Wang 等[35] 检测了 4 例健康人的血浆 miRNA 转录组，发现不同 miRNA 在血浆中的表达水平差异很大。结合之前人类心脏 miRNA 转录组的公共数据，他们发现在心脏高表达的几个 miRNA(miR-1、miR-208a 和 miR-499)在健康人血浆中检测不到。随后的 RT-PCR 验证发现，miR-1 和 miR-499 能检测到但是表达水平较低，而miR-208a 仍然检测不到。在急性心梗大鼠模型上，在 0 小时时 miR-208a 检测不到，但在冠状动脉闭塞 1 小时后 miR-208a 在血浆中的表达已显著增加。在人群中的研究发现，miR-208a 在急性心梗患者血浆中的表达水平比健康人、非急性心梗冠心病以及其他心血管疾病患者血浆中的表达水平都高，血浆 miR-208a 在急性心梗诊断上取得了较高的敏感性和特异性。随后，D'Alessandra 等[36] 对急性 ST 段抬高心梗患者的血浆miRNA 转录组进行了检测，发现相对于健康人血浆，出现心梗症状或冠状动脉再灌注后（517±309）分钟以内的患者血浆 miR-1、miR-133a、miR-133b 和 miR-499-5p 表达水平升高了 15～140 倍，而 miR-122 和 miR-375 表达水平下降了 87%～90%；5 天以后，miR-1、miR-133a、miR-133b、miR-499-5p 和 miR-375 的表达回到基线水平，而 miR-122 的表达水平在 30 天后依然保持下降。急性心梗后的左心室扩张往往预示着预后不良，Devaux 等[37]通过检测急性心梗患者血浆 miRNA 转录组，发现发生左心室扩张的患者血浆中 miR-150 的表达水平显著下降，预示着低水平的血浆 miR-150 是 ST 段抬高心梗患者左心室扩张的生物标志物。

Takotsubo 心肌病在急性期是一种有生命危险的疾病，大约 10% 的患者会发展为严重的心律不齐、心源性休克或心室壁破裂，会导致 8% 的病死率。在急性期，Takotsubo 心肌病和急性心梗症状高度相似，在临床上区分困难，且没有生物标志物。因此对 Takotsubo 心肌病的快速精准诊断及急性心梗的排除是很重要的临床问题，急需敏感和特异的生物标志物用于 Takotsubo 心肌病的早期诊断。为此，Jaguszewski 等[38]对 36 个 Takotsubo 心肌病患者、27 个急性 ST 段抬高心梗患者和 28 个健康对照者进行了血浆 miRNA 组检测。结果表明，相对于健康人，miR-16 和 miR-26a 在 Takotsubo 心肌病患者血浆中显著升高；相对于急性 ST 段抬高心梗患者，miR-16、miR-26a 和 let-7f 在 Takotsubo 心肌病患者血浆中显著升高。相对于健康人，心肌特异的 miR-1 和 miR-133a 在急性 ST 段抬高心梗患者血浆中显著升高，这和之前的研究结果一致，并且 miR-133a 在急性 ST 段抬高心梗患者血浆中比在 Takotsubo 心肌病患者血浆中的表达水平更高。由 miR-1、miR-16、miR-26a 和 miR-133a 组成的生物标志物能够将 Takotsubo 心肌病患者与急性 ST 段抬高心梗患者和健康人区分开来。其中区分 Takotsubo 心肌病患者和健康人的敏感性和特异性分别为 74.19% 和 78.57%，区分 Takotsubo 心肌病患者和急性 ST 段抬高心梗患者的敏感性和特异性分别为 96.77% 和 70.37%。

Li 等[39]对心衰动物同时检测了心肌、全血和血浆的 mRNA 和 lncRNA 转录组，首次报道大量 lncRNA 能够在血液循环稳定存在。在全血和心肌样本中，无论心衰还是健康动物，其 mRNA/lncRNA 表达水平与其分子大小呈显著负相关；而对于血浆，这一负相关现象在健康动物血浆中依然存在，而在心衰动物的血浆中却消失了。这表明这一关系是一个潜在的心衰生物标志物。华中科技大学的汪道文教授课题组利用 miRNA 芯片技术检测了慢性心衰患者血浆中的 miRNA 转录组，发现 miR-660-3p、 miR-665、miR-1285-3p 和 miR-4491 的表达水平在心衰患者血浆中显著上升,这 4 个 miRNA 具有很强的区分心衰和正常人的能力,是潜在的心衰生物标志物。

5.2.3　基于血清 RNA 转录组学的心血管疾病生物标志物筛选

Matsumoto 等[40] 利用 miRNA 芯片筛选了急性心梗患者血清 miRNA,发现 11 个 miRNA 在高危心源性死亡患者血清中差异表达。其中 RT-PCR 验证发现,miR-155 和 miR-380* 在出院 1 年内发生心源性死亡的心梗患者中显著上调,比未发生心源性死亡的心梗患者分别上升了 4 倍多和 3 倍多,因此这些 miRNA 有望成为预测心梗患者出院后是否会发生心源性死亡的生物标志物。为筛选急性心梗和心绞痛(angina pectoris)的生物标志物,Li 等[41] 对 117 个急性心梗患者、182 个心绞痛患者和 100 个对照的血清进行了 miRNA 转录组测序,结果发现 miR-1、miR-134、miR-186、miR-208、miR-223 和 miR-499 是急性心梗的标志物,miR-208 和 miR-499 在心绞痛患者血清中的表达比在急性心梗患者血清中更高。在另一项研究中,Matsumoto 等[42] 检测了急性心梗发生 18 天后患者血清的 miRNA 转录组,发现 miR-192 在发展成缺血性心衰的心梗患者血清中显著升高,该 miRNA 有望成为预测心梗后患者是否会发展成缺血性心衰的生物标志物。

5.2.4　基于外周血细胞 RNA 转录组学的心血管疾病生物标志物筛选

研究显示,脑卒中、高血压及冠心病等心血管疾病患者外周血中白细胞的基因表达均会出现可检测到的改变。收缩性心衰前期往往有无症状左心室功能障碍(asymptomatic left ventricular dysfunction,ALVD),这是一种常见病且是发展成严重心衰的高危因素。然而,其诊断只能通过超声心动图。依靠超声心动图大规模筛选 ALVD 很困难,因此筛选 ALVD 的生物标志物就显得很重要。Smih 等[43] 通过检测 ALVD 患者的白细胞转录组,筛选出 7 个差异表达基因,并用 ClaNC 软件包进一步构建了最近中心分类法(nearest centroid classification method,NCCM)预测分类器,结果表明该预测分类器达到了 87% 的预测准确率和 100% 的精确度。

外周血单核细胞的转录组也可用于筛选心血管疾病的生物标志物。Cappuzzello 等[44] 利用单核细胞转录组筛选慢性心衰的生物标志物,结果筛选出 65 个可以区分慢性心衰和对照的基因。针对这一问题,Voellenkle 等[45] 检测了慢性心衰患者单核细胞的

miRNA 转录组,筛选出 12 个 miRNA 相对于对照组有显著差异。

淋巴细胞转录组也可用于筛选心血管疾病的生物标志物。Morello 等[46]检测了家族性复合高脂血症患者(familial combined hyperlipidemia)的淋巴细胞转录组,结果发现 166 个基因在家族性复合高脂血症患者的外周血来源淋巴细胞中有差异表达。对肺动脉高压来说,其不同亚型对治疗的敏感性不同,是影响治疗效果的一个关键因素。虽然血管扩张反应型肺动脉高压相对于非血管扩张反应型肺动脉高压发生率更低,但其对钙离子通道阻断剂反应更敏感,预后也更好。为解析两种肺动脉高压的不同分子基础,Yu 等[47]对外周血来源的淋巴细胞进行了转录组检测,基于差异表达基因构建了决策树分类模型,可以很好地区分两种类型的肺动脉高压,进而辅助确定肺动脉高压患者的治疗方案。

血小板是哺乳动物血液中的有形成分之一,是从骨髓成熟的巨核细胞胞质裂解脱落下来的具有生物活性的小块胞质。由于血小板缺乏核 DNA 但是保留有巨核细胞来源的 RNA,血小板转录组为心血管疾病生物标志物的筛选提供了一个新的窗口。2006 年,Healy 等[48]检测了急性 ST 段抬高心梗患者和稳定型冠心病患者的血小板转录组,发现了 54 个差异表达的转录本,其中 CD69 和 MRP-8/14 是两者间差异最明显的基因,表明血小板转录组可以定量地揭示急性 ST 段抬高心梗和稳定型冠心病的差异,为预测未来心血管事件的危险性提供了新的生物标志物。急性 ST 段抬高心梗患者和非急性 ST 段抬高心梗患者的血小板转录组也有差异,如 FBXL4、ECHDC3、KCNE1、TAOK2、AURKB、ERG 和 FKBP5 等转录本在急性 ST 段抬高心梗患者血小板中表达水平更高,而 MIAT、PVRL3 和 PZP 等转录本在急性 ST 段抬高心梗患者血小板中表达水平更低。转录组研究表明,血小板中还含有大量的 miRNA,并且可能比其他血液来源(血细胞、血浆等)的 miRNA 更稳定。使用 RNA 测序技术,Gidlof 等[49]检测了心梗患者和健康对照者的血小板 miRNA 转录组,筛选出 9 个差异表达的 miRNA,其中 8 个在患者血小板中表达下降。其中,miR-22、miR-185、miR-320b 和 miR-423-5p 等 miRNA 在聚集后的血小板上清中表达增加,在心梗患者的血栓中却未能检测到,之后发现这些心梗后血小板释放的 miRNA 可能被血管内皮细胞所吸收。

5.2.5 基于尿液 RNA 转录组学的心血管疾病生物标志物筛选

有研究表明,miRNA 甚至能在尿液中稳定存在,表明尿液 miRNA 也可能成为疾病生物标志物,如心血管疾病等。Gildea 等[50]研究了人尿液 miRNA 转录组及其和血压对盐摄入的反应强度的关系,结果发现 194 个 miRNA 在所有人的尿液中均可检出,其中 45 个 miRNA 在尿液中的含量和盐敏感呈显著(正或负)相关,表明这 45 个 miRNA 在尿液的表达水平与个体血压对盐摄入的反应情况有关系。另外两篇文献研究了一些公认的心梗相关 miRNA 在尿液中的表达情况。如在 ST 段抬高心梗模型上,miR-1 和 miR-133a 这两个心肌特异 miRNA 在尿液的表达水平和肾小球滤过率(glomerular filtration rate)高度相关[51]。Cheng 等[52]在大鼠急性心梗模型发现,急性心梗发生后尿液 miR-1 水平快速升高,在心梗发生后 24 小时达到峰值,比对照增加了 50 倍以上,在心梗发生后 7 天尿液 miR-1 回复到基线水平。在正常大鼠尿液中未能检测到 miR-208,但在急性心梗大鼠尿液中很容易检测到。以上研究表明,尿液 miRNA 有望成为心血管疾病的新型生物标志物。

5.2.6 基于原代组织 RNA 转录组学的心血管疾病生物标志物筛选

心肌病可分为缺血性心肌病和非缺血性心肌病两大类,两者从病因、症状、治疗及预后等方面均有诸多不同,因此区分两种类型的心肌病具有重要的临床意义。Kittleson 等[53]基于转录组筛选了两类心肌病的差异表达基因,并在此基础上训练了两类心肌病的分类预测器,并在多个独立数据集上进行了验证。结果发现,在晚期缺血性心肌病和晚期非缺血性心肌病的预测上,该方法的敏感性和特异性均达到了 100%;在植入 LVAD 设备的样本上,敏感性和特异性分别为 33% 和 100%;在新诊断的心肌病样本上,敏感性和特异性分别为 33% 和 100%。总体来看,基于转录组的方法可以较精准地预测心肌病类型。

如前所述,心脏移植手术之后移植心脏的健康状况通常通过常规心肌活检进行评估,虽然这是诊断移植心脏是否出现排斥反应的"金标准",但是这种方法的总体敏感性大约为 70%,许多重要的排斥反应都无法检测出来。除了排斥反应,感染也是一项器官移植后严重的并发症,而活检并不能很好地区分心脏移植后的排斥反应和感染。区分两者显然是十分重要的,因为两者的治疗方法明显不同。每年都有大量的心脏移植患者死于未能及时地对其排斥反应或感染进行预警。为此,Morgun 等[54]利用基因芯片首先测定了排斥和感染两类活检样本的转录组,然后确定了两种情况下的差异表达基因。基于差异表达基因的表达谱和机器学习算法,研究人员训练了一个集成了支持向量机、最近邻等算法的分类预测器。总体而言，该分类器预测的准确率达到了 95%。更有意思的是，实验中，6 个被活检方法错判的样本被基于转录组数据的分类器正确预测出来了。

新诊断为心衰的患者预后相差很大，部分患者能够恢复到非常好甚至射血分数达到完全正常，有些患者则会发展到严重的心肌代偿失调进而需要植入 LVAD 或进行心脏移植。因此，对新发心衰患者进行精准的风险评估和预后预测对于合理治疗方案的制定以及患者的检测和管理都是十分关键的，而基于标准流程的传统预测工具的精准度相当有限。针对这一问题，Heidecker 等[55]提出对心肌活检样本进行转录组检测，筛选能够作为心衰预后预测的转录组标签。首先对 43 个心衰患者活检样本进行了转录组分析，根据表型将这 43 个心衰患者分为两组：预后较好组（25 人）和预后较差组（18 人），进而基于转录组数据筛选出 45 个基因作为构建分类器的特征，研究人员使用 29 个样本作为训练集，剩余的 14 个样本作为独立测试样本。结果发现，该分类器达到了良好的预测精度，敏感性为 74%，特异性为 90%。

心肌炎是一类心脏炎症性疾病，具有多变的临床表现，诊断困难，需要进行多次心肌活检，即使如此，病理学家也经常难以达成一致意见。Heidecker 等[56]提出了基于转录组标签和机器学习分类器区分淋巴细胞性心肌炎（炎症性心肌病）和特发性扩张型心肌病的方法（非炎症性心肌病），基于转录组技术筛选出 9 878 个差异表达基因，进而选择其中的 62 个基因作为生物标志物训练分类器，33 个样本作为训练集，15 个样本作为独立测试集。结果该分类器的敏感性和特异性均达 100%，而在另一套独立样本上测试了该分类器，敏感性和特异性分别达到了 91% 和 100%，表明该分类器具有良好的预测性能，也说明转录组在心肌炎的精准诊断上具有巨大的应用潜力。

在本章中，简单介绍了转录组学在心血管疾病基因筛选以及生物标志物检测等方面的应用，这两方面也是目前在心血管疾病中两个最大的应用领域。除了以上这两大领域，转录组学在心血管疾病的其他方向也获得了成功应用，如通过对转录组数据进行基因集合富集分析可以帮助揭示心血管疾病发病的分子机制；通过整合药物转录组数据，如 Connectivity Map，可以进行心血管疾病治疗药物的预测；另外，利用网络生物学方法，还可以基于转录组数据进行心血管疾病基因网络的构建。我们有理由相信，转录组学将在心血管疾病精准医学中发挥越来越大的作用。

参考文献

［ 1 ］ Feng Y，Yang J H，Huang H，et al．Transcriptional profile of mechanically induced genes in human vascular smooth muscle cells［J］．Circ Res，1999，85(12)：1118-1123．

［ 2 ］ Campos A H，Zhao Y，Pollman M J，et al．DNA microarray profiling to identify angiotensin-responsive genes in vascular smooth muscle cells：potential mediators of vascular disease［J］．Circ Res，2003，92(1)：111-118．

［ 3 ］ Leung A，Trac C，Jin W，et al．Novel long noncoding RNAs are regulated by angiotensin Ⅱ in vascular smooth muscle cells［J］．Circ Res，2013，113(3)：266-278．

［ 4 ］ Lepore J J，Cappola T P，Mericko P A，et al．GATA-6 regulates genes promoting synthetic functions in vascular smooth muscle cells［J］．Arterioscler Thromb Vasc Biol，2005，25(2)：309-314．

［ 5 ］ Reddy M A，Das S，Zhuo C，et al．Regulation of vascular smooth muscle cell dysfunction under diabetic conditions by miR-504［J］．Arterioscler Thromb Vasc Biol，2016，36(5)：864-873．

［ 6 ］ Zhang S M，Zhu L H，Chen H Z，et al．Interferon regulatory factor 9 is critical for neointima formation following vascular injury［J］．Nat Commun，2014，5：5160．

［ 7 ］ Choe N，Kwon J S，Kim J R，et al．The microRNA miR-132 targets Lrrfip1 to block vascular smooth muscle cell proliferation and neointimal hyperplasia［J］．Atherosclerosis，2013，229(2)：348-355．

［ 8 ］ Falcon B L，Veerasingham S J，Sumners C，et al．Angiotensin Ⅱ type 2 receptor-mediated gene expression profiling in human coronary artery endothelial cells［J］．Hypertension，2005，45(4)：692-697．

［ 9 ］ Braam B，de Roos R，Dijk A，et al．Nitric oxide donor induces temporal and dose-dependent reduction of gene expression in human endothelial cells［J］．Am J Physiol Heart Circ Physiol，2004，287(5)：H1977-H1986．

［10］ Braam B，de Roos R，Bluyssen H，et al．Nitric oxide-dependent and nitric oxide-independent transcriptional responses to high shear stress in endothelial cells［J］．Hypertension，2005，45(4)：672-680．

［11］ Butcher J T，Tressel S，Johnson T，et al．Transcriptional profiles of valvular and vascular endothelial cells reveal phenotypic differences：influence of shear stress［J］．Arterioscler Thromb Vasc Biol，2006，26(1)：69-77．

［12］ Qin X，Wang X，Wang Y，et al．MicroRNA-19a mediates the suppressive effect of laminar flow on cyclin D1 expression in human umbilical vein endothelial cells［J］．Proc Natl Acad Sci U S A，2010，107(7)：3240-3244．

［13］ Bernhard D，Rossmann A，Henderson B，et al．Increased serum cadmium and strontium levels in young smokers：effects on arterial endothelial cell gene transcription［J］．Arterioscler Thromb Vasc Biol，2006，26(4)：833-838．

［14］ Wojtowicz A，Babu S S，Li L，et al．Zyxin mediation of stretch-induced gene expression in human endothelial cells［J］．Circ Res，2010，107(7)：898-902．

［15］ Siragusa M，Sessa W C．Telmisartan exerts pleiotropic effects in endothelial cells and promotes endothelial cell quiescence and survival［J］．Arterioscler Thromb Vasc Biol，2013，33(8)：1852-1860．

［16］ Kim J，Kang Y，Kojima Y，et al．An endothelial apelin-FGF link mediated by miR-424 and miR-503 is disrupted in pulmonary arterial hypertension [J]. Nat Med，2013，19(1)：74-82.

[17] Mattaliano M D，Huard C，Cao W，et al. LOX-1-dependent transcriptional regulation in response to oxidized LDL treatment of human aortic endothelial cells [J]. Am J Physiol Cell Physiol，2009，296(6)：C1329-1337.

[18] Gargalovic P S，Imura M，Zhang B，et al. Identification of inflammatory gene modules based on variations of human endothelial cell responses to oxidized lipids [J]. Proc Natl Acad Sci U S A，2006，103(34)：12741-12746.

[19] Harpster M H，Bandyopadhyay S，Thomas D P，et al. Earliest changes in the left ventricular transcriptome postmyocardial infarction [J]. Mamm Genome，2006，17(7)：701-715.

[20] Castiglioni L，Colazzo F，Fontana L，et al. Evaluation of left ventricle function by regional fractional area change (RFAC) in a mouse model of myocardial infarction secondary to valsartan treatment [J]. PLoS One，2015，10(8)：e0135778.

[21] Prat-Vidal C，Galvez-Monton C，Nonell L，et al. Identification of temporal and region-specific myocardial gene expression patterns in response to infarction in swine [J]. PLoS One，2013，8(1)：e54785.

[22] Gallego-Delgado J，Connolly S B，Lazaro A，et al. Transcriptome of hypertension-induced left ventricular hypertrophy and its regression by antihypertensive therapies [J]. Hypertens Res，2009，32(5)：347-357.

[23] Margulies K B，Matiwala S，Cornejo C，et al. Mixed messages：transcription patterns in failing and recovering human myocardium [J]. Circ Res，2005，96(5)：592-599.

[24] Uosaki H，Cahan P，Lee D I，et al. Transcriptional landscape of cardiomyocyte maturation [J]. Cell Rep，2015，13(8)：1705-1716.

[25] Choong M L，Yang H H，McNiece I. MicroRNA expression profiling during human cord blood-derived CD34 cell erythropoiesis [J]. Exp Hematol，2007，35(4)：551-564.

[26] Care A，Catalucci D，Felicetti F，et al. MicroRNA-133 controls cardiac hypertrophy [J]. Nat Med，2007，13(5)：613-618.

[27] Hu S，Huang M，Li Z，et al. MicroRNA-210 as a novel therapy for treatment of ischemic heart disease [J]. Circulation，2010，122(11 Suppl)：S124-S131.

[28] Boon R A，Iekushi K，Lechner S，et al. MicroRNA-34a regulates cardiac ageing and function [J]. Nature，2013，495(7439)：107-110.

[29] Wang K，Liu F，Zhou L Y，et al. The long noncoding RNA CHRF regulates cardiac hypertrophy by targeting miR-489 [J]. Circ Res，2014，114(9)：1377-1388.

[30] Klattenhoff C A，Scheuermann J C，Surface L E，et al. Braveheart，a long noncoding RNA required for cardiovascular lineage commitment [J]. Cell，2013，152(3)：570-583.

[31] Li S，Zhu J，Zhang W，et al. Signature microRNA expression profile of essential hypertension and its novel link to human cytomegalovirus infection [J]. Circulation，2011，124(2)：175-184.

[32] Kim J，Ghasemzadeh N，Eapen D J，et al. Gene expression profiles associated with acute myocardial infarction and risk of cardiovascular death [J]. Genome Med，2014，6(5)：40.

[33] Meder B，Keller A，Vogel B，et al. MicroRNA signatures in total peripheral blood as novel biomarkers for acute myocardial infarction [J]. Basic Res Cardiol，2011，106(1)：13-23.

[34] Crespo-Leiro M G，Stypmann J，Schulz U，et al. Clinical usefulness of gene-expression profile to rule out acute rejection after heart transplantation：CARGO Ⅱ [J]. Eur Heart J，2016，37(33)：2591-2601.

[35] Wang G K, Zhu J Q, Zhang J T, et al. Circulating microRNA: a novel potential biomarker for early diagnosis of acute myocardial infarction in humans [J]. Eur Heart J, 2010,31(6): 659-666.

[36] D'Alessandra Y, Devanna P, Limana F, et al. Circulating microRNAs are new and sensitive biomarkers of myocardial infarction [J]. Eur Heart J, 2010,31(22): 2765-2773.

[37] Devaux Y, Vausort M, McCann G P, et al. MicroRNA-150: a novel marker of left ventricular remodeling after acute myocardial infarction [J]. Circ Cardiovasc Genet, 2013,6(3): 290-298.

[38] Jaguszewski M, Osipova J, Ghadri J R, et al. A signature of circulating microRNAs differentiates takotsubo cardiomyopathy from acute myocardial infarction [J]. Eur Heart J, 2014,35(15): 999-1006.

[39] Li D, Chen G, Yang J, et al. Transcriptome analysis reveals distinct patterns of long noncoding RNAs in heart and plasma of mice with heart failure [J]. PLoS One, 2013,8(10): e77938.

[40] Matsumoto S, Sakata Y, Nakatani D, et al. A subset of circulating microRNAs are predictive for cardiac death after discharge for acute myocardial infarction [J]. Biochem Biophys Res Commun, 2012,427(2): 280-284.

[41] Li C, Fang Z, Jiang T, et al. Serum microRNAs profile from genome-wide serves as a fingerprint for diagnosis of acute myocardial infarction and angina pectoris [J]. BMC Med Genomics, 2013,6: 16.

[42] Matsumofo S, Sakata Y, Suna S, et al. Circulating p53-responsive microRNAs are predictive indicators of heart failure after acute myocardial infarction [J]. Circ Res, 2013, 113 (3): 322-326.

[43] Smih F, Desmoulin F, Berry M, et al. Blood signature of pre-heart failure: a microarrays study [J]. PLoS One, 2011,6(6): e20414.

[44] Cappuzzello C, Napolitano M, Arcelli D, et al. Gene expression profiles in peripheral blood mononuclear cells of chronic heart failure patients [J]. Physiol Genomics, 2009,38(3): 233-240.

[45] Voellenkle C, van Rooij J, Cappuzzello C, et al. MicroRNA signatures in peripheral blood mononuclear cells of chronic heart failure patients [J]. Physiol Genomics, 2010,42(3): 420-426.

[46] Morello F, de Bruin T W, Rotter J I, et al. Differential gene expression of blood-derived cell lines in familial combined hyperlipidemia [J]. Arterioscler Thromb Vasc Biol, 2004,24(11): 2149-2154.

[47] Hemnes A R, Trammell A W, Archer S L, et al. Peripheral blood signature of vasodilator-responsive pulmonary arterial hypertension [J]. Circulation, 2015,131(4): 401-409.

[48] Healy A M, Pickard M D, Pradhan A D, et al. Platelet expression profiling and clinical validation of myeloid-related protein-14 as a novel determinant of cardiovascular events [J]. Circulation, 2006,113(19): 2278-2284.

[49] Gidlof O, van der Brug M, Ohman J, et al. Platelets activated during myocardial infarction release functional miRNA, which can be taken up by endothelial cells and regulate ICAM1 expression [J]. Blood, 2013,121(19): 3908-3917.

[50] Gildea J J, Carlson J M, Schoeffel C D, et al. Urinary exosome miRNome analysis and its applications to salt sensitivity of blood pressure [J]. Clin Biochem, 2013,46(12): 1131-1134.

[51] Gidlof O, Andersson P, van der Pals J, et al. Cardiospecific microRNA plasma levels correlate with troponin and cardiac function in patients with ST elevation myocardial infarction, are selectively dependent on renal elimination, and can be detected in urine samples [J]. Cardiology,

2011,118(4): 217-226.

[52] Cheng Y, Wang X, Yang J, et al. A translational study of urine miRNAs in acute myocardial infarction [J]. J Mol Cell Cardiol, 2012,53(5): 668-676.

[53] Kittleson M M, Ye S Q, Irizarry R A, et al. Identification of a gene expression profile that differentiates between ischemic and nonischemic cardiomyopathy [J]. Circulation, 2004, 110 (22): 3444-3451.

[54] Morgun A, Shulzhenko N, Perez-Diez A, et al. Molecular profiling improves diagnoses of rejection and infection in transplanted organs [J]. Circ Res, 2006,98(12): e74-83.

[55] Heidecker B, Kasper E K, Wittstein I S, et al. Transcriptomic biomarkers for individual risk assessment in new-onset heart failure [J]. Circulation, 2008,118(3): 238-246.

[56] Heidecker B, Kittleson M M, Kasper E K, et al. Transcriptomic biomarkers for the accurate diagnosis of myocarditis [J]. Circulation, 2011,123(11): 1174-1184.

6 转录组学在血液疾病诊疗中的应用

血液肿瘤和遗传病都是基因变异导致的疾病,转录是基因表达并执行功能的重要过程。经典孟德尔遗传病的病因较为单一,其疾病发展过程中内在病因的动态变化也很少,因此目前在血液系统遗传病中转录水平的研究很少。血液肿瘤的发生常常需要积累数种甚至数十种促进肿瘤发生的基因突变(driver mutation),这些基因突变导致基因表达质和(或)量的变化,并通过基因间的相互调节作用影响基因表达谱,从而导致细胞功能的异常。

由于研究技术的限制,早期鉴定的血液肿瘤相关的基因异常主要是特征性染色体易位形成的融合基因,这些融合基因常有比较固定的融合转录本。随着基因表达谱芯片的应用,mRNA 表达谱分析一度成为研究热点,也发现了血液肿瘤中的部分具有临床诊治意义的基因表达异常谱型。例如,根据基因表达谱分类的 *BCR-ABL1* 样急性淋巴细胞白血病(acute lymphoblastic leukemia,ALL)和弥漫大 B 细胞淋巴瘤(diffuse large B cell lymphoma,DLBCL)的不同亚型已被广泛接受为新的疾病分类。随着近几年高通量测序技术的迅速发展,为包括编码 RNA 和非编码 RNA 在内的转录组研究提供了更加有效的工具,血液肿瘤中的相关研究也进展迅速。

与细胞内具有一定稳定性和线性特征的基因组相比较,转录组具有更复杂的动态变化和网络调控的特征。基因组水平的某个基因变异可能会通过相关通路的级联反应,以及蛋白质、RNA 和 DNA 之间相互作用的复杂调节网络,导致转录组中数十、数百种相关基因的表达变化甚至转录组全局的变化。而肿瘤的发生大都是多个基因变异共同作用的结果,基因组水平的多个变异对转录组水平的影响更具多样性。因此转录组属于分子表型(molecular phenotype)的范畴,转录组的变化反映了肿瘤发生时基因组水平的变异导致的继发功能异常、内在损伤的修复反应以及细胞对外来信号刺激的基因表达反应。转录组水平的分析可以在分子表型层面揭示疾病的分子特征，为病因研究、药物研发和临床诊治提供有价值的信息。

人类对健康管理更美好的未来可能在于整合了基因组、转录组、蛋白质组、代谢组和自身抗体谱型等内容的个人多组学谱型分析，转录组分析是其中重要的组成部分。但在当前的临床应用层面，组学分析技术尚处于初始阶段。由于技术成本、分析能力和知识管理能力的限制，数十种基因异常指标的联合检测（或称迷你组学分析）可能更适用于临床应用。全面的转录组学分析目前仍更多应用于疾病发病规律的研究和分子标志物的发现，但其临床应用也是必然的发展趋势。

6.1　转录组学分析融合基因在血液疾病诊疗中的应用

融合基因是转录组分析的重要内容，也是血液肿瘤中最早鉴定和临床应用最为充分的基因异常类型。血液肿瘤中重现性的融合基因常是导致肿瘤发生的主要基因变异，具有很好的疾病分型相关性，并且随肿瘤细胞稳定存在。早期对融合基因的研究始于在显微镜下观察到的染色体易位，然后通过分子生物学研究定位相关的基因异常。在转录组学技术出现以前，从血液肿瘤中已鉴定出数十种具有重现性和临床诊治意义的融合基因。转录组测序技术的应用，尤其为发现和鉴定由于隐匿性染色体易位形成的融合基因和临床发生率很低但具有临床意义的融合基因提供了有效的工具。

6.1.1　融合基因与血液疾病精准医疗

慢性粒细胞白血病(chronic myelogenous leukemia，CML)及其相关融合基因的研究是人类研究和战胜肿瘤的一个范例[1]。Nowell 和 Hungerford 于 1960 年在美国费城(Philadelphia)发现 CML 患者的血细胞中有一个小的异常染色体，因此命名为费城染色体(Ph 染色体)。最初认为 Ph 染色体是 22 号染色体长臂缺失所致，后经显带技术证明是 9 号和 22 号染色体长臂易位的结果。20 世纪 70 年代，经分子生物学研究鉴定，该易位使 9 号染色体长臂(9q34)上的 *ABL1* 基因和 22 号染色体(22q11)上的 *BCR* 基因分别发生断裂并错误拼接，形成了 *BCR-ABL1* 融合基因。BCR-ABL1 融合蛋白具有不受调控的持续活化的酪氨酸激酶活性，刺激细胞持续增殖，是 CML 患者的主要分子病因。

在对 BCR-ABL1 融合蛋白功能和结构研究的基础上,人类于 20 世纪 90 年代成功设计了第一个靶向小分子药物伊马替尼(imatinib),开启了人工设计靶向药物的时代。单用伊马替尼治疗的 CML 患者 6 年总生存率(overall survival,OS)可达 89%[1],而且患者可通过口服用药获得和非患者群非常接近的生活质量。基于实时定量反转录 PCR (real-time quantitative reverse-transcription PCR,RT-qPCR)方法的 BCR-ABL1 检测已经成为 CML 诊断和治疗后微小残留病(minimal residual disease,MRD)监测的标准化方法,相关的国际标准化工作也已经在深入开展,国内已有 50 多家临床实验室参与[2]。

急性早幼粒细胞白血病(acute promyelocytic leukemia,APL)的治疗提供了另一个精准医疗的成功范例,并且带来新的启示[3]。APL 患者具有特征性的 t(15;17)(q22;q12)染色体易位及其形成的 PML-RARA 融合基因。由于 APL 患者的肿瘤细胞内有大量的颗粒和促凝物质,无有效治疗时该患者常很快死于弥散性血管内凝血(disseminated intravascular coagulation,DIC)等并发症。中国学者在 APL 的临床诊治中做出了突出贡献。20 世纪 70—90 年代,王振义[4]、张亭栋和陆道培的团队分别发现和报道了全反式视黄酸(all-trans retinoic acid,ATRA)、三氧化二砷(As_2O_3)和四硫化四砷(As_4S_4)对 APL 的治疗有特效。上述三种药物治疗 APL 的分子机制也已被发现:ATRA 通过靶向作用于 PML-RARA 蛋白的 RARA 部分诱导肿瘤细胞分化,砷剂(As_2O_3 和 As_4S_4)通过靶向作用于 PML-RARA 蛋白的 PML 部分促进肿瘤细胞凋亡,他们都是天然存在的靶向治疗药物[5]。目前通过联合应用全反式视黄酸、砷剂和小剂量化疗,APL 的 5 年无病生存率已可超过 95%。APL 治疗的成功提示靶向治疗药物不仅可以通过人工设计获得,而且多种靶向药物联合应用(即靶向鸡尾酒疗法)可以获得更好的效果[6]。

融合基因的鉴定为血液肿瘤的诊断、分型、疗效监测和靶向药物研发提供了特异性的分子指标。在 2001 版 WHO 血液肿瘤分类标准中,已经开始以融合基因为主要指标对血液肿瘤进行诊断分型,后续更新的 2008 版和 2016 版 WHO 分类标准里又列入了更多的融合基因指标(见表 6-1)。尤其在急性髓细胞性白血病(AML)和 ALL 的亚型分类中,直接按照对应的染色体易位和基因异常进行命名,如"AML 伴 t(8;21)(q22;q22)易位和 RUNX1-RUNX1T1 融合基因"[7,8]。由于分子异常的结构特点,大多数融合基因还可用 RT-qPCR 方法进行高灵敏度的微小残留病监测，从而对疗效进行精准的评价。

表 6-1　WHO 2016 版血液肿瘤分类标准里的主要融合基因指标

血液肿瘤分型	融 合 基 因
CML	*BCR-ABL1*
伴嗜酸性粒细胞增多的髓系或淋系肿瘤	*PDGFRA-FG*；*PDGFRB-FG*；*FGFR1-FG*；*PCM1-JAK2*
AML	*RUNX1-RUNX1T1*；*CBFB-MYH11*；*PML-RARA* 及其他少见型 *RARA-FG*；*KMT2A-FG*；*DEK-NUP214*；*GATA2*，*MECOM*；*RBM15-MKL1*
MPAL	*BCR-ABL1*；*KMT2A-FG*
B-ALL	*BCR-ABL1*；*KMT2A-FG*；*ETV6-RUNX1*；*IL3-IGH*；*TCF3-PBX1*
T-ALL	*TCR-FG*
淋巴瘤	*BCL2-IG*；*BCL6-IG*；*MYC-IG*；*CCND1-IG*；*CLTC-ALK*

注：AML, acute myelogenous leukemia, 急性髓细胞性白血病；B-ALL, acute B lymphoblastic leukemia, 急性 B 淋巴细胞白血病；CML, chronic myelogenous leukemia, 慢性粒细胞白血病；FG, fusion gene, 融合基因；MPAL, mixed phenotype acute leukemia, 混合表型急性白血病；T-ALL, acute T lymphoblastic leukemia, 急性 T 淋巴细胞白血病

RT-qPCR 检测融合基因 mRNA 的灵敏度理论上可达 10^{-6}，即可从 10^6 个细胞中检测出一个肿瘤细胞，是目前最灵敏的监测肿瘤微小残留病的方法。但在临床实践时，检测灵敏度受标本状况（包括白血病细胞内颗粒中的化学物质等）、标本质量、操作人员水平等多方面因素的影响。国内外临床实验室用 RT-qPCR 方法检测融合基因 mRNA 时，可稳定达到的检测灵敏度普遍约在 10^{-5}。在用 RT-qPCR 方法检测融合基因 mRNA 表达量时，绝大多数实验室报告的都是目的基因和内参基因拷贝数的比值。由于目的基因和内参基因的表达量和检测时的扩增效率存在差异，因此所报告的比值并不等同于绝对的肿瘤细胞比例，但比值的动态变化可反映肿瘤细胞比例的变化。

对于数十种已经报道的常见型融合基因（如 *BCR-ABL1* 等），由于融合转录本的序列比较固定，可以方便地用 RT-qPCR 方法进行准确的检测和定量分析。为了有效解决单个融合基因检测阳性率低的问题，国内朱平、刘红星等于 2002 年开始推广 29～30 多种融合基因筛查在白血病临床诊疗中的应用[9]。经过多年的临床实践，先筛查数十种融合基因，然后再定量检测阳性的融合基因，已被广泛认可为白血病分子诊断的重要方法。

基于已有的工作资料，笔者对 2002—2015 年在北京大学第一医院和河北燕达陆道

培医院进行了血液病中常见的 29 种融合基因筛查的初诊白血病患者的资料进行了统计分析(见图 6-1)。在 6 025 例患者中(包括成人 4 002 例,儿童 2 023 例),成人和儿童组阳性率分别为 34.3% 和 37.0%。在 3 109 例 AML、2 499 例 ALL 和 417 例 CML 患者中,29 种融合基因的总阳性率分别为 36.7%、25.9% 和 93.0%。在 AML 患者中共检测到 20 种融合基因阳性,最多见的依次为 *RUNX1-RUNX1T1*、*PML-RARA*、*CBFB-MYH11* 和 *KMT2A-PTD*。在 ALL 患者中共检测到 19 种融合基因阳性,最多见的依次为 *BCR-ABL1*、*ETV6-AML1* 和 *E2A-PBX1*。在 10 例 AML 和 5 例 ALL 患者中同时检测到 2 种融合基因阳性,这部分患者可能有 CML 等慢性白血病病史,在获得了额外的急性白血病相关融合基因(二次打击)后转变为急性白血病。

各融合基因在白血病患者中的总阳性率分别为 *BCR-ABL1* 29%、*RUNX1-RUNX1T1* 18%、*PML-RARA* 11%、*ETV6-AML1* 7%、*CBFB-MYH11* 7%,其他融合基因的阳性率均低于 5%(见图 6-1)。包括 *KMT2A-PTD* 在内的 *KMT2A* 相关融合基因(*KMT2A-FG*)的总阳性率虽然高达 17%,但除 *KMT2A-PTD* 7%、*KMT2A-AF9* 3%、*KMT2A-AF10* 和 *KMT2A-AF6* 各 2% 外,在 ALL 中具有重要预后意义的 *KMT2A-AF4* 的阳性率仅为 1%,其他 *KMT2A-FG* 的阳性率都仅为 1% 或更低。还需要注意的是,本筛查方案仅包括了 11 种 *KMT2A-FG*。已知 *KMT2A* 的伙伴基因多达数百种,其他单种 *KMT2A-FG* 的阳性率更低,如何有效检测这些 *KMT2A-FG* 成为问题。

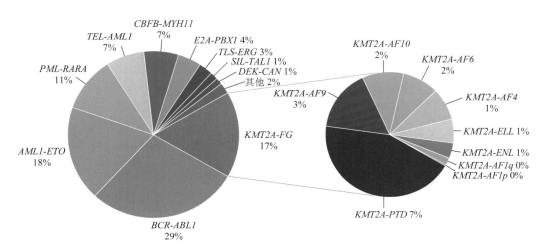

图 6-1　2002—2015 年北京大学第一医院和河北燕达陆道培医院 29 种白血病融合基因筛查数据

本组病例中 CML 患者的融合基因阳性率达到了 96%，均为常见型 *BCR-ABL1*。进一步分析其他约 4% 常见型 *BCR-ABL1* 阴性的 CML 患者，发现均携带少见或变异型的 *BCR-ABL1* 转录本。由于大多数少见或变异型 *BCR-ABL1* 阳性的 CML 使用伊马替尼等酪氨酸激酶抑制剂（tyrosine kinase inhibitors，TKI）治疗有效，因此对这部分 *BCR-ABL1* 的有效检测仍应重视。为此笔者开发了一套可以分析少见或变异型 *BCR-ABL1* 的检测方案，以帮助这部分患者得到正确的诊断和治疗。

6.1.2　血液疾病诊疗中的融合基因指标及检测手段

作为一类研究相对成熟又具有明确诊治意义的分子指标，融合基因的研究和临床应用带动了血液系统肿瘤精准医疗的进步，在疾病的诊断、分型、克隆性判断、预后评估、指导靶向用药等方面都具有重要意义。下面结合《2016 版 WHO 血液肿瘤分类标准》[7, 8] 和近年来的研究进展[10-13]，简要介绍常见的融合基因指标及其临床意义（按首字母排序）：

RUNX1-RUNX1T1（*AML1-ETO*）：由 t(8;21)(q22;q22)易位形成，是 AML 中最常见的融合基因之一，总阳性率约为 5%，多见于年轻患者。该融合基因常见于形态学 FAB 分型（French-American-British classification）为 M2 型的患者。20%～40% 的 AML-M2 患者该融合基因阳性，其中 M2b 亚型中阳性率约为 90%。该融合基因阳性的 AML 患者预后较好，用含大剂量阿糖胞苷的化疗方案治愈率可达 50%～70%。但该融合基因阳性同时伴 *KIT* 突变的患者预后较差，这部分患者联合应用 TKI 可改善疗效。但需注意的是，不同 *KIT* 基因不同外显子突变的患者对不同的 TKI 药物敏感性有差异。

AML1-MECOM（*MDS1/EVI1*）：由 t(3;21)(q26.2;q22)易位形成。*MECOM* 位于染色体 3q26.2，又称 *MDS1-EVI1* 复合座位。该融合基因可见于 CML 急变期（CML blastic phase，CML-BP）、治疗相关的 AML、原发 AML 或骨髓增生异常综合征（myelodysplastic syndrome，MDS)患者。

BCR-ABL1：由 t(9;22)(q34;q11)易位形成，是白血病患者中总体阳性率最高的融合基因。*BCR-ABL1* 有 3 种最常见的基因型：e13a2、e14a2 和 e1a2。其中 e13a2、e14a2 基因型的 BCR-ABL1 融合蛋白相对分子质量约 210 000，又称 P210 型；e1a2 基因型的 BCR-ABL1 融合蛋白又称 P190 型。另有较少见的 e18a2 型（P230 型）、e* a3 型

和其他变异基因型。*BCR-ABL1* 已成为诊断 CML 的必要标准。CML 患者均应 *BCR-ABL1* 阳性,绝大多数为 P210 型,约 3％为少见型(多为 P230 型或 e* a3 型, P190 型及其他型更少见)。因此,对于临床表现及其他血液学检查符合典型的 CML, 但常见型 *BCR-ABL1* 阴性的患者,应注意鉴别是否存在少见型的 *BCR-ABL1* 融合基因。

BCR-ABL1 还见于 3％~5％的儿童 ALL 和 25％的成人 ALL,其中儿童 ALL 的 *BCR-ABL1* 以 P190 型为主,成人 ALL 中约一半为 P190 型、一半为 P210 型。 *BCR-ABL1*阳性的 ALL 患者预后差,是 ALL 的高危因素。化疗联合应用 TKI 可提高 *BCR-ABL1*阳性 ALL 的完全缓解率,使儿童患者的治愈率高达 60％以上。另外, *BCR-ABL1*还可见于 AML 或急性混合表型白血病(mixed phenotype acute leukemia, MPAL),其中部分患者可能由 CML 急变而来,预后很差。

以伊马替尼为代表的 ABL1-TKI 靶向治疗药物的开发和应用,已使 CML 的疗效获得极大的改善。但仍有部分患者存在耐药现象,近半数患者在停药后复发,目前尚无证据证明单用 TKI 类药物可治愈 CML。在导致 TKI 治疗 CML 失败或耐药的机制中,以 *BCR-ABL1* 激酶区(药物的靶向结合位点)突变最常见,其次为 *BCR-ABL1* 扩增导致表达量增加或药物代谢、转运及作用通路的基因发生变化。为解决伊马替尼耐药突变的情况,后续又开发了多种第二代和第三代 TKI 药物,如达沙替尼(dasatinib)、尼洛替尼 (nilotinib)、普纳替尼(ponatinib)等。但各种 TKI 均存在突变耐药的情况。已报道的 *BCR-ABL1* 激酶区突变超过 80 种,各种 *BCR-ABL1* 激酶区突变对不同 TKI 的敏感性有差异。*BCR-ABL1* 激酶区突变检测对临床选择 TKI 药物具有重要指导意义。国内外的各种《CML 治疗指南》均建议将 *BCR-ABL1* 激酶区突变检测作为 TKI 疗效不佳、病情进展 CML 患者需要检测的指标之一。

CBFB-MYH11:由 inv(16)(p13q22)或 t(16;16)(p13q22)易位形成,见于 5％~8％的 AML 患者,多见于年轻患者。主要见于伴嗜酸性粒细胞增多的急性粒单核细胞白血病(AML-M4Eo)、10％的不伴嗜酸性粒细胞增多的 AML-M4,少见于 AML-M2 型。仅有该染色体异常和融合基因的 AML 患者预后良好、化疗完全缓解率高,治愈率可达 50％~70％。但同时伴 KIT 突变的患者预后稍差,联合 TKI 治疗可改善疗效。

DEK-NUP214(CAN):由 t(6;9)(p23;q34)易位形成,见于 0.7％~1.8％的 AML

患者,可发生于儿童和成人。患者常合并嗜碱性粒细胞增多和多系发育异常。该融合基因阳性的患者常伴贫血、血小板减少甚至全血细胞减少,初诊时白细胞计数常较其他 AML 低。该融合基因阳性的患者预后差,应尽快行异基因造血干细胞移植(allogeneic hematopoietic stem cell transplantation,allo-HSCT)治疗。

TCF3(E2A)-HLF:由 t(17;19)(q22;p13)易位形成,见于少数儿童 B-ALL 患者。该融合基因阳性的患者预后不良,常于诊断后两年内复发或死亡。

TCF3(E2A)-PBX1:由 t(1;19)(q23;p13)易位形成,在 B-ALL 中总阳性率约为 6%,以儿童患者多见,在儿童前体 B 细胞 ALL(precursor-B ALL)患者中阳性率可达 25%。该融合基因也可见于 B 淋巴母细胞淋巴瘤(B lymphoblastic lymphoma,B-LBL)患者。既往将其归为高危或中危 B-ALL/B-LBL。近年来有研究认为,此类患者应用大剂量化疗治愈率可接近 80%,但不同单位报道的结果不尽一致。笔者的临床观察显示该融合基因阳性的 B-ALL 容易侵犯中枢神经系统,一旦累及则疗效不佳。

ETV6(TEL)-ABL1:由 t(9;12)(q34;p13)易位形成,多表现为不典型 CML(atypical CML,aCML)或 ALL,在 AML 中也有报道。TEL-ABL1 融合蛋白的酪氨酸激酶活性异常活化,伊马替尼等 TKI 治疗有效。

ETV6(TEL)-RUNX1(AML1):由 t(12;21)(p13;q22)染色体易位形成,见于 25% 的儿童 ALL 患者,是儿童 ALL 中最常见的分子异常。在婴儿白血病中极少报道,在成人白血病患者中发生率很低(<2%)。该融合基因阳性的 ALL 患者发病年龄小(2~10 岁),白细胞计数低(<50×10^3/L),免疫表型为前体 B-ALL。此类患者对治疗反应佳,完全缓解时间长、预后好。由于 12p 和 21q 末端在常规显带时很相似,因此染色体核型分析不易检出。

FGFR1 相关融合基因(FGFR1 fusion gene,FGFR1-FG):人类成纤维细胞生长因子受体 1 型(fibroblast growth factor receptor 1,FGFR1)的编码基因位于染色体 8p11.23-p11.22。该基因易位可见于慢性髓性增殖性疾病,常伴嗜酸细胞增多,又称为 8p11 综合征。自《2008 版 WHO 血液肿瘤分类标准》开始,8p11/*FGFR1* 易位作为特异性分类标志,被正式命名为"伴 *FGFR1* 异常的髓细胞性和淋系肿瘤(myeloid and lymphoid neoplasm associated with FGFR1 abnormalities,MLNAF)"。

FGFR1 的伙伴基因可有多种,以 t(8;13)(p11;q12)易位形成的 *ZNF198-FGFR1* 最多见(约占 *FGFR1-FG* 的 47%),其他如 *CEP110-FGFR1*、*FGFR1OP1-FGFR1* 和

BCR-FGFR1 等均少见。MLNAF 患者的中位发病年龄约为 32 岁，以外周血白细胞计数明显增高、骨髓中髓系细胞高度增生、嗜酸性粒细胞增多和伴随淋巴母细胞淋巴瘤/白血病为主要特征。MLNAF 的临床过程具有高度侵袭性，不同 *FGFR1-FG* 阳性患者的临床表现不一，如 *BCR-FGFR1* 阳性患者的临床特征常类似于 CML。由于发病率低，临床医生对该类疾病往往缺乏足够的认识，在慢性期可能未被诊断。MLNAF 患者就诊时可能表现为慢性白血病，或已经发生急变转化为 AML 或急性 T/B 细胞白血病/淋巴瘤，常伴嗜酸性粒细胞增多。因此，MLNAF 常被误诊为 aCML、慢性粒单核细胞白血病（chronic myelomonocytic leukemia，CMML）和伴嗜酸粒细胞增多的淋巴瘤等。由于在慢性期可能未被诊断，MLNAF 患者就诊时可能表现为慢性白血病，或已经急变为 AML 或急性 T/B 细胞白血病/淋巴瘤，常伴嗜酸性粒细胞增多。该融合基因阳性的患者预后很差，应尽快采用 allo-HSCT 治疗。

GATA2，MECOM（RPN1-EVI1）：由 inv(3)(q21;q26.2) 或 t(3；3)(q21;q26.2) 易位形成。以前认为该异位导致形成 *RPN1-EVI1* 融合基因，但近年来的研究明确其病理意义是导致 *MECOM* 基因异位到 *GATA2* 增强子附近从而被上调表达，同时伴有 *GATA2* 的单倍剂量不足，并无融合转录本和融合蛋白的形成。该异位见于 $1\% \sim 2\%$ 的成人 AML，这部分患者可为原发 AML 或由 MDS 转化而来，预后很差。CML 患者也可继发获得该异位，通常预示疾病将进入加速期或急变期。兼有 *BCR-ABL1* 和 *MECOM* 异位的患者应考虑为 CML 侵袭期而不是 AML 伴此异常。

IG@-FG（immunoglobulin gene related fusion gene，免疫球蛋白相关的融合基因）：主要发生于 B 细胞白血病或淋巴瘤，因其他基因易位到 *IG* 基因的增强子附近，从而被异常上调表达。该类易位并不导致基因编码区的异常拼接，因此并不形成融合转录本和融合蛋白。最常易位的位置为编码免疫球蛋白重链的 *IGH* 基因附近，少数也可发生于编码免疫球蛋白轻链的 *IGK* 或 *IGL* 基因附近。常发生此类易位而被异常活化的基因有 *BCL2*、*BCL6*、*CCND1*、*IL3* 和 *MYC* 等。大多数伯基特淋巴瘤（Burkitt lymphoma，BL）患者有 *MYC-IGH@* 易位，少数有 *MYC-IGK@* 或 *MYC-IGL@* 易位，这是伯基特淋巴瘤的特征性分子生物学异常。但 *MYC-IG@* 易位也可见于其他淋巴瘤。原癌基因 *MYC*、*BCL2* 和 *BCL6* 的异常活化都是促淋巴瘤发生的重要分子机制。同时伴有 *MYC*、*BCL2* 或（和）*BCL6* 易位（包括易位到非 *IG* 基因）的淋巴瘤为双重打击（double hit）淋巴瘤或三重打击（triple hit）淋巴瘤，患有这些疾病的患者预后很差。

KMT2A（MLL）相关融合基因（KMT2A-FG）和部分串联重复突变（KMT2A partial tandem duplication，KMT2A-PTD）：混合谱系白血病基因（mixed lineage leukemia，MLL）位于染色体 11q23，因在白血病发生中的重要作用而得名。该基因编码赖氨酸甲基转移酶 2A（lysine methyltransferase 2A，KMT2A），因此在新的人类基因命名体系中更名为 KMT2A。该基因可易位形成多种 KMT2A-FG，或自身部分外显子发生串联重复突变（KMT2A-PTD），是 AML、ALL 和 MPAL 中常见的分子异常。已报道的 KMT2A 的伙伴基因有数百种，其中 KMT2A-AFF1（AF4）主要见于 ALL，KMT2A-MLL3（AF9）主要见于 AML，是最常见的两种易位。在婴幼儿 ALL 中，有超过半数为 KMT2A-FG 阳性。除 KMT2A-MLLT3 阳性的 AML 归为中危，其他 KMT2A-FG 或 KMT2A-PTD 阳性的白血病患者都属高危。

NPM1-ALK：由 t（2；5）（p23；q35）易位形成。常见于间变性大细胞淋巴瘤（anaplastic large cell lymphoma，ALCL）患者，NPM1-ALK 阳性的 ALCL 患者预后远好于阴性的患者。

NPM1-MLF1：由 t（3；5）（q25.1；q35）易位形成，可见于 MDS，少见于 AML，与 MDS 的 AML 转变有关。

NUP98 相关融合基因（NUP98-FG）：位于染色体 11p15.5 的核孔蛋白基因 NUP98 可与多个伙伴基因形成融合基因，总发生率约占 AML 的 1％～2％。由 t（7；11）（p15；p15）易位形成的 NUP98-HOXA9 较多见，常见于 M2 或 M4，预后不良，易复发。t（2；11）（q31.1；p15）易位形成的 NUP98-HOXD13 常见于原发的 AML-M4、治疗相关的 MDS 和 AML，预后不良。

PDGFRA 相关融合基因（PDGFRA-FG）：血小板生长因子受体 α（platelet derived growth factor receptor alpha，PDGFRα）的编码基因位于染色体 4q12。FIP1L1-PDGFRA 是最常见的 PDGFRA-FG，由染色体 4q12 发生微缺失导致，染色体核型分析难以发现该异常，需要用 FISH 或 PCR 检测。PDGFRA 还可与 ETV6、BCR 等多种伙伴基因易位形成多种融合基因。PDGFRA-FG 阳性的患者常伴嗜酸性粒细胞增多，自《2008 版 WHO 血液肿瘤分类标准》发布，将其单独分类为"伴 PDGFRA 易位的髓细胞性或淋巴细胞性肿瘤（myeloid and lymphoid neoplasm with PDGFRA rearrangement）"。该组患者主要表现为嗜酸性粒细胞增多、肝脾肿大、血红蛋白及血小板计数减少，男性多于女性，发病年龄多在 25～55 岁。少数患者以 AML 或 T 淋巴母细胞性淋巴瘤就诊，伴有嗜酸性粒细胞增多。PDGFRA 属于酪氨酸激酶家族的蛋白质,激酶活性的异常活化是 *PDGFRA-FG* 的主要致病机制。伊马替尼可以结合于 *FIP1L1-PDGFRA* 并抑制其激酶活性,患者常只需用低剂量的伊马替尼(50～200 mg/w)治疗就能快速获得分子生物学缓解。但由于 *PDGFRA-FG* 总体少见,其他 *PDGFRA-FG* 阳性的患者用伊马替尼治疗的报道还很少见。

PDGFRB 相关融合基因(*PDGFRB-FG*):血小板生长因子受体 β(platelet derived growth factor receptor beta,PDGFRβ)的编码基因位于染色体 5q33.1。PDGFRB 可与多种伙伴基因形成融合基因,其中最常见的为 *ETV6-PDGFRB*。自《2008 版 WHO 血液肿瘤分类标准》发布,将 *PDGFRB-FG* 阳性的患者单独分类为"伴 *PDGFRB* 易位的髓系肿瘤(myeloid neoplasm with *PDGFRB* rearrangement)"。这组患者的临床表现较为多样,最常表现为 CMML 伴嗜酸性粒细胞增多。有些患者曾被诊断为 aCML(常伴嗜酸性粒细胞增多)、慢性嗜酸性粒细胞白血病(chronic eosinophilic leukemia,CEL)及慢性骨髓增殖性肿瘤(myeloproliferative neoplasm,MPN)伴嗜酸性粒细胞增多。若无有效治疗,这组患者常在相对较短的时间内发生急性转化,多转为 AML。伊马替尼可抑制 *PDGFRB-FG* 的激酶区活性,因此 *PDGFRB-FG* 阳性的患者用伊马替尼治疗常有效。

RARA 相关融合基因(*RARA-FG*):视黄酸受体 α(retinoic acid receptor alpha,RARA)的编码基因位于染色体 17q21。t(15;17)(q21;q22)易位形成的 *PML-RARA* 融合基因见于 95% 以上的 APL 患者,细胞形态学表现为 AML-M3 型。*PML-RARA* 不见于其他类型的白血病,是 APL 发病及全反式视黄酸和砷剂治疗有效的分子基础。通过联合使用 ATRA、砷剂和小剂量化疗药,APL 的治愈率已可超过 95%。少数 APL 患者为 t(5;17)(q35;q22)/*NPM1-RARA*、t(11;17)(q23;q21)/*PLZF-RARA* 或其他更少见的 *RARA-FG* 阳性,为变异型 APL,这些患者对 ATRA、砷剂的治疗反应相对较差。

SET-CAN:由 t(9;9)(q34;q34)易位形成,主要见于急性未分化型白血病。

SIL-TAL1:染色体 1p32 微缺失可导致 *TAL1* 基因和其上游的 *SIL* 基因融合形成 *SIL-TAL1* 融合基因,见于 16%～26% 的 T-ALL 患者。

TLS-ERG:由 t(16;21)(p11;q22)易位形成,可见于 AML、ALL、CML 急变及部分尤文氏(Ewing)肉瘤患者。该融合基因阳性的急性白血病患者常病情严重、预后不良。

YPEL5-PPP1CB：该融合基因见于 95％ 的慢性淋巴细胞白血病（chronic lymphocytic leukemia，CLL），基因组 DNA 水平尚未鉴定出对应的异常，推测转录本的异常拼接发生于 mRNA 水平。

经典的融合基因检测方法包括 FISH 和 RT-PCR。多重 RT-PCR 可以进行数种至数十种融合基因的筛查，尤其适合初诊白血病患者的诊断和鉴别诊断。而近年来新发展的转录组测序（RNA-Seq）理论上可分析各种融合转录本，不仅可用以鉴定移植的融合基因，还为分析少见或未知的融合基因提供了强大的工具（见表 6-2）。

表 6-2　血液肿瘤中常见的融合基因类型及适用的检测方法

融合基因类型	适用的检测方法
有特征性染色体易位，有融合 mRNA	PCR/qPCR 检测 mRNA；FISH；染色体核型分析；NGS 测序基因组/转录组
有特征性染色体易位，无融合 mRNA	PCR/qPCR 检测 DNA；FISH；染色体核型分析；NGS 测序基因组
染色体微缺失或隐匿性易位形成融合基因	PCR/qPCR 检测 mRNA；FISH；NGS 测序基因组/转录组
无对应基因组异常的融合 mRNA	qPCR 检测 mRNA；NGS 测序转录组

注：FISH, fluorescence *in situ* hybridization,荧光原位杂交；NGS, next generation sequencing,下一代基因测序技术；qPCR, quantitative real-time polymerase chain reaction,实时定量聚合酶链反应

转录组测序后需要利用生物信息分析的方法寻找融合基因，用于融合基因分析的工具软件已有多种。例如，针对 RNA-Seq 双端测序数据的 BreakFusion、FusionAnalyser，同时应用 DNA-Seq 和 RNA-Seq 数据的 Comrad，以及使用 RNA-Seq 数据的 ChimeraScan、defuse、FusionHunter、FusionSeq、ShortFuse 和 SnowShoes-FTD。此外，一些软件的模块也可用于融合基因分析，如 SOAPfusion、TopHat-Fusion 等。本书 2.5 部分对融合基因相关算法和软件有较为详细的描述。

6.1.3　利用转录组技术分析融合基因的优势及局限

由于早期对融合基因的鉴定是基于"观察到重现性染色体异常→定位对应的基因座位→鉴定融合基因"模式，难以发现由于染色体微缺失、重复、插入或隐匿性易位导致的融合基因。转录组测序技术大大提高了直接从 mRNA 水平发现和鉴定融合基因的能力，但分析转录组数据时也应注意，并非所有的融合转录本都具有病理意义。这一点

类似于全基因组测序时,所测到的基因突变多数是不具有显著病理意义的突变(即 passenger mutation),而具有促肿瘤作用的突变(即 driver mutation)仅占所有突变的一小部分。

转录组测序分析融合基因时,常可发现在同一份标本中存在多种融合转录本。这些融合转录本可能是具有特定病理意义的融合基因,也可能是形成病理性融合基因时产生的副产物。例如,约 80% 的 *BCR-ABL1* 阳性患者,同时有对应的 *ABL1-BCR* 融合转录本,后者并不具有显著的病理意义。因此常规临床应用时一般不检测 *ABL1-BCR*,但在转录组测序分析时会被分析到。转录组测序时鉴定的融合转录本也可能是基因组水平随机断裂和拼接的副产物,或者是转录水平的剪接调控异常导致的多个转录本的异常剪接产物。Wen 等在对 45 例 AML 患者进行转录组测序分析融合基因时,共鉴定出 134 种具有一定重现性(至少在 2 个病例中出现)的融合转录本,其中 37 种被鉴定为真正的融合转录本[14]。他们在健康对照标本中也分析到 16 种融合转录本。笔者的初步实验结果也显示,即使在 CML 患者中,也能检测到除 *BCR-ABL1* 以外的多种融合转录本。

因此,在用转录组测序分析融合基因时,尤其是对于新鉴定的融合转录本,应慎重结合其重现性、功能分析结果和临床资料,进一步判断融合转录本的病理意义。

6.2　转录组学分析基因表达异常在血液疾病诊疗中的应用

肿瘤发生过程中常伴有基因表达谱的变化,包括原癌基因的异常活化或抑癌基因的失活等。基因芯片是最早用于在组学水平分析基因表达谱的工具,在血液肿瘤研究中的应用已有十余年。基于表达谱分析发现的一些与血液肿瘤相关的异常表达的基因指标(如 *WT1* 等)已被用于指导临床诊断和治疗。基因表达谱定量分析也是转录组测序的重要内容。

6.2.1　mRNA 表达定量分析与血液疾病精准医疗

已经研究较为明确的具有重现性的融合基因和染色体异常是目前血液肿瘤患者诊断和预后判断的重要指标。但约 50% 的初诊白血病患者并不具有染色体异常或已知的融合基因,发现和鉴定新的诊断和预后相关的分子标志物对这部分患者尤为重要。肿瘤发生时会有一些基因的表达发生紊乱，从而作为疾病诊断的指标，并且可能具有判断预后和指导治疗的意义。恶性血液疾病的发生常常伴随基因表达量的变化，一些信号传导通路上的关键基因、原癌基因、抑癌基因、调控因子等的活化与失活，都能够上调或下调相应的 mRNA 表达，进而参与肿瘤的发生。肿瘤细胞与相同来源的正常细胞相比，mRNA 表达谱一定存在差异。因此 mRNA 表达分析对肿瘤的诊断与鉴别诊断具有重要意义。

mRNA 表达定量分析在血液疾病诊治中有重要意义。基因表达谱相似的肿瘤患者往往有共同或相似的细胞通路异常，并且具有相似的临床治疗反应和预后等，可归为同一组疾病。例如，Alizadeh 等利用表达谱基因芯片对 B 细胞淋巴瘤进行研究，发现发生免疫应答的脾-淋巴结 B 细胞来源的肿瘤细胞具有特征性的基因表达谱，此类患者生存期长、预后较好[15]。基因表达定量分析还可指导预后分层和临床治疗。例如，Weinhold 等对 1 217 例多发性骨髓瘤（multiple myeloma，MM）患者的基因表达谱进行研究分析，根据表达谱聚类将患者分为 CD1、CD2、MF 和 PR 4 个亚型，并进一步指导不同组别的预后分层、预测以及临床治疗[16]。*DCK*、*ENT1*、*RRM1* 高表达和 *CDA* 低表达的 AML 患者对阿糖胞苷（Ara-C）治疗更加敏感[17]，可以根据这些基因的表达水平评价 Ara-C 的耐药指数，从而指导治疗药物的选择。

基因表达定量分析的方法有很多，目前 RT-qPCR 与表达谱基因芯片在表达量检测方面的应用最为广泛。RT-qPCR 特异性好、灵敏度高且线性关系好，成本低，但难以实现高通量检测。而表达谱基因芯片能够同时分析数千种基因的 mRNA 或 cDNA 的表达量变化，但检测精度和灵敏度有限。随着转录组学的发展，各种生物信息分析平台与工具也逐渐完善，可以对基因表达谱进行更加深入的分析。将正常组织细胞与肿瘤细胞在转录组水平上进行比较，可以得出差异基因表达谱。进一步研究差异基因的结构与功能，对疾病的诊断、治疗方案的制定以及预后评估有重要作用。

6.2.2 血液疾病诊疗中的单个基因表达变异指标

人体内的基因通过转录表达发挥其正常作用，肿瘤发生时常伴有多种基因表达量的变化（见表 6-3）。部分基因表达变异的指标对血液肿瘤的临床诊治有很大帮助。自《2008 版 WHO 血液肿瘤分类标准》公布，已经将 *BAALC*、*ERG*、*MN1* 等基因表达异常列入患者的预后判断指标。

表 6-3　恶性血液疾病中常见的基因表达变异举例

疾病名称	常见的基因表达变异
急性髓细胞性白血病（AML）	*FLT3*（较为常见），*ASXL1*，*CEBPA*，*DNMT3A*，*IDH1/IDH2*，*KIT*，*PHF6*，*NPM1*，*TET2*，*WT1*，*MYC*，*GATA2*，*MN1*，*EVI1*，*BAALC*，*ERG*
骨髓增生异常综合征（MDS）	*ASXL1*，*DNMT3A*，*EZH2*，*IDH1/IDH2*，*TET2*，*SRSF2*，*U2AF1*，*ZRSR2*，*SF3B1*，*WT1*，*MYC*
急性淋系白血病（ALL）	*PHF6*，*PAX5*，*INK4*，*NOTCH1*，*FBXW7*，*PHF6*，*PTEN*，*NRAS*，*KRAS*，*WT1*，*IL7R*，*PIK3CA*，*PIK3RA*，*AKT1*，*NOTCH1*，*FBXW7*，*LMO2*，*WT1*，*CRLF2*
慢性粒单核细胞白血病（CMML）	*ASXL1*（较为常见）
早期滤泡性淋巴瘤（FL）	*NF1*
伯基特淋巴瘤（BL）	*MYC*
骨髓增殖性肿瘤（MPN）	*JAK2*
幼年型粒单核细胞白血病（JMML）	*NRAS*，*KRAS*，*PTPN11*，*CBL*，*SRSF2*，*ASXL1*，*CBL*，*EZH2*，*JAK2*，*V617F*，*KRAS*，*NRAS*，*RUNX1*，*TET2*

以下结合近年来的研究进展，简要介绍血液肿瘤中常见的基因表达变异指标及临床意义（按首字母排序）。

ABC 家族的膜转运蛋白基因过表达　ATP 结合盒蛋白（ATP-binding cassette，ABC）是一类 ATP 驱动泵，其家族成员主要执行细胞内、外物质的跨膜转运功能。ABC 家族也是化疗药物跨膜转运的重要蛋白质，主要将药物转运到胞外，使细胞内药物浓度降低。肿瘤原发和继发耐药都常有 ABC 家族成员参与，研究最早并且最受关注的是多药耐药基因 1 型（multidrug resistance 1，*MDR1*），因发现其与多种化疗药物耐药密切相关而得名。研究发现，在血液肿瘤中，多个 ABC 家族成员如 MDR1、ABCA2、ABCA3 和 ABCG2 的过表达参与多种化疗药物耐药[18]。不同的 ABC 家族成员转运的底物有区别，但又有交叉。这可能是 MDR1 表达与化疗药物耐药的关系虽然已被研究很多，但单个基因表达检测的临床应用仍受限制的重要原因。因此，从组学水平进行多个 ABC 家族成员的表达谱分析可能有助于更加准确地评估各种化疗药物的耐药性。

***BAALC* 过表达**　*BAALC* 过表达多见于老年 AML 患者，多为 FAB 分型的 M0 和 M1 型（约 90%），其次为 M2 型（68%）和 M3 型（33%）。*BAALC* 过表达和该基因相关

的非编码 RNA 的异常表达密切相关。不仅在细胞遗传学正常的 AML（cytogenetic normal AML，CN-AML）患者，而且在各种细胞遗传学分层的 AML 患者中，*BAALC* 过表达都是预后不良的指标。

CRLF2 过表达　主要见于约 7％的 B-ALL，包括超过 50％的伴唐氏综合征的 ALL 患者。*CRLF2* 过表达的患者常伴肝脾肿大，一般不与特征性的染色体易位同时出现。*CRLF2* 基因主要因易位至 *IGH* 增强子或 *P2RY8* 基因启动子附近而导致过表达。*CRLF2* 过表达多见于 *BCR-ABL1* 样 ALL 患者，约半数的 *BCR-ABL1* 样 ALL 患者有 *CRLF2* 过表达。但另有约半数的 *CRLF2* 过表达见于非 *BCR-ABL1* 样 ALL 患者，因此 *CRLF2* 过表达并不是 *BCR-ABL1* 样 ALL 的特征性分子异常。*CRLF2* 过表达和 JAK 激酶突变（*JAK2* R683 位点突变最常见）在 ALL 的发生中起协同作用。体外实验证明，*JAK2* 突变和 *CRLF2* 过表达的肿瘤细胞在体外对 JAK 激酶抑制剂敏感，这提示伴 *CRLF2* 过表达的 ALL 患者可能获益于 JAK 激酶抑制剂。

ERG 过表达　ERG 是一种红细胞转化特异性（erythroblast transformation-specific，ETS）转录因子蛋白，在 AML 中过表达可使肿瘤细胞具有干细胞的特征，是 AML 患者预后差的分子指标[19]。*ERG* 基因过表达通过活化 RAS 通路促进肿瘤的发生，还可激活 PIM1 激酶。在过表达 *ERG* 的 AML 患者中抑制 PIM1 可阻断肿瘤细胞的增殖并促进其凋亡。因此，PIM1 和 RAS 通路是这部分患者潜在的治疗靶点。

EVI1 过表达　*EVI1* 基因编码一种具有造血干细胞维持功能和染色质重构活性的转录因子蛋白。*EVI1* 异常活化是伴 3q26 染色体易位的 AML 患者的显著特征。*EVI1* 过表达还见于 6％～11％的不伴上述染色体易位的成人 AML 患者。虽然 3q26 染色体异常在儿童 AML 中很少见，但 *EVI1* 过表达可见于 9％～28％的儿童 AML 患者。*EVI1* 过表达还与已知预后不良的单体 7 核型和 11q23 异常显著相关。*EVI1* 过表达见于约 40％伴 *KMT2A-FG* 的 AML 患者，并且不同 *KMT2A-FG* 的患者中，*EVI1* 活化的发生率不同。*EVI1* 过表达是成人 AML 患者独立的预后不良因素，即使在伴 *KMT2A-FG* 的患者中，*EVI1* 过表达也是预后更差的指标。*EVI1* 过表达已被国际多中心的成人 *HOVON-SAKK* AML 临床试验列为常规的分子分型指标，关于 RT-qPCR 检测 *EVI1* 表达量的标准化工作也在探讨中[20]。

FLT3 过表达　FLT3 是Ⅲ型酪氨酸激酶家族的成员，是一种膜生长因子受体蛋白。正常情况下，*FLT3* 仅表达于造血前体细胞，随细胞分化而失去表达。*FLT3* 突变导致的异常活化是 AML 患者常见的预后不良指标。即使无 *FLT3* 突变，*FLT3* 过表达的 AML 患者预后也较差。*FLT3* 过表达还可见于 B-ALL 患者，并且是一个显著的预后不良指标[21]。*FLT3* 过表达的患者可能获益于索拉非尼（sorafenib）、舒尼替尼（sunitinib）等靶向药物治疗，更多的 FLT3 激酶抑制剂仍在开发和临床试验中。

GATA2 过表达　GAGA 结合蛋白 2 型（GATA-binding protein 2，*GATA2*）基因位于染色体 3q21，编码一种锌指转录因子蛋白，在造血细胞发育和分化中起重要作用。*GATA2* 突变发生于约 2.2% 的儿童 AML 患者，在 CN-AML 患者中约 9.8%。但 *GATA2* 过表达见于 37%～65% 的 AML 患者，并且随病情变化，可以反映微小残留病的情况。*GATA2* 过表达常与预后不良的染色体核型、*FLT3-ITD* 突变、*WT1* 过表达、*EVI1* 过表达等预后不良因素同时存在，但也见于伴 inv(16) 等预后良好的染色体核型的 AML 患者。*GATA2* 过表达的 AML 患者总体预后差，尤其在 CN-AML 患者或具有其他预后良好分子指标的 AML 患者中，*GATA2* 的不良预后意义更加显著。

KIT 过表达　*KIT* 基因的活化突变常见于 AML 患者，尤其是核心结合因子融合基因（*AML1-ETO* 和 *CBFB-MYH11*）阳性 AML 患者预后不良的指标，这部分患者可获益于伊马替尼或达沙替尼等 TKI 药物治疗。而在无 *KIT* 突变的 AML 患者中，也可出现 *KIT* 基因的过表达，并且是独立的预后不良因素[22]。

MN1 过表达　*MN1* 基因位于染色体 22q12，编码一种转录因子复合体蛋白。*MN1* 过表达可加速白血病的侵袭性，抑制 *TP53* 和 *BIM* 的作用，导致白血病细胞凋亡减低和化疗耐药。*MN1* 过表达见于约 48% 的 CN-AML 患者，还可见于 MDS 和 CML 患者，这部分患者多对化疗耐药，缓解率低，易复发[23]。

MYC 过表达　MYC 基因过表达常见于淋巴瘤患者，是伯基特淋巴瘤的特征性分子异常。在淋巴瘤中，常因 MYC-IGH 或其他染色体易位导致 MYC 基因的异常活化。MYC 过表达还可见于 *MDS* 和 *AML* 患者，这些患者对阿扎胞苷（*azacitidine*）的治疗反应差[24]。

TERT 过表达　端粒酶是一种由 RNA 和蛋白质构成的特殊反转录酶复合体，其主要功能是添加端粒序列，在端粒长度的调控中起关键作用。人端粒酶的核心组分是人端粒反转录酶（telomerase reverse transcriptase，TERT）和模板 RNA，端粒酶的活性主要取决于 *TERT* 的表达水平。除生殖细胞、成体干细胞、胚胎干细胞和活化的免疫细胞外，端粒酶在正常体细胞中无活性或检测不出活性。*TERT* 过表达和端粒酶的异常活化见于 85%～90%的肿瘤,其作用是保持端粒的长度和结构,使癌变细胞永生化。

TERT 过表达是血液肿瘤中常见的分子异常,与疾病的进展密切相关,可以作为随访监测的指标之一,并且可以作为治疗的靶标[25]。端粒酶抑制剂伊美司他(imetelstat)是一种脂质体共价修饰的 13 mer 的寡核苷酸药物,可以完全抑制端粒酶的活性。该药已经进入临床试验,在多种骨髓增殖性肿瘤(myeloproliferative neoplasm,MPN)及其他血液肿瘤中显示出快速和持续的血液学和分子生物学缓解的效果[26, 27]。

WT1 过表达 WT1 异常表达几乎见于各型白血病。在 AML、MDS 和 ALL 患者中,WT1 高表达都是独立的预后不良的分子指标。而且通过 RT-qPCR 定量检测 WT1 表达可反映白血病的肿瘤负荷,是融合基因阴性的白血病患者微小残留病监测的有用指标[28]。欧洲多个中心曾联合制定了通过 RT-qPCR 检测 WT1 表达的标准化方案[29]。

每一类血液肿瘤都有相对应的一个或多个基因表达变异,综合不同的基因表达量分析以及临床表现寻求合适的治疗手段,并对患者进行合理的预后判断,能够有效地治疗疾病,对转录组学在恶性血液疾病今后的应用有着深远的影响。

6.2.3　根据分子表型分类的血液肿瘤

人们对疾病的认识是一个逐渐深入的过程,最早是根据临床表现,将疾病按累及的组织、器官分类和命名。后来根据所累及的细胞表型进行分类,如 ALL、AML 等。免疫学技术和流式细胞术的应用又提供了根据免疫标志物进行疾病分型的依据。近年来,随着基因组学、转录组学等学科的快速发展,血液疾病与分子表型相结合的研究越来越深入。表达谱分析技术的应用,使得血液肿瘤的分型更加深入细致,并且具有明确的临床治疗和预后指导意义。

BCR-ABL1 样 ALL 是一组根据基因表达谱聚类的 ALL 亚型,在 ALL 中的发生率为 10%～30%[30]。该组疾病在基因组水平的异常具有很强的异质性(见表 6-4),共同分子特征主要为细胞因子受体和(或)激酶信号通路活化相关的分子异常,同时常伴有淋系发育相关转录因子的异常。本质上是一组因各种类似的激酶通路异常活化(形成融合基因、活化突变等)和 B 系细胞分化受阻双重病因导致的疾病。

表 6-4　已报道的 *BCR-ABL1* 样 ALL 的基因异常

	易位伙伴基因	基因突变	TKI
ABL 及其同源激酶			
ABL1	*TEL*，*NUP214*，*RCSD1*，*SNX2*，*FOXP1*，*RANBP2*，*ZMIZ1*		ABL-TKI
ABL2	*PAG1*，*RCSD1*，*ZC3HAV1*		ABL-TKI
PDGFRB	*EBF1*，*SSBP2*，*ATF7IP*		ABL-TKI
CSF1R	*SSBP2*		ABL-TKI
JAK 激酶通路			
CRLF2	*IGH*，*P2RY8*	F232C	JAK-TKI
JAK2	*PAX 5*，*BCR*，*EBF1*，*SSBP 2*，*ETV6*，*ATF7IP*，*STRN3*，*TERF2*，*TPR*	R683	JAK-TKI
EPOR	*IGH*，*IGK*		JAK-TKI
JAK1		V658F	JAK-TKI
IL7Ra		插入/缺失/缺失-插入	JAK-TKI
SH2B3		缺失	JAK-TKI
TSLP	*IQGAP2*		JAK-TKI
其他激酶相关			
PTK2B	*STAG2*，*KDM6A*		FAK 抑制剂
NTRK3	*ETV6*		ALK 抑制剂
TYK2	*MYB*		TYK2 抑制剂

　　BCR-ABL1 样 ALL 占儿童 ALL 的 10％～13％,青少年 ALL 的 21％,年轻成人 ALL 的 27％,而在中年和老年 ALL 中发生率随年龄的增加而逐渐下降。这部分患者初诊时白细胞数显著升高,常规化疗效果差,易复发,预后差。根据分子异常和所活化的细胞通路不同,*BCR-ABL1* 样 ALL 患者可分别对 ABL1-TKI(伊马替尼等)、JAK-TKI(ruxolitinib,卢索替尼等)或 TYK2-TKI 等药物有效。联合应用 TKI 有望提高患者的生存率和改善预后,因此具有明确的分类和鉴别诊断意义。在《2016 版 WHO 血液肿瘤分类标准》中,已经将 *BCR-ABL1* 样 ALL 列为一种暂定的白血病亚型。

　　BCR-ABL1 样 ALL 占总体 B-ALL 的 20％,大部分患者可获益于 ABL-TKI、JAK-TKI 等靶向治疗药物。若不能有效鉴别,这类患者常被划分到中危组,应用常规

方案化疗而贻误病情。因此 *BCR-ABL1* 样 ALL 的鉴别诊断非常重要。*BCR-ABL1* 样 ALL 主要是根据基因表达谱聚类的一组疾病,虽然已被列入《2016 版的 WHO 分类标准》,但在基因表达谱聚类的标准方面尚无共识,临床实用性也差。该疾病基因组水平的异常(融合基因、基因突变等)又具有很强的异质性,为全面检测和准确分型带来困难。

ETV6-RUNX1 样 ALL 是新近报道的另一组通过基因表达谱聚类的 ALL 亚型,在儿童中尤为常见,发病率达 20%～25%,女性多于男性[31]。这组患者的治疗和预后与 *ETV6-RUNX1* 阳性的 ALL 相似,属于预后较好的亚型。

根据分子表型进行分型也应用于弥漫大 B 细胞淋巴瘤(diffuse large B cell lymphoma,DLBCL)中。Alizade 等通过分析 DLBCL 表达谱,将 DLBCL 分为生发中心 B 细胞(GCB)样 DLBCL、活化 B 细胞(ABC)样 DLBCL 和第三型 DLBCL 共 3 种亚型。GCB-DLBCL 和 ABC-DLBCL 主要来源于 B 细胞的不同分化阶段[32]。通过对更多患者的研究分析,发现还存在一类介于上述两种亚型之间的基因表达谱,故命名为第三型[33]。ABC-DLBCL 患者常出现 3 号染色体的变异,为 3q 和 18q21～q22 异常与 6q21～q22 的缺失,而 GCB-DLBCL 患者常出现 12q12 的异常和 *BCL-2* 重排[15]。GCB-DLBCL占 45%～50%,见于大多数的儿童、青少年和年轻成人患者。ABC-DLBCL 占 40%～45%,主要见于老年患者,很少见于儿童和年轻患者。GCB-DLBCL 的预后显著优于 ABC-DLBCL,两者治疗后的 5 年生存率分别为 59% 和 30%[34]。而第三型属于异质性的,对其研究甚少,总体预后不良。

对 DLBCL 进行分子分型具有重要的临床意义,基因表达谱仍是区分这 3 种 DLBCL 亚型的"金标准"。从《2008 版 WHO 血液肿瘤分类标准》发布,已纳入 ABC、GCB 和第三型 DLBCL 的分子分型。但由于技术标准、检测重复性和成本的限制,目前仍难在临床实践中应用。在最新的 2015 版欧洲临床肿瘤学会关于《DLBCL 的临床诊治指南》中[35],仍未将分子分型列为基本的诊治和分层指标。

6.2.4　基因表达变异检测的临床应用

随着转录组学的兴起,检测基因表达量变异已经逐渐应用到了许多疾病的检查中。恶性血液疾病是一类由于调控细胞分化、增殖、更新及凋亡的基因表达变异所致的恶性疾病。检测基因表达量的变化对评估预后、指导临床治疗、降低治疗不良反应有重要意义。

基因表达的调控因素较多,与基因型之间的关系复杂多变,并且基因表达异常可能是其他遗传学异常通过级联反应导致的次级变化,不一定是导致肿瘤发生的最主要的分子异常。因此基因表达变异的分子指标的特异性常不如融合基因。例如,*WT1* 等基因在正常骨髓和外周血中也会检测到一定量的低表达,作为微小残留病监测的指标时敏感性也不如融合基因。因此,表达谱分析发现的基因表达相关分子标志物的重复性往往不理想。例如,Miller 等[36]系统对比了 25 项研究中报道的 AML 基因表达谱数据,发现 4 918 种基因中仅 9.6% 的基因在 2 篇以上文章中被重复报道。目前,仅有少数几种基因的表达变异被广泛认可为血液肿瘤中可用的分子指标。

另一方面,虽然较大样本量的临床研究和单因素分析时可以有统计学意义,但用单个基因表达的定量检测结果指导特定患者的预后判断和微小残留病监测时,其实用性仍难以和融合基因相比。与绝大多数血液肿瘤患者仅有一种融合基因阳性不同,同一肿瘤标本可同时有多种基因发生表达变异。联合检测多种基因表达变异,可能有助于更准确地判断预后。现阶段在临床应用方面,可能用 RT-qPCR 方法联合检测数种或数十种基因表达指标具有更现实的意义。例如,Hecht 等报道,联合白细胞计数等临床资料以及 *BAALC*、*ERG* 和 *WT1* 基因的表达水平对初诊 APL 患者进行风险评分,能更准确地评估治疗风险[37]。Visani 等报道,联合检测 5 种基因的表达谱水平,可以准确地预测老年 AML 患者对低剂量来那度胺(lenalidomide)联合阿糖胞苷(cytarabine)治疗的反应[38]。Scott 等近期报道,通过检测 20 个基因的表达谱对 DLBCL 进行分子分型,不同的实验室间可达到 95% 以上的分型一致性[39]。

基因表达谱分析仍然是探索疾病规律的重要手段。由于下一代测序技术的迅速发展和成本的降低,传统的表达谱基因芯片已经越来越少被使用。转录组测序提供了更灵活的研究方法和更丰富的信息量,可能为血液肿瘤的临床研究带来更多新的发现。如 Yang 等通过整合分析临床资料和转录组结果,发现地高辛可能对高危 MDS 患者有益[40],为老药新用提供了新的研究和信息挖掘途径。

6.3　转录组学分析基因剪接变异在血液肿瘤诊疗中的应用

RNA 可变剪接是正常细胞获得蛋白多样性的重要策略之一,越来越多的证据表明异常的可变剪接在肿瘤形成过程中发挥了重要作用。

6.3.1　转录组学分析发现血液肿瘤患者体内存在大量异常的可变剪接

美国、加拿大和法国的科学家利用芯片分析 228 名 AML 患者和 12 名正常对照的全基因组可变剪接情况，发现 AML 患者中约 29％的基因存在异常的可变剪接[41]。这些基因主要包括原癌基因和编码肿瘤抑制因子、剪接蛋白、异质性细胞核核糖蛋白、凋亡相关蛋白、增殖相关蛋白的基因。来自芬兰和挪威的科研人员利用基因芯片分析了预后较差和预后较好的两组 DLBCL 患者的可变剪接和基因表达情况，发现两组患者间存在 233 个差异表达的基因，并且有 378 个基因中存在 589 个外显子的剪接差异[42]。而且，相对于基因表达差异，可变剪接谱能够更好地区分不同预后的患者[42]。在多发性骨髓瘤（multiple myeloma，MM）研究中也发现 600 多个基因存在可变剪接体丰度异常，这些基因包括已知与 MM 相关的基因，如 *MYCL1*、*CCND3*、*MAPK* 基因等。

以往对血液肿瘤转录组的研究主要关注基因表达水平是否异常，而转录组学分析剪接变异的研究结果表明血液肿瘤细胞内存在大量的可变剪接异常。深入的研究将有助于揭示异常可变剪接在血液肿瘤发生发展中的作用，以便发现潜在的诊断分子标志物和治疗靶标。

6.3.2　血液肿瘤中常见的可变剪接

1）白血病中常见的可变剪接

CD44 基因编码一种细胞表面糖蛋白，参与细胞间相互作用、细胞黏附和细胞迁移。*CD44* 转录本包含复杂多样的可变剪接体，这也是其蛋白质存在结构和功能多样性的基础。CML 患者中发现存在两种 *CD44* 可变剪接体：CD44R1 和 CD44R2。CD44R1 是在该蛋白胞外靠近跨膜结构域处插入 132 个氨基酸。插入的 132 个氨基酸与糖基化和软骨素-硫酸附着相关，这种类型的剪接体在 *CD44* 介导的细胞黏附中发挥重要作用。可变剪接体 CD44R2 则是在相似的位置插入 69 个氨基酸。

肿瘤抑制因子 *p53* 在肿瘤的发生发展中发挥重要作用，CML 患者中存在由外显子跳跃导致的 3 种不同类型的 *p53* 可变剪接体：缺失外显子 7～9；缺失外显子 8、9；缺失外显子 10。CML 患者中还存在另一种肿瘤抑制基因 *IRF-1* 因外显子跳跃导致的可变剪接体，即外显子 2、3 跳跃伴随外显子 6～9 跳跃。外显子 2、3 跳跃在 MDS 和 AML

中也存在,而外显子 6～9 跳跃可能是 CML 特有的。*IRF-1* 的可变剪接可促进 CML 的发生。

GFI1B 编码的转录抑制因子主要表达于造血系统,参与红系和巨核系细胞的分化发育。在 CML、AML 和 ALL 患者中均发现 *GFI1B* 基因外显子 9 跳跃造成的可变剪接 Gfi-1b-sp,并且这一剪接形式在正常对照中未发现。该异常剪接体翻译的蛋白质 Gfi-1b-p32 与天然蛋白 Gfi-1b-p37 相比,可更高效地结合到 *GFI1B* 基因的启动子从而形成抑制复合体。

GSK-3β 是信号通路 Wnt/β-联蛋白(catenin)的重要成分之一,其转录本和蛋白表达水平在 CML 祖细胞中显著下调。进一步研究表明缺少外显子 8 和 9 的剪接体 m-GSK-3β特异性存在于 CML 样本中。

WT1 基因编码的转录因子在细胞发育过程中发挥重要作用。在肾母细胞瘤和部分 AML 患者中发现该基因的多种异常可变剪接:外显子 5 的可变剪接;外显子 9 上插入最后 3 个氨基酸(KTS)。另发现一种特殊的不表达氨基端抑制功能域的剪接体(*sWT1*)特异性表达于部分 CML 患者中。

2) 淋巴瘤中常见的可变剪接

一部分 DLBCL 患者中存在 *MCL1* 基因的可变剪接[43]。该基因属于 BCL-2 基因家族,可变剪接体 *MCL-1L* 具有抗凋亡功能,可导致耐药[43]。因此,*MCL-1L* 阳性的 DLBCL 患者可采用针对 *MCL-1L* 的靶向治疗。

转录因子 PAX5 在 B 细胞的发育中发挥重要作用。研究表明,在淋巴瘤细胞中存在该基因的可变剪接体,且与淋巴瘤的发生具有一定相关性[44]。但进一步研究表明,在正常的 B 细胞中也存在该基因的可变剪接体,其生理功能尚待进一步阐明[45]。

3) 多发性骨髓瘤中常见的可变剪接

在多发性骨髓瘤中,发现 *HAS1* 基因存在 3 种异常的可变剪接体:*HAS1Va*、HAS1Vb 和 HAS1Vc[46]。这些异常的可变剪接体导致终止密码子提前出现。尤其是 HAS1Vb 表达与生存率下降显著相关($P=0.001$)[46]。进一步研究发现,*HAS1* 基因在 MM 中还存在新的可变剪接体——HAS1Vd[47]。

在多发性骨髓瘤中,*CD44* 介导肿瘤细胞和基质的结合并调控 IL-6 的表达。在 38 名多发性骨髓瘤患者中检测 *CD44* 的异常剪接体,发现 36% 的患者存在异常剪接体 CD44-9v,少量患者存在剪接体 CD44-3v、CD44-4v、CD44-6v 和 CD44-10v[48]。

血液肿瘤中存在的异常可变剪接远不止这些，更多的信息获取需要依赖转录组研究的挖掘、进一步的实验分析和临床样本的验证。

6.3.3 异常可变剪接与血液肿瘤的精准医疗

1）帮助疾病诊断和预后判断

DLBCL 是一种高度恶性的血液肿瘤，生存率低。除采用利妥昔单抗、环磷酰胺、多柔比星、长春新碱和泼尼松（R-CHOP）联合化疗外，目前并无更有效的疗法。研究表明，DLBCL 患者中存在大量异常可变剪接[49]，将其作为分子标志物运用于 DLBCL 的诊断和预后评估，有望对患者进行进一步精确分类、个体化用药和治疗。

多个研究表明，*CD44* 基因的可变剪接与 DLBCL 的预后分期高度相关[49]。大多数 *CD44* 异常剪接的高表达与较差的预后相关，但 CD44-6v 剪接体与较高的生存率相关。此外，*PKC-β* Ⅱ的可变剪接也与 DLBCL 的预后相关。

在 70% 以上的 AML 患者中均存在 *NOTCH2* 和 *FLT3* 基因的异常剪接体[50]。这些剪接体与疾病状态紧密关联，尤其是 *NOTCH2* 异常剪接体与患者的总体生存率呈显著相关[50]。鉴于这两个基因的异常剪接体在 AML 中出现的频率较高，可考虑将其作为疾病诊断的分子标志物。同时 *NOTCH2* 异常剪接体有望成为治疗的新靶点。

2）指导用药

在药物敏感性方面，PKC-β Ⅱ膜蛋白与 CD44H 蛋白可作为潜在分子标志物。当 DLBCL 患者采用含多柔比星的化疗时，PKC-β Ⅱ膜蛋白可预测完全缓解率降低[51, 52]。对于表达 CD44H 蛋白的患者，采用 CHOP 治疗可预测总生存期和无事件生存期降低，而采用 R-CHOP 治疗时则无法预测。

CD20 是表达于 B 细胞谱系的特异性标志蛋白。研究人员在多种 B 细胞恶性疾病中发现 CD20 存在一种截短的异常剪接体 δCD20，该异常剪接体与利妥昔单抗耐药相关[53]。

3）作为血液肿瘤治疗的潜在靶标

对于可变剪接异常引起的血液肿瘤，可考虑从 RNA 和蛋白质两个水平干扰其表达，使其恢复到正常水平，达到治疗效果。

针对异常可变剪接设计针对性的反义寡核苷酸（antisense oligonucleotides，ASO）并进行化学修饰，可靶向敲低异常可变剪接[见图 6-2（a）]。这一策略已经用于治疗迪谢内肌营养不良，通过 ASO 诱导跳过某外显子或清除带突变的外显子以中和异常。此外，miRNA 也可用于靶向清除异常剪接的转录本[见图 6-2(b)]。由于 miRNA 是细胞内的天然产物，用于治疗产生的免疫排斥较小。在蛋白质水平，也可根据异常可变剪接翻译的蛋白质发展相应的抗体进行肿瘤细胞特异性治疗。

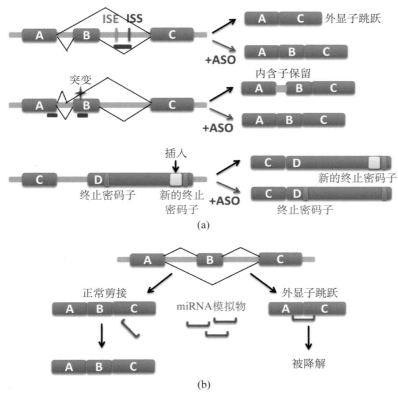

(a)

(b)

图 6-2　靶向异常剪接体的治疗策略

(a) 利用 ASO 纠正异常剪接，ISE 和 ISS 为可变剪接的调控元件；(b)利用 miRNA 靶向异常剪接体，引入靶向外显子连接处的 miRNA 模拟物能够降解相应的转录本(图片修改自参考文献[54])

因此，对血液肿瘤进行全转录组分析，有助于鉴定全部的异常可变剪接，并进一步确定致病的异常剪接。针对致病性异常剪接，开发针对性的 ASO、抗体等靶向治疗药物，有望改善疗效，显著改善血液肿瘤患者的生存现状。

6.4　基于 RNA-Seq 的免疫组库分析

在造血干细胞向 T、B 淋巴细胞分化、发育的过程中，T 细胞受体(T cell receptor，*TCR*)和免疫球蛋白(immunoglobulin，*IG*)基因的可变区(V)和结合区(J)基因可发生重排,即两个距离很远的片段重新排列在一起,形成新的功能性的基因片段。由于复杂的重排机制带来 TCR 或 IG 抗原受体区域丰富的基因多样性,人体内几乎每个淋巴细胞都有序列特异的 *TCR* 或 *IG* 基因片段,这些不同基因片段的集合称为免疫组库(immune repertoire,IR)。正常人的免疫组库具有丰富的多样性,在免疫应答、自身免疫病或肿瘤发生时,可以发生免疫组库多样性的减低或缺失。理论上,淋系恶性肿瘤起源自同一个恶变的淋巴细胞,所有肿瘤细胞具有相同的 V-(N)-D-(N)-J 基因序列。因此,可以将 *IG/TCR* 基因重排的克隆性和肿瘤细胞特征性的重排基因序列作为淋巴细胞肿瘤的分子标志物。

早期用酶切或片段长度多态性分析的方法检测 *IG/TCR* 基因重排克隆性,存在分辨力低、不能直接得到序列结果等缺点。现在用 NGS 技术可以测定标本中每一个细胞的 *IG/TCR* 基因序列,从而实现真正的免疫组库分析。NGS 免疫组库分析可有效提高检测的适用性和检测灵敏度,并有助于确定患者特征性的重排基因序列,用于后续的监测。免疫组库分析可通过 DNA 或 RNA 测序进行[43],但均需用引物先扩增 *TCR* 或 *IG* 基因的 V 区及附近的基因序列,然后用扩增子测序的方法进行测序和分析。

IG/TCR 基因重排克隆性分析应用时应始终注意:①*IG/TCR* 重排是正常和肿瘤性的 B/T 细胞都必然经历的事件。当发生淋巴细胞肿瘤时,*IG/TCR* 重排的克隆性是伴随出现的现象。但在正常的免疫反应中,*IG/TCR* 基因重排后的 B/T 细胞都会出现反应性增殖,因此 *IG/TCR* 重排克隆性分析并不是特异性很强的分子指标,具有较高的假阳性率和假阴性率。②即使采用免疫组库分析,也会存在难以区分淋巴细胞肿瘤性和反应性增殖的情况。③*IG/TCR* 重排克隆性分析人员应有较深的免疫学、病理学和血液学临床知识背景,分析结果时应密切结合病理学检查、临床情况、标本采集时有无感染或自身免疫病等情况综合分析,尤其应注意区分肿瘤性的单克隆和免疫反应导致的寡克隆增生。

6.5　基于转录组技术的血液疾病非编码 RNA 研究与应用

非编码 RNA(non-coding RNA,ncRNA)又被称为"基因组中的暗物质",大多位于基因组的非编码区,被以往的研究忽视。ncRNA 根据大小分成长链 ncRNA(lncRNA)和短链 ncRNA(miRNA、piRNA、siRNA 等),前者既可通过顺式作用也可通过反式作用进行调控,后者中以 miRNA 为主要代表,主要在转录后水平对基因的表达进行调控[55]。

6.5.1 miRNA 在血液疾病发生及治疗中的作用

miRNA 通过与靶 mRNA 完全或不完全结合,抑制其翻译或直接降解该 mRNA,广泛参与细胞增殖、分化、凋亡等生理过程[55]。造血干细胞(HSC)是血液系统中各类细胞的来源,在自我增殖和各谱系分化的过程中受到微环境和各类因子的协同调控。在造血干细胞的正常生理活动中,miRNA 被证实参与到多个方面(见图 6-3),如转录因子 GATA1 可激活 miR-451 的转录,同时抑制 GATA2 的表达,促进祖细胞分化形成红细胞系[56]。

6.5.1.1 miRNA 表达异常与血液疾病相关

参与造血干细胞正常生理活动的 miRNA 若表达异常,则可能造成造血干细胞失衡,甚至进一步导致相关疾病。miR-17～92 基因簇在淋巴细胞的发育调控中有重要作用,转录因子 MYC 可与 miR-17～92 的上游位点结合而促进其表达。miR-17～92 缺失可导致 BIM 蛋白在 B 细胞中累积,从而阻止 pro-B 细胞向 pre-B 细胞发育,而 miR-17～92 高表达则可促进淋巴瘤形成[57]。定位于宿主基因 *BAALC* 内含子中的 miR-3151 表达后可抑制 *TP53* 的活性,无论是单独或是与 *BAALC* 高表达同时发生,都可促进白血病的发展[58]。

6.5.1.2 miRNA 与血液疾病精准医疗

miRNA 表达谱与部分疾病的分子分型有明确的关系。Jima 等发现对 25 个 miRNA 进行表达谱分析可区分 *ABC-DLBCL* 和 *GCB-DLBCL*,与基因表达谱方法分类的一致性超过 95%[59]。而且由于 miRNA 在石蜡包埋的病理标本中非常稳定,更易用于 DLBCL 的分子分型。

在预后方面,Avigad 等对儿童 B-ALL 的研究显示 miRNA 表达谱分析可预测复发,miR-151-5p、miR-451 低表达和 miR-1290 高表达的患者更易复发,3 种 miRNA 表达均异常的患者预后更差。miRNA 表达谱分析对初诊儿童 B-ALL 患者具有很强的预后价值,并且不受治疗方案的影响[60]。

miRNA 序列短、易合成、能够快速被吸收,将其发展成为临床靶向药物具有较高价值。除参与疾病的发生外,一些研究表明 miRNA 也能抑制疾病恶化,如 miR-34 具有抑癌基因的作用,在多种肿瘤中都有表达下调或缺失[61,62]。

综上,在明确 miRNA 与血液疾病的关系及相关机制后,miRNA 有望在血液疾病的诊断、治疗、预后中发挥重要作用。

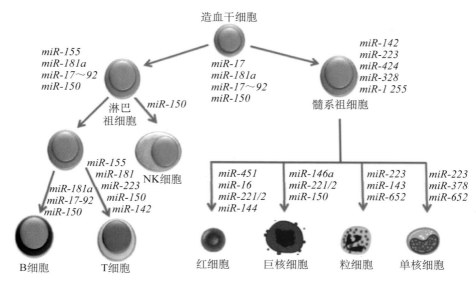

图 6-3　miRNA 调控造血干细胞的谱系分化

(图片修改自参考文献[63])

6.5.2　lncRNA 在血液系统中的作用研究

lncRNA 是指长度超过 200 nt 的 ncRNA,近两年关于 lncRNA 的研究也越来越多。lncRNA 通过碱基互补配对或 RNA 折叠所形成的结构域与 DNA、RNA、蛋白质等分子相互作用,调控关键基因的表达,从而在调控造血干细胞谱系分化和相关血液疾病的发生与发展中起重要作用[64]。

在造血干细胞分化的过程中,lncRNA 可通过改变染色质构象、表观遗传修饰等方式激活癌基因或抑制抑癌基因的表达,参与白血病等恶性血液系统疾病的发生[65]。Luo 等通过对纯化的造血干细胞进行深度测序和转录组分析,发现了 323 个从未报道过的 lncRNA。通过对比它们在分化谱系中的表达情况,发现 159 个 lncRNA 在造血干细胞中表达水平较高,其中一些可能在造血干细胞中特异性表达。这些 lncRNA 基因与蛋白编码基因具有类似的表观遗传特征,包括 DNA 甲基化对其表达的调控过程,并且通过敲低特异性表达于造血干细胞的两个 lncRNA 发现其对造血干细胞自我更新和谱系分化发育具有不同的影响[64]。鉴于造血细胞的发育与成熟是由多个复杂的因素共同调控的，是一个复杂的生命过程，lncRNA 在造血干细胞自我更新和分化过程中的作用还有待更深入的了解。

6.5.3　其他非编码 RNA 在血液疾病中的研究

RNA 不仅仅是 DNA 与编码蛋白之间的信使，而且在细胞中扮演了各种各样的角色。研究人员发现了大量的非常规 RNA，其中一些长度意想不到地短，一些则长到令人惊讶，而另一些则颠覆常规，具有阻止其他 RNA 链翻译形成蛋白质的功能。

环状 RNA 是细胞中数量最多的非编码 RNA 之一。不同于线性 RNA，环状 RNA不容易遭受 RNA 降解酶的降解，具有异常高的化学稳定性。这种稳定性使得环状 RNA 成为能够促进疾病诊断的潜在分子标志物和治疗靶标。Pandolfi 等揭示了在白血病中环状 RNA 也与蛋白质一样受到肿瘤中基因组重排的影响，从而导致异常融合，这些融合环状 RNA 会促进肿瘤生长和发展，在白血病中发挥重要作用[66]。

除此以外，在血液疾病发生发展过程中必定还有很多非编码 RNA 有待发现和研究，相信在不久的将来非编码 RNA 会为血液疾病的诊断和治疗带来更多思考和启发。

参考文献

［1］ Castagnetti F，Gugliotta G，Breccia M，et al. Long-term outcome of chronic myeloid leukemia patients treated frontline with imatinib［J］. Leukemia，2015，29(9)：1823-1831.

［2］ 中华医学会血液学分会实验诊断学组，中国慢性髓性白血病联盟专家组. 中国慢性髓性白血病诊疗监测规范(2014 年版)［J］. 中华血液学杂志，2014，35(8)：781-784.

［3］ Coombs C C，Tavakkoli M，Tallman M S. Acute promyelocytic leukemia：where did we start，where are we now，and the future［J］. Blood Cancer J，2015，5：e304.

［4］ Wang Z Y，Chen Z. Acute promyelocytic leukemia：from highly fatal to highly curable［J］. Blood，2008，111(5)：2505-2515.

［5］ Dos Sanfos G A，Kats L，Pandolfi P P. Synergy against PML-RARa：targeting transcription，proteolysis，differentiation，and self-renewal in acute promyelocytic leukemia［J］. J Exp Med，2013，210(13)：2793-2802.

［6］ 刘红星. 肿瘤突变组研究进展和靶向鸡尾酒疗法的美好前景［J］. 中国处方药，2013，11(4)：38-41.

［7］ Swerdlow S H，Campo E，Pileri S A，et al. The 2016 revision of the World Health Organization classification of lymphoid neoplasms［J］. Blood，2016，127(20)：2375-2390.

［8］ Arber D A，Orazi A，Hasserjian R，et al. The 2016 revision to the World Health Organization classification of myeloid neoplasms and acute leukemia［J］. Blood，2016，127(20)：2391-2405.

［9］ 刘红星,朱平,张英,等.聚合酶链反应阵列同时定量检测 37 种白血病融合基因［J］.中华医学杂志,2007,87(8)：7.

［10］ 张阳,刘红星.Ph 样急性淋巴细胞白血病的分子遗传学进展：第 56 届美国血液学会年会报道［J］.白血病·淋巴瘤,2015,24(2)：74-78.

［11］ Dupain C，Harttrampf A C，Urbinati G，et al. Relevance of fusion genes in pediatric cancers：toward precision medicine［J］. Mol Ther Nucleic Acids，2017，6：315-326.

［12］ Winters A C,Bernt K M. MLL-rearranged leukemias-an update on science and clinical approaches［J］. Front Pediatr，2017，5：4.

［13］ Appiah-Kubi K，Lan T，Wang Y，et al. Platelet-derived growth factor receptors（PDGFRs）fusion genes involvement in hematological malignancies［J］. Crit Rev Oncol Hematol，2017，109：20-34.

［14］ Wen H，Li Y，Malek S N，et al. New fusion transcripts identified in normal karyotype acute myeloid leukemia［J］. PLoS One，2012,7(12)：e51203.

［15］ Alizadeh A A，Eisen M B，Davis R E，et al. Distinct types of diffuse large B-cell lymphoma identified by gene expression profiling［J］. Nature，2000,403(6769)：503-511.

［16］ Weinhold N，Heuck C J，Rosenthal A，et al. Clinical value of molecular subtyping multiple myeloma using gene expression profiling［J］. Leukemia，2016,30(2)：423-430.

［17］ Abraham A，Varatharajan S，Karathedath S，et al. RNA expression of genes involved in cytarabine metabolism and transport predicts cytarabine response in acute myeloid leukemia［J］. Pharmacogenomics，2015,16(8)：877-890.

［18］ Rahgozar S，Moafi A，Abedi M,et al. mRNA expression profile of multidrug-resistant genes in acute lymphoblastic leukemia of children，a prognostic value for ABCA3 and ABCA2［J］. Cancer Biol Ther，2014,15(1)：35-41.

［19］ Goldberg L，Tijssen M R，Birger Y，et al. Genome-scale expression and transcription factor binding profiles reveal therapeutic targets in transgenic ERG myeloid leukemia［J］. Blood，2013,122(15)：2694-2703.

［20］ Hinai A A，Valk P J. Review：Aberrant EVI1 expression in acute myeloid leukaemia［J］. Br J Haematol，2016,172(6)：870-878.

［21］ Garza-Veloz I，Martinez-Fierro M L，Jaime-Perez J C，et al. Identification of differentially expressed genes associated with prognosis of B acute lymphoblastic leukemia［J］. Dis Markers，2015,2015：828145.

［22］ Gao X，Lin J，Gao L，et al. High expression of c-kit mRNA predicts unfavorable outcome in adult patients with t(8;21) acute myeloid leukemia［J］. PLoS One，2015,10(4)：e0124241.

［23］ Aref S，Ibrahim L，Morkes H，et al. Meningioma 1（MN1）expression：refined risk stratification in acute myeloid leukemia with normal cytogenetics（CN-AML）［J］. Hematology，2013,18(5)：277-283.

［24］ Falantes J F，Trujillo P，Piruat J I，et al. Overexpression of GYS1，MIF，and MYC is associated with adverse outcome and poor response to azacitidine in myelodysplastic syndromes and acute myeloid leukemia［J］. Clin Lymphoma Myeloma Leuk，2015,15(4)：236-244.

［25］ Amini A，Ghaffari S H，Mortazai Y，et al. Expression pattern of hTERT telomerase subunit gene in different stages of chronic myeloid leukemia［J］. Mol Biol Rep，2014,41(9)：5557-5561.

［26］ Baerlocher G M，Oppliger Leibundgut E，Ottmann O G，et al. Telomerase Inhibitor Imetelstat in Patients with Essential Thrombocythemia［J］. N Engl J Med，2015,373(10)：920-928.

[27] Tefferi A. Telomerase inhibitor imetelstat in essential thrombocythemia and myelofibrosis [J]. N Engl J Med, 2015,373(26): 2580-2581.

[28] Na I K, Kreuzer K A, Lupberger J, et al. Quantitative RT-PCR of Wilms tumor gene transcripts (WT1) for the molecular monitoring of patients with accelerated phase bcr/abl+CML [J]. Leuk Res, 2005,29(3): 343-345.

[29] Willasch A M, Gruhn B, Coliva T, et al. Standardization of WT1 mRNA quantitation for minimal residual disease monitoring in childhood AML and implications of WT1 gene mutations: a European multicenter study [J]. Leukemia, 2009,23(8): 1472-1479.

[30] 张阳,刘红星. Ph样急性淋巴细胞白血病的分子遗传学进展：第56届美国血液学会年会报道 [J].白血病·淋巴瘤,2015,24(2): 74-78.

[31] Lilljebjorn H, Henningsson R, Hyrenius-Wittsten A, et al. Identification of ETV6-RUNX1-like and DUX4-rearranged subtypes in paediatric B-cell precursor acute lymphoblastic leukaemia [J]. Nat Commun, 2016,7: 11790.

[32] Rosenwald A, Wright G, Chan W C, et al. The use of molecular profiling to predict survival after chemotherapy for diffuse large-B-cell lymphoma [J]. N Engl J Med, 2002,346(25): 1937-1947.

[33] Hummel M, Bentink S, Berger H, et al. A biologic definition of Burkitt's lymphoma from transcriptional and genomic profiling [J]. N Engl J Med, 2006,354(23): 2419-2430.

[34] De Paepe P, De Wolf-Peeters C. Diffuse large B-cell lymphoma: a heterogeneous group of non-Hodgkin lymphomas comprising several distinct clinicopathological entities [J]. Leukemia, 2007, 21(1): 37-43.

[35] Tilly H, Gomes da Silva M, Vitolo U, et al. Diffuse large B-cell lymphoma (DLBCL): ESMO Clinical Practice Guidelines for diagnosis, treatment and follow-up [J]. Ann Oncol, 2015,26 Suppl 5: v116-v125.

[36] Miller B G, Stamatoyannopoulos J A. Integrative meta-analysis of differential gene expression in acute myeloid leukemia [J]. PLoS One. 2010, 5(3): e9466.

[37] Hecht A, Nowak D, Nowak V, et al. A molecular risk score integrating BAALC, ERG and WT1 expression levels for risk stratification in acute promyelocytic leukemia [J]. Leuk Res, 2015,39 (11): 1172-1177.

[38] Visani G, Ferrara F, Di Raimondo F, et al. Low-dose lenalidomide plus cytarabine induce complete remission that can be predicted by genetic profiling in elderly acute myeloid leukemia patients [J]. Leukemia, 2014,28(4): 967-970.

[39] Scott D W, Wright G W, Williams P M, et al. Determining cell-of-origin subtypes of diffuse large B-cell lymphoma using gene expression in formalin-fixed paraffin-embedded tissue [J]. Blood, 2014,123(8): 1214-1217.

[40] Yang J, Zeng Y. Identification of miRNA-mRNA crosstalk in pancreatic cancer by integrating transcriptome analysis [J]. Eur Rev Med Pharmacol Sci, 2015,19(5): 825-834.

[41] Adamia S, Haibe-Kains B, Pilarski P M, et al. A genome-wide aberrant RNA splicing in patients with acute myeloid leukemia identifies novel potential disease markers and therapeutic targets [J]. Clin Cancer Res, 2014,20(5): 1135-1145.

[42] Taskinen M, Chen P, Karjalainen-Lindsberg M L, et al. Global profiling of outcome associated alternative splicing events and gene expression in diffuse large B-cell lymphoma [J]. Blood, 2013,122(21): 75.

[43] Rekers N H, Moesbergen L M, Hijmering N J, et al. Imbalance in alternative splicing of MCL-1 inhibits apoptosis in diffuse large B-cell lymphoma [J]. Blood, 2014,124(21): 5424.

[44] Robichaud G A, Nardini M, Laflamme M, et al. Human Pax-5 C-terminal isoforms possess distinct transactivation properties and are differentially modulated in normal and malignant B cells [J]. J Biol Chem, 2004,279(48): 49956-49963.

[45] Arseneau J R, Laflamme M, Lewis S M, et al. Multiple isoforms of PAX5 are expressed in both lymphomas and normal B-cells [J]. Br J Haematol, 2009,147(3): 328-338.

[46] Adamia S, Reiman T, Crainie M, et al. Intronic splicing of hyaluronan synthase 1 (HAS1): a biologically relevant indicator of poor outcome in multiple myeloma [J]. Blood, 2005,105(12): 4836-4844.

[47] Kriangkum J, Warkentin A, Belch A R, et al. Alteration of introns in a hyaluronan synthase 1 (HAS1) minigene convert Pre-mRNA [corrected] splicing to the aberrant pattern in multiple myeloma (MM): MM patients harbor similar changes [J]. PLoS One, 2013,8(1): e53469.

[48] Stauder R, Van Driel M, Schwarzler C, et al. Different CD44 splicing patterns define prognostic subgroups in multiple myeloma [J]. Blood, 1996,88(8): 3101-3108.

[49] Østergaard Poulsen M, Krogh Jørgensen L, Sørensen S, et al. Alternative pre-mRNA splicing leads to potential biomarkers in diffuse large B-cell lymphoma-a systematic review[J]. Dan Med J,2016, 63(3): A5206.

[50] Adamia S, Bar-Natan M, Haibe-Kains B, et al. NOTCH2 and FLT3 gene mis-splicings are common events in patients with acute myeloid leukemia (AML): new potential targets in AML [J]. Blood, 2014,123(18): 2816-2825.

[51] Wei X, Xu M, Wei Y, et al. The addition of rituximab to CHOP therapy alters the prognostic significance of CD44 expression[J]. J Hematol Oncol, 2014, 7: 34.

[52] Espinosa I, Briones J, Bordes R, et al. Membrane PKC-beta 2 protein expression predicts for poor response to chemotherapy and survival in patients with diffuse large B-cell lymphoma[J]. Ann Hematol, 2006, 85(9): 597.

[53] Henry C, Deschamps M, Rohrlich P S, et al. Identification of an alternative CD20 transcript variant in B-cell malignancies coding for a novel protein associated to rituximab resistance [J]. Blood, 2010,115(12): 2420-2429.

[54] Adamia S, Pilarski P M, Bar-Natan M, et al. Alternative splicing in chronic myeloid leukemia (CML): a novel therapeutic target? [J]. Curr Cancer Drug Targets, 2013,13(7): 735-748.

[55] Sarkar F H, Li Y, Wang Z, et al. Implication of microRNAs in drug resistance for designing novel cancer therapy [J]. Drug Resist Updat, 2010,13(3): 57-66.

[56] Dore L C, Amigo J D, Dos Santos C O, et al. A GATA-1-regulated microRNA locus essential for erythropoiesis [J]. Proc Natl Acad Sci U S A, 2008,105(9): 3333-3338.

[57] Musilova K, Mraz M. MicroRNAs in B-cell lymphomas: how a complex biology gets more complex [J]. Leukemia, 2015,29(5): 1004-1017.

[58] Eisfeld A K, Schwind S, Patel R, et al. Intronic miR-3151 within BAALC drives leukemogenesis by deregulating the TP53 pathway [J]. Sci Signal, 2014,7(321): ra36.

[59] Jima D D, Zhang J, Jacobs C,et al. Deep sequencing of the small RNA transcriptome of normal and malignant human B cells identifies hundreds of novel microRNAs [J]. Blood, 2010,116(23): e118-127.

[60] Avigad S, Verly I R, Lebel A,et al. miR expression profiling at diagnosis predicts relapse in

pediatric precursor B-cell acute lymphoblastic leukemia [J]. Genes Chromosomes Cancer，2016，55(4)：328-339.

[61] Salzman D W，Nakamura K，Nallur S，et al. miR-34 activity is modulated through 5′-end phosphorylation in response to DNA damage [J]. Nat Commun，2016，7：10954.

[62] Ward C M，Li B，Pace B S. Stable expression of miR-34a mediates fetal hemoglobin induction in K562 cells [J]. Exp Biol Med (Maywood)，2016,241(7)：719-729.

[63] Lawrie C H. MicroRNAs in hematological malignancies [J]. Blood Rev，2013,27(3)：143-154.

[64] Luo M，Jeong M，Sun D，et al. Long non-coding RNAs control hematopoietic stem cell function [J]. Cell Stem Cell，2015,16(4)：426-438.

[65] Han B W，Chen Y Q. Potential pathological and functional links between long noncoding RNAs and hematopoiesis [J]. Sci Signal，2013,6(289)：re5.

[66] Guarnerio J，Bezzi M，Jeong J C，et al. Oncogenic role of fusion-circRNAs derived from cancer-associated chromosomal translocations [J]. Cell，2016,165(2)：289-302.

7

转录组学在自身免疫病和
代谢性疾病诊疗中的应用

    自身免疫病是指机体免疫系统针对自身抗原发生免疫反应导致自身组织损害所引起的疾病。根据受累组织器官的不同可分为系统性自身免疫病(如系统性红斑狼疮)和器官特异性自身免疫病(如 1 型糖尿病)。自身免疫病大多数病因复杂,临床表现多样,且缺乏特异的临床诊断和治疗手段。自身免疫病的特点是自体免疫系统对自身抗原成分失去免疫耐受,从而导致免疫效应细胞(T 细胞、B 细胞)异常活化,产生大量针对不同抗原成分的自身抗体和促炎性细胞因子。自身免疫病的发病与遗传因素和环境诱因有密切的关系。近年来,应用基因组学分析技术已发现近百个与自身免疫病相关的易感基因,不同的易感基因可参与对不同免疫反应通路的调节,而易感基因的表达异常可能导致免疫反应失调进而发生自身免疫反应。目前已证实易感基因中存在的单核苷酸变异位点(SNV)与个体对疾病的易感性高度相关,且受到环境因子的调节。

    代谢性疾病是一类因代谢异常或代谢紊乱引起的疾病,包括代谢障碍、代谢旺盛等原因。代谢性疾病包括一大类与细胞能量代谢相关的疾病,如 2 型糖尿病、肥胖、蛋白质-能量营养不良、维生素 A 缺乏症等。大部分代谢性疾病都与遗传因素相关。

    近年来,随着人类基因组计划的完成,对疾病相关基因的研究得到快速发展。从转录组水平上研究基因的差异表达、调控及功能对疾病的病因学、疾病的精准诊断和治疗都有重要意义。本章将对转录组学在几种常见的自身免疫病以及代谢性疾病研究中的应用进行详细介绍。

7.1 转录组学在系统性红斑狼疮诊疗中的应用

7.1.1 系统性红斑狼疮概述

系统性红斑狼疮（systemic lupus erythematosus，SLE）是经典的系统性自身免疫病。其特点是免疫系统对自身核抗原免疫耐受的缺失，异常 T、B 细胞反应和大量自身抗体的产生，疾病复发和缓解交替并伴随多器官累及。血清中多种自身抗体的形成、补体系统的过度激活以及脏器内免疫复合物的沉积是导致 SLE 患者组织器官损伤的重要原因。本病发病率为（20～150）/10 万，而我国 SLE 的患病率约为1/1 000。SLE 好发于育龄期女性，男女的患病率之比约为 1：9[1]。

SLE 的临床表现具有高度异质性，不同患者表现出不同的临床症状和实验室特征。90％以上的患者血清中存在高滴度的抗核抗体（ANA）。大多数患者都有重要器官累及，包括肾脏、脑、心血管、关节和皮肤等。狼疮性肾炎（LN）是系统性红斑狼疮最常见的并发症，是 SLE 的重要死亡原因之一。虽然在过去 30 年里 SLE 的生存率显著改善，但其病死率仍然显著高于一般人群。

7.1.2 系统性红斑狼疮的病因学及发病机制

系统性红斑狼疮发病机制复杂，涉及清除免疫复合物和核碎片的缺陷、先天免疫系统的过度活化，涉及 Toll 样受体和Ⅰ型干扰素（IFN）以及异常淋巴细胞活化。然而系统性红斑狼疮的病因仍不清楚，普遍认为是多基因之间的相互作用、遗传因素和环境因素共同导致的。

随着人类基因组计划的完成及功能基因组分析技术的迅速发展，对 SLE 的病因学研究也取得了很大进展，其中最为重要的是发现了 SLE 的多基因遗传特性以及多个 SLE 易感基因。目前研究认为在 SLE 患者基因组中多个风险等位基因的累积效应可以使免疫系统对自身抗原更加敏感，当受到某些环境因素触发时，可使免疫系统对自身抗原失去耐受，从而启动针对自身抗原的免疫反应，导致自身抗体产生并引发一系列病理性免疫反应[2]。从基因和转录组水平上深入探讨基因与疾病之间的关系及其转录调控机制，对于 SLE 的精准诊断和治疗有重要意义。

7.1.3　系统性红斑狼疮易感基因的研究

SLE 是一个多基因遗传的自身免疫病,寻找 SLE 疾病基因组中参与自身免疫反应的遗传标记是 SLE 病因学研究的重要课题。近年来,高通量基因组分析技术在 SLE 易感基因的研究中得到广泛应用。在不同人群中针对大量 SLE 患者和正常人的全基因组关联分析(genome-wide association study,GWAS)已发现了近 50 个与 SLE 高度关联的风险位点(risk loci)及等位基因(见表 7-1),包括 *IRF5*、*IRF7*、*IRAK1*、*TNFAIP3*、*TNIP1*、*IFIH1*、*TYK2* 等[3-5]。其中大多数 SLE 风险等位基因参与自身免疫反应的调节,如抗原加工和抗原提呈(*HLA-DR*、*HLA-DQ*),免疫效应细胞活化(*IRF5*、*ITGAM*),以及促炎性细胞因子通路的激活(*STAT4/STAT1*、*TLR*、*TNFAIP3*、*BLK*)等[6, 7]。其中,中国学者通过对 12 000 多名汉族 SLE 患者以及健康对照者的研究,不但验证了在其他人种发现的 SLE 易感基因(*BLK*、*IRF5*、*STAT4*、*TNFAIP3*、*TNFSF4*、*HLA-D*),而且发现了 9 个新的易感基因位点(*ETS1*、*IKZF1*、*RASGRP3*、*SLC15A4*、*TNIP1* 等)。该项研究首次通过遗传学研究证实了 SLE 发病机制中的遗传危险因素在不同人种间具有相同和不同的易感基因[8]。

表 7-1　系统性红斑狼疮易感基因

基　因	染色体定位	变异位点
C1q	1p36.12	缺失
FCGR2A	1q23.3	rs1801274
FCGR3A	1q23.3	F176V
FCGR3B	1q23.3	拷贝数变异
FCGR2B	1q23.3	
ARID5B	10q21	
AFF1	4q21	
ITGAM	16p11.2	rs1143679
CD80	3q13	
CD44/PDHX	11p13	
CDKN1B	12p13	
CLEC16A	16p13.13	

（续表）

基　　因	染色体定位	变异位点
ELF1	13q13	
TNFSF4	1q25.1	rs2205960
PTPN22	1p13.2	rs2476601
CRP	q32.2	rs3093061
IL10	1q31.1	rs3024505
IL21	4q26-q27	
RASGRP3	2p22.3	rs13385731
STAT4	2q32.2	rs7574865
PDCD1	2q37.3	PD1.3G/A
PXK	3p14.3	rs2176082
TYK2	19p13	
ICAM1/4/5	19p13	
IFIH1	2q24	
LYN	8q13	
BANK1	14q24	rs10516487
TNIP1	5q33.1	rs7708392
PTTG1	5q33.3	rs2431099
PRKCB	16p11.2	
HLA-DRB1	6p21.3	单倍型
ATG5	6q21	rs2245124
PRDM1	6q21	
C2	6p21.32	缺失
C4	6p21.32	拷贝数变异
TNF-α	6p21.31	rs361525
TET3	2p13	
UHRF1BP1	6p21.31	rs11755393
TNFAIP3	6q23.3	rs6920220
TMEM39A	3q13.33	
IKZF1	7p12.2	rs4917014
IKZF3	17q21	

（续表）

基　因	染色体定位	变异位点
JAZF1	7p15.1	rs849142
IRF5	q32.1	rs10954213
IRF8	16q24	
BLK	8p23.1	rs2736340
WDFY4	10q11.22	rs1913517
IRF7	11p15.5	rs4963128
DDX6	11q23.3	rs503425
ETS1	11q24.3	rs6590330
SLC15A4	12q24.32	rs1385374
UBE2L3	22q11.27	rs575421
MECP2 / IRAK1	Xq28	rs2269368
CSK	15q24.1	rs34933034
XKR6	8p23.1	
DRAM1	12q23	

在目前发现的与 SLE 易感性高度相关的风险基因位点中,人类白细胞抗原(human leukocyte antigen,HLA)基因变异与 SLE 的相关性最为显著,这已在对不同种族人群的 GWAS 研究中得到证实[9, 10]。HLA 基因是人类的主要组织相容性复合体(major histocompatibility complex,MHC),位于 6 号染色体上(6p21.31),包括一系列紧密连锁的基因座,参与免疫识别、免疫耐受和免疫激活等重要的免疫反应。其中 HLA-D 基因区域(主要是 HLA-DR 和 HLA-DQ)的多态性与 SLE 易感性和多种自身抗体的产生高度相关。

HLA-DR 和 HLA-DQ 基因属 MHC Ⅱ类分子,主要在抗原提呈细胞(树突状细胞、单核巨噬细胞)中表达,参与抗原提呈及 T 细胞活化的信号转导。在自身免疫病发病过程中,抗原加工和提呈功能异常是诱导自身免疫反应的一个重要环节。从发病早期 SLE 患者体内分离的 T 细胞可以识别多种自身抗原,提示自身免疫反应的启动可能是由于 HLA-D 抗原提呈功能异常导致免疫系统对自身抗原失去免疫耐受,进而发生自身免疫性 T 细胞激活,产生针对自身抗原的免疫反应。HLA 基因调控区域的序列变异可以影响调控元件(如启动子、增强子等)与转录因子的结合,从而更大范围地调控 MHC Ⅱ类分子的表达,进而影响自身抗原的提呈过程[11, 12]。简而言之,MHC Ⅱ类分子的功能性变异位点可能通过改变抗原提呈细胞的抗原提呈功能，进而在自身免疫病的发病过程中起关键性作用。

7.1.4 系统性红斑狼疮相关基因的转录组研究

在 SLE 发病过程中，免疫效应细胞和受累组织中的基因表达异常与疾病发生发展有密切关系。应用高通量基因表达谱芯片或转录组测序技术，已发现一系列 SLE 特异性差异表达基因（见表 7-2）及其参与调节的分子通路（见图 7-1）。这些发现对了解 SLE 发病的分子机制，寻找新的分子标志物和治疗靶标发挥了重要作用[13, 14]。

表 7-2　基于基因表达谱芯片的 SLE 转录组研究结果

RNA 来源	样本组比较	差异表达基因	代谢通路
外周血单核细胞	狼疮与正常人	*STAT 1*，*MX-1*，*ISGF-3*，*TNFR6*，*CD54*，*CD69*，*FCAR*，*FCRγIIA*，*FCRγI*，*IL-1β*，*IL-1RII*，*MAPK3K-8*，*IL-6*，*LCK*，*TCRδ*，*TCRβ*	干扰素通路（疾病严重程度相关）
外周血单核细胞	儿童狼疮与幼年慢性关节炎	*HepCp44*，*MX1*，*MX2*，*TRAIL*，*XAF1*，*XIAPAF1*，*ISG15*，*Cig49*，*TRIP14*，*MPO*，弹性蛋白酶基因，*F2RPA*，防御素 3 基因	干扰素通路
外周血单核细胞	狼疮与正常人	*IFN-ω*，*IFIT1*，*IFIT2*，*IFIT4*，*OAS1*，*OAS2*，*OASL*，*LY6E*，*TCRα*，*TCRδ*，*Zap70*	干扰素通路
外周血单核细胞	活动狼疮与非活动狼疮	活动标记：*TNFRII*，*TACE*，*CKRL-2*，*CD40*，*CD27*，*NT-4*，*NT3*，*TIMP-4*	黏附分子，蛋白酶，肿瘤坏死因子-α 超家族，中性粒细胞因子
外周血	狼疮与正常人	*CASP3*，*CASP4*，*CASP 6*，*CASP10*，*OPA1*，*p38MAPK*，*AKT*；*ERCC2*，*ERCC 5*，*ATP6*，*COX1*，*COX3*，*ND1*，*ND2*	凋亡，线粒体 DNA-编码 ATP 合成，DNA 修复相关基因
外周血单核细胞	狼疮，类风湿关节炎与未发病一级亲属	*ADAR*，*FRDA*，*CSTF 2*，*DC1*，*CD8A*，*E1B-AP5*，*MJD*，*BMP8*	自身免疫相关基因
外周血单核细胞	狼疮与对照组	*IFI35*，*IFIT1*，*IFIT3*，*IFITM1*，*MX1*，*OAS1*，*STAT1*，*STAT2*，*CCL2*，*CXCL1*，*SOCS1*，*SOCS3CCL3*，*C C R 1*，*CD163*，*F C G R 1A*，*IL-1R2*，*IL-1B*，*IL-1RN*，*IL-8*，*NFAT5*，*TRA*，*MAP2K3*，*MAP2K6*，*SMAD3*，*FCGR2A*，*FCGR2B*，*NFKBIACDKN1C*，*CDK1A*，*DUSP1*，*EP300*，*FOS*，*JUN*，*PRKACA*，*PRKACBSLP1*	干扰素通路，炎症免疫反应，细胞增殖与分化，蛋白折叠

（续表）

RNA 来源	样本组比较	差异表达基因	代谢通路
外周血单核细胞	活动狼疮与对照组	CAMP，GGT1，LCN2，S100A12，LAP3，DEFA4，CEACAM8，FCAR，DEFA1 IFI27，TRIM22，OAS3，IFI44，OAS2，OAS1，BAL，IFIT1，STAT1，PRKR，FCGR1A：EIF1AY，RPS4Y1，EMP3，RPS2	粒细胞标记，Ⅰ型干扰素诱导蛋白
CD4⁺T 细胞	活动狼疮与对照组	LY6E，C1orf29，IFI27，RP42，IFI44，MX1，PRKR，OAS2，LTB，LAT，IFIT1，STAT1，MIF，OAS 1，YWHAZ：CYP4A11，NAB2，ERCC5，TAF3，ATP8B2，ZNF342，BNIP3L，CTF1	CD4⁺T细胞标记
CD14⁺单核细胞	活动狼疮与活动性血管炎，对照组	OAS3，PARP14，EPSTI1，MX1，OAS2，IFIT3，CXCL10，NEXN，STAT1，IFIT1，RP42，IFI27，OAS1，CCL2HP，ORM1，CLU，FCGR1A，HSPCO47，RGC32，ARL4A，DEFA1	干扰素诱导基因，急性反应期元件
CD8⁺T 细胞	狼疮，血管炎与对照组	BCL2，CD27，SELL，CCR7，CD44 分化相关基因：ITGA2，NOTCH1，PTPN22	预后不良标记：IL-7R通路，T 细胞受体信号通路，记忆T 细胞相关基因
B 细胞	非活动性狼疮与健康人	MOXD1，RRM2，TYMS，SAR1A，SLC44A1，AQP3，PMEPA1，TRAF3IP2，TLR10，CD1c	IL-4 标记，内质网功能相关基因
血小板	狼疮与健康人	IFI27，CD58，PRKRA，G1P3，CD69，IFITM1，OAS1，STAT1，LY6E，IGNGR1，IFI44L，IFI16，IFITM3，IRF2	Ⅰ型干扰素诱导蛋白
滑膜	狼疮关节炎与类风湿关节炎，骨关节炎	IFI44L，cig5，GIP2，IFIT1，MX1，IFIT4，IFI27，OAS 1，OAS 3，STAT 1：PCSK5，COL1A2，COL5A2，VWF，FMOD，FLRT2，COL18A1，TPM2，COL5A1	干扰素诱导基因，细胞外基质自稳定基因
肾小球	狼疮肾炎与正常人	G1P2，IFIT1，MX1，MX2，MNDA，SP100，KIAA1268，TBXA2R，ADSS，PRSS8，NCK1CD40，CD18，CD53，C3AR1，TLR2，CCL3LUM COL1A2，COL6A3，MMP7	髓系转录，细胞外基质自稳定基因，干扰素应答元件基因
肾小球	MRL/lpr 小鼠与正常小鼠	C1qa，C2，C3，F10，CCL2，CCL3，CCL5，CCL 18，CXCL 9，ITGA L，ICAM，H2-T23，Serpine1	造血干细胞系基因，补体和血凝，趋化因子，抗原性
骨髓	狼疮与骨关节炎，健康人	BCL3，ITPR1，RPL32，HLA-F，TNFRSF17，ADD3，TEAD2：PRKD1，CCR5，CRHR1，GJB3，GAP43	干扰素诱导基因，粒细胞生成标记，细胞死亡，凋亡
骨髓	活动性狼疮与非活动性狼疮	ITGB2，GRN，ELA2，PFN1，HLA-A，ANXA1，HLA-C，CXCR4，CD24，CTSW	粒细胞生成，凋亡

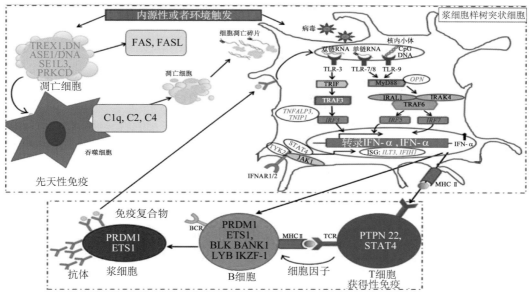

图 7-1　SLE 疾病相关基因及其分子调节通路

7.1.4.1　系统性红斑狼疮外周血细胞基因转录组分析

外周血单个核细胞(peripheral blood mononuclear cells，PBMC)因为获取方便，是 SLE 转录组学研究最常用的材料。通过分析比较 SLE 患者与正常人或其他自身免疫病患者 PBMC 基因表达谱的差异，发现一组与 I 型干扰素(IFN-α/β)信号相关的基因在 SLE 患者 PBMC 中表达异常升高，被称为干扰素标志基因(IFN signature gene)[15]。干扰素标志基因包括干扰素诱导基因(*MX1*、*IFI44*、*IFIT4*、*IFIT1*、*Ly6E*、*OAS1*、*OASL1*、*IFI27* 等)和干扰素调节基因(*IRF7*、*IRF5*、*STAT1*、*STAT2* 等)。而干扰素调节因子作为一组具有相似或相同 DNA 序列结合区域的蛋白质，是 I 型干扰素及相关细胞因子表达调控的重要转录因子。其中主要包括干扰素调节因子 5(IRF5)和信号传导及转录激活因子 4(STAT4)。干扰素标志基因不但在 SLE 患者 PBMC 中高表达，在血液各免疫细胞亚群(B 细胞、T 细胞、单核细胞和树突状细胞)中的表达也异常升高[21]。干扰素标志基因与狼疮活动性和狼疮肾炎明显相关，提示干扰素通路调节异常在 SLE 发病机制中有重要作用。对系统性红斑狼疮小鼠模型进行基因芯片研究表明，免疫复合物通过 *TLR7/9* 启动 B 细胞和 DC 细胞的活化，导致 I 型干扰素等细胞因子的产生[16]。

此外,SLE 外周血中异常表达的基因还包括粒细胞标志基因的表达升高,而线粒体 DNA 编码的 ATP 合成相关基因和 DNA 修复基因表达降低。通过对 4 组独立的 SLE 表达谱芯片数据的荟萃分析,识别出 SLE 患者 PBMC 中 37 个特异标志基因及其参与调节的代谢通路,包括干扰素通路、炎症和免疫反应通路、细胞增殖、细胞分化、蛋白质折叠等。这些基因的转录水平可区分 SLE 和健康对照[17]。

对 SLE 外周血免疫细胞亚群的转录谱分析进一步揭示了细胞特异性的基因表达与 SLE 病理过程的关系。在 SLE 患者 CD4+T 细胞中,除了 *IFN* 相关基因的高表达外,还发现与 T 细胞活化相关的基因。这些基因的启动子区都存在干扰素调节因子 IRF7 或 IRF4 的结合序列,其表达水平和 *STAT1* 的水平相关。这进一步证实 *IFN* 基因通路在 SLE 中的重要作用[18]。另外,从狼疮复发患者分离的 CD8+T 细胞基因转录组分析发现 IL-7 受体通路、T 细胞受体信号(TCR)和记忆 T 细胞基因的富集。静止期狼疮患者 B 细胞出现 *IL-4* 标记基因及内质网和蛋白折叠基因的异常表达通常意味着复发。活动期狼疮患者血液中循环浆细胞异常表达 *CXCR4* 和 *S1P1* 可能与浆细胞在循环中长期存在有关。而 I 型干扰素标志基因在 SLE 患者血小板中的表达通常伴发血管疾病。这些血小板比正常人的血小板更加活化且更易形成血栓[19]。

B 细胞活化因子(*BAFF*)基因表达的检测。用 qPCR 检测 *BAFF* mRNA 在 SLE 活动期、SLE 稳定期和正常人血液 PBMC 中的表达,发现 *BAFF* mRNA 在 SLE 患者 PBMC 中的表达显著高于正常对照,而在活动期 SLE 中的表达显著高于稳定期。*BAFF* mRNA 在狼疮肾炎患者的表达也显著高于非狼疮肾炎的患者,提示 *BAFF* 的转录水平与 SLE 的疾病活动性和器官损害相关[20]。目前针对 BAFF 的人源化单克隆抗体已被批准用于活动性狼疮和狼疮肾炎的治疗。

7.1.4.2　系统性红斑狼疮受累靶器官基因转录组分析

除了血液效应细胞外,对 SLE 受累脏器的转录组分析有可能揭示脏器损害的病理机制和分子标记。肾脏和关节是 SLE 最常受累的器官之一。对狼疮性关节炎患者关节滑膜液与类风湿关节炎和骨关节炎进行的转录组比较分析,发现狼疮性关节炎患者的滑膜液中干扰素诱导基因上调和细胞外基质修复基因下调,提示不同的病理和细胞浸润机制[21]。对狼疮肾炎活检标本的转录谱分析发现基因表达谱变异显著,提示不同的代谢通路可导致不同的肾脏损害。其中髓系细胞标志基因转录与狼疮肾炎中巨噬细胞、树突状细胞和中性粒细胞的活化相关。若在患者肾脏发现与硬化相关的纤维化基因的高表达,则提示患者有发生肾脏纤维化的风险。而干扰素反应基因在肾小球的高表达则与纤维化相关基因呈负相关[22]。在狼疮肾炎动物模型中发现补体成分、细胞因子和趋化因子受体、黏附因子、抗原提呈、凝血因子及细胞外基质相关基因异常表达,提示这些成分在狼疮肾炎病理过程中的作用。STAT4 缺陷新西兰混合(NZM)系小鼠有进展性肾炎和高水平的抗双链 DNA(dsDNA)抗体,且病死率增加,提示 STAT4 可能与狼疮性肾炎密切相关[29]。在狼疮性肾炎的易感基因中,血管紧张素转换酶(ACE)和血管紧张素原(AGT)是最具肾脏特异性的基因。荟萃分析显示,血管紧张素转换酶基因 D 和 DD 基因型可能是狼疮性肾炎的风险预测指标。促炎症细胞因子单核细胞趋化蛋白-1(MCP-1)的转录水平也被证明与狼疮性肾炎相关[23]。在亚洲人群中,整合素 αm(ITGAM)是狼疮性肾炎的危险因素且与疾病严重程度相关。此外,狼疮肾炎中炎症小体成分转录上调提示 IL-18 在内皮细胞分化和肾小球血管缺血异常调节中的作用。

7.1.4.3 系统性红斑狼疮患者骨髓血细胞基因转录组分析

骨髓作为造血和免疫调节的中心器官,在 SLE 患者中呈现出多种异常。对 SLE 患者的骨髓单核细胞转录组分析发现,参与细胞死亡、分化、信号传导、细胞生长和增殖的基因在 SLE 患者骨髓单核细胞中异常表达。事实上,骨髓单核细胞的基因转录谱比 PBMC 能更精确地区分活动性和非活动性狼疮。活动性 SLE 患者的骨髓单核细胞转录组呈现细胞凋亡和粒细胞生成的基因标志。因此在 SLE 患者 PBMC 中表现出的粒细胞生成标志基因可能起源于骨髓并随后在部分 SLE 患者外周血中扩展。SLE 患者骨髓细胞中编码中性粒细胞颗粒成分的基因上调说明 SLE 患者的自身免疫反应可能通过释放中性粒细胞颗粒而启动和持续[24]。

应用生物信息学方法对骨髓单核细胞和 PBMC 基因表达谱进行整合分析,研究人员发现了 SLE 疾病相关基因相互作用的网络。异常基因参与调节的代谢通路包括细胞生长、细胞存活(ERK、JNK、MAPK、P38MAPK 和 BCL3)和免疫反应(STAT3、NFKB、CCR5 和 BCL3),同时将 SLE 和非霍奇金淋巴瘤在分子水平上联系起来。在狼疮易感小鼠的脾脏 B 细胞中证实了激酶通路的激活(ERK1/2、SAPK/JNK、P38MAPK)以及 AKT 信号通路的活化,并发现了新的疾病基因 HSPB2 和 ITGB2[25]。总之,骨髓单核细胞和中性粒细胞参与 SLE 的病理过程,其调控的分子通路可鉴别疾病活动性和非活动性狼疮。

7.1.5　系统性红斑狼疮相关基因的转录调控

SLE 疾病相关基因在不同组织和细胞中的表达受到 DNA 序列以及表观遗传学修饰的调控。人类基因组 DNA 序列中存在大量 SNP 及插入和缺失突变。疾病易感基因中 DNA 序列的变异通过影响转录因子与基因启动子或增强子的结合而影响基因的表达。另一方面，不依赖 DNA 序列的表观遗传学修饰已被发现在 SLE 疾病基因的转录调控中发挥重要作用。表观遗传学调控包括 DNA 甲基化修饰、组蛋白修饰和 miRNA 对 mRNA 的转录后调控等。

7.1.5.1　DNA 序列变异位点对系统性红斑狼疮易感基因转录调控的影响

在 SLE 风险基因中存在大量的 DNA 序列变异位点。某些变异位点对基因的表达或功能会产生影响，称为功能性变异位点，而另一些变异位点为非功能性变异位点。为了识别 SLE 易感基因中具有潜在致病作用的功能性变异位点，Wakeland 课题组应用高通量靶向基因测序（target gene sequencing）技术对 16 个 SLE 易感基因进行了深度测序和生物信息学分析[10]。通过比较一组欧洲人 SLE 患者和正常对照风险基因中变异位点的差异，发现了一系列对 SLE 易感基因表达具有调节作用的功能性变异位点。其中一个重要的发现是，在 *HLA-D* 基因调节区的功能性变异位点可通过影响转录因子 *IRF4* 和 *CTCF* 的结合调控抗原提呈基因 *HLA-DRB1*、*HLA-DQA1* 和 *HLA-DQB1* 的表达。SLE 易感基因中的功能性变异位点通常处于关键的基因调节区域如转录因子结合位点、DNA 酶敏感区、组蛋白甲基化修饰位点、eQTL 功能位点等，并发现携带含有多个风险位点组合单倍体基因型的个体患 SLE 的风险远远大于单个 SNP。

功能性变异位点可调节邻近基因的表达或通过染色质构象改变发挥远距离的调节功能（见图 7-2）。位于同一连锁不平衡片段的多个功能性变异位点组成的单倍体（haplotype）可显著增加 SLE 患病风险。通过高通量靶向基因测序技术，有助于准确识别 SLE 易感基因中具有致病作用的功能性变异位点，并研究其调节自身免疫反应的分子机制。

7.1.5.2　DNA 甲基化修饰对系统性红斑狼疮易感基因的转录调控

DNA 甲基化异常对 SLE 发病和病理过程有重要影响。临床上发现，长期服用抑制 DNA 甲基化的药物（肼屈嗪、普鲁卡因等）可诱发狼疮样症状。正常 CD4$^+$T 细胞用甲基化抑制剂（5-氮杂胞苷）处理可使其具有自身免疫活性并诱发狼疮。已有大量研究显

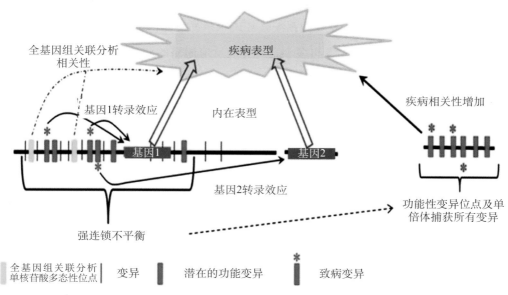

图 7-2　功能性变异位点及单倍体基因型对基因表达的调控作用

示,SLE 患者免疫细胞基因组 DNA 呈现低甲基化且与疾病活动性相关。有报道显示,CD4$^+$T 细胞的 DNA 低甲基化伴随着 IFN-Ⅰ相关基因及其他炎症反应相关基因表达升高,如 *ITGAL(CD11A)*、*CD70(TNFSF7)*、穿孔素基因、*CD40L*、*KIR*、*IL-10*、*IL-13*、*PP2A* 等[26],这说明 DNA 低甲基化与 SLE 的基因表达异常有关。最近,中南大学湘雅医院风湿病研究组对 SLE 和狼疮肾炎患者的 PBMC 进行全基因组甲基化和转录谱分析,发现在 552 个 SLE 高表达的基因中,有 333 个(65.1%)基因在转录调控序列中存在低甲基化位点,其中 9 个干扰素相关基因和 7 个 Toll 样受体(TLR)通路相关基因在SLE 和 LN 中的高表达与基因调控序列中 CpG 位点的低甲基化相关[27]。DNA 甲基化修饰通常发生在基因启动子和调节序列,通过影响转录因子的结合而调控基因表达。

7.1.5.3　组蛋白修饰对系统性红斑狼疮易感基因的转录调控

组蛋白的乙酰化和甲基化修饰可以改变局部染色质构象,使 DNA 从组蛋白解旋,使转录因子与基因调节序列结合从而影响基因的表达。在 SLE 中已发现不同的组蛋白修饰可影响不同基因的表达。SLE 患者的 CD4$^+$T 细胞以及狼疮小鼠的脾细胞普遍存在与差异表达基因相关的组蛋白 H3 和 H4 的乙酰化[28]。SLE 患者的 CD4$^+$T 细胞中也存在全基因组 H3K9 低甲基化[38]。组蛋白的修饰可调节干扰素相关基因的表达以及TNF-α、IL-12、IL-6、IL-10 和 IL-17 等促炎性细胞因子的表达。而抑制组蛋白乙酰基转移酶的活性可以减轻 SLE 小鼠的症状[29]。

7.1.5.4 miRNA 的表达及其对系统性红斑狼疮易感基因的转录调控

有研究证据显示,miRNA 参与多个自身免疫反应通路的调节。Dai 等应用 miRNA 芯片技术分析 SLE 患者外周血和狼疮肾炎活检组织中的 miRNA 表达谱,发现了多个在 SLE 患者 PBMC 和狼疮肾炎组织中差异表达的 miRNA。这些 miRNA 的异常表达可能与 SLE 的病理反应相关,如 miR-21 可通过调节 PDCD4 的表达而影响 T 细胞的功能,miR-125a 通过调控 KLF13 基因而使促炎性细胞因子 RNATES 表达升高。体外实验显示,敲除来自 SLE 患者的 CD4+T 细胞中的 miR-126 可降低其自身免疫活性和辅助 B 细胞产生抗体的能力[30]。此外,SLE 患者 T 细胞中 miR-146 的低表达与 IFN 相关基因表达升高相关。进一步研究发现,miR-146 通过作用于免疫调节通路中关键的模式识别分子——Toll 样受体 7(TLR7)影响 SLE 患者 T 细胞中 IFN-Ⅰ相关基因的表达[31]。这些发现显示,miRNA 在 SLE 的转录调节中发挥重要作用,可作为疾病的生物标志物以及治疗的靶点。

值得注意的是,miRNA 与 DNA 甲基化、组蛋白修饰和基因转录之间形成一个复杂的相互调节的网络。一方面,组蛋白修饰和 DNA 甲基化可调控 miRNA 的表达并进一步影响基因的表达。例如,在 SLE CD4+T 细胞中,miR-142 启动子区域组蛋白甲基化(H3K27me3)和 DNA 甲基化可使 miR-142-3p 和 miR-142-5p 表达降低,进而使 CD84、IL10 和应激蛋白 SAP 表达增加,从而使 SLE B 细胞和 T 细胞的反应性增强[32]。另一方面,miRNA 可通过调节甲基转移酶和乙酰化酶的活性影响 DNA 甲基化和组蛋白修饰。例如,在 SLE CD4+T 细胞中,miR-126 通过与 DNA 甲基转移酶基因 DNMT1 3′-UTR区域的靶序列结合降低 DNMT1 的表达。

7.1.6 系统性红斑狼疮转录组学研究在疾病诊断和分子分型中的应用

SLE 是一个涉及多器官系统的慢性自身免疫病,其病程可长达数年甚至十几年。SLE 的临床表现十分复杂,根据美国风湿病协会(ACR)制定的 11 项临床标准,满足其中 4 项即可诊断为 SLE。由于临床症状特异性不强,SLE 很容易漏诊和误诊,大多数患者确诊时已经发生多器官的损害,贻误了有效的治疗时机。因此,迫切需要能对疾病进行早期诊断和病情评估的特异性生物标志物。

对 SLE 的转录组学分析通过比较不同状态下基因表达水平的差异、在疾病过程中基因表达的变化，以及基因表达变化对治疗的反应，已经发现了大量与 SLE 疾病易感性及与临床症状相关的差异表达基因。其中，干扰素标志基因和粒细胞分化基因作为 SLE 外周血特异性的转录标志基因，可用于鉴别 SLE 与其他自身免疫病和判断疾病活动性。

干扰素标志基因是目前研究最广泛的一组疾病标志基因，在 SLE 患者 PBMC 及不同免疫细胞亚群中均呈现高表达。根据干扰素标志基因转录水平计算出的干扰素积分（interferon score）已成为评价 SLE 疾病活动性的重要指标。干扰素积分高的 SLE 患者疾病活动性及抗-dsDNA 抗体都显著升高，器官并发症更常见，补体水平降低。

为了寻找对 SLE 疾病活动性和病理评价更精准的生物标志物，美国贝勒医学院 Pauscaul 课题组对 158 例儿童 SLE 患者外周血细胞的 924 个基因转录谱进行了长达 5 年的追踪分析，通过对 SLE 基因表达谱与疾病活动性、SLEDAI 评分、种族、狼疮性肾病分级及药物治疗相关性的整合分析，建立了基于 SLE 个体转录组的免疫监测模型[33]。该研究除了证实 IFN 标志基因是 SLE 最主要的转录标志物以外，还发现了许多新的 SLE 转录标志物。其中，浆母细胞特异基因标记与 SLE 疾病活动性相关性最强，而中性粒细胞特异性转录标记则与狼疮肾炎相关性最强。药物治疗对基因转录标记有明显影响。用与 SLE 疾病活动性相关性最高的免疫基因表达谱作为分子标记，可将 SLE 患者分成 7 组（PG1～PG7）。每一组的免疫基因表达谱不同，其 SLE 临床活动性也有差异。例如，PG4 患者组的 SLEDAI 与 IFN、髓系（中性）和浆母细胞的特异性标志基因的相关性最高，该组患者全部有狼疮肾炎，多数为增生性狼疮性肾病，需要大剂量的激素和免疫抑制剂治疗。而在 PG1 和 PG6 两组中，其 SLEDAI 与红细胞生成标志基因相关，这两组患者活动性肾炎比例最低。该研究发现了 SLE 异质性的分子基础，可用于解释药物临床试验失败的原因。根据本研究所建立的分子分型标准，可改善药物临床试验的设计，提高成功率，并且指导临床表现复杂的自身免疫病的治疗。

7.1.7 系统性红斑狼疮转录组学研究在疾病治疗中的应用

SLE 是一个临床症状复杂的异质性疾病。SLE 的治疗目前主要依赖羟基氯喹、皮质类固醇激素和免疫抑制剂，如吗替麦考酚酯（MMF）和环磷酰胺。长期以来，人们一直在探索针对 SLE 靶向性治疗的新药。SLE 转录组学分析为 SLE 的精准治疗提供了新的分子靶标。近年来研发的狼疮治疗新药，主要是针对疾病代谢通路中特定分子的靶向性单克隆抗体，包括以下几个方面（见表 7-3）。

表 7-3　靶向药物在系统性红斑狼疮治疗中的应用

药物名称	作 用 机 制	适应证
rituximab（利妥昔单抗）	抗 B 细胞治疗，协同抗 CD20 单抗	SLE，RA
ocrelizumab	抗 B 细胞治疗，人源化抗 CD20 单抗	SLE
ofatumumab（奥法木单抗）veltuzumab（维妥珠单抗）GA101	抗 B 细胞治疗	SLE
epratuzumab（依帕珠单抗）	抗 B 细胞治疗，人源化抗 CD22 单抗	SLE
belimumab（贝利单抗）blisibimod tabalumab	抗 B 细胞治疗，人源化抗 CD20 单抗	SLE
atacicept（阿塞西普）	抗 B 细胞治疗，可溶的人源重组抗 APRIL 融合蛋白	SLE
abatacept（阿巴西普）	抗协同刺激分子治疗，CTLA4 抗体融合蛋白	SLE，RA
CD40/CD40-配体抗-PD1/PDL1 ICOS/ICOS-L	抗协同刺激分子治疗	
toralizumab（托利珠单抗）	抗 CD40	已停用
IDEC-131	抗协同刺激分子治疗，人源化抗 CD40 配体单抗	SLE
infliximab（英夫利昔单抗）	抗细胞因子治疗，协同抗 TNF 可溶单抗	SLE，RA，AS
tocilizumab（托珠单抗）sirukumab	抗细胞因子治疗，人源化 IgG1 抗 IL6R 单抗	SLE，RA
anakinra（阿那白滞素）	抗细胞因子治疗，非糖基化 IL1Ra	SLE，RA
sifalimumab（斯法利木单抗）	抗细胞因子治疗，人源阻断多种 IFN-α 亚群单抗	SLE
rontalizumab（罗塔利珠单抗）	抗细胞因子治疗，人源抗 IFN-α 单抗	SLE

注：SLE 为系统性红斑狼疮；RA 为类风湿关节炎；AS 为强直性脊柱炎

7.1.7.1 针对 B 细胞的靶向治疗

B 细胞是 SLE 中产生自身抗体的免疫效应细胞,针对 B 细胞表面关键分子的单克隆抗体是现阶段 SLE 靶向治疗研究的热点[49],其中比较成熟的 B 细胞靶向药物包括针对 CD20 分子的利妥昔单抗(rituximab)、针对 B 淋巴细胞刺激因子(BlyS,肿瘤坏死因子 TNF 家族的一员)的贝利单抗(belimumab)和一种能同时阻断 BLyS 和 TNF 家族的另一成员增殖诱导配体(APRIL)的阿塞西普(atacicept)单抗。其中针对 BLyS 的贝利单抗已被 FDA 批准用于治疗活动性、自身抗体阳性的 SLE 患者,是 50 年来 FDA 唯一批准的治疗 SLE 的新药[34]。针对 CD20 分子的利妥昔单抗虽然在前期临床试验中对部分 SLE 患者显示出较好的疗效,但在 III 期临床试验中未能取得预期效果。阿塞西普单抗是一种由 TACI 受体胞外配体结合域和人 IgG 的 Fc 片段组成的融合蛋白。根据转录组分析,*BLyS* 和 *APRIL* 在 SLE 患者体内均有升高,因此从理论上讲,阿塞西普单抗应该比单独阻断 *BLyS* 或 *APRIL* 的药物更有潜力。然而,在英国进行的 II / III 期临床试验出现患者死亡现象,因此该药的安全性及疗效仍待进一步评估。

7.1.7.2 针对 T 细胞的靶向治疗

虽然 T 细胞在系统性红斑狼疮发病中发挥重要作用,但针对 T 细胞的单抗在 SLE 靶向治疗中的作用机制尚不确定,主要原因是 T 细胞亚群的高度异质性和功能复杂。阿塞西普单抗是针对 T 细胞表面分子 CTLA-4 的融合蛋白,对治疗类风湿关节炎有明显疗效,在 SLE 小鼠模型中也显示一定疗效,但对 SLE 患者疗效不佳[51]。

7.1.7.3 针对细胞因子的靶向治疗

促炎性细胞因子的异常表达是 SLE 病理损害的重要分子基础,因此针对细胞因子的靶向治疗一直是 SLE 新药研究的热门课题。目前已有多种针对不同细胞因子的新药进行临床试验并显示一定疗效[35],主要有:针对 I 型干扰素的罗塔利珠单抗(rontalizumab)和西法木单抗(sifalimumab);针对 IL-1R 的药物阿那白滞素(anakinra);针对 IL-6 的妥珠单抗(tocilizumab);针对 TNF-α 的 infliximab;等等。但这些药物对 SLE 的确切疗效如何,有待进一步通过临床试验证实。

7.2　转录组学在类风湿关节炎诊疗中的应用

精准医学以及个体化治疗是未来医疗发展的方向。由于自身免疫病的突出特征是异质性强,疾病的临床表现及治疗效果的个体差异大,故精准医学以及个体化治疗在自身免疫病领域尤为重要。为了能够实现个体化治疗的目标,人们需要更深入地了解疾病在细胞及分子水平上的改变。随着下一代测序技术的快速发展,全面和更精准的转录组学分析技术逐渐推广应用,为自身免疫病精准诊治的实现提供了可能。

类风湿关节炎(rheumatoid arthritis, RA)是自身免疫病中发病率最高的疾病,其发病率在发展中国家约为 0.5%~1.0%,男女比例为 1:3。基因因素是 RA 发病的主要因素,起到约 50% 的作用。此外,环境因素对 RA 的发生发展也有重要影响,吸烟是主要的环境因素,可使 RA 的患病风险提高 1 倍左右。RA 的典型特征是持续性的滑膜炎、系统性的炎症反应及自身抗体的产生(类风湿因子及抗环瓜氨酸多肽抗体等)。RA 常累及滑膜关节,导致软骨破坏及骨侵蚀,关节间隙变窄、关节畸形及功能障碍,是致残率最高的自身免疫病。此外,也可累及关节外其他系统[36]。RA 的诊断主要依据临床表现、实验室检查和影像学检查,同时需要排除其他疾病。目前,RA 的诊断常采用美国风湿病学会(ACR)1987 年修订的分类标准及 2010 年 ACR 和欧洲抗风湿病联盟(EULAR)提出的新的分类标准和评分系统[37]。新标准的灵敏度和特异度均有所提高,但对早期以及不典型 RA 患者的诊断仍有一定的不足。RA 患者的治疗措施包括:一般治疗、药物治疗、外科手术治疗等,其中以药物治疗为主。根据 EULAR2016-RA 治疗推荐,治疗 RA 的药物包括:传统合成缓解病情抗风湿药物(csDMARD)、生物缓解病情抗风湿药物(bDMARD)和靶向合成缓解病情抗风湿药物(tsDMARD)。一旦 RA 诊断成立,应尽快开始 DMARD 治疗。每个患者的治疗均应以持续缓解或降低疾病活动度作为目标。尽管 RA 的诊治在不断发展,仍有部分患者不能早期明确诊断及对正规积极治疗应答不佳,出现严重的关节畸形及心血管系统疾病等并发症,导致 RA 患者的致残率及病死率增高,给家庭及社会造成严重的负担。故精准的诊断和个体化的治疗对改善 RA 的预后有重要意义。转录组学不仅可以为 RA 诊断提供新的依据,也可以为 RA 的个体化治疗提供重要的指导信息。

7.2.1　类风湿关节炎患者转录组的特征

转录组信息是基因表达谱的一个直观表现。通过对 RA 患者转录组的分析,可以较为宏观地了解 RA 患者在特定阶段、特定细胞或组织内全基因组水平基因表达的改变,同时便于进一步分析与 RA 发病机制相关基因的信号通路,深入了解 RA 细胞及分子水平的改变,发现诊断 RA 可靠的生物标记,了解疾病发生、发展的分子机制,开发疗效好、不良反应小的靶向药物是 RA 诊治中亟待解决的问题。

7.2.1.1 类风湿关节炎患者转录组的异质性

van der Pouw 等人[38]在一个较大范围基因表达谱的研究中发现,根据不同患者间基因表达谱特征的差异,可将 RA 患者分为两个亚型。其中一个亚型的基因表达谱特征是涉及炎症及适应性免疫反应的基因表达水平明显上调。进一步研究发现,在高炎症反应的组织中,参与激活 INF 信号传导通路及 STAT1 信号传导通路的基因表达明显增加,这个结果也得到其他学者研究的证实。另外一个亚型的基因表达谱特征是较低的炎症相关基因的表达、明显升高的成纤维细胞分化相关基因的表达,故而这个亚型的典型特征是组织重构。Tsubaki 等人[39]在早期阶段的 RA 患者(距诊断 1 年以内)滑膜组织转录组分析中也证实了 RA 的异质性。这些实验结果提示,RA 确实存在不同的转录组特征,针对不同的转录组特征选择不同的药物,可能会取得更好的疗效及更小的不良反应。

7.2.1.2 类风湿关节炎患者不同细胞中转录组信息对 RA 发病机制的揭示

外周血(peripheral blood,PB)是患者较容易收集的标本,操作简单且对患者损伤小。由于 RA 是系统性的疾病,许多学者选择收集患者外周血分析 RA 相关基因谱。van der Pouw 等人[40]在对 RA 患者外周血细胞转录组分析中发现,和正常对照组相比,RA 患者外周血细胞中涉及免疫防御的基因表达增高。基因芯片显著性分析(significance analysis of microarray,SAM)分析发现 INF-Ⅰ调节基因谱表达明显增高。这说明 RA 患者中 IFN-Ⅰ信号传导通路被系统性激活,为以 INF 为靶向的生物制剂的临床应用提供了理论依据。Batliwalla 等人对 29 个活动性 RA 患者的 PBMC 进行了转录组分析,发现 81 个基因表达水平较正常对照组明显改变。这些基因中很大一部分特异性地高表达于单核细胞中,这可能是 RA 患者单核细胞被激活并且数量增多的原因。Olsen 等人[41]将早期 RA 患者(距诊断 2 年以内)的 PBMC 转录组信息与长期患病的 RA 患者以及 SLE 患者转录组信息进行分析对比,发现早期 RA 患者 PBMC 具有独特的转录组特征。早期 RA 患者 PBMC 转录组与病毒性抗原诱发的正常免疫反应的转录组信息有部分重叠,这在一定程度上反映了 RA 的发病可能与未知抗原的感染相关。此外,早期 RA 患者 PBMC 转录组信息与部分 SLE 患者转录组有重叠,这提示 RA 与 SLE 间存在共同的致病因素及发病机制。Szodoray 等人对 10 个成年 RA 患者外周血 B 细胞进行了 DNA 微阵列分析,发现 RA 患者 B 细胞中调节和影响细胞周期、细胞增殖、细胞凋亡、自身免疫、细胞因子网络、血管生成等通路的基因谱表达上调。患者血清中可调节上述通路的可溶性因子如 *IL-1β*、*IL-5*、*IL-6*、*IL-10*、*IL-12p40*、*IL-17* 和 *VEGF* 也较正常对照组滴度明显增加。这说明 B 细胞在 RA 发病机制中发挥多方面的作用。Ye 等人[42]发现 RA 患者外周血 CD4$^+$T 细胞中有 1 496 个基因表达水平与正常对照组有差异。基因本体(Gene Ontology,GO)分析及基因网络分析显示,这些差异表达的基因主要参与免疫反应、T 细胞反应、细胞凋亡、Wnt 信号通路以及 JAK-STAT 信号通路。

成纤维细胞样滑膜细胞(fibroblast-like synoviocytes,FLS)是导致 RA 关节损伤的主要细胞群体。较早的一个 RA-FLS 转录组分析证实了 RA 滑膜细胞的肿瘤样生长[43]。这项研究分析了 588 个肿瘤相关基因在 RA 患者 FLS 及正常对照组中的表达水平,实验结果证实 RA 患者 FLS 中多个肿瘤相关基因表达升高,如 *PDGFRα*、*PAI-1* 和 *SDF1A*。Kasperkovitz 等人[44]对 RA 患者 FLS 进行了转录组分析,发现从低炎性反应的滑膜组织分离出的 FLS 中生长因子(胰岛素样生长因子 2、胰岛素样生长因子结合蛋白 5)高表达;从高炎性反应的滑膜组织分离出的 FLS 表现出肌成纤维细胞特征性的转录组,即 TGFβ/活化素(activin)A 诱导的基因谱表达增高,这个结果证实肌成纤维细胞样表型与高炎性的滑膜炎有关,也提示这种类型的滑膜炎活动性更高,治疗须更积极。

RA 患者 25% 的滑膜组织中 T 细胞、B 细胞、滤泡树突状细胞浸润,呈现出类似淋巴结中生发中心的结构。Timmer 等人[45]对这些特殊的滑膜组织的滑膜细胞进行了 DNA 微阵列分析,发现这些细胞中 *CXCL13*、*CCL21*、*CCR7*、淋巴毒素 α/β 表达增高。通路分析中发现,JAK/STAT 信号传导通路、IL-7 信号传导通路相关基因的表达明显上调。

滑膜成纤维细胞(RA synovial fibroblasts,RASF)可分泌细胞因子、趋化因子以及基质降解酶,可造成滑膜增厚、关节软骨及骨破坏,在 RA 的发病及后续发展中起到重要作用。Heruth 等[46]对 RA 患者的滑膜成纤维细胞进行了 RNA-Seq 分析,发现 RASF 相较正常对照组有 122 个基因表达上调,155 个基因表达下调。此外,还发现 RASF 中有 343 个已知亚型(转录本)、561 个新发现的亚型表达上调、262 个已知亚型、520 个新发现的亚型表达下调。这些大量差异表达的基因和亚型是既往 DNA 微阵列研究中未被检测到的。更重要的是,实验人员发现,这些差异表达基因除了参与既往已知的炎症和免疫反应通路,还参与许多既往未报道的通路,如细胞形态、细胞间信号传导及相互作用、细胞迁移等。这些新的发现更进一步阐明了 RASF 在分子水平上对 RA 发病机制的影响,同时为治疗提供了新的靶点。

7.2.2　转录组信息在类风湿关节炎诊疗中的应用

7.2.2.1　类风湿关节炎的分型

RA 的分型有多种方式,其中按病情进展可分为早期 RA(early RA)和确立期 RA(established RA)。早期 RA 的患者按照起病方式又可分为隐匿型、快速型及中间型。$55\%\sim65\%$ 的患者表现为隐匿而缓慢的起病过程。对于一些隐匿型患者,最初症状可能仅为非特异性的疲劳不适、双手肿胀或弥漫性肌痛,数周甚至数月后才出现关节症状。$8\%\sim15\%$ 的患者起病迅速,其症状在数天内达到高峰。快速起病型的患者同样难以迅速确立诊断,对于此型患者要排除感染及血管炎等疾病。值得注意的是,在患者出现关节炎症状之前多已表现出 RF、ACPC、anti-CCP 升高。近半数患者在起病前就出现了血清学异常,而转录组的异常更早出现于蛋白质组的异常。早期诊治可以限制、预防关节损伤,有助于达到长期缓解。长病程 RA 患者多已明确诊断,故合理的治疗以及控制、缓解是此期的关键。长病程 RA 患者的转录组信息对治疗药物的选择可提供有意义的指导。

7.2.2.2　类风湿关节炎转录组学特征对个体化治疗的辅助

RA 患者的转录组信息反映了患者个体发病机制的特点以及当前患者的病理生理状态,为个体化的对因、对症治疗提供了依据。由于 RA 患者转录组的异质性,不同患者对不同药物的反应不尽相同。故患者自身的转录组学信息对治疗措施的选择有指向性意义。

1) 转录组信息对甲氨蝶呤药理作用及治疗效果的提示

治疗类风湿关节炎药物(DMARD)是治疗 RA 的基础药物,可减轻关节水肿、疼痛,降低急性期标志物水平,延缓关节损伤的发展并且改善关节功能。甲氨蝶呤(methotrexate,MTX)是 DMARD 治疗的基石,对于 RA 的治疗效果在多项研究中得到证实。Blits 等人[47]对 25 位使用 MTX 治疗的 RA 患者、10 位未使用 MTX 治疗的 RA 患者及 15 位健康对照者的外周血细胞进行了 DNA 微阵列分析。实验结果发现,使用 MTX 治疗组、未使用 MTX 治疗组及健康对照组间叶酸代谢相关基因表达水平均不相同。使用 MTX 治疗组和未使用 MTX 治疗组相比,1 968 个基因表达上调,2 343 个基因表达下调,其中叶酸代谢通路相关基因表达明显下调。未使用 MTX 治疗组与健康对照组相比,1 553 个基因表达上调,1 597 个基因表达下调,涉及免疫反应过程以及叶酸代谢通路相关基因的表达明显上调。使用 MTX 治疗之后,部分叶酸代谢通路相关基因(FRβ、GART、ATIC、ABCC1、ABCC3 和 ABCC4)表达下调至与正常对照组相同水平,部分叶酸代谢通路相关基因表达下调水平未达到正常对照组水平,但明显低于未使用 MTX 治疗组水平。这项研究证实,在炎症环境下基础的叶酸代谢水平明显升高,使用 MTX 治疗可使叶酸代谢向正常水平回归。

Oliveira 等人[48]选取了 25 位使用 MTX 单药治疗的患者(8 位治疗有效,17 位治疗无效),对 MTX 单药治疗无效患者给予英夫利昔单抗(infliximab, Remicade)治疗,而后对 MTX 单药治疗有效组、MTX 单药治疗无效组、MTX 联合英夫利昔单抗治疗有效组、MTX 联合英夫利昔单抗治疗无效组患者的外周血细胞进行了转录组分析。实验结果证实,MTX 单药治疗有效组与无效组比较,5 个基因表达明显上调(其中 4 个基因为抗凋亡基因,另一个为 CCL4),4 个基因(均为促凋亡基因)表达明显下调。MTX 和英夫利昔单抗联合治疗无效组与有效组相比,前者 CCL4、CD83 和 BCL3A1 表达明显上调。

2) 转录组信息对生物制剂治疗效果的提示

生物制剂对 RA 治疗效果较好。TNF 拮抗剂[英夫利昔单抗、依那西普(etanercept, Enbrel)]是最先被批准使用的生物制剂,其次是阿巴西普、利妥昔单抗、妥珠单抗(IL-6 受体单克隆抗体),他们均有较高的治疗有效率[79-83]。但是生物制剂价格昂贵,而且单就 TNF 拮抗剂而言,仍有 30% 的患者治疗无效。此外,生物制剂的使用可能造成严重的不良反应如感染、脱髓鞘甚至增加肿瘤发生率等,如果在用药前能评估药物对该患者的治疗效果,既使患者获得最大的疗效又可以将药物的不良反应降至最小,转录组学信息可以帮助人们实现这一目标。

(1) 英夫利昔单抗:Lequerré 等[49]选取了 33 个活动性 RA 患者(DAS28>5.1)入组。入组患者在第 2 周、第 6 周以后每间隔 8 周接受英夫利昔单抗治疗。3 个月后将患者分为治疗有效组(DAS≤1.2)和无效组。研究人员在两组患者 PBMC 中检测并经实验验证得到 20 个差异表达的转录本。通过留一法交叉验证,证实这组转录本预测治疗效果的灵敏度为 90%,特异度为 70%。为了能够使用最少的转录本预测疗效,研究人员选取上述 20 个转录本的不同组合逐一验证,发现一个 8 个转录本的组合可正确预测出 20 个患者中 16 个患者的治疗效果。

（2）依那西普：Zanders 等人[50]提取了 19 位 RA 患者在使用依那西普治疗前以及治疗 72 小时后 PBMC 中的 RNA 进行微阵列分析。并根据治疗 3 个月后患者的 DAS28 评分将患者分为治疗有效组及无效组。研究人员发现治疗有效组在使用依那西普 72 小时后一些基因表达水平下调，这些基因（包括 *NFKBIA*、*CCLA4*、*IL-8*、*IL-1β*、*TNFAIP3*、*PDE4B*、*PP1R15* 和 *ADM*）参与 NFκB 介导的 TNFα 信号传导通路以及 cAMP 介导的 TNFα 信号传导通路。他们使用上述 8 个基因中的任意两个组合以及任意 3 个组合预测依那西普的疗效，发现有 7 组两个基因的组合准确率可达 89％以上，10 组 3 个基因的组合准确率可达 95％以上。

（3）利妥昔单抗：Hogan 等人[51]收集了 20 位 RA 患者在使用利妥昔单抗治疗前（基线水平）及治疗后的滑膜标本，使用高通量 RT-qPCR 技术分析了患者的转录组信息。实验结果证实，较高的基线基因评分（gene score，GS）和治疗前后的 DAS28 改变程度（ΔDAS28）相关。基线基因评分代表了 T 细胞、巨噬细胞、组织重建及 IFN-α 活化程度。治疗有效组表达较高的 T 细胞、巨噬细胞基因，而治疗无效组表达较高的 IFN-α 及组织重建相关基因。

（4）妥珠单抗：Mesko 等人[52]对 13 位 RA 患者使用妥珠单抗治疗前（基线水平）及使用妥珠单抗治疗 4 周后的 PBMC 进行转录组分析。实验结果显示，治疗之后有 59 个基因表达程度改变。更重要的是，在多种检测后最终证实 4 个基因（*CCDC32*、*DHFR*、*EPHA4* 和 *TRAV8-3*）可用于预测治疗是否有效。

RA 有着高度的异质性，临床表现、对治疗的反应以及预后转归都有很大不同，是最需要进行精准诊疗的一种疾病。药物的不良反应有时不可避免，RA 治疗的关键在于早诊断、将疾病分型、选择疗效好而不良反应又少的药物个体化治疗方案。转录组学的发展有可能实现这一关键的突破，发现 RA 早期诊断的关键分子、疾病分型的组学特点、预测药物疗效的基因组学，为 RA 的精确诊断及治疗提供了新的方法。

7.3　转录组学在硬皮病研究及诊疗中的应用

7.3.1　硬皮病概述

硬皮病（scleroderma），又称系统性硬化症（systemic sclerosis，SSc），是一种复杂的

自身免疫性疾病。自身免疫反应[高免疫球蛋白血症及血清中存在多种自身抗体,如抗拓扑异构酶抗体(anti-topoisomerase antibody,ATA)、抗着丝粒抗体(anti-centromere antibody,ACA)等]、血管病变(小血管内膜损伤以及肢端、内脏频发雷诺现象)和皮肤、内脏组织中的胶原纤维增生是导致硬皮病产生多系统损害的三大因素[53]。硬皮病的首要特征是皮肤硬化和增厚(硬皮病由此而得名)。根据皮肤累及范围可分为肢端型硬皮病(limited cutaneous systemic sclerosis,lcSSc)和弥漫型硬皮病(diffuse cutaneous systemic sclerosis,dcSSc)两大类型。弥漫型硬皮病累及四肢和躯干,常伴脏器系统的损害[93]。美国硬皮病患病率为(28~253)/1 000 000,在结缔组织病中仅次于 RA、SLE 而位居第 3 位。硬皮病通常以女性多见,男女患病率之比约为 1:4。本病病程长、病情较重、患者痛苦、难以根治,发展为脏器纤维化后患者生存率低,是医学界亟须攻克的重大疾病之一。

硬皮病病因不明,发病机制复杂,诊断治疗困难。目前,关于其发病机制有多种假说,但确切病因仍未明确。由于硬皮病目前尚无特效的药物及满意的疗法,该病的病因研究、早期防治和新药开发已成为研究的重点。现有研究表明,硬皮病发病是在遗传因素基础上,在环境因素促发下,导致免疫系统紊乱,血管微循环被破坏,血管内皮细胞受损。之后,外周循环中的外周血单个核细胞被激活,并浸润到组织中,活化的巨噬细胞、单核细胞、淋巴细胞分泌各种致炎和致纤维化因子,成纤维细胞活化增殖,胶原等细胞外基质(extracellular matrix,ECM)过度沉积,导致组织纤维化[54]。基因组、转录组、表观组、蛋白质组等多组学水平的变异均参与硬皮病的发生发展。基于多组学研究基础,解析疾病发病机制、生物标志物及药物靶标,对于实现硬皮病精准医疗具有重要应用价值。本部分将介绍转录组学在硬皮病中的相关研究及其对于硬皮病诊治的意义。

7.3.2　mRNA 表达量及差异表达在硬皮病的相关研究及意义

7.3.2.1　mRNA 差异表达与硬皮病标志物

由于在临床上需要根据病症的变化状态随时对病程进行评估,因此很难做到准确、定量,而生物标志物就是对临床评估的有力补充,标志物水平检测往往更为客观,有利于准确区分病情的变化。就硬皮病而言,对皮肤活检组织等进行基因表达谱分析能够更直观地了解病程中硬皮病特征性纤维化等反映的情况。

最早期的基因表达谱分析揭示了硬皮病患者皮肤成纤维细胞中自身抗原纤维蛋

白、着丝粒蛋白B、着丝粒自身抗原P27、RNA聚合酶Ⅱ、DNA拓扑异构酶Ⅰ和PM-Scl这些硬皮病特异性/硬皮病关联性mRNA的差异表达。Luzina等人[55]利用表达谱分析发现,患有肺泡炎的硬皮病患者的支气管肺泡灌洗细胞中趋化因子、趋化因子受体和细胞因子的mRNA水平要高于未患肺泡炎的硬皮病患者以及正常对照者。另一项采用21名弥漫性皮肤侵犯性硬皮病患者和18名健康对照者经体外培养、早期传代的皮肤成纤维细胞进行的基因表达谱研究则发现了多个在硬皮病成纤维细胞中差异表达的基因(如COL7A1)[56]。

　　此外,多种促纤维化基因的高表达可作为硬皮病发生发展的标志之一。TGF-β是硬皮病中最强有力的促纤维化细胞因子之一。Farina等人对TGF-β调控下表达显著上调的基因进行表达谱检测后发现,软骨寡聚基质蛋白(COMP)和血小板反应蛋白1(TSP-1)在皮肤中的表达水平与修正Rodnan皮肤得分(简称MRSS,硬皮病中皮肤疾患的评估标准)具有较好的相关性。进一步对IFN调控基因的表达进行检测发现,干扰素诱导蛋白44(IFI44)和唾液酸黏附素(Siglec-1)也与MRSS高度相关。将上述4个基因(COMP、TSP-1、IFI44和Siglec-1)都纳入多重回归分析后发现,该模型与MRSS高度拟合。基于皮肤活检样本的验证实验同样证实了这一生物标志物组合的有效性。可见这种四基因联合生物标志物能够有效监测病程伴随时间的改变,从而可通过更为客观的基因表达测定辅助提高临床诊疗的准确性[57]。CTGF是硬皮病发展过程中的另一个关键因子。CTGF在正常组织中并不能被检测到,但在成纤维细胞中可被TGF-β和IL-4激活而表达。硬皮病患者病灶处的皮肤成纤维细胞中CTGF的mRNA表达证实了CTGF在体内的促纤维化效应[58],因此它也是硬皮病的重要标志物。

　　肺部是硬皮病最常累及的脏器之一。作为硬皮病患者死亡的主要原因,肺动脉高压(PAH)可以是硬皮病的原发性临床表现,也可以继发于间质性肺纤维化,因此寻找有效的PAH标志物或治疗靶标对提高硬皮病患者的生存率至关重要。Grigoryev等[59]研究发现,硬皮病患者PBMC中PAH相关的转录变化能够通过微阵列技术进行检测,并且PBMC的基因表达谱与右心房压力及心脏指数这两个PAH的生存预测指标显著相关。根据右心房压力和心脏指数水平对阵列进行分层发现,其结果与PBMC基因表达高度相关,并且筛选出了364个PAH相关的候选基因,不同PAH-SSc亚型的基因表达之间存在差异。GO分析显示,根据PAH严重程度的不同,血管生成基因的表达发生了显著改变：基质金属蛋白酶 9（MMP9）和血管内皮生长因子（VEGF）在轻度 PAH 患者中的表达水平较重度 PAH 患者/健康对照显著上调，可见血管生成相关的基因与 PAH-SSc 患者 PAH 的严重程度相关。此外，Grigoryev 等[59] 还发现了一些之前未报道过的与 PAH 发病机制相关联的基因（如 *EREG*、*CXCL* 和 *MMP25*），它们极有可能是潜在的新兴生物标志物和（或）治疗靶标。对上述微阵列的分析结果表明，PAH-SSc 患者的 PBMC 带有不同的转录表达。若能进一步揭示这些差异表达基因在血管重塑和 PAH 发展进程中的作用，将为这种毁灭性的病情提供新的治疗靶标。该课题组的后续研究的确发现了一些与 PAH 相关的新兴生物标志物，如血管生成因子 ECGF1。

7.3.2.2　mRNA 差异表达与硬皮病分子分型

Milano 等人[105] 对皮肤活检的全基因组基因表达谱分析显示，通过 DNA 微阵列可以对硬皮病中所呈现的异质性进行定量检测。研究人员采用了与肿瘤分子分型相同的实验设计方法，成功对硬皮病及正常人进行了 4 种分型（弥漫增生型、炎症型、肢端型以及似正常型），每一种分型皆对应不同的基因表达谱（体现相应的细胞增殖、免疫浸润和纤维化进程情况）：弥漫增生型只包含诊断为弥漫型硬皮病（dcSSc）的患者，炎症型包含 dcSSc、lcSSc 和硬斑病患者，肢端型只包含 lcSSc 患者。结果显示不同分型的基因表达及纤维化发生机制亦存在差异，同时发现了 177 个与皮损严重程度相关的基因。此外，基于 TGF-β 活性的全基因组基因表达谱分析则确定了 TGF-β 通路只在弥漫增生型硬皮病中被激活[60]。

Greenblatt 等人通过比对基因表达谱分析发现，硬皮病移植物抗宿主疾病（sclGVHD）模型与硬皮病中的炎症型这一亚型十分类似，并且 sclGVHD 小鼠和炎症型硬皮病患者均呈现出 IL-13 通路活性。两者之间的分子相似性有力验证了这一模型作为亚型特异性疗法开发平台的可行性，且通过靶向 IL-13、IL-4Rα（IL-13 通路的必要组分）或 CCL2（IL-13 的关键调控基因）的策略就能对炎症型硬皮病进行有效治疗。鉴于已有靶向 IL-13 和 CCL2 的生物及小分子拮抗剂问世，这些药物或许也可以应用于具有炎症型基因表达特征的硬皮病患者的治疗。需要指出的是，皮肤表面病灶的涉及程度并不能够有效确定该患者是否为硬皮病的炎症型亚型，因此需要通过皮肤活检的基因表达谱分析来判定[61]。

7.3.2.3　mRNA 差异表达与硬皮病疗效

评估患者对特定治疗策略的反应是转录组学的另一项极具前景的应用。为了实现这一目的,首先需要大规模检测并收集患者的转录组对某一治疗手段的基线/响应数据,然后比对分析有效反应群体和无反应群体的转录组特征,从而将治疗反应与转录组特征相关联。

Chung 等研究员报道了两例接受伊马替尼(imatinib)甲磺酸盐治疗患者的基因表达特征及反应。研究发现,对 dcSSc 早期患者采用酪氨酸激酶抑制剂伊马替尼疗法能够有效缓解皮肤硬化,并且对伊马替尼起反应的基因表达特征多出现在早期和晚期 dcSSc 患者中,可见伊马替尼对弥漫型患者具有潜在疗效。GC1008 作为一种能与 TGF-β1、β2、β3 结合并阻碍其发挥功能的人源化抗体药物,已经被应用于硬皮病患者的 I 期临床试验中,以评估它对皮肤活检中的纤维化生物标志物的作用效果。小窝蛋白 1(质膜微囊的主要蛋白组分)通过调节 TGF-β 的降解和活化参与了硬皮病等纤维化疾病的发病机制。小窝蛋白 1 在硬皮病等纤维化疾病患者的受累组织(例如肺)中的 mRNA 表达呈现显著下调,并且已证实该蛋白在 TGF-β 通路和细胞外基质的激活中发挥关键作用。将新型的细胞渗透性肽与活化的小窝蛋白 1 片段偶联能够恢复小窝蛋白 1 的功能并消除 TGF-β 的促纤维化效应,从而可以作为硬皮病及其他纤维化紊乱的一种新型疗法[62]。

随着这一研究方式的进一步推广,未来有望将患者基因表达特征列入评价药物临床试验结果的指标。另外,根据患者的基因表达图谱还可能推测该患者对特定治疗的反应,从而设计个体化精准治疗策略。

7.3.2.4 mRNA 差异表达与硬皮病治疗靶标

美国得克萨斯大学休斯敦健康科学中心(UTHealth)周晓冬等研究发现,富含半胱氨酸的酸性分泌蛋白(SPARC)在硬皮病等纤维化疾病的患者细胞中高表达[63]。通过与周晓冬教授合作,复旦大学王久存等通过体内及体外实验证实 Sparc siRNA 可干扰小鼠成纤维细胞及纤维化组织的胶原基因和蛋白质表达,显著缓解小鼠的皮肤纤维化及肺纤维化程度[64]。综上可见,SPARC 可能有望作为硬皮病的治疗靶标。

此外,王久存团队前期已通过构建硬皮病小鼠皮肤及肺纤维化模型,利用基因表达谱芯片转录组学研究发现了硬皮病纤维化相关因子基因 *S100A8*、*S100A9* 及 *HSP47* 的表达变异,并利用动物模型和硬皮病患者临床样本确认了这些基因的致纤维化功能及机制[65]。相关研究结果显示,S100A8、S100A9 及 HSP47 参与了硬皮病纤维化的发生发展,且可作为硬皮病治疗的潜在靶标或良好预后的标志物,为纤维化疾病的治疗提供了新的靶标和视角。

S100A8、S100A9 是 S100 钙结合蛋白家族中的重要成员,主要由髓系来源细胞如单核细胞、中性粒细胞和分化早期的巨噬细胞分泌,与机体炎症及免疫功能有关,而其在硬皮病中的功能仍未明确。酶联免疫吸附测定法(ELISA)的检测结果发现,*S100A8*、*S100A9* 在弥漫型硬皮病患者(dcSSc)血浆中表达显著升高。进一步研究弥漫型硬皮病患者血浆 S100A8、S100A9 水平与患者临床指标的关系,发现肺部或关节、肾脏累及的 dcSSc 血浆 S100A8 高于无累及者,肺部或肌肉、肾脏累及的 dcSSc 血浆 S100A9 高于无累及者;免疫组化检测表明,硬皮病患者皮肤中表达 *S100A8* 或 *S100A9* 的细胞明显增多[66]。此外,进一步的功能研究发现,S100A9 可通过活化 RAGE、ERK1/2 和 NF-κB 通路促进肺成纤维细胞(HFL1)的增殖、炎症因子分泌与胶原的表达。

热休克蛋白 47(hot shock protein 47,HSP47)是一个人类胶原分子的特异性伴侣蛋白。血清学检测结果显示,在硬皮病患者血浆中该蛋白水平高于正常对照,同时 *HSP47* 在硬皮病患者外周血细胞中的表达水平高于正常对照,且 *HSP47* 的高水平表达与患者血浆中存在抗心磷脂抗体(ACA)显著相关。而 ACA 通常存在于肢端型硬皮病患者血清中,且是硬皮病良好预后的标志物。因此,HSP47 有可能成为硬皮病患者较好预后的血清标志物。进一步的动物及细胞实验结果表明,*HSP47* 在博来霉素诱导的皮肤纤维化小鼠皮肤中表达水平显著升高;免疫组化结果显示,*HSP47* 在硬皮病患者皮肤中的表达水平高于正常对照,*HSP47* 主要表达于分泌胶原的肌成纤维细胞中,说明 *HSP47* 的表达与胶原的产生相关;且 *HSP47* 的表达受 TGF-β 通路调节。

7.3.3　mRNA 可变剪接在硬皮病中的相关研究及意义

可变剪接是基因表达调控的重要机制。可变剪接机制使得同一个基因可以转录生成不同类型和不同功能的转录本,因而使得人类基因编码的蛋白质总数远大于基因数。多项研究表明,可变剪接引起的不同转录本表达差异与疾病的发生密切相关[67]。而对可变剪接的研究有利于进一步明确疾病的发生发展机制,同时采取相应的诊治措施。

在硬皮病中,Sakkas 等对 13 例硬皮病患者及 15 例正常对照者的 PBMC 进行研究,发现 *IL-4* 基因的 IL-4δ2 转录本表达在硬皮病患者中显著上调,而 *IL-4* 其他的转录本水平无明显变化,而且 *IL-4* 蛋白表达也显著上升,提示 IL-4δ2 转录本在硬皮病发病过程中的作用。Galdo 等[68]通过对硬皮病患者和正常对照者的皮肤、肺组织以及外周血等的研究,发现 TGF-β 可以刺激细胞选择性高表达 AIF 转录本 2,而 INF-γ 则会上调所有 AIF 转录本的表达,提示 TGF-β 和 INF-γ 对硬皮病发病的不同作用以及 *AIF* 基因可能在硬皮病的发病过程中发挥作用。

此外,硬皮病的特征之一是微血管损伤,而 *VEGF* 基因长期以来被认为与血管生成和修复密切相关。然而,多项研究表明,*VEGF* 在硬皮病中高表达,与 VEGF 本身的功能并不相符。Bates 等于 2002 年发现 *VEGF* 基因在末端外显子上的不同剪接会导致生成两种不同类型的转录本。其中,VEGF165 和 VEGF165b 是 *VEGF* 最为常见的两类转录本。VEGF165 可以与 VEGFR-2 以及神经纤维网蛋白结合,引起下游信号通路的激活;而 VEGF165b 则不能与神经纤维网蛋白结合,当其与 VEGFR-2 结合后不能引起下游信号通路的激活,从而起到了竞争性抑制的作用,抑制了 VEGF 的血管生成和修复作用。Manetti 等[69]通过对硬皮病患者和正常对照者的组织和血浆分析发现,虽然硬皮病患者中 *VEGF* 的表达量上升,但主要是由于 VEGF165b 转录本上升所引起,因而导致 VEGF 本身的血管生成和修复功能的下降,使得硬皮病患者更容易引发微血管的损伤,并推测这种转录本表达差异可能来源于 TGF-β 的刺激作用。

7.3.4　miRNA 在硬皮病中的相关研究及其在精准医疗中的意义

miRNA 广泛分布于基因组中,或位于基因间,或位于基因内部,调控着超过 30％ 的蛋白编码基因。因此,miRNA 能够参与许多生物学进程,包括发育、细胞生长、分化、转移以及肿瘤生成等。

最近的研究表明,miRNA 在硬皮病的发病机制中扮演着重要角色。在包括多种细胞类型甚至是血液和毛干等样本中,硬皮病患者的 miRNA 表达谱较正常人都有明显的改变[70-72]。Steen 等曾发现,硬皮病患者和正常人的血浆 miRNA 表达存在显著差异,其中以 miR-17~92 家族及 miR-16、miR-223、miR-638 最为典型,且通过靶基因软件预测分析发现这些差异 miRNA 很可能与重要的促纤维化通路——TGF-β 信号通路相关,这项研究有望为硬皮病的诊断和治疗提供一定借鉴意义;miRNA 不仅可以作为生物标志物,也可以参与机体重要的生物学通路来发挥功能。Makino 等的研究直接发现,在正常皮肤成纤维组织中能够抑制 I 型胶原表达的 DDR2-miR-196a 负反馈信号途径在硬皮病患者中由于 TGF-β 介导的 *DDR2* 和 miR-196a 低表达而受阻,且这种损伤很有可能诱发硬皮病的发病；此外，通过芯片分析硬皮病患者皮肤成纤维细胞发现miR-150、miR-196a 和 let-7a 低表达[73-75]，它们分别靶向作用于整合素（integrin）β₃ 和Ⅰ型胶原从而控制硬皮病的发生发展，体内注射 let-7a 甚至可以显著缓解小鼠皮肤纤维化，提示针对 miRNA 的治疗有望为硬皮病提供一种新型的治疗措施。有趣的是，除了常规的患者和正常人血液、皮肤组织及细胞中 miRNA 表达存在差异外，他们毛干中组织的 miRNA 表达也存在差异。例如，Wang 等的研究表明，硬皮病患者中 miR-196a表达的减少只发生在毛干组织中，而毛根部位及血清中皆无明显差异，这提示硬皮病中可能也伴随着毛干组织病理学上的改变，同时也表明硬皮病中 miRNA 的差异表达会因不同细胞类型、不同组织而有所不同。硬皮病患者血清 miR-92 和 miR-142-3p 的水平不仅显著高于健康个体，相对系统性红斑狼疮和皮肌炎患者也明显升高[76,77]。该结果暗示这两种 miRNA 还可用于区别硬皮病与其他自身免疫病，此外，检测血清 miRNA的操作过程也非常简便，因此这两种 miRNA 是极具潜力的硬皮病诊断标志物。表 7-4列举了与硬皮病相关的 miRNA。

表 7-4　硬皮病相关 miRNA 失调

miRNA	表达水平	靶基因	纤维化
miR-7	↑	COL1A1/COL2A1	抑制
miR-21	↑	SMAD7	促进
miR-29a	↓	COL1A1/COL3A1	抑制
miR-30b	↓	PDGFRB	抑制
miR-92a	↑	MMP1	促进
miR-129-5p	↓	COL1A1	抑制
miR-142-3p	↑	—	—
miR-145，126b，20b	↓	—	—
miR-150	↓	ITGB3	抑制
miR-196a	↓	COL1A1/COL2A1	抑制
let-7a	↓	COL1A1/COL2A1	抑制
let-7g	↑	—	—

综上结果表明，miRNA 可能从多个层面、多个角度参与了硬皮病的发生发展，针对miRNA 的研究将会为深入了解硬皮病发病机制以及为临床诊断和治疗提供帮助。然

而，miRNA 与硬皮病的研究还处于初步阶段，仍然存在着较多的问题。如硬皮病是一种典型的免疫失调、微血管损伤的自身免疫病[78, 79]，但却鲜有文章报道能够影响硬皮病免疫功能、血管功能的 miRNA。此外，miRNA 的靶基因是多向的，而硬皮病又是一种复杂性的疾病，为体内研究 miRNA 功能增添了许多不确定性。miRNA 作为一种小分子，体外易降解，如何保证其有效、稳定表达仍然是将来研究的一大难题。

7.4　转录组学在炎性肌病诊疗中的应用

7.4.1　炎性肌病概述

炎性肌病是包括多发性肌炎（polymyositis，PM）、皮肌炎（dermatomyositis，DM）在内的一组以肌肉炎症和无力为主要特点的弥漫性结缔组织病，属于自身免疫病。

PM 多见于成人起病，儿童 PM 较少见，是以对称性四肢近端肌痛、肌无力但不伴特征性皮疹为主要临床表现，而血清肌酶、肌酸激酶显著升高的自身免疫病。PM 病因不明，严重者除了四肢肌痛、肌无力外，还累及并致颈肌、咽部肌肉、呼吸肌无力，导致呼吸困难、呛咳，危及生命。多为亚急性起病，任何年龄均可发病，中年以上多见，女性略多。部分患者病前或病后合并有恶性肿瘤，部分患者可以合并其他结缔组织病。

DM 可在任何年龄发病，女性多于男性，包括 3 种亚型：典型皮肌炎、无肌病性皮肌炎和无皮炎性皮肌炎。典型皮肌炎患者表现为进行性四肢近端肌痛、肌无力和肌酸激酶升高且伴发特异的皮肤损害。肌肉组织活检显示典型的皮肌炎病理学改变，包括束周萎缩、凿空样纤维、肌束膜血管周围炎等。特征性皮疹包括如下症状。①向阳征，眼睑特别是上睑出现暗紫红色皮疹，可为一侧或两侧，常伴眶周水肿和近睑缘处毛细血管扩张。②Gottron征（高雪征），常见于掌指、指间、肘、膝等关节伸面及肩、胯等易受摩擦的部位，皮肤增厚、紫红伴脱屑。③披肩征，常见于颈后、上背、肩及上臂外侧（披肩征）。④常见于颈前、胸上部"V"形分布的充血性红斑。⑤"技工手"样变（因与手工劳动者的手部改变类似，故名"技工手"），指垫皮肤角化、增厚、皲裂；手掌、足底有角化过度伴毛囊角化；手指的掌面和侧面出现污秽、暗黑色的横条纹。有的患者有 Gottron 征等皮肌炎的特征性皮肤表现，但无皮肌炎的酶学改变和临床症状，皮肤病理活检伴或不伴典型的皮肌炎改变，这种情况被称为无肌炎的皮肌炎。有人估计它占所有皮肌炎的 10%，随时间推移,其中一部分患者可获部分或全部缓解,一部分出现肌肉受累和肌无力的表现,还有一部分患者出现肿瘤。

7.4.2 炎性肌病的发病机制

7.4.2.1 发病背景

炎性肌病的发病背景与多种因素相关,包括:

1)遗传背景

炎性肌病与基因的相关性普遍很强,它的表型由临床特征和自身抗体决定[80]。目前研究表明,与 PM 密切相关的遗传危险因子包括 HLA 一类和二类基因的多态性(*HLA-DRB1* * *0301* 以及 *HLA-DQA1* * *0501*),而这些位点未见与 DM 存在相关性。

2)肿瘤

恶性肿瘤可导致免疫失调,肿瘤性免疫复合物与抗肌肉反应都可能引发炎性肌病。但炎性肌病常伴发肿瘤,两者常同时或先后发生,在时间先后顺序上并不像一种因果关系,而更像继发于同一疾病的两种表现。因此很难确定是 PM/DM 诱发了肿瘤,还是肿瘤引起了 PM/DM 的发生。

3)病毒

与炎性肌病可能有联系的病毒有小核糖核酸病毒(包括柯萨奇、ECHO、脊髓灰质炎等肠道病毒)、流感病毒、反转录病毒(包括 HIV、HTCL-1 等)。流感病毒和柯萨奇病毒感染后可出现轻度炎性肌病,常见于儿童,一般为自限性,成人少见。

4)药物

某些药物如视黄酸、他汀类降脂药导致炎性肌病均有报道,在药物停用后炎性肌病常好转。

7.4.2.2 病理改变

炎性肌病共同的特征包括肌肉无力和炎症,但 PM 与 DM 各有不同的临床、病理特点。而且,它们的免疫病理机制也不同,PM 主要是由CD8[+]T细胞介导的免疫反应,而DM 则与体液免疫过程有关(见表 7-4)。

1)多发性肌炎

PM 患者肌肉组织病理活检可见病变肌肌束膜内有多种炎症细胞浸润,包括

CD8$^+$T细胞、巨噬细胞和骨髓树突状细胞(见表7-5)。CD8$^+$T细胞表面的共刺激分子与肌纤维上的抗原提呈细胞 MHC-1 分子之间相互作用,使CD8$^+$T细胞浸润未坏死肌纤维,并引发穿孔素介导的细胞毒效应,最终导致肌纤维坏死,产生肌炎。多发性肌炎中的浸润细胞也包括凋亡耐受的 CD4$^+$ 和CD8$^+$T细胞种群,这些细胞缺乏 CD21 配体(CD8$^+$CD28$^{-/-}$,CD4$^+$CD28$^{-/-}$),也被认为是细胞毒性效应细胞[81]。针对 PM 患者肌肉组织和血液中 T 细胞谱型的研究表明,CD8$^+$T细胞在原位繁殖扩增并长时间存留。

表 7-5　特发性炎性肌病

特发性炎性肌病亚型	肌肉活检	细胞浸润	相关抗体
皮肌炎	成纤维细胞和血管炎;血管萎缩;腹膜复合物;组织相容复合物 I 和 II 的表达	CD4$^+$T细胞;巨噬细胞;B 细胞;浆细胞;树突状细胞;CD8$^+$CD28$^{-/-}$ T 细胞和 CD4$^+$CD28n$^{-/-}$ T 细胞;肥大细胞;γ/ΔT 细胞	抗 Mi2;抗转录中间因子;抗黑色素相关蛋白/抗皮肌炎-140;抗核矩阵蛋白;抗小泛素样激酶
多发性肌炎	组织相容复合物 I 和 II 的表达	CD8$^+$T细胞;巨噬细胞;髓样树突状细胞;CD68$^+$巨噬细胞;BDCA-1 髓系树突状细胞;CD8$^+$CD28$^{-/-}$ T 细胞和 CD4$^+$CD28n$^{-/-}$ T 细胞;肥大细胞;γ/ΔT 细胞	抗 tRNA 合成酶;抗信号识别颗粒
包涵体肌炎	蛋白质聚合;液泡;夹杂物	CD8$^+$T细胞;巨噬细胞;髓系树突状细胞;CD68$^+$巨噬细胞;BDCA-1 髓系树突状细胞	抗 cN1A
免疫介导的肌肉坏死疾病	组织相容复合物 I 的表达;外周炎;腹膜复合物	CD68$^+$巨噬细胞;少量的 CD4$^+$/CD8$^+$T细胞;B 细胞	抗 3 甲基还原酶;抗信号识别颗粒;抗 tRNA 合成酶

2) 皮肌炎

皮肌炎患者肌肉组织病理活检可见病变肌血管周围及肌束间的炎性浸润,主要包括CD4$^+$T细胞、巨噬细胞、少数 B 细胞、浆细胞等(见表 7-5)。另外,可见BDCA-2$^+$浆细胞样树突状细胞存在于肌束间与肌束膜内并分泌 I 型干扰素[81]。其中,毛细血管和小血管的内皮被认为是免疫应答的攻击目标,随后补体的激活和 C5b-9 膜攻击复合物的沉积,使毛细血管、小血管受到损害,最终导致肌肉缺血坏死,产生肌炎。免疫球蛋白在肌间血管上的沉积被认为激活了补体级联反应,从而引发促炎性细胞因子、趋化因子的产生,进而使黏附分子在内皮上的表达增加并使免疫细胞进一步聚集。尽管目前已经确认,皮肌炎自身抗原抗体反应无处不在,但至今内皮细胞特异性抗体还未被报道过。

7.4.2.3 转录组

1)易感基因

炎性肌病的 GWAS 研究已经证实炎性肌病与 MHC 在遗传上密切关联。

在迄今为止最大的 GWAS(针对 1 178 名欧洲裔成人和儿童皮肌炎患者)研究中又确定了可能与 DM 相关的 3 个基因:*PLCL1*、*BLK*、*CCL21*。近来在新的欧洲裔人群基因组 MHC 区域外研究中,*TYK2* 基因上的非同义氨基酸 SNP 被鉴定为与 DM 和 PM 整体相关的新位点。

另外,危险基因研究发现了非欧洲裔人群中的新位点,包括 *STAT4*[82] 和 *HLA-DRB1*[83]。*HLA-DRB1* 被证实为抗 MDA-5 阳性皮肌炎的风险位点。而 *STAT4* 的基因多态性产生的自身免疫性位点则与肌炎密切相关。另外,基因-环境相互作用在肌炎发病中的意义也在两项针对吸烟状况和他汀类药物的使用与 *HLA* 等位基因的研究中得以证实。未来,炎性肌病的 GWAS 研究将进行更加精准的基因定位、测序和功能释义,而肌炎患者将从中获益。

2)自身抗体

SMN1 基因是造成脊髓肌萎缩疾病(SMA)的原因之一,其中甘氨酰和酪氨酰 tRNA 合成酶的突变被证实为远侧 SMA 和进行性神经性腓骨肌萎缩症的原因。有趣的是,SMN 蛋白复合体(如氨酰 tRNA 合成酶)最近被证实为多发性肌炎患者自身抗体的新靶点。

氨酰 tRNA 合成酶基因(ARS)的缺陷与炎性肌病息息相关。ARS 是一组翻译期间将氨基酸与相应的 tRNA 连接在一起的酶。其中甘氨酰和酪氨酰 tRNA 合成酶基因(*GARS* 和 *YARS*)的突变被证实为造成遗传神经肌肉疾病的原因之一。线粒体天冬氨酰、线粒体精氨酰 tRNA 和线粒体酪氨酰 tRNA 合成酶基因(*DARS2*、*RARS2*、*YARS2*)的突变也与神经肌肉疾病相关。在炎性肌病中 8/20 正常蛋白合成中的 ARS 被证实为自身免疫性抗体的靶点(见表 7-6)。

表 7-6　多发性肌炎/皮肌炎中的自身抗体

抗体名称	靶分子	RNA 组成	含量	临床相关性
Jo-1	组氨酸合成酶	tRNAhis	约 20%	抗合成酶抗体综合征：多发性肌炎、皮肌炎
PL-7	苏氨酸合成酶	tRNAthr	1%～5%	雷诺现象；关节炎
PL-12	丙氨酸合成酶	tRNAala	1%～5%	技工手
EJ	甘氨酸合成酶	tRNAgly	1%～5%	
OJ	异亮氨酸合成酶	tRNAisoleu	1%～5%	
KS	天冬氨酸合成酶	tRNAasp	1%～5%	
Ha	酪氨酸合成酶	tRNAtyr	约 1%	
Zo	苯丙氨酸合成酶	tRNAphe	约 1%	
SRP	信号识别颗粒	7SL RNA	在多发性肌炎患者中占约 5%	严重难治性多发性肌炎
SMN 复合物		UsnRNA	在多发性肌炎患者中占约 3%	多发性肌炎-干燥综合征患者重复出现
CADM140/MDA5	黑色素瘤分化相关基因	病毒 RNA	在皮肌炎患者中占约 20%	皮肌炎
Mi-2	核小体重塑脱乙酰基酶	无	在皮肌炎患者中占 10%～40%	皮肌炎
P155/140	中间转录因子-1r	无	在皮肌炎患者中占 10%～20%	皮肌炎、癌症相关性皮肌炎
MJ	NXP-2/MORC3	无	在皮肌炎患者中占 5%～25%	皮肌炎、色素沉着
SAE	小泛素激活酶	无	1%～5%	皮肌炎
Ku	DNA 蛋白激酶	无	约 5%	多发性肌炎
PM-Scl	外切体复合物	无	约 5%	多发性肌炎
U1RNP, U1/U2RNP	U1snRNP, U1/U2snRNP	U1RNP, U1/U2RNP	约 5%	多发性肌炎

　　具体而言,肌炎自身抗体产生和炎性肌病的致病机制存在共同途径,产生以下两种情况(见图 7-3)：①自身抗体与细胞内抗原结合,从而影响靶抗原的生物学特性,并与其临床特征有关;②自身抗体是靶抗原突变的"触发点"。

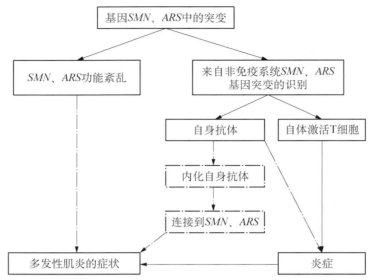

图 7-3　在炎性肌病中自身抗体的产生和发病机制假说

无所不在的基因突变,如 SMN 或 ARS,可能会激活自体反应的 T 细胞以及自身抗体的产生。这些反应过来导致了炎症的产生并诱发多发性肌炎的临床特征。SMN 或 ARS 突变也可能会导致 SMN 和 ARS 功能的紊乱。实线框和黑色箭头代表普通路径;灰色框和虚线箭头表示该路径还不确定,待进一步查证

7.4.2.4　生物标志物

1) MHC Ⅰ

Nagaraju 等[84]用基因工程改造小鼠使其肌细胞上诱导表达 MHC Ⅰ分子,一旦诱导 MHC Ⅰ分子过量表达,小鼠就会出现肌无力和肌肉坏死的症状,其中一些病理特征与人的炎性肌病类似,包括内源性 H-2κb、细胞内黏附分子-1、肌纤维上 IFN-1 诱导表达基因 *MIP-1A* 和 *MCP-1* 等均表达上调,而且抗组氨酰 tRNA 合成酶的自身抗体也开始出现。Li 等[85]观察到在小鼠模型中 MHC Ⅰ分子表达上调与肌肉细胞内质网(ER)快速应激相关。有趣的是,在 HLA-B27/人 β2m 转基因小鼠的巨噬细胞中,MHC Ⅰ分子表达上调诱导的内质网应激与 IFN-β 的放大诱导效应相关。因此,这些研究表明 MHC Ⅰ分子的过表达能够导致肌肉损伤以及使 IFN-β 通过损伤性的放大效应诱导内质网应激的发生。

如前所述,MHC Ⅰ分子在炎性肌病患者肌纤维中的表达上调。最近有研究表明,在炎性肌病患者肌肉活检 MHC Ⅰ 阳性纤维的量化有助于区分多肌炎/皮肌炎和非炎性肌肉疾病[86]。新出现的荧光显微镜 MHC Ⅰ定量试验的结果具有很高的阳性和阴性预测值,需尽快制定诊断炎性肌病的 MHC Ⅰ 阳性肌纤维百分率的边界值。

2) 细胞因子

(1) Ⅰ型干扰素(IFN-1)。近年研究发现,炎性肌病患者的肌肉中存在大量 IFN-1

诱导基因、*ISG-15*、*MXA*等(见图7-4)的高表达,从而证实了IFN-1在炎性肌病患者疾病过程中所起的作用[87]。

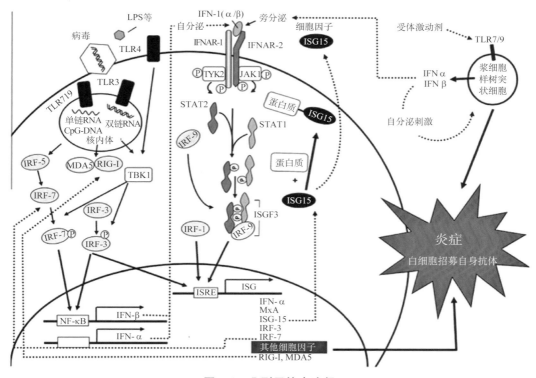

图7-4 Ⅰ型干扰素途径

产生Ⅰ型干扰素(IFN-1)的机制途径,包括IFN-α和IFN-β引起的信号通路,对下游基因、分泌蛋白及由此导致的炎症的影响。IFNAR,IFN-α受体;JAK,Janus激酶;TYK2,酪氨酸激酶2;STAT,信号转导与转录激活因子;ISGF3,干扰素刺激基因因子-3;IRF,干扰素调节因子;ISRE,干扰素刺激响应元件;ISG,干扰素刺激基因;LPS,脂多糖;TLR,Toll样受体;NF-κB,激活B细胞的核因子-κ轻链增强子;TBK1,TANK结合激酶1。Ⅰ型干扰素受体的激活和正反馈途径用虚线箭头所示

*ISG-15*是一种由IFN刺激表达的基因,转录产生的蛋白质通过酶的作用与炎症细胞信号蛋白相结合(这个过程被称为"ISGylation")。ISGylation对于IFN-1信号通路、抗病毒感染反应以及蛋白酶介导的蛋白质降解过程来说很重要。皮肌炎患者活检样本与来自正常人的肌肉活检样本相比,其中*ISG-15*明显过量表达[87],而且编码"ISGylation"蛋白质的转录本在皮肌炎的样本中表达也明显上调。除了*ISG-15*,剩下的14种ISG在炎性肌病患者体内过高表达的基因中有12种是由IFN-1诱导的。而炎性肌病患者体内浆细胞样树突状细胞(plasmacytoid dendritic cells,以下简称pDC)的水平升高可能是IFN-1高表达的源头。

与PM相比,皮肌炎患者肌肉中肌纤维和血管的IFN-1诱导性*MXA*过表达程度也更明显,而且具有皮肤红斑的皮肌炎患者体内*MXA*在内皮细胞和表皮细胞内表达

的程度更强[88]。这些数据与先前的研究结果相一致,即在青少年皮肌炎患者 PBMC 中 *MXA* 的 mRNA 表达量是升高的,且 *MXA* 的水平与肌肉疾病活动度评分相关。这些研究表明,*MXA* 可以作为皮肌炎/青少年皮肌炎疾病活动度的一个生物标志物,而且在病变皮肤处 *MXA* 的检测可以为皮肌炎的诊断提供依据。

(2) 白细胞介素 17(IL-17)。目前的临床研究已经表明,白细胞介素 17 在炎性肌病患者的肌肉组织或血液中存在。免疫组化检测 IL-17 主要在炎性肌病患者组织中 T 细胞丰富的地区,但是 IL-17 阳性的数量比 IFN-γ 的数量低[89]。此外,还有研究表明在炎性肌病患者的肌肉中 *IL-17* mRNA 的表达有增加。在这些研究中,IL-17 的检测也显示出与 *TLR、IFN-γ* 及 *MyD88* 的表达水平增加具有很强的相关性。在炎性肌病患者的组织中观察到另一个 Th17 细胞因子 IL-22 蛋白的表达增加,并且与炎性肌病活动性相关。此外,大量的 IL-22⁺T 细胞共表达 IL-17。大量研究表明,炎性肌病患者血清中 IL-17 的水平升高,并且 IL-17 的水平与疾病活动度呈正相关[90-94]。

(3) 其他细胞因子。其他相关的细胞因子还包括 IL-1、IL-2、IL-6、IL-12、IL-23、IFN-γ、TGF-β 等(见图 7-5、表 7-7)。

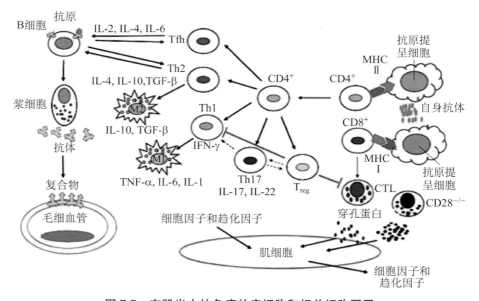

图 7-5　在肌炎中的免疫效应细胞和相关细胞因子

CD4⁺和 CD8⁺T 细胞通过识别抗原提呈细胞(APC)表达的自身抗原而被激活。活化的 CD4⁺T 细胞分化为各种辅助性 T 效应细胞。T 辅助细胞 1 型(Th1)和 Th17 细胞分泌的细胞因子导致肌肉损伤和炎症,同时还激活其他的免疫细胞。Th2 和滤泡辅助性 T 细胞(Tfh)调节 B 细胞功能及分化成产生抗体的浆细胞,从而导致补体介导的毛细血管损伤。而调节性 T 细胞(Treg 细胞)通过抑制 CD4⁺和 CD8⁺效应 T 细胞抑制炎症。MHC,主要组织相容性复合体;CTL,细胞毒性 T 淋巴细胞;CD28⁻/⁻,不表达 CD28 的 T 淋巴细胞;M1,1 型巨噬细胞(促炎);M2,2 型巨噬细胞(抗炎)

表 7-7　炎性肌病中的关键细胞因子

细胞因子	炎性肌病的类型	血清	单核细胞	内皮细胞	肌肉	细胞外基质	皮肤
Th1							
IFN-γ	全部	＋	＋	－	皮肌炎 多发性肌炎 包涵体肌炎	－	皮肌炎
IL-2	全部	＋	皮肌炎 多发性肌炎 包涵体肌炎	－	皮肌炎 多发性肌炎 包涵体肌炎	－	皮肌炎
IL-12	全部	＋	＋	－	＋	－	－
TNF-α	全部	＋	＋	－	＋	－	－
Th2							
IL-4	全部	＋	皮肌炎	－	＋	－	皮肌炎
IL-13	全部	＋	－	－	－	－	皮肌炎
Th17						＋	
IL-17	全部	＋	＋	－	皮肌炎 多发性肌炎 包涵体肌炎	－	皮肌炎
IL-22	皮肌炎 多发性肌炎	－	＋	多发性肌炎	＋	－	－
IL-23	皮肌炎 多发性肌炎	－	＋	－	＋	－	－
IL-6	全部	＋	皮肌炎 多发性肌炎 包涵体肌炎	－	皮肌炎 多发性肌炎 包涵体肌炎	－	－
TNF 样细胞凋亡	皮肌炎 多发性肌炎 包涵体肌炎	－	皮肌炎 多发性肌炎 包涵体肌炎	－	皮肌炎 多发炎 包涵体肌炎	－	－
Treg							
IL-10	皮肌炎 多发性肌炎 包涵体肌炎	＋	＋	－	皮肌炎 多发性肌炎 包涵体肌炎	－	－
TGF-β	皮肌炎 多发性肌炎 包涵体肌炎	－	皮肌炎	皮肌炎 多发性肌炎 包涵体肌炎	皮肌炎 多发性肌炎 包涵体肌炎	皮肌炎	皮肌炎

（续表）

细胞因子	炎性肌病的类型	血清	单核细胞	内皮细胞	肌肉	细胞外基质	皮肤
IL-1 家族							
IL-1α	皮肌炎 多发性肌炎 包涵体肌炎	—	皮肌炎 多发性肌炎 包涵体肌炎	皮肌炎 多发性肌炎 包涵体肌炎	皮肌炎 多发性肌炎 包涵体肌炎	—	—
IL-1β	全部	全部	皮肌炎 多发性肌炎 包涵体肌炎	—	皮肌炎 多发性肌炎 包涵体肌炎	—	—
Ⅰ型干扰素							
IFN-α	全部	＋	皮肌炎 多发性肌炎 包涵体肌炎	—	皮肌炎	—	皮肌炎
IFN-β	皮肌炎 多发性肌炎	＋	皮肌炎 多发性肌炎 包涵体肌炎	—	皮肌炎 多发性肌炎	—	皮肌炎

3）Toll 样受体（TLR）

TLR 是作为固有免疫和获得性免疫之间的一个连接桥梁。TLR 识别内源性的危险信号，即病原相关分子模式（PAMP），并提供调节不同的炎性反应来应答。TLR-1、TLR-2、TLR-4 及 TLR-6 识别脂类 PAMP，而 TLR-3、TLR-7、TLR-8 及 TLR-9 识别核酸类 PAMP。TLR 的激活产生细胞因子和趋化因子以促进 APC 的成熟。由于它们具有免疫刺激的作用，因此被认为参与了自身免疫性疾病的发病。最近一项报道表明，与正常人或非炎性肌病患者的肌肉组织相比而言，DM/PM 肌肉组织中的 *TLR-3* 和 *TLR-7* 过量表达。研究表明，在炎性肌病中坏死的肌纤维激活 TLR 通路并产生如 IFN-γ（Th1 细胞）和 IL-17 等细胞因子，它们反过来又可能参与到肌肉组织损伤的病理过程中[95]。该研究也可表明，固有免疫系统通过 TLR 通路的激活参与到自身免疫性肌肉疾病的发病过程中，而激活的物质很可能是由损伤肌肉细胞释放的内源性激活物。

4）其他

B7 同系物 1、S100A4、抵抗素和 HMGB1 也参与了炎性肌病中最主要的固有免疫细胞通路反应。而除了肌肉组织之外，肺与皮肤也可作为潜在的检测上述各类生物标志物的组织器官（见表 7-8）。

表 7-8　皮肌炎、多发性肌炎、包涵体肌炎中可能的生物分子

	血　液	肌　肉	肺	皮　肤
多发性肌炎	干扰素-β,白介素-17,白介素-23,Toll 样受体 3,Toll 样受体 7,运动神经元抗体,抵抗素	B7 家族,S100A4,组织相容性复合物,HMGB-1	支气管肺泡蛋白分析	
皮肌炎	干扰素-β,白介素-17,白介素-23,Toll 样受体 3,Toll 样受体 7,支气管肺泡,抵抗素	S100A4,ISG-15,黏液毒素 1 型蛋白,组织相容性复合物	支气管肺泡蛋白分析	黏液毒素 1 型蛋白
包涵体肌炎	干扰素-1(尤其是干扰素-β),Toll 样受体 3,Toll 样受体 7,抵抗素	S100A4,组织相容性复合物		

7.4.3　基于转录组学的炎性肌病靶向治疗

在炎性肌病的治疗上,除了常规的对症支持、激素、免疫抑制剂的使用外,通过转录组学中的特异性靶点进行靶向治疗不失为更具潜力的方向。

7.4.3.1　针对 IL-17 的靶向治疗

从 A 到 F 的 6 个 IL-17 亚型均为促炎性细胞因子,主要来源于炎性疾病中大量存在的 Th17 细胞。IL-17 激活促炎症转录因子,诱导细胞因子、生长因子及其他炎症介质,在炎性肌病患者的肌肉和血清中均证明其表达上调。

针对 IL-17 的靶向治疗主要通过以下 3 种方式发挥作用(见图 7-6):①IL-17 信号是间接通过降低 IL-1 依赖 Th17 细胞的分化进行治疗的;②静脉注射免疫球蛋白(IVIG)也被证实可抑制 IL-17 的过度表达;③治疗型抗 IL-17 抗体则是直接作用于IL-1这个靶点。治疗型抗 IL-17 抗体已被开发出来,大多数是直接针对 IL-17A 这种亚型。brodalumab(AMG-827)、secukinumab(AIN-457)、perakizumab、ixekizumab 和 ly2439821 均为 IL-17 人源性单克隆抗体。其中,secukinumab、ixekizumab 和 brodalumab 已在类风湿关节炎的 Ⅱ 期临床试验中进行了评价,Ⅲ 期临床试验正在进行中。这几种抗体的疗效在银屑病(psoriasis,PSO)患者身上已被证实,但对炎性肌病患者的相关疗效结果暂缺。

7.4.3.2　针对 IL-1 的靶向治疗

IL-1 在炎性肌病中介导了肌肉纤维损伤。因此可间接通过 IL-1 受体拮抗剂阿那白滞素降低 IL-17 的过度表达。已有的 IL-1α 和 IL-1β 的受体拮抗剂包括 anakinra、利

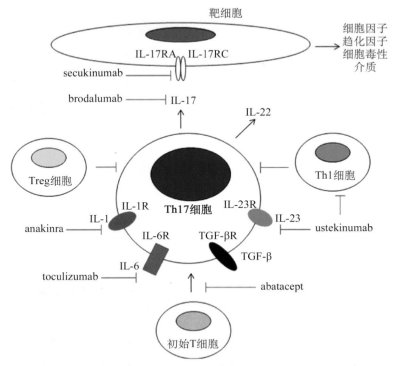

图 7-6 在肌炎中推测的靶向细胞因子及可阻断的单克隆抗体

白细胞介素(IL)-17RA 和 IL-17RC 代表 IL-17 受体的 A 和 C 链。IL-1R,白细胞介素 1 受体;TFG -βR, 转化生长因子-β 受体;IL-23R, IL-23 受体;IL-6R, IL-6 受体

纳西普(rilonacept)、gevokizumab[该药物是一种有效的 IL-1β 变构调节抗体,用于治疗坏疽性脓皮病和贝赫切特综合征(白塞病)葡萄膜炎,由于还在临床试验阶段,尚未有中文名]。阿那白滞素对部分炎性肌病患者有效。目前,gevokizumab 正在 PM/DM 患者中开展随机双盲安慰剂对照试验,亟待结果。

7.4.3.3 针对 IL-6 的靶向治疗

IL-6 是 CD8$^+$Tc17 和 Th17 分化过程中的关键因子,并且在肌炎,尤其在 PM 的免疫病理过程中发挥了重要作用。在 DM、PM 患者血清中均可发现 IL-6 过度表达且与疾病活动度相关。

研究发现,在大鼠肌炎模型中,通过基因敲除技术抑制 IL-6 的过度表达对肌炎有效。人源性抗 IL-6 单抗 tocilizumab 也成功治疗了两例难治性 PM 患者,现已有机构开展 tocilizumab 治疗难治性 DM/PM 的 II 期临床试验。其余正在开发的单克隆抗体还包括 sarilumab、atlizumab（Actemra）、sirukumab、olokizumab、clazakizumab、 elsilimomab 与 Bms-945429(ALD518)等。

7.4.3.4 针对 IL-12/IL-23 的靶向治疗

IL-12 是一种由刺激性 Th1 细胞的 p35 和 p40 亚基构成的异二聚体型细胞因子。IL-23 是一种由 Th17 的 p19 和 p40 亚基构成的异二聚体,与 IL-12 共同分享 p40 亚基。而 IL-12 被证实在肌细胞分化过程中发挥作用,而且在炎性肌病患者血液和肌肉中均发现了它们的过度表达。ustekinumab 单克隆抗体是抗 IL-12、IL-23 的 p40 亚单位抗体,它在银屑病治疗中能有效减少 Th17 和 Th1 细胞数目,克罗恩病和多发性硬化症治疗的临床试验正在进行中。

7.4.3.5 针对 IFN-1(IFN-α/IFN-β)的靶向治疗

在 DM 和 PM 患者中观察发现 IFN-1 可诱导基因组激活并发生负转录调控现象,而诱导后的基因产物是主要组织相容性复合物、黏病毒抗性蛋白、RNA 解旋酶和细胞因子[96]。因此,抗 IFN-1 治疗的主要作用是减缓固有免疫相关反应,中和受 IFN-1 诱导的基因的表达。

现有的已经开发出来的抗 IFN-1 抗体包括:西法利木单抗、罗塔利珠单抗和 AGS-009 单克隆抗体。炎性肌病一期 Ib 临床试验结果显示,6 个月疗程的昔法利木单抗可抑制 DM 和 PM 患者中 IFN-1 诱导的基因表达,包括 IL-18 表达的下调。患者肌力的提升与其血液和肌肉中的 IFN-1 显著减少有关。肌肉活检观察到 T 细胞浸润程度降低。血液分析显示 5/11 的抑制性血浆蛋白,包括 sIL2R、CCL2、CCL8、BAFF 和铁蛋白均由 IFN-1 诱导产生,而治疗则可以降低 PM 患者肌肉当中的 CXCL10 免疫反应。

7.4.3.6 针对 IFN-γ 的靶向治疗

已有研究明确了 IFN-γ 在炎性肌病中的表达[168],但是直至今日,IFN-γ 在炎性肌病免疫干扰中的具体角色仍然没有阐明。它与 IFN-1 的交叉作用可能是一个重要的方面。IFN-γ 与 IFN-1 协同作用可能会促进 Th1 细胞介导的免疫反应并进一步增加 IFN-γ 的表达。人源性抗 IFN-γ 抗体——芳妥珠单抗(fontolizumab,HuZAF)已经研制成功,并已被证明能够有效地治疗炎性肠病。但其在炎性肌病方面的研究结果还未公布。

7.4.3.7 针对 CXCL10 的靶向治疗

CXCL10/CXCR3 轴在炎性肌病中的突出作用使得它成为治疗干预的关键点。在 DM、PM 中 *CXCL10* 的强表达和CXCR3$^+$细胞的浸润已经被证实。炎症反应可诱导

CXCL10 在成肌细胞中的表达。体外实验发现，维生素 D 受体激动剂可以拮抗刺激细胞分泌的 CXCL10，因此有人提出也可将维生素 D 作为炎性疾病的治疗药物之一。

人源性单克隆抗 CXCL10 抗体已被开发出来，包括 MDX-1100 和 BMS-936557。在对活动性溃疡性结肠炎患者的 II 期随机双盲对照研究显示，经过 BMS-936557 治疗 8 周后患者的临床表现得以改善。一项联合 MDX-1100 和 MTX 治疗类风湿关节炎的 II 期研究已完成，但尚未公布结果。目前没有治疗炎性肌病相关的试验。

7.4.3.8 针对 TNF-α 的靶向治疗

TNF-α 在炎症过程中起着重要的调节作用，故作为炎性肌病治疗的新靶点。在 DM 与 PM 肌肉样本中，肌内膜及肌束膜单核细胞表达不同量的 TNF-α。在 DM 中，许多血管内皮细胞也表达了 TNF-α。

许多治疗型抗 TNF-α 抗体已被开发出来。英夫利昔单抗、阿达木单抗（humira）和戈利木单抗（simponi）是人源抗 TNF-α 单克隆抗体。奈瑞莫单抗（norasept）是一个嵌合抗 TNF-α 单克隆抗体。阿达木单抗是聚乙二醇化的人源抗体的 Fab 片段。依那西普是一种结合在 IgG Fc 片段上的 TNFR2 融合蛋白。多年来抗 TNF-α 抗体对类风湿关节炎患者的治疗取得了良好的效果。炎性肌病的 II 期临床试验正在进行中，从结果来看，抗 TNF-α 的治疗对部分炎性肌病患者有所帮助。

7.4.3.9 针对 BAFF 的靶向治疗

除了 TNF-α 以外，BAFF 也被作为 TNF 家族中治疗炎性肌病的合适靶点。在许多自身免疫病患者中已经发现循环 BAFF 水平的升高，自身反应性 B 细胞更依赖 BAFF 生存，针对 BAFF 的靶向治疗意味着致病性 B 细胞可以优先被这种方式淘汰。非选择性 B 细胞的耗竭同样对具有防护能力的调节性 B 细胞亚群造成了威胁。此外，BAFF 影响 T 细胞的功能，尤其是刺激 Th1 和 Th17 细胞系。BAFF 在 B 细胞有 3 个受体：B 细胞成熟抗原（BCMA）、TNFR 同源跨膜激活剂受体以及 BAFF 受体（BR3）。阻断这些受体能同时中和细胞因子。

现有的抗 BAFF 的抗体包括：贝利单抗（benlysta，lymphostat-B）和塔巴利木单抗（tabalumab），blisibimod（AMG623）抗体，阿塞西普（atacicept，TACI-Ig），briobacept（BR3-Fc）。贝利单抗已经被批准用于治疗系统性红斑狼疮，它已被证明能够安全和有效地降低外周血 B 细胞数和循环抗双链 DNA 抗体水平。atacicept 也被证明可以改善系统性红斑狼疮疾病的严重程度。目前没有开展炎性肌病患者相关的临床试验。

已有的靶向药物临床试验结果如表 7-9 所示。靶向治疗需要对炎症性疾病当中的细胞因子及其对正常细胞可能的潜在作用进行全面评估，进而能够为未来治疗策略的设计打下良好基础。随着免疫组学的发展，越来越多基因治疗机制以及遗传信息的涌入，炎性肌病的治疗将越来越精准，必将推动炎性肌病治疗的进步。

表 7-9 靶向治疗在炎性肌病中的应用

药物和质量方案	疾病诊断(患者数)	持续时间(周)	临床结果
抗 TNF-α			
每 4 周注射英夫利昔单抗 6 mg/kg 或者更加频繁	青少年皮肌炎 (5)	32～130	好转(5/5)
英夫利昔单抗 10 mg/kg (第 0，2，4，6，14 周)	皮肌炎(1) 多发性肌炎(4) 包涵体肌炎(4)	16	好转(3/9)；没有改变(4/9)；恶化(2/10)
英夫利昔单抗 10 mg/kg (第 0，2，4 周)	皮肌炎(1) 多发性肌炎(1)	12	好转(2/2)
英夫利昔单抗 10 mg/kg (第 20 周)	皮肌炎(1) 多发性肌炎(1)	66	好转(2/2)
英夫利昔单抗 10 mg/kg(第 14，28，22 周)	多发性肌炎(2)	26	好转(2/2)
英夫利昔单抗 10 mg/kg(第 0，4，6，9 周)	多发性肌炎(1)	69	好转(1/1)
英夫利昔单抗 5 mg/kg(第 0，2，6，14，18，22 周)	多发性肌炎(1)	22	好转(1/1)
英夫利昔单抗 5 mg/kg(第 0，2，6 周)	皮肌炎＋青少年皮肌炎(14)		好转（10/14）；死亡(4/10)
英夫利昔单抗 3 mg/kg(第 0，2，6 周) 或每 2 周注射益赛普 25 mg	皮肌炎(3) 多发性肌炎(5)	26	好转(6/8)
每周注射益赛普 50 mg，连续注射 24 周	皮肌炎(11)	24	好转(6/11)；没有改变(3/11)；恶化(2/11)
每两周注射 25 mg 益赛普	多发性肌炎(1)	56	好转(1/1)
每两周注射 26 mg 益赛普	包涵体肌炎(9)	24～48	好转
每两周注射 27 mg 益赛普	皮肌炎(5)	12	恶化(5/5)
抗 IFN-α			

（续表）

药物和质量方案	疾病诊断（患者数）	持续时间（周）	临床结果
每隔一周给予 sifalimumab 0.3～10 mg/kg,使用 6 个月	皮肌炎（26） 多发性肌炎（25）	14	好转（38/51）
每周给予 avonex(IFN β-1a)30 μg,使用 3 个月	包涵体肌炎（29）	24	没有改变（27/29）；恶化（2/29）
抗 IL-1			
每天给予阿那白滞素 100 mg	皮肌炎（6） 多发性肌炎（4） 包涵体肌炎（5）	48	好转（7/15）；没有改变（5/15）；恶化（3/15）
每天给予阿那白滞素 100 mg	包涵体肌炎（4）	28	恶化（4/4）
每天给予阿那白滞素 100 mg	多发性肌炎（1）	50	好转（1/1）
抗 IL-6			
每 4 周给予曲妥珠单抗 8 mg/kg	多发性肌炎（2）	29～43	好转（2/2）

7.5 转录组学在干燥综合征诊疗中的应用

7.5.1 干燥综合征概述

干燥综合征（Sjögren syndrome，SS）[97, 98]以眼干、口干为主要临床表现,多种自身抗体的产生和外分泌腺（泪腺和唾液腺）淋巴细胞的灶性浸润为自身免疫紊乱的主要病理特征,合并肺、肾、肝等轻微病变,是最为常见的、病程缓慢的、异质性、系统性自身免疫性疾病,发病机制不清。发病率为 0.3%～1.5%,仅次于类风湿关节炎（rheumatoid arthritis，RA）,有 5%～10% 的患者发展为恶性淋巴瘤,主要以非霍奇金 B 细胞性淋巴瘤（non-Hodgkin lymphoma-B，NHL-B）为主,影响了患者生存质量。

对 SS 患者流行病学调查显示,SS 初始症状轻微,不易觉察,往往患者就诊时,腺体损害已发生,导致 SS 诊断延迟严重。此外,缺乏早期、特异性诊断标志物也是很重要的原因。由于目前 SS 没有特异性治疗策略,延迟诊断也将导致 SS 治疗延误,影响患者的生活质量。因此,寻找特异性早期诊断指标,可以加速 SS 的确诊、个性化临床治疗策略的制定并极大地改善患者的生活质量和延长生存期。

SS 的分子机制不清,前期研究发现 *HLA-DW3*、*DR3*、*DQA1 * 0501* 表达异常,*IL-10*、*Fas/FasL*、*IRF5*(interferon regulatory factor 5)等转录体表达水平上调,多基因可能与 SS 疾病易感性相关。某些基因多态性被报道与 SS 的临床特征相关,比如抗 *Ro60/52* 基因、*IgKM* 和 *GM* 基因。随着科学技术的突破,使转录体在时间-空间的变化研究成为可能,将基因组学(genomics)、转录组学(transcriptomics)、蛋白质组学(proteomics)、代谢组学(metabolomics)技术用于 SS 生物标志物的发现和鉴定,同时分析 SS 发病相关的分子途径,为更好地理解 SS 的发病机制,找到潜在的干预靶点,对药物疗效进行监测,提高患者的治疗效果提供依据。因此,SS 相关转录组学生物标志物具有成为早期诊断指标的可能。基于全基因组规模(genome-wide scale,GWS),高通量的微矩阵芯片检测技术、实时荧光定量 PCR(quantitative real-time PCR)、新一代测序技术 RNA-Seq、荧光条形码标记单分子检测技术 Nanostring、液相悬浮芯片技术(Luminex)、微流体芯片技术(Fluidigm)等,都是基因表达转录组学的研究方法,已经用于多种自身免疫病(包括 SS)寻找疾病相关的、新的转录组学生物标志物的筛选、鉴定。转录组学生物标志物的寻找包含了 mRNA、circRNA 和 ncRNA,其中 ncRNA 由 lncRNA、miRNA、piRNA 等构成。

由于 SS 累及患者唾液腺和泪腺,受到采集样本的局限,临床一般采用唇腺活检,进行实验室检测,但是由于是有创性的,唇腺组织很小,患者依从性低,因此样本的采集仍然受到限制。于是,许多研究者选择创伤性更小的血液样本筛选生物标志物,比如用于 SS 诊断标准的自身抗体抗 SSA/抗 Ro52、抗 SSB;借鉴肿瘤的唾液生物标志物鉴定的成功应用,运用非侵袭性、简单易于获得的唾液来寻找 SS 诊断候选生物标记,具有非常大的优势。因此,本节将主要对唇腺活检组织、外周血和唾液转录组学在 SS 的研究,潜在生物标志物的发现鉴定及对 SS 治疗策略的制定进行介绍。

7.5.2　转录组学生物标志物在干燥综合征诊断和治疗中的研究

7.5.2.1　唇腺组织转录组学在干燥综合征中的研究

在对 SS 唇腺组织转录组学的研究中,因为样本取材的限制,均为小样本量的研究,但是,这些研究结果相似[99]。*CXCL13*、*CD3D*、Lymphotoxin β、大量 MHC 的基因和细胞因子,淋巴细胞活化因子等转录表达急剧升高,与 SS 发病机制中的慢性炎症、抗原处理、信号传导相关;而与唾液产生和分泌相关的 *CA2*(carbonic anhydrase 2)mRNA 及

凋亡调节子 *Bcl-2-like 2* 表达下降。尤其是在 pSS 患者唇腺中,大量Ⅰ型 *IFN* 基因表达上调,IFN 诱导基因 *ISGF3G*(interferon-stimulated transcription factor 3γ)、*IFITM3*(interferon-induced transmembrane protein 3)、*G1P2*(interferon-α-inducible protein)和 *IRF1*(interferon regulatory factor 1)表达增高。此外,*IFITM1*(interferon-induced transmembrane protein 1)、*PML*(promyelocytic leukaemia)、*TAP2*(transporter 2 ATP-binding cassette)、*SYK*(spleen tyrosine kinase)、*GBP2*(guanylate binding protein 2)和 *IFI44*(interferon-induced protein 44)等表达均上调。所有这些 IFN 相关基因表达上调与外周血、唾液转录组学检测结果(后述)相似,提示在 SS 发病过程中,无论是在外分泌腺组织,还是系统性的Ⅰ型 IFN 信号途径,异常活化是一致的。这些转录本也是潜在的 SS 临床有意义的生物标志物。

在对唇腺组织 miRNA 的研究中,鉴定了新的 miRNA 及其在 SS 中可能的作用。在 SS 患者无或者有少量淋巴细胞浸润的唇腺组织中,少量 miRNA 如 hsa-miR-5100,随着唾液分泌减少,表达急剧增加,提示它与唾液分泌损伤相关,而与腺体慢性炎症无关。大多数 miRNA 与唾液腺炎症相关,比较明确的 miR-17～92,在 SS 患者 FS(focus score)＝12 分的唇腺中表达比 FS＝1 分或 2 分中显著下调,与 pro-B 细胞的堆积、大量 pre-B 细胞和成熟 B 细胞减少相关,均可以作为 SS 疾病特异性的候选预测标志物[100]。

7.5.2.2　外周血转录组学在干燥综合征中的研究

由于受到疾病的靶向组织或者器官取材的限制,如多发性硬化累及脑部,应用外周血转录组学检测评价免疫系统是最好的方法之一。外周血转录组学技术不仅在肿瘤的诊治中大量应用,也广泛用于部分自身免疫病如 RA、SLE、银屑病、多发性硬化等研究中。通过全身所形成的免疫网络循环系统,采集血液样品,应用转录组学技术为阐释疾病发病机制提供证据,发现新的疾病诊疗相关生物标志物。

在 SS 患者外周血转录组学的研究中,无论是全血(whole blood,WB),还是 PBMC,结果是相似的,即:IFN 诱导基因表达上调,具有可重复性。一系列的干扰素调节因子(interferon regulatory factors,IRF)调控 IFN 诱导基因的活化,比如 IRF-1 是转录活化因子,而 IRF-2 则抑制 IFN 活化;在 SS 外周血转录本检测中,IRF-1 表达升高,IRF-2 表达降低。IRF-5 和 IRF-7 对 IFN-1、SS 相关细胞因子、趋化因子产生关键作用,在 SS 外周血转录组中表达均升高。研究显示,在 SS 发生中,Sendie 病毒的病毒活化因子直接结合 IRF-7,活化转录 *IFN*,独立于 IFN 启动的 JAK-STAT 途径;而 *IRF-5*

和 *STAT4* 的基因多态性,直接参与了 IFN 信号通路的活化。相似的结果也见于 SLE 的研究报道中。其他多种自身免疫病研究也证实 IFN 信号通路表达异常升高,包括银屑病、多发性硬化、RA、原发性胆汁性肝硬化(primary biliary cirrhosis,PBC)、皮肌炎等。尤其是,SS 外周血 IFN 诱导基因表达变化与 SLE 相似,相关的临床特点也相似,比如自身抗体——抗 Ro/La 在两个疾病中均存在。

对 SS 患者外周血转录本表达变化与临床特点进行相关性分析,是 SS 转录组学研究中很重要的一个部分。通过与临床诊断实验室数据比较分析,仅有 5% 的基因转录本变化与唾液分泌相关,接近 10% 的基因转录本变化与泪液分泌相关,而大多数表达变化的基因转录本与唾液腺分泌和泪腺分泌的相关性未达到统计学意义。在 IFN 诱导表达升高基因中,近 2/3 的转录本与自身抗体抗 Ro/La 效价呈正相关,而在外周血所有转录本表达下降的基因中,仅有 0.05% 的表达下降基因与抗 Ro/La 自身抗体效价相关。因此,尽管 IFN 信号通路活化与自身抗体产生的准确机制尚不清楚,但是 SS 外周血转录组学研究结果支持 IFN 信号通路的活化参与了 SS 中自身抗体的产生。

对 SS 外周血中表达变化基因的功能、疾病相关途径的分析发现,除了 IFN 诱导基因表达上调,B、T 细胞受体信号的表达异常同样是显著的。主要的白细胞表面分子 *PTPRC*(protein-tyrosine phosphatase receptor-type C),或者称为 *CD45R/Ly5*,基因表达异常升高,与其他增强 B、T 细胞活化的基因表达下降是一致的。PTPRC 通过抑制 JAK 激酶和负性调节细胞因子受体信号,参与 T 细胞和 B 细胞活化、整合素介导的黏附和免疫细胞的迁移。靶向干扰 PTPRC,相关细胞因子和干扰素受体介导活化的 JAK 和 STAT 蛋白表达上调。此外,*PTPRC* 基因异构体在多发性硬化、格雷夫斯病(Graves disease)和桥本甲状腺炎等相关研究中被报道。在小鼠模型中,*PTPRC* 基因异构体导致细胞因子的产生发生变化。此外,在 SS 外周血转录表达异常中,*PPARα/RXRα* 信号表达下调,与 SS 中促炎信号增强是一致的。过氧化物酶体增殖物激活型受体(peroxisome proliferator-activated receptors,PPAR)是核受体,通过配体活化时,形成一个功能性转录单位,与视黄酸 X 受体(retinoid X receptors,RXR)形成异源二聚体化发挥功能。PPARα 和相关家族成员是环境和食物刺激相关炎症的重要调节子。在免疫细胞中,PPARα 通过隔阻和封闭 c-jun 和 NF-κB 转录因子,抑制炎症应答。有趣的是,在实验性变态反应性脑脊髓炎(experimentally allergic encephalomyelitis,EAE)小鼠模型中,性别差异分析显示,雌性小鼠的 CD4$^+$T 细胞中 PPARα 转录本量明显少于雄性小鼠，NF-κB 和 c-jun 活性升高，产生更多的 IFN-γ 和 TNF，提示女性发生多发性硬化和其他自身免疫病的高风险；而且，PPARα 激动剂在 SS 干眼治疗中是有效的。因此，PPARα 激动剂是 SS、其他与 PPARα 低水平表达相关的自身免疫病以及炎症的潜在治疗药物。由此，PPARα 激动剂作为 SS 新的治疗药物可以成为下一步的研究方向。值得一提的是，胰岛素样生长因子 1 受体(IGF1R)在 SS 外周血表达降低，与 SS 唇腺转录组学研究结果一致；而在非肥胖型糖尿病(non-obese diabetic，NOD)小鼠实验性自身免疫性涎腺炎中，IGF1R 也处于低水平。这些结果均说明，IGF1R 失活与 SS 唾液腺腺体破坏和功能丧失相关。因此，评价淋巴细胞信号途径中的 *PTPRC* 和其他相关基因，可能对解释 SS 自身免疫应答的形成非常有意义，也代表了新的研究方向。

总之，以上 SS 外周血转录组学研究结果提示，在 SS 机制中初始的病毒感染导致了唾液腺的 IFN-1 产生。通过适应性免疫应答，导致腺体上皮细胞的凋亡和坏死，自身抗原暴露，活化免疫细胞，形成的免疫应答导致自身抗体产生，形成免疫复合物，启动并延长了 IFN 活化信号。通过 Toll 样受体(TLR)介导的浆细胞样树突状细胞刺激活化，持续产生 IFN 以及 SS 相关细胞因子(IL-12、IL-6、TNF、CXCL10、CCL3)，形成一个持续性募集和释放的循环，免疫耐受被打破，最终导致外分泌腺的功能损害，继而出现系统性疾病表现。因此，应用针对 IFN 相关的生物标志物和直接抗 IFN 信号途径活化的治疗，有助于改善 SS 诊断和治疗的策略。

7.5.2.3 唾液转录组学在干燥综合征中的研究

唾液不仅是 SS 累及的唾液腺的直接产物，还是用于 SS 诊断的非侵袭性样品，特别是在难于获得血液样本的情况下，它具有取材简单、安全，内容丰富，包含蛋白质、DNA 和 RNA、代谢物，都为疾病诊断提供了依据。正常人唾液转录组学分析工作已经完成[101]，它是由 3 000 多种 mRNA 构成，分离出约 180 种在所有健康人中构成性表达的 RNA，被称为正常唾液核心转录组(normal salivary core transcriptome，NSCT)，这些研究奠定了应用唾液寻找人类疾病生物标志物的基础。

在 pSS 唾液转录组学生物标志物研究中，全唾液(whole saliva，WS)有 162 个转录本上调(大于 2 倍)，仅有少量下调。其中，27 个上调 3 倍以上，13 个上调 10 倍以上，在 27 个上调基因中有 19 个基因与 IFN 诱导相关，尤其是 *GIP2*(interferon-α inducible protein 2)上调 500 倍。转录本表达变化与发病相关分析显示，基因转录本表达上调与自身免疫应答、凋亡和 JAK-STAT 转导途径相关，大多数基因表达上调与活化 IFN 途径相关,在 SS 的发病机制中,Ⅰ型 IFN 信号通路活化与自身免疫应答相关。这些结果显示了唾液作为检测样本的合理性,唾液连续检测反映了累及腺体的发病过程。在 pSS 与健康人唾液转录组学生物标志物检测中,全唾液中 328 个转录本上调大于 2 倍,在腮腺分泌唾液中仅有 21 个上调大约 2 倍。这些都证明在 pSS 诊断检测中,全唾液比单个唾液腺分泌唾液更适于作为转录组学研究样本。

唾液中含有大量的外泌体,外泌体对 RNA 具有保护作用,其中大多数核酸小于 200 bp,与肥大细胞来源外泌体 RNA 的特点相似。唾液外泌体与角质细胞共孵育,具有调节基因表达的功能,可以转移 mRNA 到邻近细胞里,具有 RNA 传递功能。这些数据也证实在 SS 发病过程中,外泌体的载体转移功能对自身抗原的形成和识别具有重要意义,同样也提示唾液外泌体 RNA 是 SS 诊断和预后潜在的生物标志物和治疗靶点。

唾液中不仅有 mRNA,也包含了 ncRNA。同时在唾液外泌体中存在大量稳定的 miRNA,与人的其他体液如脑脊液(CSF)、血液比较,它们的表达相似。准确定量 ncRNA 是生物标志物评价的关键因素。通过 RPKM 定量,唾液中包含了 miRNA(6.0%)、piRNA(7.5%)、snoRNA(0.02%),58.8% 是微生物 RNA,反映了唾液中有丰富的微生物存在。这些数据提示唾液 miRNA 可作为候选生物标志物,与其他体液等同。在唾液中存在大量的 piRNA,它们作用于转座子(transposon),抑制转座子的移动,长度在 26~32 nt。piRNA 在血液和脑脊液中含量很低,少于 miRNA,提示唾液 piRNA 来源于口腔黏膜细胞或者唾液腺,而不是通过血液循环来源于其他器官,是否影响系统功能需要进一步研究。研究发现,存在于脑脊液中的部分 circRNA 是非编码的,大多数功能未知,提示可能在胞外液中有功能,可作为候选生物标志物。作为潜在的疾病生物标志物,miRNA 在血液和其他体液中的研究很多。由于唾液与其他体液中的 miRNA 表达相似,提示可以作为 SS 的候选生物标志物。

从上述对唾液转录组学的研究来看,唾液的转录组学技术也可以用于 SS 唾液腺功能损伤的严重程度或者疾病进展以及治疗效果的评价。例如,比较分析 pSS、sSS 以及进展为恶性淋巴瘤的患者唾液中转录本表达的变化,结合蛋白质组学检测结果,可以作为淋巴瘤早期诊断的特异性生物标志物;唾液转录组学也可应用于 SS 药物疗效评估、毒性评价或者分子靶向治疗的疾病分类。

7.5.3 干燥综合征转录组学相关信息查询和数据共享

干燥综合征知识库（Sjögren's syndrome knowledge base，SSKB，http://sskb. umn. ed）是一个数据库，收集和整合了已发表文献中与干燥综合征相关的基因和蛋白质数据，比较分析 SS 的转录组学和蛋白质组学研究。SSKB 来源于 PubMed，通过数据挖掘，甄别出超过 7 700 篇摘要，列出近 500 个潜在基因或者蛋白质。SSKB 不仅能够提供 SS 文献检索和基因鉴定的文献循证医学证据，而且包含了大量功能性基因研究、蛋白-蛋白相互作用网络和其他的生物信息学分析。由于唾液样本在肿瘤诊断生物标志物的发现和诊断的成功应用，SS 应用唾液的研究也越来越多，这里需要提到的是唾液检测数据相关的生物信息学概念 SALO（saliva ontology）。SALO 是一种针对唾液检测数据的信息管理技术，主要应用于组学（omics）领域、唾液相关疾病诊断和特异性检测 SS 的唾液标志物的数据管理。SS 相关部分的 SALO，是对 SSKB 代表性文献进行注释分析和验证。此外，SDxMart 是 BioMart 数据库的门户网站，通过用 BioMart 的界面和查询语句，可以调取唾液组学数据库中的信息。SDxMart 支持复合查询，可同时输入组学（omics）信息、临床资料和功能性信息，有助于唾液生物标志物的发现。它的数据来源于口腔疾病和系统性疾病（包括 SS）的项目研究，这里的组学包括了蛋白质组学、转录组学和代谢组学。

Wong 等鉴定了正常人全唾液中 3 000 多个 mRNA 和 1 000 种不同蛋白质，1 100 种腮腺、下颌腺和舌下腺分泌的蛋白质，在加利福尼亚大学洛杉矶分校建立了一个开放的数据库（UCLA Human Salivary Proteome Project，http://www. hspp. ucla. edu），集中了所有鉴定的唾液蛋白和转录体，这些共享数据为在唾液中寻找 SS 疾病相关生物标志物研究提供了宝贵的资源。

7.5.4 单细胞转录组学在干燥综合征治疗中的应用前景

在自身免疫性疾病治疗中，患者常常在缓解过程中经历突然的严重复发，基因表达方式和调节基因网络在疾病过程和缓解过程中发生变化。独立的基因变化会导致偶然的复发信号产生，因此监测患者对药物应答的效果是十分重要的。对于靶点介入治疗如抗 TNF 治疗，要求更加完整地监测细胞机制和自我耐受的相关基因表达变化，单细胞转录组学技术使这些成为可能，不仅可以识别整体的基因转录本表达，也可以区分在不同细胞里的细微差别。单细胞转录组学分析技术的应用,可以对细胞信号机制进行定性和定量检测,分析转录本表达的差异;不仅监测治疗过程,同时也可以预测治疗中复发的风险和疾病的预后,制定个性化的治疗方案,提高疗效。这些都提示单细胞转录组学技术可以用于 SS 治疗监测和疾病预后。

7.5.5　转录组学在干燥综合征诊疗中的应用展望

在 SS 转录组学的研究中,通过对唇腺组织、外周血和唾液的基因转录本表达变化的监测分析,为进一步的 SS 遗传和功能性研究和诊断提供了大量的候选疾病标志物。这些研究一致证实:在 Ⅰ 型 IFN 信号通路中,关键分子的转录本异常高表达,为制定 SS 治疗策略提供了非常有潜力的分子靶点。因此,转录组学将成为 SS 新的生物标志物筛选、确诊、风险评估、预后和治疗监测的有力工具。从简单的样品收集和处置角度考量,唾液和外周血及唇腺活检比较,具有无创和较高的患者依从性,外周血和唾液的转录组学分析将成为有希望的常规检测项目,用于评价健康状况,成为个性化医疗的重要组成部分。

目前,SS 转录组学的临床应用仍有大量的挑战。首先,样本的收集和处理需要一个标准化的技术和操作规程;其次,SS 转录组学生物标志物的完全确定,仍需要大规模、多中心的验证;再者,GWAS 芯片技术的敏感性低,检测过程相对缓慢、不完全定量,无法达到临床 SS 转录本表达变化检测的需求。此外,数据的分析解释也是其中之一,新的生物信息学工具和数据分析仍存在局限,改良数据挖掘工具和扩展数据将促进鉴定新的 SS 治疗靶点和预测指标;最后,来自不同实验室的数据使用和完全的数据开放共享,对于 SS 转录组学研究和应用也十分重要。

7.6　转录组学在强直性脊柱炎诊疗中的应用

强直性脊柱炎(ankylosing spondylitis,AS)是一种常见的慢性炎症性疾病,主要累及骶髂及中轴关节,由于脊柱发生强直而得名。早期 AS 症状包括慢性腰背痛、晨僵以及骶髂关节破坏,并逐渐发展为新骨形成、骨赘生长直至脊柱发生"竹节样"病变而形成强直。晚期 AS 以驼背、行走困难、丧失劳动能力等多种残疾为主要病症表现。除中轴关节外,AS 还累及其他组织和器官,包括葡萄膜、外周关节、心血管、肠道等。AS 在中国的患病率为 0.3%～0.5%,男女患病比例为(2～3)∶1。

强直性脊柱炎目前在国际上通用的诊断标准是 1984 年的纽约标准。该标准以影像学变化作为重要诊断标志,故确诊时多数患者已发生骨破坏。AS 目前尚无根治方法,临床药物多以镇痛和缓解症状为主。以 TNF 拮抗剂为代表的生物制剂对 AS 的治疗在近年被越来越多的投入应用,但该类药物价格昂贵,年费用为 10 万～20 万元,亦无法治愈 AS。

强直性脊柱炎是已知遗传度最高的复杂疾病,遗传度高于 90%,发病具有明显的家族聚集性。*HLA-B27* 是公认的 AS 最重要的基因,AS 患者的 *HLA-B27* 阳性率超过 90%。但 *HLA-B27* 并不是罹患 AS 的充分条件,只有 5% 左右的 *HLA-B27* 阳性个体最终发展为 AS 患者。此外,还有许多基因参与了 AS 的发病、临床分型、病程进展等过程。已知的重要基因包括 *ERAP1*、*IL23R*、*RUNX3* 等。这些基因有的位于 6 号染色体 MHC 区域,也有许多位于非 MHC 区域。AS 被视为一种由多个基因共同作用所导致的疾病,转录组相关研究已发现了一批基因表达差异与 AS 发病的关系,从而进一步揭示了 AS 的发病机制。

7.6.1　mRNA 差异表达与强直性脊柱炎生物标志物

强直性脊柱炎转录组学研究的主要目标是寻找 AS 患者和正常个体之间的差异表达基因,从而揭示 AS 的发病机制。迄今的研究主要采用外周血作为检测材料。

Smith 等人分别从患者和正常对照者分离了巨噬细胞,利用表达谱芯片分析比较两者接受 IFN-γ 处理后的基因表达谱,结果发现 AS 患者 IFN-γ 的基因调控存在缺陷,且 IFN-γ 的表达量显著低于正常人。Gracey 等人比较了 AS 患者男性和女性血浆中 *IL17A* 的表达量、Th1 细胞和 Th17 细胞数量的差异,AS 患者和正常人之间及男性患者和女性患者之间全血转录本的差异,结果发现在男性 AS 患者中,*IL17A* 的表达量、Th17 细胞数量显著高于女性。Assassi 等人通过比较 AS 患者和正常人的 PBMC 差异表达基因,发现在 AS 患者中 *TLR4* 和 *TLR5* 的表达量显著上升。另有研究通过比较 AS 患者和正常人之间 PBMC 的表达谱,发现了 452 个差异表达基因,其中包括 *NR4A2*、*TNFAIP3* 和 *CD69* 等基因。Xu 等人分别收集了 AS 患者和股骨颈骨折患者的髋关节,并提取 RNA,通过表达谱芯片寻找差异表达基因,结果发现 *B4GALT3* 和 *RBP5* 的表达量在 AS 患者中显著升高。通过对脊柱关节炎(SpA)患者的滑液样本进行转录组分析,共发现 416 个差异表达基因,其中包括炎症调节因子 *MMP3*(在 AS 患者中高表达)以及 Wnt 通路的阻遏基因 *DKK3*、*KREMEN1*(在 AS 患者中低表达)。其他外周血转录组研究也揭示了 *SPOCK2*、*EP300*、*BMP-2* 等与骨代谢通路相关的基因表达在 AS 患者与正常人之间存在显著差异。2015 年还发表了两篇 AS 基因表达的荟萃分析(meta analysis),提出了数十个候选基因,希冀进一步揭示 AS 患者和正常人之间的差异。

7.6.2　mRNA 差异表达与强直性脊柱炎的治疗

目前用于治疗 AS 的药物主要有以下几类:非甾体抗炎药(NSAID)、改善病情药物(DMARD)、糖皮质激素、生物制剂及中药制剂。生物制剂是一种新的控制疾病药物,具有良好的抗炎和阻止疾病进展的效果,是近年来风湿性疾病治疗领域的一次突破,其中肿瘤坏死因子(TNF)抑制剂是生物制剂的主要代表。目前 TNF 抑制剂药物主要分为TNF 受体融合蛋白(如 etanercept)和抗 TNF 单克隆抗体药物(如 infliximab、adalimumab)两类。随着研究的不断深入,人们发现 AS 的炎症反应过程都少不了TNF-α 的参与,而 TNF-α 是自身免疫病发病机制中的一种重要促炎性细胞因子。大量临床试验表明,抗 TNF-α 药物对于强直性脊柱炎的药效十分显著,可以有效缓解症状、阻止病情进展。

目前关于 AS 治疗前后基因转录水平的研究相对较少,大多数研究集中于比较治疗前后、治疗药物、治疗时间、治疗剂量间相关免疫细胞数目、主要疗效指标(BASDAI、BASMI、BASFI)、次要疗效指标(ESR、CRP)等的变化。已有的少数 AS 治疗相关基因转录水平报道也较为分散,仅针对与 AS 相关的几个基因。

Choi 等发现,与健康人相比,AS 患者的血浆骨桥蛋白(OPN)、TNF-α 和 IL-6 的mRNA 水平显著升高,用 TNF-α 抑制剂治疗并未改变血浆 OPN 的 mRNA 水平。这提示骨桥蛋白可能参与 AS 的骨重建过程而非炎症过程。2010 年 Cui 等发现,AS 患者接受关节内注射 TNF-α 拮抗剂依那西普 8 周后,*TNF-α* 和 *TGF-β* 的 mRNA 水平显著下降。另有报道称,AS 患者使用 TNF-α 拮抗剂英夫利昔单抗 6 周后,RT-PCR 检测发现*HLA-B27* 和 *PDCD-1* 表达显著下调。Zou 等研究发现,将 AS 患者分为两组,分别使用英夫利昔和安慰剂一段时间,结果使用英夫利昔的 AS 患者的 CD4$^+$T 细胞和CD8$^+$T 细胞中 *IFN-γ* 和 *TNF-α* 表达量均显著下调。

有数个课题组使用中药或其他制剂治疗 AS，并进行了 mRNA 水平的测定，发现了某些促炎性细胞因子转录水平的变化。Huang 等使用中药补肾强督方（BQZ）煎熬粗提物治疗强直性脊柱炎，发现 BQZ 的正丁酸（BU）提取组分在中等浓度时可以显著抑制 *IL-1* mRNA 表达，而其最终的水溶组分在高浓度时可显著抑制 *TNF-α* 表达，提示炎症因子 *TNF-α* 和 *IL-1* 的表达对 BQZ 煎熬粗提物具有剂量依赖性，BQZ 治疗 AS 可能是通过抵抗炎症实现的。使用雷公藤多苷片（GTT）治疗后，AS 患者外周血单个核细胞 *DKK1* 的 mRNA 表达升高；全反式视黄酸（ATRA）预处理可使 AS 患者骨髓间充质干细胞分泌物和 *IL-6* 的 mRNA 增加；高剂量的蒜素可通过降低 AS 模型小鼠的促炎性细胞因子（IL-6、IL-8 和 TNF-α）分泌而减小脊柱的炎症反应；AS 患者接受昆明山海棠（tripterygium glycosides tablet，TGT）治疗后，其 *DKK1* RNA 表达升高，*IL-17* RNA 表达下调。

7.6.3　miRNA 在强直性脊柱炎中的相关研究及其在精准医疗中的意义

Lai 等研究了 27 名 AS 患者和 23 名正常人，发现 3 种 miRNA（miR16、miR221 和 miRLET7I）的水平显著高于正常对照，而且 miR221 和 miRLET7I 的表达水平与 *BASRI* 相关，miRLET7I 的表达升高又会促进 IFN-γ 的产生。Huang 和 Wei 等纳入 AS 患者和正常人各 122 名，通过比较两组人群 miRNA 表达谱的差异，发现 AS 患者的 miR21 和 *PDCD4* mRNA 的水平显著高于正常人；另外，在服用柳氮磺胺吡啶的 AS 患者中，miR21 与 *PDCD4* mRNA 的表达量、CTX 水平、患者的病程和疾病活动度呈现显著的正相关，可以认为 miR21 在 AS 患者的疾病进程中发挥了作用。Huang 和 Song 等的研究纳入了 30 名 AS 患者、30 名类风湿关节炎患者和 30 名正常对照者，并分离出 3 组人群的 PBMC。结果发现与正常人群和类风湿关节炎患者相比，AS 患者 PBMC 中 miR29A 的表达量明显较高，而且 miR29A 的表达水平与 AS 患者中轴骨骼的疾病损害程度（mSASSS）相关，提示 miR29A 可用作 AS 患者新骨形成的诊断标志物。miR146A 是炎症通路的重要调控因子，亦是体内炎症水平的重要标志物。Qian 等研究发现，与正常人相比，AS 患者中 miR146A 的表达量显著升高，可以作为 AS 的诊断标志物。Qian 等的结果还表明，与正常人相比，AS 患者 miR155 的表达量显著升高，并与患者的疾病活动度呈正相关。此外，Xia 等也发现 AS 患者的 miR124 表达量显著高于正常人群。

虽然目前已有一批与 AS 相关基因差异表达的报道，但是由于技术手段和样本量等的限制,还须进一步深入展开研究。AS 的转录组研究通过差异表达基因勾勒出了疾病的表达特征谱,还提示了疾病发生发展中的重要相关通路,亦为未来 AS 的治疗提供了可能的标志物或靶标。

7.7 转录组学在多发性硬化诊疗中的应用

多发性硬化(MS)是一种以中枢神经系统(CNS)白质脱髓鞘病变为特点的常见慢性炎症性自身免疫病。MS 的组织损伤及神经系统症状主要是由自身反应性 T 细胞所介导的,约 80% 的 MS 患者病程呈自然缓解与复发的波动性进展。MS 的病因至今尚不明确,但普遍认为多种遗传因素和环境因素共同决定了个体易感性。下面将分析转录组对 MS 的影响,以及如何利用转录组学诊断疾病、监测疾病病程、评价治疗反应和发现新型药物靶点。

7.7.1 多发性硬化的转录组学特征

对 MS 患者的脑、脑脊液、PBMC 等样本的基因表达分析均有文献报道。总体而言,发生显著差异表达的基因主要参与了免疫炎症、应激和抗氧化等生理病理过程。

中枢神经系统白质区出现脱髓鞘斑块是 MS 的标志。这些病变部位呈高度异质性,反映出疾病进程中有多种机制参与。因此,分析病变部位的转录活性,对阐明 MS 发病过程和发现免疫干预药物靶点具有重要意义。通过比对继发进展型 MS(SPMS)患者的病变组织和健康对照,Lindberg 研究组发现病变组织发生上调的基因中只有 21% 的基因与免疫应答相关;其中,77% 的免疫相关转录本参与细胞免疫应答。

大约有 300 个差异表达的基因已在 MS 患者的 PBMC 中被发现。其中过表达的基因有 *PAFAH1B1*、*TNFR*、*TCR*、*ZAP70*、*IL7R* 等;被抑制表达的基因有 *TIMP1*、*SERPINE1*、*HSP70* 等。在 MS 患者的脑脊液样本中,也同样发现了基因表达谱的特征性改变。

MS 相关的 miRNA 表达谱分析多选用 T 细胞、B 细胞、血浆、脑脊液或中枢神经系统病变组织为样本。虽然不同来源的 miRNA 表达谱差异较大,但其中某些 miRNA 的失调在几乎所有类型的样本中均有发现。这些 miRNA 有 miR-21、miR-22、miR-23a、miR-155、miR-223、miR-326 等,它们可能与 MS 的发生发展密切相关[102, 103]。

7.7.2 多发性硬化的潜在药物靶点

骨桥蛋白是一种参与抗感染免疫应答的 Th1 细胞因子。骨桥蛋白转录本只在 MS 患者脑部 mRNA 中发现,而在健康人脑部 mRNA 中不存在。研究人员进一步在 MS 相关 EAE 小鼠模型中,证实了骨桥蛋白中和抗体能有效缓解 EAE 小鼠症状[104]。这一研究说明,分析 MS 病变组织的基因表达谱正推动着免疫干预药物靶点的发现。

miR-326 靶向 Th17 分化抑制因子 *Ets-1*,可促进 Th17 细胞的分化。MS 患者的血细胞和病变处均显著高表达 miR-326。EAE 小鼠实验显示,下调 miR-326 能有效抑制小鼠体内 Th17 细胞的分化,缓解 MS 症状,但这种 miR-326 调控治疗能否应用于临床还需进一步实验验证。

7.7.3 多发性硬化的诊断和病情监控

MS 病情的异质性和复杂性一直是阻碍 MS 治疗研究的难题,能否获得可靠反映病情的生物标志物是精准评估病情的关键。目前,对 MS 病情的临床评价通常只能通过体征和脑部 MRI 扫描结果进行粗略评估。幸运的是,借助转录组学技术,一系列与 MS 病情相关的新型分子标志物已经被陆续发现,这对精准监控 MS 病情,推动 MS 治疗研究有重要意义。Fenoglio 研究组选用患者血液中的循环 miR-223 和 miR-15b 作为指标,对原发进行性多发性硬化症(PPMS)患者和健康对照者进行鉴别诊断,其诊断精准度分别达到 80% 和 75%。

监控 MS 患者 CD4$^+$T 细胞的基因表达谱可以有效预测临床孤立综合征(CIS)患者向临床确诊 MS(CDMS)的转变。*TOB1* 是调控细胞增殖的关键基因,可能参与 MS 疾病的发生。MS 患者的 CD4$^+$T 细胞中,*TOB1* mRNA 水平的下调打破了 T 细胞的静息状态,导致 MS 病情的进一步发展。以 *TOB1* 基因为代表的一系列基因的表达变化,预示 CIS 患者的病情可能在一年内演变为 CDMS 类型。

通过追踪 MS 患者在复发和缓解过程中 T 细胞转录组的变化,Satoh 等发现 NF-κB 相关的基因表达失调与 MS 复发密切相关。此外,MS 复发期患者 PBMC 中的 miR-18b、miR-493 和 miR-599 相对健康人也有明显上调。

监测 MS 患者的脑脊液也是精准掌握病情的途径之一。Melief 等人通过基因表达分析发现:MS 患者的下丘脑-垂体-肾上腺皮质轴(HPA)通路的活性越低,病情就越严重[105]。而脑脊液中皮质醇的含量恰好能定量反映 MS 患者 HPA 的活性,从而可作为监测病情的指标之一。

7.7.4　多发性硬化药物治疗反应的预测与评价

IFN-β 和醋酸格拉默(GA)是治疗 MS 的一线免疫调节药物(IMD),但两者的治疗效果有限,只对 1/3 的患者有效。遗憾的是,现有临床手段仍无法预测或及时评价 IMD 治疗到底对哪些患者有效。虽然 MRI 扫描可在一定程度上监测接受 IMD 治疗的患者病情的变化,但是其敏感度较低,监测效果明显滞后,可能需要 1～2 年才能证明治疗失败。随着转录组学的应用,MS 患者的转录组特征与 IMD 治疗效果之间的关系日渐明确,这些发现为实现精准预测和评价 IMD 的疗效提供了可能。

IMD 治疗反应群体和无反应群体之间,可能在转录组水平上存在特征性的区别。在临床无反应者的外周血中,已发现某些基因的基线表达和 IFN-β 响应性表达存在特征性改变[106-108]。Comabella 研究组筛选出了 8 个最重要的特征基因(*IFIT3*、*RASGEF1B*、*OASl*、*IFI44*、*IFIT2*、*FADS1*、*OASL* 与 *MARCKS*),根据这组基因的表达情况,他们对患者的 IFN-β 治疗反应进行了预测,预测的准确率达 78%。在此研究基础上,若能综合其他组学数据,进一步完善群体特征信息,将对 MS 的临床用药提供更加精准可靠的指导。

越来越多的研究表明,药物治疗可能会改变 MS 患者的 miRNA 表达谱。单克隆抗体新药 nataluzimab 比 IMD 具有更强的治疗效力,但有时却会引起严重的不良反应,因此其临床应用受到限制。分析 IFN-β、GA 和 nataluzimab 治疗的 miRNA 响应标志物(见表 7-10),有助于进行个体治疗评价、研究药物长期效应和预测治疗响应。

系统性的分析不同自身免疫病的转录组数据,可以发现它们之间既存在共同特征,又有疾病特异性特征:一方面,这些共同特征说明了某些基因或非编码 RNA 可能同时与多种自身免疫病的发生有关,有助于阐明不同自身免疫病之间可能存在的共同发病机制;另一方面,发现疾病特异性的转录组水平标志物又是诊断鉴别不同自身免疫病的关键。随着疾病相关转录组学数据的积累和挖掘分析,更多的生物标志物和潜在药物靶点将会被发现。同时,还可根据患者个体的转录组响应指标,及时调整治疗策略,实现个体化精准医疗的目标。

表 7-10　多发性硬化(MS)药物治疗相关的 miRNA 标志

药物	miRNA 上调	miRNA 下调
nataluzimab	miR-18a，miR-20b，miR-29a，miR-103	miR-326，miR-17
IFN-β	miR-26-5p，miR-16-5p，miR-342-5p，miR-346，miR-518b，miR-760，let-7a-5p，miR-7b-5p	miR-27a-5p，miR-29a-3p，miR-29b-1-5p，miR-29c-3p，miR-95，miR-149-5p，miR-181c-3p，miR-193a-3p，miR-193-5p，miR-423-5p，miR-532-5p，miR-708-5p，miR-874
GA		miR-146a，miR-142-3p

7.8　转录组学在糖尿病诊疗中的应用

糖尿病(diabetes mellitus，DM)是一种常见的全球流行的慢性内分泌和代谢性疾病。有研究报道，截至 2013 年年底，世界糖尿病患者数量已达到 3.82 亿(其中 2 型糖尿病约占 90％)，并且预计到 2030 年将增加到 5.52 亿。之前有调查显示，我国 18 岁以上人群糖尿病患病率为 9.7％(应用 WHO 1999 年诊断标准)。根据国际糖尿病联合会的数据，2014 年中国糖尿病的患者数量达 9 629 万人，成为世界上患糖尿病患者人口最多的国家。对糖尿病病因与机制研究一直是国内外研究的热点，转录组学技术结合生物信息学的研究方法，有助于发现新的参与糖尿病形成的基因，并为后期阐明其具体的作用机制提供可能的理论依据，对于疾病治疗、药物研发都有着极其重要的作用。

7.8.1　糖尿病概述

糖尿病是由多种致病因素引起的以慢性高血糖为特征的代谢紊乱性疾病。病理生理机制为胰岛 β 细胞结构受损和(或)功能障碍导致的胰岛素分泌不足或胰岛素抵抗。我国目前采用 1999 年的 WHO 糖尿病病因学分型体系，把糖尿病分为 4 类，即 1 型糖尿病(T1DM)、2 型糖尿病(T2DM)、妊娠糖尿病(gestational diabetes mellitus，GDM)和特殊类型的糖尿病。其中，特殊类型的糖尿病包括青少年的成人发病型糖尿病(MODY)、新生儿糖尿病(DDM)、母系遗传性糖尿病伴耳聋(MIDD)、继发型糖尿病等。

目前认为 T1DM 是由 T 细胞介导的自身免疫病。以遗传为基础，某些环境因素(微生物、化学物质、食物成分)诱发胰岛 β 细胞自身免疫反应，损伤胰岛 β 细胞，导致胰岛素合成和分泌障碍,引起糖代谢紊乱[109]。

GDM 是指在妊娠过程中首次出现或发现的任何程度的糖耐量异常。其发病率约为 5%～6%,严重威胁着母婴健康。其病因及发病机制目前尚不完全清楚。既往研究表明,GDM 可能是一组多基因遗传所致的异质性疾病,其发病机制涉及糖代谢机制的每一个环节,相关基因可能包括葡萄糖激酶基因、肝细胞核因子基因、胰岛素受体底物基因等[110-113]。

T2DM 是一种多基因遗传性疾病,起病隐匿,发病机制尚未阐明。胰岛素抵抗、胰岛素分泌缺陷、细胞膜脂质成分的改变、炎症、胃肠道效应、胚胎期宫内环境的改变、病毒等多因素的作用在 T2DM 发生、发展中起重要作用。由于其在糖尿病患者人群中的比例大,且是一种慢性进展性的严重疾病,故对 2 型糖尿病发病机制的研究有重要的临床意义。本节主要介绍 2 型糖尿病。

MODY 是单基因遗传突变糖尿病,发病年龄较早,呈常染色体显性遗传。它有6 个亚型,每个亚型突变基因不同。MODY1 是位于 20 号染色体长臂的 *HNF-4A* 基因突变,表现为 β 细胞对糖刺激反应的障碍。MODY2 是位于 7 号染色体短臂上的 *GCK* 基因(葡萄糖激酶基因)突变。MODY3 是位于 12 号染色体上肝细胞核因子基因 *HNF-1A* 突变,MODY4 亚型与 *IPF1*(胰岛素启动子-1)突变有关。MODY5 是17 号染色体上的 *HNF-1B*(肝细胞核因子-1B)基因突变。MODY6 为 2 号染色体上的 *NEUROD1* 基因突变。

线粒体糖尿病是线粒体基因突变导致的,最为常见的是线粒体 DNA tRNALeu (UUR)基因 3243 位点 A→G 的突变。该病呈母系遗传特点,不符合孟德尔遗传规律。

7.8.2　转录组学在糖尿病临床研究中的作用

随着测序技术的进一步发展和价格的迅速降低,可以预见糖尿病基础与临床研究中转录组学会受到越来越多的重视。基于流行病学方法的队列研究是理解复杂疾病的重要方法,而转录组学的广泛应用可以极大地丰富队列研究中可关联的表型维度。糖尿病作为一种全身性的疾病,过去单一的代谢、免疫、遗传、营养等维度的研究已经被证明无法揭示这一疾病的复杂病理发生机制。结合更大的流行病学队列,以及整合更多的组织、生理、遗传等条件下的转录组数据,将极大地推动人们对于这一疾病复杂病理发生机制的理解,进而更为精准地获得不同个体在不同遗传及生活史条件下对治疗和干预的反应。也正是基于这一精准的关联图谱,可以预见,在未来的临床实践中,对患者的转录组检测将是一个重要的手段,以实现对糖尿病的精准治疗和干预[114]。

7.8.2.1　基因表达谱

研究发现,在 T2DM 中普遍存在胰岛素抵抗,胰岛素抵抗产生的主要部位是肝脏、肌肉和脂肪组织。通过分析糖尿病患者或糖尿病动物模型中组织样本的基因表达谱,发现与糖尿病相关的基因,从分子水平上提高对疾病发病机制的认识,从而对糖尿病的预防、诊断和治疗提供新的思路。研究比较多的糖尿病组织样本为胰腺、肝脏、肌肉、脂肪、视网膜、肾脏等。

Jalal 等通过基因芯片筛查 T2DM 患者胰腺组织 mRNA 的变化,最后发现与健康者相比,胰腺组织中 *CCND1*、*CDK18* 和 *CDKN1A* 基因的表达均发生明显变化,提示其可能与糖尿病的发生密切相关[115]。有研究者通过对糖尿病小鼠模型的肝脏组织进行转录组高通量测序发现:在 12 132 个检测基因中,糖尿病肝脏组织较正常肝脏组织有 2 627 个基因表达水平发生明显变化,表达升高的基因主要富集在糖脂代谢途径,表达降低的基因主要富集在免疫相关途径中,推测肝脏参与糖尿病及并发症的发病机制可能与这些途径相关。Friedman 等通过检测 9 例肥胖型 GDM 患者妊娠期和产后一年内的骨骼肌组织,最后发现 *TNF-α* mRNA 表达升高了 5～6 倍,产后 1 年仍然维持在较高水平,提示其可能与 GDM 的发生密切相关。

在 Nilsson 等人的研究中[116],他们分析了 12 对 2 型糖尿病检测结果不一致的同卵双生子的脂肪细胞转录组,发现了 197 个显著差异表达的基因($P < 0.05$,$q = 0.15$)。基因的通路分析表明,在 2 型糖尿病患者中被上调的基因显著富集在多聚糖生物合成通路及代谢通路上。除此之外,研究人员还发现免疫和炎症通路中有不少基因也被显著上调。同时,研究人员还发现 2 型糖尿病患者被下调的基因富集在氧化磷酸化、侧链氨基酸以及碳水化合物代谢通路中。

在糖尿病的药理研究中,转录组也起到了很大的作用。例如,人们知道胰腺 β 细胞的功能异常或者死亡是 2 型糖尿病病理发生机制的中心问题。对于遗传上易感的人群来说,不饱和脂肪酸可以造成胰腺 β 细胞的功能异常或者死亡进而诱发糖尿病。Cnop 等人利用 RNA-Seq 技术研究了人类胰岛细胞对棕榈酸维生素 A(Palmitate-A)的反应[117]。他们发现 Palmitate-A 可以导致 1 325 个基因的表达发生显著变化,其中脂肪酸代谢途径和内质网应激通路的基因被激活。进一步的研究提示，Palmitate-A 刺激了泛素调节因子、蛋白酶调节因子的表达，并对细胞自噬和凋亡也有作用。而 Palmitate-A 抑制转录因子的表达从而使得 β 细胞产生多种新的表型。有意思的是，Palmitate-A 可以改变 17 个剪接因子的表达水平，进而改变了 3 525 个转录本的可变剪接模式，其中很多基因转录本可变剪接模式的改变可以直接造成细胞死亡。

7.8.2.2　miRNA 与糖尿病

miRNA 是一类小的（19～25 nt）非编码 RNA，它可作为内源性调节因子在转录后水平抑制靶 mRNA 表达，通过多种机制影响糖尿病及其并发症的发生发展，是目前糖尿病及其并发症研究中的热点。通过开展 miRNA 与糖尿病及其并发症相关性的研究，对于阐明 2 型糖尿病的发病机制，找到诊治糖尿病及其并发症的新方法具有重要意义。

He 等通过对非肥胖型 2 型糖尿病大鼠模型的骨骼肌细胞、脂肪细胞和肝细胞进行 miRNA 基因芯片表达分析，发现在这些胰岛素效应器官中 miRNA-29a、miRNA-29b 的表达较正常动物明显升高。通过检测饮食诱导肥胖的 2 型糖尿病小鼠模型及肥胖人群的肝脏组织，Kornfeld 等[118]发现 miRNA-802 表达升高。miRNA-802 可以通过抑制肝脏核因子 1B（HNF1B）的表达，上调细胞因子信号转导抑制因子 1、3 的水平，而后者与胰岛素抵抗相关。

7.8.2.3　miRNA 与糖尿病并发症

长期血糖增高，可引起多系统损害，导致肾脏、心脏、眼、大血管、微血管、神经受损，引起功能缺陷及衰竭，严重影响人们的健康生活。据世界卫生组织统计，糖尿病的并发症达 100 多种，是目前已知并发症最多的一种疾病。慢性并发症是糖尿病致残、致死的主要原因。临床数据显示，糖尿病发病后 10 年左右，将有 30%～40% 的患者至少会出现一种并发症，且并发症一旦出现，现阶段的药物治疗很难逆转，因此对糖尿病并发症的预防和治疗尤为重要。

研究表明，miRNA 在糖尿病并发症中也发挥了很重要的调节作用，能通过多种机制影响糖尿病并发症的进展。开展 miRNA 与糖尿病及其并发症相关性的研究，对于阐明 2 型糖尿病的发病机制，找到诊治糖尿病及其并发症的新方法具有重要意义。表 7-11 列出了一些与糖尿病并发症相关的 miRNA。

表 7-11　糖尿病并发症相关的 miRNA 失调

糖尿病并发症	组织细胞	miRNA 变化
糖尿病肾病	糖尿病小鼠系膜细胞	miR-192 ↑ miR-377 ↑
糖尿病心脏病	糖尿病动物心脏	miR-133 ↑
糖尿病血管内皮损伤	高糖刺激血管内皮细胞	miR-221 ↑
	糖尿病大鼠心脏微血管内皮细胞	miR-320 ↑，miR-295-5p ↑，miR-129 ↑
糖尿病视网膜病变	糖尿病大鼠视网膜内皮细胞	miR-146 ↑，miR-155 ↑， miR-132 ↑，miR-21 ↑
糖尿病神经性疼痛	糖尿病小鼠腰髓背角	miR-184-5p ↓，miR-190a-5p ↓

7.8.2.4　lncRNA 与糖尿病

lncRNA 可以结合 DNA、RNA 和蛋白质，lncRNA 的表达或功能异常与人类多种疾病的发生密切相关。有研究已证实，胰岛细胞中的 lncRNA 与胰岛素的分泌相关[119, 120]，胰腺中的 lncRNA 分子 *ANR H19* 参与糖尿病的形成[121, 122]。

最近有文献报道，循环 lncRNA *GAS5* 的水平与糖尿病的发生有关[123]。通过对糖尿病患者血清进行 lncRNA 表达芯片分析发现，与健康者相比，糖尿病患者的血清 lncRNA *GAS5* 水平降低。血清和血浆中含有丰富的非编码 RNA，其中有一些已证明可以作为癌症的循环生物标志物，因此评估血清中 lncRNA *GAS5* 水平连同其他参数可以更高的精度识别糖尿病高危人群。此外，有研究者[124]分析了妊娠糖尿病导致巨大儿的脐带血 lncRNA 芯片，与相应健康对照者相比，发现有 349 个 lncRNA 表达上调，892 个 lncRNA 表达下调。其中，*XLOC-003497* 是上调最高的 lncRNA，*XLOC-006112* 是下调最明显的 lncRNA，这项研究使人们对于巨大儿的形成有了新的认识，这些异常表达的 lncRNA 可以作为治疗巨大儿的潜在分子靶点。

7.8.3　转录组学在糖尿病诊疗中的应用

7.8.3.1　诊断标志物

糖尿病是一种复杂性疾病，其致病机制至今尚未研究清楚。运用微阵列技术、第二代测序技术结合生物信息学的方法，可以发现与糖尿病及其并发症相关的基因，在分子水平上揭示糖尿病的发病机制,寻找致病基因和可能受累的信号通路。

目前,很多糖尿病患者由于检测发现过晚而增加了诊断和治疗的困难,所以寻找糖尿病高危人群的分子标志物有很大的意义。基于人类血清样本中 miRNA 的表达非常稳定,有研究者通过比较糖尿病患者和健康对照者的血清 miRNA 表达谱,发现了表达有差异的 42 种 miRNA 分子。在一个前瞻性研究中,研究者发现了 13 个糖尿病患者和健康者表达不同的 miRNA 分子,其中测定 miR-15a、miR-28-3p、miR-126、miR-223、miR-320 水平就可以识别 70% 的糖尿病患者[125]。虽然不清楚血清中一些 miRNA 分子的改变是由疾病引起的还是导致疾病发生的原因,但是现阶段可以通过检测血清中这些 miRNA 分子的变化及时发现疾病,并制定一些策略预防疾病的发生。同样,血清 lncRNA 的检测也有很大的应用前景。

7.8.3.2　潜在药物靶点

糖尿病肾病是糖尿病患者最重要的并发症之一,糖尿病肾病在我国的发病率呈上升趋势,目前已成为终末期肾脏病的第二位致病原因。糖尿病肾病的主要病变特点是细胞外基质蛋白的积聚、肾小球系膜细胞的增生肥大、肾小球足细胞的功能障碍。糖尿病小鼠模型的系膜细胞中 miR-377 表达上调,其作用机制为 miR-377 作用于 p21 活化酶(PAK1)和超氧化物歧化酶(SOD)基因,并抑制它们的表达,进而增加肾脏基质蛋白的积聚,促进纤维化,从另一方面也增加氧化应激的敏感性,进一步加重肾脏纤维化。上述结果提示研究者可以通过调控 miR-377 治疗糖尿病肾病。

有研究发现,miR-155 可以介导促纤维信号,通过抑制 miR-377 介导的促纤维信号,可以防止心肌纤维化。这提示,miR-377 可以作为治疗糖尿病心肌纤维化的潜在治疗靶点。

7.8.3.3　个体化分型

糖尿病是一种复杂性疾病,不同患者的发病原因、自身的临床表现和特点不尽相同,因此治疗时需把患者细分为不同亚型,实现精准治疗。运用转录组学技术,可以检测糖尿病患者发病过程中 mRNA 和非编码 RNA 的变化,从而揭示糖尿病发病的分子机制、寻找有潜力的糖尿病诊断标志物和新的治疗靶点。

7.8.3.4　预测与评价诊疗反应

在糖尿病治疗过程中,不同患者的临床症状不同,对药物的反应也不尽相同,尤其是胰岛素。转录组差异可能是患者治疗反应不相同的原因,可以通过分析不同反应群体的转录组变化,找到不同反应与转录组变化的联系。若这一策略得到推广,可以通过检测患者转录组的变化给予不同的治疗,实现个体化精准治疗。

糖尿病有复杂的病理生理过程,包括在一些和糖代谢平衡相关的重要组织器官中由于基因表达紊乱造成的多种生理过程异常。在环境和遗传因素的相互作用下,这种基因表达的紊乱对不同患者病理生理发生过程的影响是有很大差异的。揭示这种差异性,研究如何应用这种差异性去设计针对不同患者的治疗方案,是转录组学在糖尿病基础与临床研究中的主要课题。运用转录组学技术研究糖尿病,对于糖尿病的发病机制会有更清晰的理论形成,探索发现更多有潜力的生物标志物及药物靶点,为糖尿病的诊断、预防和治疗提供新的思路。根据糖尿病患者的病因不同,设计个性化的治疗策略,将会给患者带来更多的福音。

7.9 转录组学在其他自身免疫病诊疗中的应用

多种原因会使机体产生针对自身抗原的抗体或致敏淋巴细胞,当某种原因使自身免疫应答过分强烈时则会导致相应的自身组织器官损伤或功能障碍,表现出相应的临床症状。除了之前所阐述的自身免疫病之外,还有许多其他种类的自身免疫病,如重症肌无力、甲状腺功能亢进症[格雷夫斯病(Graves disease)为主]、银屑病(牛皮癣为主)等。

重症肌无力(myasthenia gravis)是一种由神经肌肉接头处传递功能障碍引起的自身免疫病,临床主要表现为部分或全身骨骼肌无力和易疲劳,活动后症状加重,经休息后症状减轻。重症肌无力的发病原因分两大类,一类是先天遗传性,极少见,与自身免疫无关;第二类是自身免疫病,最常见,其主要病因是患者体内存在有针对神经肌肉接头处肌细胞膜上特定成分的抗体所致[126],其中,针对乙酰胆碱的抗体可以在85%的重症肌无力患者中观察到。在多个研究中,研究人员取多例乙酰胆碱抗体呈阳性的重症肌无力患者的胸腺利用 DNA 芯片技术对基因表达谱进行研究,他们发现多种趋化因子,包括 CCL21、CXXL13、CXCL10 以及 CXCR3 的表达出现异常,显示这些因子可能在该疾病的发生发展过程中发挥重要作用[127-129];最近,Park 等人利用 RNA-Seq 高通量测序的方法检测了重症肌无力患者血液细胞中转录组水平的变化,他们选择的测序样本来源于处于活跃期以及缓减期(接受过治疗)的患者,最终发现 28 个差异表达基因,其中多个基因如 *CTTN*、*ABL1* 等与乙酰胆碱受体(AChR)的形成及发挥作用密切相关,这些差异表达基因可以富集到与细胞运输以及细胞凋亡相关的多个功能模块中,这些差异表达基因可能成为反映疾病活动状态及指导治疗的标志分子[130]。

甲状腺功能亢进症简称“甲亢”,是由于甲状腺合成释放过多的甲状腺激素,造成机体代谢亢进和交感神经兴奋,引起心悸、出汗、进食和便次增多及体重减少的病症。甲亢有多种病因,其中约 80% 的甲亢是由格雷夫斯病(毒性弥漫性甲状腺肿)引起的,因此也称格雷夫斯病,格雷夫斯病是甲状腺自身免疫病,患者的淋巴细胞产生了刺激甲状腺的免疫球蛋白——TSI,这些抗体作用于甲状腺细胞表面的 TSH 受体,使受体活化并促进甲状腺素的释放,过多的甲状腺素引起机体的代谢亢进。Yin 等利用 RNA-Seq 的方法检测了格雷夫斯病患者与正常对照者的基因表达谱,他们发现相对于对照者来说,格雷夫斯病患者的前 100 个高表达基因中免疫系统相关基因所占的比例上升,一些编码抗原呈递蛋白的基因如 *HLA I-C* 和 *DRA* 以及一些编码细胞因子的基因如 *CCL19*、*CCL2* 等的表达水平在患者样本要明显高于对照样本[131];上海复旦大学的张进安等人通过 DNA 芯片的方法对比了格雷夫斯病患者与正常对照者的 miRNA 以及 mRNA 表达谱,他们发现多个 miRNA 以及它们的靶标 mRNA 的表达出现异常,表明 miRNA 同样可能参与到格雷夫斯病的发病机制当中。

牛皮癣又称为寻常性银屑病,是一种常见的、慢性的、反复发作的自身免疫性皮肤病。流行病学调查显示,目前我国约有 650 万名银屑病患者,发病率为 0.47%。牛皮癣主要表现为皮肤的慢性炎症反应,以局部的、脱皮性的红色斑块为标志。牛皮癣虽然可以通过采取治疗措施改善病症,但是在患者的一生都可能反复发作。已有研究表明,白细胞介素-23(IL-23)与 Th17 联合作用在牛皮癣的发生、发展过程中发挥着重要作用[132]。Oestreicher 等研究人员利用芯片技术检测牛皮癣患者中 159 个牛皮癣疾病相关基因的表达情况,他们发现在接受治疗出现病症缓减的患者体内,这些基因的表达水平发生很大的变化,而且这些变化出现在临床可见的症状改善出现之前,这一研究提供了潜在的疾病治疗靶点以及治疗效果评估的代替靶标分子[133]。由 Gudjonsson 进行的基因表达谱研究则发现了 981 个差异表达基因,这些基因与免疫反应功能相关[134];另一项研究表明,在牛皮癣的临床表征出现之前基因表达谱即可以出现变化,通过对差异表达基因进行聚类分析,他们找到一组与脂类物质代谢密切相关的基因,这些基因的出现也表征了牛皮癣出现之前的一些表型特征变化,即脂类物质合成减少[135]。这些对于差异表达转录本的分析可以为牛皮癣发生和进展过程中分子机制以及信号通路的研究提供思路，具有很好的研究价值。

总体来说，自身免疫性疾病是以自身免疫反应为直接或间接原因引起的疾病。在某些特殊情况下，人体的免疫系统也会对自身成分起作用，发生自身免疫反应，这样的表型背后一定是多种基因以及通路变化调控的结果。高通量转录组的分析策略能从时间以及空间的角度对转录组进行概貌分析，必将为人们提供诊断、治疗以及预防疾病等多方面的线索。

参考文献

[1] Tsokos G C. Systemic lupus erythematosus [J]. N Engl J Med, 2011,365(22)：2110-2021.

[2] Kuhn A, Wenzel J, Bijl M. Lupus erythematosus revisited [J]. Semin Immunopathol, 2016,38(1)：97-112.

[3] Deng Y, Tsao B P. Advances in lupus genetics and epigenetics [J]. Curr Opin Rheumatol, 2014, 26(5)：482-492.

[4] Harley I T, Kaufman K M, Langefeld C D, et al. Genetic susceptibility to SLE：new insights from fine mapping and genome-wide association studies [J]. Nat Rev Genet, 2009,10(5)：285-290.

[5] Rai E, Wakeland E K. Genetic predisposition to autoimmunity——what have we learned? [J]. Semin Immunol, 2011,23(2)：67-83.

[6] Yuan Y J, Luo X B, Shen N. Current advances in lupus genetic and genomic studies in Asia [J]. Lupus, 2010,19(12)：1374-1383.

[7] Ghodke-Puranik Y, Niewold T B. Immunogenetics of systemic lupus erythematosus：a comprehensive review [J]. J Autoimmun, 2015,64：125-136.

[8] Han J W, Zheng H F, Cui Y, et al. Genome-wide association study in a Chinese Han population identifies nine new susceptibility loci for systemic lupus erythematosus [J]. Nat Genet, 2009,41(11)：1234-1237.

[9] Yang W, Shen N, Ye D Q, et al. Genome-wide association study in Asian populations identifies variants in ETS1 and WDFY4 associated with systemic lupus erythematosus [J]. PLoS Genet, 2010,6(2)：e1000841.

[10] Raj P, Rai E, Song R, et al. Regulatory polymorphisms modulate the expression of HLA class II molecules and promote autoimmunity [J]. Elife, 2016,5：e12089.

[11] Morris D L, Fernando M M, Taylor K E, et al. MHC associations with clinical and autoantibody manifestations in European SLE [J]. Genes Immun, 2014,15(4)：210-217.

[12] Kim K, Bang S Y, Lee H S, et al. The HLA-DRbeta1 amino acid positions 11-13-26 explain the majority of SLE-MHC associations [J]. Nat Commun, 2014,5：5902.

[13] Frangou E A, Bertsias G K, Boumpas D T. Gene expression and regulation in systemic lupus erythematosus [J]. Eur J Clin Invest, 2013,43(10)：1084-1096.

[14] Costa V, Aprile M, Esposito R, et al. RNA-Seq and human complex diseases：recent

accomplishments and future perspectives [J]. Eur J Hum Genet, 2013,21(2): 134-142.

[15] Gilbert M, Punaro M. Blood gene expression profiling in pediatric systemic lupus erythematosus and systemic juvenile idiopathic arthritis: from bench to bedside [J]. Pediatr Rheumatol Online J, 2014,12: 16.

[16] Celhar T, Hopkins R, Thornhill S I, et al. RNA sensing by conventional dendritic cells is central to the development of lupus nephritis [J]. Proc Natl Acad Sci U S A, 2015,112(45): E6195-E6204.

[17] Arasappan D, Tong W, Mummaneni P, et al. Meta-analysis of microarray data using a pathway-based approach identifies a 37-gene expression signature for systemic lupus erythematosus in human peripheral blood mononuclear cells [J]. BMC Med, 2011,9: 65.

[18] Lyons P A, McKinney E F, Rayner T F, et al. Novel expression signatures identified by transcriptional analysis of separated leucocyte subsets in systemic lupus erythematosus and vasculitis [J]. Ann Rheum Dis, 2010,69(6): 1208-1213.

[19] Lood C, Amisten S, Gullstrand B, et al. Platelet transcriptional profile and protein expression in patients with systemic lupus erythematosus: up-regulation of the type I interferon system is strongly associated with vascular disease [J]. Blood, 2010,116(11): 1951-1957.

[20] Zhao L D, Li Y, Smith M F Jr, et al. Expressions of BAFF/BAFF receptors and their correlation with disease activity in Chinese SLE patients [J]. Lupus, 2010,19(13): 1534-1549.

[21] Nzeusseu Toukap A, Galant C, Theate I, et al. Identification of distinct gene expression profiles in the synovium of patients with systemic lupus erythematosus [J]. Arthritis Rheum, 2007,56 (5): 1579-1588.

[22] Peterson K S, Huang J F, Zhu J, et al. Characterization of heterogeneity in the molecular pathogenesis of lupus nephritis from transcriptional profiles of laser-captured glomeruli [J]. J Clin Invest, 2004,113(12): 1722-1733.

[23] Teramoto K, Negoro N, Kitamoto K, et al. Microarray analysis of glomerular gene expression in murine lupus nephritis [J]. J Pharmacol Sci, 2008,106(1): 56-67.

[24] Nakou M, Knowlton N, Frank M B, et al. Gene expression in systemic lupus erythematosus: bone marrow analysis differentiates active from inactive disease and reveals apoptosis and granulopoiesis signatures [J]. Arthritis Rheum, 2008,58(11): 3541-3549.

[25] Nakou M, Bertsias G, Stagakis I, et al. Gene network analysis of bone marrow mononuclear cells reveals activation of multiple kinase pathways in human systemic lupus erythematosus [J]. PLoS One, 2010,5(10): e13351.

[26] Zhao M, Liu S, Luo S, et al. DNA methylation and mRNA and microRNA expression of SLE CD4$^+$ T cells correlate with disease phenotype [J]. J Autoimmun, 2014,54: 127-136.

[27] Zhu H, Mi W, Luo H, et al. Whole-genome transcription and DNA methylation analysis of peripheral blood mononuclear cells identified aberrant gene regulation pathways in systemic lupus erythematosus [J]. Arthritis Res Ther, 2016,18: 162.

[28] Mishra N, Reilly C M, Brown D R, et al. Histone deacetylase inhibitors modulate renal disease in the MRL-lpr/lpr mouse [J]. J Clin Invest, 2003,111(4): 539-552.

[29] Xia M, Liu J, Wu X, et al. Histone methyltransferase Ash1l suppresses interleukin-6 production and inflammatory autoimmune diseases by inducing the ubiquitin-editing enzyme A20 [J]. Immunity, 2013,39(3): 470-481.

[30] Zhao S, Wang Y, Liang Y, et al. MicroRNA-126 regulates DNA methylation in CD4$^+$ T cells

and contributes to systemic lupus erythematosus by targeting DNA methyltransferase 1 [J]. Arthritis Rheum, 2011,63(5): 1376-1386.

[31] Tang Y, Luo X, Cui H, et al. MicroRNA-146A contributes to abnormal activation of the type I interferon pathway in human lupus by targeting the key signaling proteins [J]. Arthritis Rheum, 2009,60(4): 1065-1075.

[32] Ding S, Liang Y, Zhao M, et al. Decreased microRNA-142-3p/5p expression causes CD4$^+$ T cell activation and B cell hyperstimulation in systemic lupus erythematosus [J]. Arthritis Rheum, 2012,64(9): 2953-2963.

[33] Banchereau R, Hong S, Cantarel B, et al. Personalized immunomonitoring uncovers molecular networks that stratify lupus patients [J]. Cell, 2016,165(3): 551-565.

[34] Vilas-Boas A, Morais S A, Isenberg D A. Belimumab in systemic lupus erythematosus [J]. RMD Open, 2015,1(1): e000011.

[35] Crow M K, Olferiev M, Kirou K A. Targeting of type I interferon in systemic autoimmune diseases [J]. Transl Res, 2015,165(2): 296-305.

[36] Scott D L, Symmons D P. The role of specialists in managing established rheumatoid arthritis [J]. Rheumatology(Oxford), 2008,47(3): 237-238.

[37] Aletaha D, Neogi T, Silman A J, et al. 2010 rheumatoid arthritis classification criteria: an American College of Rheumatology/European League Against Rheumatism collaborative initiative [J]. Arthritis Rheum, 2010,62(9): 2569-2581.

[38] van der Pouw Kraan T C, van Gaalen F A, Kasperkovitz P V, et al. Rheumatoid arthritis is a heterogeneous disease: evidence for differences in the activation of the STAT-1 pathway between rheumatoid tissues [J]. Arthritis Rheum, 2003,48(8): 2132-2145.

[39] Tsubaki T, Arita N, Kawakami T, et al. Characterization of histopathology and gene-expression profiles of synovitis in early rheumatoid arthritis using targeted biopsy specimens [J]. Arthritis Res Ther, 2005,7(4): R825-R836.

[40] van der Pouw Kraan T C, Wijbrandts C A, van Baarsen L G, et al. Rheumatoid arthritis subtypes identified by genomic profiling of peripheral blood cells: assignment of a type I interferon signature in a subpopulation of patients [J]. Ann Rheum Dis, 2007, 66 (8): 1008-1014.

[41] Olsen N, Sokka T, Seehorn C L, et al. A gene expression signature for recent onset rheumatoid arthritis in peripheral blood mononuclear cells [J]. Ann Rheum Dis, 2004,63(11): 1387-1392.

[42] Ye H, Zhang J, Wang J, et al. CD4 T-cell transcriptome analysis reveals aberrant regulation of STAT3 and Wnt signaling pathways in rheumatoid arthritis: evidence from a case-control study [J]. Arthritis Res Ther, 2015,17: 76.

[43] Watanabe N, Ando K, Yoshida S, et al. Gene expression profile analysis of rheumatoid synovial fibroblast cultures revealing the overexpression of genes responsible for tumor-like growth of rheumatoid synovium [J]. Biochem Biophys Res Commun, 2002,294(5): 1121-1129.

[44] Kasperkovitz P V, Timmer T C, Smeets T J, et al. Fibroblast-like synoviocytes derived from patients with rheumatoid arthritis show the imprint of synovial tissue heterogeneity: evidence of a link between an increased myofibroblast-like phenotype and high-inflammation synovitis [J]. Arthritis Rheum, 2005,52(2): 430-441.

[45] Timmer T C, Baltus B, Vondenhoff M, et al. Inflammation and ectopic lymphoid structures in rheumatoid arthritis synovial tissues dissected by genomics technology: identification of the

interleukin-7 signaling pathway in tissues with lymphoid neogenesis [J]. Arthritis Rheum, 2007, 56(8): 2492-2502.

[46] Heruth D P, Gibson M, Grigoryev D N, et al. RNA-seq analysis of synovial fibroblasts brings new insights into rheumatoid arthritis [J]. Cell Biosci, 2012, 2(1): 43.

[47] Blits M, Jansen G, Assaraf Y G, et al. Methotrexate normalizes up-regulated folate pathway genes in rheumatoid arthritis [J]. Arthritis Rheum, 2013, 65(11): 2791-2802.

[48] Oliveira R D, Fontana V, Junta C M, et al. Differential gene expression profiles may differentiate responder and nonresponder patients with rheumatoid arthritis for methotrexate (MTX) monotherapy and MTX plus tumor necrosis factor inhibitor combined therapy [J]. J Rheumatol, 2012, 39(8): 1524-1532.

[49] Lequerré T, Gauthier-Jauneau A C, Bansard C, et al. Gene profiling in white blood cells predicts infliximab responsiveness in rheumatoid arthritis [J]. Arthritis Res Ther, 2006, 8(4): R105.

[50] Zanders E D, Goulden M G, Kennedy T C, et al. Analysis of immune system gene expression in small rheumatoid arthritis biopsies using a combination of subtractive hybridization and high-density cDNA arrays [J]. J Immunol Methods, 2000, 233(1-2): 131-140.

[51] Hogan V E, Holweg C T, Choy D F, et al. Pretreatment synovial transcriptional profile is associated with early and late clinical response in rheumatoid arthritis patients treated with rituximab [J]. Ann Rheum Dis, 2012, 71(11): 1888-1894.

[52] Mesko B, Poliska S, Szamosi S, et al. Peripheral blood gene expression and IgG glycosylation profiles as markers of tocilizumab treatment in rheumatoid arthritis [J]. J Rheumatol, 2012, 39(5): 916-928.

[53] Allanore Y, Avouac J, Kahan A. Systemic sclerosis: an update in 2008 [J]. Joint Bone Spine, 2008, 75(6): 650-655.

[54] Denton C P, Black C M, Abraham D J. Mechanisms and consequences of fibrosis in systemic sclerosis [J]. Nat Clin Pract Rheumatol, 2006, 2(3): 134-144.

[55] Luzina I G, Atamas S P, Wise R, et al. Gene expression in bronchoalveolar lavage cells from scleroderma patients [J]. Am J Respir Cell Mol Biol, 2002, 26(5): 549-557.

[56] Tan F K, Hildebrand B A, Lester M S, et al. Classification analysis of the transcriptosome of nonlesional cultured dermal fibroblasts from systemic sclerosis patients with early disease [J]. Arthritis Rheum, 2005, 52(3): 865-876.

[57] Farina G, Lafyatis D, Lemaire R, et al. A four-gene biomarker predicts skin disease in patients with diffuse cutaneous systemic sclerosis [J]. Arthritis Rheum, 2010, 62(2): 580-588.

[58] Igarashi A, Nashiro K, Kikuchi K, et al. Significant correlation between connective tissue growth factor gene expression and skin sclerosis in tissue sections from patients with systemic sclerosis [J]. J Invest Dermatol, 1995, 105(2): 280-284.

[59] Grigoryev D N, Mathai S C, Fisher M R, et al. Identification of candidate genes in scleroderma-related pulmonary arterial hypertension [J]. Transl Res, 2008, 151(4): 197-207.

[60] Sargent J L, Milano A, Bhattacharyya S, et al. A TGFβ-responsive gene signature is associated with a subset of diffuse scleroderma with increased disease severity [J]. J Invest Dermatol, 2010, 130(3): 694-705.

[61] Greenblatt M B, Sargent J L, Farina G, et al. Interspecies comparison of human and murine scleroderma reveals IL-13 and CCL2 as disease subset-specific targets [J]. Am J Pathol, 2012, 180(3): 1080-1094.

[62] Del Galdo F, Lisanti M P, Jimenez S A. Caveolin-1, transforming growth factor-beta receptor internalization, and the pathogenesis of systemic sclerosis [J]. Curr Opin Rheumatol, 2008,20(6): 713-719.

[63] Zhou X D, Xiong M M, Tan F K, et al. SPARC, an upstream regulator of connective tissue growth factor in response to transforming growth factor β stimulation [J]. Arthritis Rheum, 2006,54(12): 3885-3889.

[64] Wang J C, Lai S, Guo X, et al. Attenuation of fibrosis in vitro and in vivo with SPARC siRNA [J]. Arthritis Res Ther, 2010,12(2): R60.

[65] Chu H, Wu T, Wu W, et al. Involvement of collagen-binding heat shock protein 47 in scleroderma-associated fibrosis [J]. Protein Cell, 2015,6(8): 589-598.

[66] Xu X, Wu W Y, Tu W Z, et al. Increased expression of S100A8 and S100A9 in patients with diffuse cutaneous systemic sclerosis. A correlation with organ involvement and immunological abnormalities [J]. Clin Rheum, 2013,32(10): 1501-1510.

[67] Garcia-Blanco M A, Baraniak A P, Lasda E L. Alternative splicing in disease and therapy [J]. Nat Biotechnol, 2004,22(5): 535-546.

[68] Del Galdo F, Maul G G, Jiménez S A, et al. Tissue expression of allograft inflammatory factor-1 in systemic sclerosis and in vitro differential expression of its isoforms in response to transforming growth factor-beta [J]. Arthritis Rheum, 2006,54(8): 2616-2625.

[69] Manetti M, Guiducci S, Romano E, et al. Overexpression of VEGF165b, an inhibitory splice variant of vascular endothelial growth factor, leads to insufficient angiogenesis in patients with systemic sclerosis [J]. Circ Res, 2011,109(3): e14-e26.

[70] Steen S O, Iversen L V, Carlsen A L, et al. The circulating cell-free microRNA profile in systemic sclerosis is distinct from both healthy controls and systemic lupus erythematosus [J]. J Rheumatol, 2014,42(2): 214-221.

[71] Makino K, Jinnin M, Aoi J, et al. Discoidin domain receptor 2-microRNA 196a-mediated negative feedback against excess type I collagen expression is impaired in scleroderma dermal fibroblasts [J]. J Invest Dermatol, 2013,133(1): 110-119.

[72] Tanaka S, Suto A, Ikeda K, et al. Alteration of circulating miRNAs in SSc: miR-30b regulates the expression of PDGF receptor β [J]. Rheumatology(Oxford), 2013,52(11): 1963-1972.

[73] Honda N, Jinnin M, Kajihara I, et al. TGF-β-mediated downregulation of microRNA-196a contributes to the constitutive upregulated type I collagen expression in scleroderma dermal fibroblasts [J]. J Immunol, 2012,188(7): 3323-3331.

[74] Honda N, Jinnin M, Kira-Etoh T, et al. miR-150 down-regulation contributes to the constitutive type I collagen overexpression in scleroderma dermal fibroblasts via the induction of integrin β3 [J]. Am J Pathol, 2013,182(1): 206-216.

[75] Makino K, Jinnin M, Hirano A, et al. The downregulation of microRNA let-7a contributes to the excessive expression of type I collagen in systemic and localized scleroderma [J]. J Immunol, 2013,190(8): 3905-3915.

[76] Sing T, Jinnin M, Yamane K, et al. microRNA-92a expression in the sera and dermal fibroblasts increases in patients with scleroderma [J]. Rheumatology(Oxford), 2012,51(9): 1550-1556.

[77] Kawashita Y, Jinnin M, Makino T, et al. Circulating miR-29a levels in patients with scleroderma spectrum disorder [J]. J Dermatol Sci, 2011,61(1): 67-69.

[78] Sgonc R, Gruschwitz M S, Boeck G, et al. Endothelial cell apoptosis in systemic sclerosis is

induced by antibody-dependent cell-mediated cytotoxicity via CD95 [J]. Arthritis Rheum, 2000, 43(11): 2550-2562.

[79] Lafyatis R, York M. Innate immunity and inflammation in systemic sclerosis [J]. Curr Opin Rheumatol, 2009,21(6): 617-622.

[80] Luo Y B, Mastaglia F L. Dermatomyositis, polymyositis and immune-mediated necrotising myopathies [J]. Biochim Biophys Acta, 2015,1852(4): 622-632.

[81] Fasth A E, Dastmalchi M, Rahbar A, et al. T cell infiltrates in the muscles of patients with dermatomyositis and polymyositis are dominated by CD28null T cells [J]. J Immunol, 2009,183 (7): 4792-4799.

[82] Sugiura T, Kawaguchi Y, Goto K, et al. Positive association between STAT4 polymorphisms and polymyositis/dermatomyositis in a Japanese population [J]. Ann Rheum Dis, 2012,71(10): 1646-1650.

[83] Gono T, Kawaguchi Y, Kuwana M, et al. Brief report: association of HLA-DRB1*0101/*0405 with susceptibility to anti-melanoma differentiation-associated gene 5 antibody-positive dermatomyositis in the Japanese population [J]. Arthritis Rheum, 2012,64(11): 3736-3740.

[84] Nagaraju K, Raben N, Loeffler L, et al. Conditional up-regulation of MHC class I in skeletal muscle leads to self-sustaining autoimmunemyositis and myositis-specific autoantibodies [J]. Proc Natl Acad Sci U S A, 2000,97(16): 9209-9214.

[85] Li C K, Knopp P, Moncrieffe H, et al. Overexpression of MHC class I heavy chain protein in young skeletal muscle leads to severe myositis: implications for juvenile myositis [J]. Am J Pathol, 2009,175(3): 1030-1040.

[86] Salaroli R, Baldin E, Papa V, et al. Validity of internal expression of the major histocompatibility complex class I in the diagnosis of inflammatory myopathies [J]. J Clin Pathol, 2012,65(1): 14-19.

[87] Salajegheh M, Kong S W, Pinkus J L, et al. Interferon-stimulated gene 15 (ISG15) conjugates proteins in dermatomyositis muscle with perifascicular atrophy [J]. Ann Neurol, 2010,67(1): 53-63.

[88] Magro C M, Segal J P, Crowson A N, et al. The phenotypic profile of dermatomyositis and lupus erythematosus: a comparative analysis [J]. J Cutan Pathol, 2010,37(6): 659-671.

[89] Grundtman C, Bruton J, Yamada T, et al. Effects of HMGB1 on in vitro responses of isolated muscle fibers and functional aspects in skeletal muscles of idiopathic inflammatory myopathies [J]. FASEB J, 2010,24(2): 570-578.

[90] Miller F W. New approaches to the assessment and treatment of the idiopathic inflammatory myopathies [J]. Ann Rheum Dis, 2012,71 Suppl 2: i82-i85.

[91] Baechler E C, Bilgic H, Reed A M. Type I interferon pathway in adult and juvenile dermatomyositis [J]. Arthritis Res Ther, 2011,13(6): 249.

[92] MacMicking J D. Interferon-inducible effector mechanisms in cell-autonomous immunity [J]. Nat Rev Immunol, 2012,12(5): 367-382.

[93] Allenbach Y, Chaara W, Rosenzwajg M, et al. Th1 response and systemic treg deficiency in inclusion body myositis [J]. PLoS One, 2014,9(3): e88788.

[94] Moran E M, Mastaglia F L. The role of interleukin-17 in immune-mediated inflammatory myopathies and possible therapeutic implications [J]. Neuromuscul Disord, 2014,24(11): 943-952.

[95] Tournadre A, Lenief V, Miossec P. Expression of Toll-like receptor 3 and Toll-like receptor 7 in muscle is characteristic of inflammatory myopathy and is differentially regulated by Th1 and

Th17 cytokines [J]. Arthritis Rheum, 2010,62(7): 2144-2151.

[96] De Paepe B. Interferons as components of the complex web of reactions sustaining inflammation in idiopathic inflammatory myopathies [J]. Cytokine, 2015,74(1): 81-87.

[97] Mavragani C P, Moutsopoulos H M. Sjogren's syndrome [J]. Annu Rev Pathol, 2014,9: 273-285.

[98] Cornec D, Jamin C, Pers J O. Sjogren's syndrome: where do we stand, and where shall we go? [J]. J Autoimmun, 2014,51: 109-114.

[99] Hjelmervik T O, Petersen K, Jonassen I, et al. Gene expression profiling of minor salivary glands clearly distinguishes primary Sjogren's syndrome patients from healthy control subjects [J]. Arthritis Rheum, 2005,52(5): 1534-1544.

[100] Alevizos I, Illei G G. MicroRNAs in Sjögren's syndrome as a prototypic autoimmune disease [J]. Autoimmun Rev, 2010,9(9): 618-621.

[101] Fabryova H, Celec P. On the origin and diagnostic use of salivary RNA [J]. Oral Dis, 2014,20 (2): 146-152.

[102] Wu T, Chen G. miRNAs participate in MS pathological processes and its therapeutic response [J]. Mediators Inflamm, 2016,2016: 4578230.

[103] Jagot F, Davoust N. Is it worth considering circulating microRNAs in multiple sclerosis? [J]. Front Immunol, 2016,7: 129.

[104] Blom T, Franzén A, Heinegård D, et al. Comment on "The influence of the proinflammatory cytokine, osteopontin, on autoimmune demyelinating disease" [J]. Science, 2003, 299 (5614): 1845.

[105] Melief J, de Wit S J, van Eden C G, et al. HPA axis activity in multiple sclerosis correlates with disease severity, lesion type and gene expression in normal-appearing white matter [J]. Acta Neuropathol, 2013,126(2): 237-249.

[106] Bustamante M F, Nurtdinov R N, Rio J, et al. Baseline gene expression signatures in monocytes from multiple sclerosis patients treated with interferon-beta [J]. PLoS One, 2013,8 (4): e60994.

[107] Bushnell S E, Zhao Z, Stebbins C C, et al. Serum IL-17F does not predict poor response to IM IFNβ-1a in relapsing-remitting MS [J]. Neurology, 2012,79(6): 531-537.

[108] Axtell R C, de Jong B A, Boniface K, et al. T helper type 1 and 17 cells determine efficacy of interferon-beta in multiple sclerosis and experimental encephalomyelitis [J]. Nat Med, 2010,16 (4): 406-412.

[109] Steck A K, Rewers M J. Genetics of type 1 diabetes [J]. Clin Chem, 2011,57(2): 176-185.

[110] Zurawek M, Wender-Ozegowska E, Januszkiewicz-Lewandowska D, et al. GCK and HNF1-alpha mutations and polymorphisms in Polish women with gestational diabetes [J]. Diabetes Res Clin Pract, 2007,76(1): 157-158.

[111] Shaat N, Karlsson E, Lernmark A, et al. Common variants in MODY genes increase the risk of gestational diabetes mellitus [J]. Diabetologia, 2006,49(7): 1545-1551.

[112] Watanabe R M, Black M H, Xiang A H, et al. Genetics of gestational diabetes mellitus and type 2 diabetes [J]. Diabetes Care, 2007,30 Suppl 2: S134-S140.

[113] Fallucca F, Dalfrà M G, Sciullo E, et al. Polymorphisms of insulin receptor substrate 1 and beta3-adrenergic receptor genes in gestational diabetes and normal pregnancy [J]. Metabolism, 2006,55(11): 1451-1456.

［114］ Byron S A，Van Keuren-Jensen K R，Engelthaler D M，et al. Translating RNA sequencing into clinical diagnostics：opportunities and challenges ［J］. Nat Rev Genet，2016,17(5)：257-271.

［115］ Taneera J，Fadista J，Ahlqvist E，et al. Expression profiling of cell cycle genes in human pancreatic islets with and without type 2 diabetes ［J］. Mol Cell Endocrinol，2013,375(1-2)：35-42.

［116］ Nilsson E，Jansson P A，Perfilyev A，et al. Altered DNA methylation and differential expression of genes influencing metabolism and inflammation in adipose tissue from subjects with type 2 diabetes ［J］. Diabetes，2014,63(9)：2962-2976.

［117］ Cnop M，Abdulkarim B，Bottu G，et al. RNA sequencing identifies dysregulation of the human pancreatic islet transcriptome by the saturated fatty acid palmitate ［J］. Diabetes，2014,63(6)：1978-1993.

［118］ Kornfeld J W，Baitzel C，Konner A C，et al. Obesity-induced overexpression of miR-802 impairs glucose metabolism through silencing of Hnf1b ［J］. Nature，2013,494(7435)：111-115.

［119］ Taneera J，Fadista J，Ahlqvist E，et al. Identification of novel genes for glucose metabolism based upon expression pattern in human islets and effect on insulin secretion and glycemia ［J］. Hum Mol Genet，2015,24(7)：1945-1955.

［120］ Fadista J，Vikman P，Laakso E O，et al. Global genomic and transcriptomic analysis of human pancreatic islets reveals novel genes influencing glucose metabolism ［J］. Proc Natl Acad Sci U S A，2014,111(38)：13924-13929.

［121］ Ding G L，Wang F F，Shu J，et al. Transgenerational glucose intolerance with Igf2/H19 epigenetic alterations in mouse islet induced by intrauterine hyperglycemia ［J］. Diabetes，2012，61(5)：1133-1142.

［122］ Pasmant E，Sabbagh A，Vidaud M，et al. ANRIL，a long，noncoding RNA，is an unexpected major hotspot in GWAS ［J］. FASEB J，2011,25(2)：444-448.

［123］ Carter G，Miladinovic B，Patel A A，et al. Circulating long noncoding RNA GAS5 levels are correlated to prevalence of type 2 diabetes mellitus ［J］. BBA Clin，2015,4：102-107.

［124］ Shi Z，Zhao C，Long W，et al. Microarray expression profile analysis of long non-coding RNAs in umbilical cord plasma reveals their potential role in gestational diabetes-induced macrosomia ［J］. Cell Physiol Biochem，2015,36(2)：542-554.

［125］ Zampetaki A，Kiechl S，Drozdov I，et al. Plasma microRNA profiling reveals loss of endothelial miR-126 and other microRNAs in type 2 diabetes ［J］. Circ Res，2010,107(6)：810-817.

［126］ Berrih-Aknin S，Le Panse R. Myasthenia gravis：a comprehensive review of immune dysregulation and etiological mechanisms ［J］. J Autoimmun，2014,52：90-100.

［127］ Le Panse R，Cizeron-Clairac G，Bismuth J，et al. Microarrays reveal distinct gene signatures in the thymus of seropositive and seronegative and the role of CC chemokine myasthenia gravis patients ligand 21 in thymic hyperplasia ［J］. J Immunol，2006,177(11)：7868-7879.

［128］ Meraouna A，Cizeron-Clairac G，Panse R L，et al. The chemokine CXCL13 is a key molecule in autoimmune myasthenia gravis ［J］. Blood，2006,108(2)：432-440.

［129］ Feferman T，Aricha R，Menon R，et al. DNA microarray in search of new drug targets for myasthenia gravis ［J］. Ann N Y Acad Sci，2007,1107：111-117.

［130］ Park K H，Jung J，Lee J H，et al. Blood transcriptome profiling in myasthenia gravis patients to assess disease activity：a pilot RNA-seq study ［J］. Exp Neurobiol，2016,25(1)：40-47.

［131］ Yin X，Sachidanandam R，Morshed S，et al. mRNA-Seq reveals novel molecular mechanisms and a robust fingerprint in Graves' disease ［J］. J Clin Endocrinol Metab，2014，99(10)：E2076-E2083.

［132］ Gaffen S L，Jain R，Garg A V，et al. The IL-23-IL-17 immune axis：from mechanisms to therapeutic testing ［J］. Nat Rev Immunol，2014，14(9)：585-600.

［133］ Oestreicher J L，Walters I B，Kikuchi T，et al. Molecular classification of psoriasis disease-associated genes through pharmacogenomic expression profiling ［J］. Pharmacogenomics J，2001，1(4)：272-287.

［134］ Gudjonsson J E，Ding J，Johnston A，et al. Assessment of the psoriatic transcriptome in a large sample：additional regulated genes and comparisons with in vitro models ［J］. J Invest Dermatol，2010，130(7)：1829-1840.

［135］ Gudjonsson J E，Ding J，Li X，et al. Global gene expression analysis reveals evidence for decreased lipid biosynthesis and increased innate immunity in uninvolved psoriatic skin ［J］. J Invest Dermatol，2009，129(12)：2795-2804.

8 转录组学在神经精神类疾病诊疗中的应用

神经精神类疾病包含众多疾病,在中国经济越来越发达的今天受关注度日益增加。神经精神类疾病的患者数量也特别多,随着入院患者的增加,治疗和看护费用将急剧上升,并将会成为阻碍中国经济发展的重大隐患。更重要的是,这类疾病给患者本人和家庭带来巨大的痛苦和耻辱感,从而引发深刻的社会伦理学问题。神经精神类疾病还有一个共性就是缺乏有效的治疗手段,因此对其展开深入研究就显得更加迫切。

随着近 20 年高通量技术的不断发展,转录组研究在神经精神类疾病的多个方面已经展开。脑转录组可以用来研究这类疾病的发病机制,外周血转录组可以用来发现容易获取的外周标志物,miRNA 则在分子调控机制和标志物方面都有应用。另外,小鼠模型的转录组在发病机制和药物发现等方面发挥了重要的作用。近几年涌现的干细胞技术将会提供更好的体外模型。本章将在这些方面做一些介绍和探讨。

8.1 神经精神类疾病的转录组学研究

中枢神经系统在人体有着核心的地位,但因为其病灶部位的特殊性,神经精神类疾病的诊疗也是众多复杂疾病中难度最大的。神经精神类疾病有数百种,神经类疾病患者较多的是神经退行性疾病,其中最常见的有阿尔茨海默病(Alzheimer disease,AD)、帕金森病(Parkinson disease,PD)和亨廷顿病(Hungtinton disease,HD)等,精神类疾病里最常见的有孤独症(autism spectrum disorder,ASD)、精神分裂症(schizophrenia,SZ)和重性抑郁症(major depressive disorder,MDD)等。这些疾病不仅患者数量庞大,有效治疗手段稀缺，而且患者及其看护人员在精神和心理上都有沉重的负担，严重降低社会生产力，因此成为国际社会发展的重大障碍。

为了寻找有效的治疗和干预手段，对发病机制的透彻理解是前提条件。因为主要病灶在脑部这个相对封闭的器官，神经精神类疾病的发病机制研究有较大困难。主要问题是患者健在的时候很难对脑部进行分子水平的检测，所以无法在分子水平对疾病进程进行深入剖析。为了从全基因组层面了解神经细胞在疾病中的功能失调，极少数患者离世后捐赠的脑组织被用于脑转录组的测定和分析，通过跟同龄老人脑转录组的比较，从基因表达水平的上调和下调来剖析基因网络的失调，并从中发现核心调控基因作为药物靶标。

在临床诊断标志物的发现方面，神经精神类疾病也是困难重重。首先，很多疾病至今尚未发现特异性分子标志物。即使有特异性分子标志物，如何让外源的用于影像的小分子穿越血脑屏障并与脑部分子标志物特异性结合也是很大的技术挑战，而且昂贵的影像设备也不是普通医院所能承受的。因此，外周分子标志物的寻找成为神经精神类疾病临床诊断方面的重要研究方向，其中外周血因为信息量丰富最受关注。外周血转录组研究大多测定白细胞、单核细胞或全血里的基因表达水平，通过患者和健康对照者的比较发现上调或下调的分子标志物。除了辅助诊断以外，外周血转录组还可用于对疾病进程的监控和药效的评价。

小鼠模型是研究神经精神疾病发病机制的重要手段。小鼠模型一般基于特定的基因突变，在一定程度上模拟了人的病理变化，并且可以在不同时间点任意取样，对疾病全过程进行各种从器官到分子水平的检测，包括脑转录组的测定，这是人源样本研究所无法比拟的。小鼠模型还用于对药物和其他干预手段的效果评价，这也是在进行人体临床试验前所必须经历的阶段。为了更好地模拟人类的高级认知和行为，近年来猴子被越来越多地用于构建神经精神疾病模型。

患者来源的干细胞是另外一种研究神经精神类疾病的重要手段，并且在精准医疗领域有广阔的应用前景。通过干细胞技术将患者的皮肤成纤维细胞转化成神经元，可用于研究基因型影响表型的机制，也可以考察某种药物对特定基因型患者疗效的分子机制(见图8-1)。为了更好地模拟人脑的神经网络，近年来三维神经元模型体系正在逐步建立并发展。

神经精神类疾病跟脑部发育和衰老有着千丝万缕的联系。一般来说，发病较早的

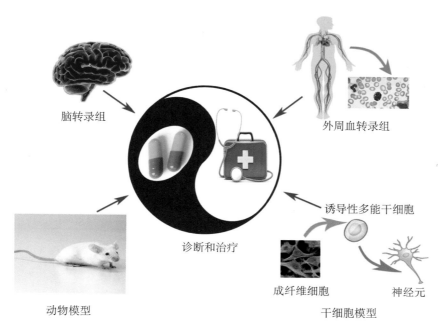

脑转录组

外周血转录组

诱导性多能干细胞

诊断和治疗

成纤维细胞

神经元

动物模型

干细胞模型

图 8-1 神经精神类疾病转录组学研究的主要方向和内容

疾病如孤独症跟脑部发育的某些缺陷有关,而发病较晚的疾病如阿尔茨海默病则是脑部衰老和其他因素累加的结果。因此,从转录组的角度研究正常脑部发育和衰老也是非常必要的。本章将首先介绍脑部发育和衰老的转录组学研究;其次主要以阿尔茨海默病为例,详细阐述转录组学在其诊疗中的应用,并简要总结其他主要神经退行性疾病和精神类疾病的相关研究;最后将介绍干细胞技术在神经精神类疾病中的应用。

8.2 脑部发育和衰老的转录组学研究

8.2.1 神经精神类疾病相关脑区

人脑的结构非常复杂,每个脑区行使特定的功能,各个脑区之间又有着紧密的联系。在正常发育和衰老过程中,不同脑区有较大的差异,在不同的神经精神类疾病中受到影响的脑区也各不相同。在此,先了解一些与本章内容密切相关的脑区(见表 8-1)。另外,神经细胞的类型也很多,但研究得最多的是神经元、星型胶质细胞和小胶质细胞。

表 8-1　常见神经精神类疾病的相关脑区

英文名称	中文名称	英文名称	中文名称
hippocampus	海马区	posterior cingulate	中央后回
frontal cortex	额叶皮质	cingulate cortex	扣带皮质
prefrontal cortex	前额皮质	superior frontal gyrus	额上回
frontal lobe	额叶	parietal cortex	顶叶皮质
temporal cortex	颞叶皮质	cerebellum	小脑
middle temporal gyrus	颞中回	amygdala	杏仁体
entorhinal cortex	内嗅皮质	caudate	尾状核
primary visual cortex	初级视觉皮质	dentate gyrus	齿状回

8.2.2　人脑基因表达的时空图谱

人脑发育和衰老过程中的不同阶段有着不同的基因表达模式,从基因表达模式可以发现发育和衰老过程中的转折点和关键基因。通过对从胎儿开始的全生命周期的转录组分析发现,在早期发育和衰老时各有一个基因表达转折点,即胎儿期的很多基因表达模式在孩童时期被逆转,而青壮年期的基因表达模式在 50 岁以后被逆转,这些基因富集了能量代谢和突触传导等功能。通过对 0~49 岁样本前额皮质的分析发现,有很多基因的表达在青春期后期达到了峰值,随后呈缓慢变化,其中包括能量代谢、蛋白质/脂类代谢和神经传导类基因等,一些精神分裂症相关基因也呈现这种表达模式。人类跟其他灵长类相比有较长的青春期,在此期间,脑部发育有较大的可塑性,转录组分析揭示青春期比成年期脑部基因表达的个体差异明显大一些,这些在青春期波动较大的基因除了免疫类基因外,还有 BDNF 等神经功能类基因,这些基因的动态模式可能决定了青春期脑部的可塑性。

那么衰老过程伴随着什么样的基因表达模式呢? 通过对 13~79 岁样本前额皮质的脑转录组分析发现,与衰老过程有较强关联的基因有 500 多个,其中上调的基因主要是胶质细胞来源的免疫类基因,而下调的基因主要是神经元来源的信号传导类基因,这些变化从成年早期就开始了并贯穿终生。通过对 26~106 岁样本额叶皮质的脑转录组分析发现,从 40 岁开始就出现了突触可塑性、囊泡运输和线粒体相关基因的显著下调,接下来是抗氧化和 DNA 损伤修复类基因的上调。DNA 损伤出现在很多基因的启动子区,导致神经传导和能量代谢等方面基因的下调。有的研究试图寻找衰老的标志基因。通过对额叶和小脑转录组的分析发现了 60 个基因的表达水平跟生理年龄有较强关联,其中额叶的基因占比多一些。研究人员对这些基因用不同的取样和检测方法以及独立数据进行了验证,特别是 *RHBDL3* 基因得到了较好的验证[1]。另外,通过共表达网络分析发现了跟年龄关联度强的共表达模块,包括跟年龄呈负相关的含线粒体基因的模块。

衰老存在脑区差异和性别差异[2],不同脑区衰老节奏不一致。女性尽管比男性长寿,但是女性患阿尔茨海默病的风险比男性高很多,这可能跟男女脑部衰老节奏不一致有关。通过比较 20～99 岁认知正常人的 4 个脑区(海马区、内嗅皮质、额上回和中央后回),发现 60～70 岁是衰老过程的重要转折期,额上回的衰老相关基因表达变化最多,而内嗅皮质最少。男性衰老过程中能量代谢和蛋白质合成类基因下调更显著,而女性在炎症反应类基因的上调更为显著。另外,也可以将男女脑转录组进行横向对比。通过对这 4 个脑区的脑转录组比较发现,额上回基因表达男女差异最为显著,女性的免疫类基因上调,能量代谢和神经功能类基因下调,这是加速衰老的特征,而且也是阿尔茨海默病的基因失调特征。女性脑转录组的特有发展轨迹可能是其患阿尔茨海默病高风险的根源之一。除了阿尔茨海默病以外,衰老还会增加重性抑郁症的风险。通过对 16～74 岁的女性重性抑郁症患者和健康对照者的杏仁体转录组分析发现,很多重性抑郁症患者中表达失调的基因在衰老过程中也呈现类似的失调,包括 *BDNF* 及其相关基因,因此脑部转录组的加速衰老就意味着更大的重性抑郁症风险。

衰老过程中伴随着脑萎缩,到底是哪些基因失调导致脑萎缩的呢?通过对灰质厚度和转录组的联合测定及关联分析可以对此做出解释。对 379 个 28～85 岁脑样本分析发现,细胞黏附和繁殖分化类基因的下调和炎症类基因的上调是脑部衰老的主要推动力。

人的衰老在不同组织有不同的体现。通过比较皮肤、脂肪组织和脑组织衰老相关转录组分析发现,三者共有的基因只有一个即 *TMRM178*,另外脂肪组织和脑组织还共有 *ZBTB16* 和 *WWC2* 基因,而皮肤和脑组织则另有包括 *MS4A6A* 在内的 12 个共有基因。

8.2.3　外周血的衰老研究

外周血是一种较容易获取的样本,因此很多衰老研究是围绕外周血展开的[3]。通过对脑组织和外周血的比较可以发现两者在衰老过程中的共性和特有的变化。对191个年龄在65～100岁健康人的脑组织和1 240个年龄在15～94岁健康人的外周血淋巴细胞的转录组分析发现,两者主要共性在于线粒体相关基因随着衰老而下调,两者还有一个共性就是基因组结构复杂的基因也随衰老而下调,外周血的特征有翻译相关基因随衰老而下调,而脑组织的特征有转录相关基因随衰老而上调。

外周血的衰老研究发现了一些重要的基因失调,特别是RNA剪接因子和DNA损伤修复因子的失调。通过对一个小样本的23～77岁人群外周血转录组分析发现,有16个基因的表达量跟年龄相关,其中一些是特定细胞类型的标志基因。人的一生伴随着很多社会压力,压力和衰老之间的关联也可以通过外周血转录组进行研究。通过比较衰老和长期社会压力的数据发现,两者在基因失调上存在高度相似性,无论在基因层面还是功能层面,衰老和长期社会压力都会带来类似的影响。通过对30～104岁近700个样本外周血白细胞转录组分析发现,大约有2%的基因表达量跟年龄有较强关联,并且只有包括RNA加工在内的少数功能有强关联。包括LRRN3在内的6个基因的表达水平可以区分年轻人和老年人甚至不同年龄段的老年人。更进一步分析发现有近1/3剪接因子的表达水平在两组千人左右大样本中都随年龄变化,而且DNA损伤反应相关的ATM的表达量跟这些剪接因子一起变化。在体外细胞敲低ATM还会上调一些衰老过程中变化的剪接因子表达量,表明ATM可能是可变剪接的一个上游调控因子。通过对近2 000位中国汉族人的血浆蛋白质组进行研究,发现有44个多肽在不同年龄段表现出差异,包括APOA1随年龄的上调和FGA随年龄的下调,FGA等还有性别特异性。

共表达网络和PPI网络的联合分析被用于衰老相关转录组大数据分析,从中发现功能类和通路的失调。首先,通过对2 539个样本的整合分析发现,跟衰老相关的有5个功能模块,包括T细胞激活、翻译延伸、细胞溶解和DNA代谢过程等。这些模块跟年龄的相关性在独立的3 535个样本中得到验证,而且这些模块富集有衰老和长寿遗传研究相关基因。在衰老过程中,免疫系统也发生着变化。通过对健康老年人和中年人外周血的相关基因表达分析发现,部分免疫基因是上调的,而另一部分是下调的,一些压力反应相关基因也是上调的,表明衰老过程存在一些特异性的激活和抑制。因为在动物实验中对西罗莫司靶蛋白(target of rapamycin,以下简称TOR)激酶活性的抑制往往能延长寿命,所以有必要研究哺乳动物TOR(mTOR)通路在人体衰老中的地位。通过对两个大研究项目人群的检测分析发现,mTOR 信号通路有很多基因的表达量跟年龄有正向或负向关联,因此该通路值得更深入研究。

外周血也用于对长寿的研究。通过对 90 多岁老人和 50 多岁中老年人的转录组进行比较,发现了近 3 000 个差异表达探针基因,其中 360 个探针基因在长寿老人 50 多岁子女和对照者的比较中也显著差异表达,并且在独立样本中 25 个基因有 21 个得到验证,其中包括表观因子 *ASF1A* 和炎症因子 *IL7R*,这两个因子在 50 多岁时的表达量就有可能预测是否长寿[4]。miRNA 在长寿中的作用也有研究。通过比较长寿者和中年对照者发现,有 80 个 miRNA 表达水平呈显著差异,其中几个挑选的 miRNA 在独立人群中得到验证,功能分析发现下调的 miRNA 下游靶标富集了 p53 通路基因,因此这些miRNA 表达水平的变化和衰老过程中肿瘤发生相关。另外,通过对婴儿和成年人的miRNA 谱系进行分析发现了一些差异表达的 miRNA,在 9～20 岁期间是一个重要的转折期,有些表达变化趋势还延续到中年,其中一些对炎症反应有调控作用。通过对青年人和老年人血清 miRNA 的比较,发现有 3 个 miRNA 在老年人群显著下调,这些miRNA 也都对特定的炎症通路有调控作用。

转录组的研究一般都需要有几个稳定表达基因作为内参。在外周血衰老相关研究到底哪些基因适用也是一个值得探讨的问题。研究发现,*GUSB* 在单核细胞的表达最为稳定,而另一个常作为持家基因的 18S rRNA 的稳定性则比较差,不能作为内参。外周血转录组研究的可重复性也是需要特别关注的。通过对一批健康受试对象的多次采样发现,一般在一个时间段内采样有较好的可重复性,但不同季节会出现一定波动,春季波动最大,特别是一些免疫相关基因表现尤为明显。这些都是外周血转录组实验设计时需要考虑的问题。

8.2.4　动物的衰老研究

关于线虫和果蝇等低等动物的衰老研究很多,但人们还是更关注哺乳动物和灵长类动物的衰老。通过对 5 个年龄段大鼠海马区的转录组分析发现,脑部衰老过程伴随着阶段式基因失调。第一阶段变化是在 3～6 个月,开始出现降解和溶酶体通路的上调,以及脂类合成和神经发育等方面的下调;在 6～9 个月,免疫类基因开始出现上调;在 9～12 个月,脂类运输、髓鞘生成和 MHC 等特异性免疫基因出现上调,并伴随着认知障碍的出现。

在衰老过程中,各脑区的反应是不一致的。通过对小鼠海马区 3 个子区域 CA1、CA3 和齿状回的转录组分析发现,衰老过程中存在的共失调基因主要参与线粒体与炎症相关的功能,但 CA1 的基因失调比 CA3 和齿状回都要显著得多,在炎症和细胞凋亡方面尤为明显。热量限制可以部分逆转基因失调现象,但是对 CA1、CA3 和齿状回的效果不尽相同。因此不同脑区的表达谱在一定程度上决定了其衰老过程中对压力和干预手段的反应。但是在另一个大鼠的类似研究中,却发现 CA3 呈现出跟认知相关性最高的基因失调。不同研究结果之间的矛盾需要更多后续研究去解释。

通过多个物种间的比较也可以加深对衰老的理解。对人、猴和小鼠的大脑皮质衰老比较发现,3 个物种的衰老存在一些共性,包括 *APOD* 的上调和 *CAMK4* 的下调。但是,人和猴的衰老跟小鼠的衰老有显著差异,包括更多衰老过程中神经元突触功能类基因的下调,特别是 GABA 系统抑制功能在人衰老过程中显著下调而在鼠中没有,这是进化过程中新出现的调整,也可能跟衰老过程中高级认知下降相关联。

通过对人和猴前额皮质进行转录组分析发现,衰老相关的基因失调大多是发育过程基因表达变化模式的逆转或延续。有一些所谓的衰老失调特征其实在孩童时期就开始了。通过对 miRNA 和转录因子进一步分析发现,这些调控因子的作用是贯穿整个生命周期的。发育和衰老过程除了基因表达量的变化,还伴随着剪接方式的变化。通过对人和猴的前额皮质和小脑的外显子转录组分析发现,在两个脑区都有约 1/3 基因的剪接方式在生命历程中发生变化,两个脑区之间也有 15% 的剪接差异。

8.3 阿尔茨海默病的人脑转录组研究

阿尔茨海默病是最大的一类神经退行性疾病,发病率约为 65 岁以上老龄人口的 5%。绝大多数阿尔茨海默病为散发型(98% 左右),只有极少数为早发家族型(2% 左右)。早发家族型阿尔茨海默病的发病年龄一般在 40~50 岁,而散发型阿尔茨海默病的发病年龄大多在 65 岁以后。阿尔茨海默病的症状早期表现为记忆和认知能力的逐渐衰退,后期发展到生活无法自理。阿尔茨海默病的典型病理特征为神经元周围的淀粉样蛋白沉积(amyloid deposition)和神经元内的神经元纤维缠结(neurofibrillary tangles,NFT)。因此,一般认为阿尔茨海默病分子机制中最核心的两个基因是 *APP* 和 *MAPT*,前者的表达产物 Aβ 是淀粉样蛋白沉积的源头,而后者的表达产物 Tau 过度磷酸化后成为神经元纤维缠结的核心成分。阿尔茨海默病的药物研发和特异性标志物也主要是针对 Aβ 和 Tau 蛋白。但是,针对 Aβ 和 Tau 蛋白的药物尚未在临床试验中达到预期的效果,脑部的分子标志物影像也因为仪器昂贵而难以普及。因此,超越 Aβ 和 Tau 蛋白已经成为这一领域的共识。阿尔茨海默病脑转录组研究将为治疗提供新的靶标,而外周血转录组研究将为诊断提供便捷的分子标志物。

阿尔茨海默患者脑转录组包含丰富的疾病相关信息,但是捐献者生前的其他方面健康状况可能会广泛影响到基因表达水平。比如,患者承受某些长期的痛苦折磨会降低脑部 pH 值,继而导致能量代谢和蛋白水解类基因的下调及免疫和转录类基因的上调。因此脑转录组的研究会在 pH 值等方面有一定要求。死亡本身也会对转录组产生较大影响,研究发现死亡者的脑组织和手术者的脑组织至少存在 10% 的基因表达差异,但是如果横向比较死亡者不同脑区,其受到的影响相当,所以不会对这类分析产生显著影响,对不同死亡者的比较可能也不会有太大影响,因此可以用于疾病研究。另外,载脂蛋白 E 基因(*APOE*)是散发型阿尔茨海默病的最主要易感基因,含有 4 个外显子。*APOE* 基因在正常人群中呈多态性表现,形成 6 种不同的基因型,分别为 E4/E4 型、E4/E3 型、E4/E2 型、E3/E3 型、E3/E2 型、E2/E2 型。其中 *APOE* E4 型对阿尔茨海默病后期发病预测呈 94% 以上的正确性。通过对 *APOE* E4 型和 E3 型人脑的转录组表达谱比较发现,E4 型中信号转导和细胞黏附等基因表达上调,能量代谢和突触可塑性等基因下调。因此脑转录组的研究会要求 *APOE* 基因型在疾病和对照组分布类似。

8.3.1 疾病进程研究

对阿尔茨海默病疾病不同阶段的研究有助于发现早期的驱动因子[5]。通过对阿尔茨海默病早、中、晚期的比较分析发现,在阿尔茨海默病早期有生长和分化相关的转录和信号调控因子上调,包括肿瘤抑制因子和蛋白激酶 A 等,并由此推断阿尔茨海默病的发生是肿瘤抑制因子介导的分化和沿着有髓鞘的树突的传播。另一个研究不同 Braak 阶段转录组的工作发现,在二级和三级 Braak 阶段之间存在明显的转折点,有的基因先上调再下调,有的基因先下调再上调。突触活动相关基因在早期上调而在后期下调,而且对神经元内可溶性 Aβ 的检测发现,Aβ 量在早期升高而在后期下降,由此推测突触活性相关基因的表达量变化可能是一种应对 Aβ 的反应。因为这些基因失调出现在病理特征出现以前,可能成为有效的早期干预靶标。

斑块和缠结是阿尔茨海默病的两大病理特征,也可以作为疾病进程的标志物。在斑块方面,可以将阿尔茨海默病患者和有斑块而没有症状的人群进行比照,同时参照没有斑块的健康对照者,通过对这一进程的研究可以发现跟斑块病理和认知症状相关的基因失调。一项此类研究发现,斑块病理跟能量代谢、氧化应激、DNA 损伤修复和转录调控等有较强关联,而认知症状则和突触可塑性、细胞周期有一定关联。在缠结方面,可以将阿尔茨海默病患者有缠结的神经元和没有缠结的神经元进行比照,并参照健康老年对照的样本,发现了 200 多个基因在这 3 个阶段有上调或下调趋势,其中部分基因的表达水平得到了 qPCR 验证,这些基因可能跟缠结形成的机制相关。

临床诊断的认知退化也可以作为阿尔茨海默病阶段的标志,通过对有无明显认知退化的患者进行比较发现,除了广为报道的一些功能失调以外,还有细胞骨架相关基因表达上调以及翻译和囊泡运输类的基因表达下调。另一个研究中,阿尔茨海默病患者跟有病理特征但没有认知障碍的对照者相比有明显的免疫类 MHC Ⅱ 复合物的上调,同时有 T 细胞数量的减少,因此认知损伤伴随着多方面的免疫失调。

因为样本获取难度大,对轻度认知障碍(mild cognitive impairment,MCI)的脑转录组研究特别少。通过对轻度认知障碍、阿尔茨海默病和健康对照者的比较发现,突触相关基因的失调在轻度认知障碍阶段已经出现,而 *APP* 通路相关基因在轻度认知障碍阶段并未出现失调,表明突触功能可能成为阿尔茨海默病的早期干预靶标[6]。另一个轻度认知障碍研究揭示了更多信息[7]。轻度认知障碍并非衰老的延伸,也不是老年和阿尔茨海默病之间的一个中间态。轻度认知障碍阶段有一些意想不到的基因失调,比如代谢、生物合成和突触功能等基因的上调,暗示轻度认知障碍阶段有补偿或调整机制。更进一步的分析发现,突触兴奋性基因表达量跟认知水平呈负相关,而抑制可塑性基因表达量则跟认知水平呈正相关,表明轻度认知障碍阶段突触的兴奋性和可塑性过高从而导致认知水平的下降,而且对能量的超额需求会导致神经退行性病变。因此对轻度认知障碍阶段的干预应该不同于阿尔茨海默病阶段。

衰老可以被认为是阿尔茨海默病发生的最开始阶段。对阿尔茨海默病和衰老之间的关联进行研究发现,阿尔茨海默病的颞叶存在炎症和转录调控的上调以及神经元功能的下调,健康衰老人中基因失调不如阿尔茨海默病中显著,但两者有较大程度的重叠,而且上、下调的方向往往是一致的,因此部分解释了为什么衰老是阿尔茨海默病最大的致病风险。还有一类研究是对超老龄(85 岁以上)和初老龄(60～70 岁)阿尔茨海默病患者的比较。通过对少量基因的 RT-qPCR 分析发现，超老龄阿尔茨海默病患者的能量代谢相关基因下调更为显著，可能指示不同年龄段的阿尔茨海默病患病机制不尽相同，因此在干预上也需要区别对待。另一个类似研究发现，87 岁以上阿尔茨海默病老人和同龄对照的失调基因跟 87 岁以下阿尔茨海默病老人和同龄对照的失调基因有显著差异，其中 87 岁以下阿尔茨海默病老人的神经功能类基因失调更显著，而 87 岁以上阿尔茨海默病老人则免疫类基因失调更显著。在健康老年对照中，随着年龄的增长免疫类基因是上调的，也许是一种保护机制，而在 87 岁以上阿尔茨海默病老人中这些基因上调受到了一定的抑制，破坏了这种保护机制。

8.3.2 脑区、组织和细胞类型

阿尔茨海默病中不同脑区受到疾病影响的程度差别很大，如海马区和内嗅皮质早期就有斑块，后扣带回早期就出现代谢异常，前额皮质和颞叶皮质容易早期出现缠结，而初级视皮质在早期没有明显病理特征[8]。不同脑区的易感性程度跟其转录组也有关联。有研究将阿尔茨海默病患者的上述 6 个脑区跟健康对照者进行比较，发现每个脑区的基因失调程度差异较大，而且跟脑区的易感性相关，其中一些失调基因跟斑块和缠结的病理相关。在能量代谢方面，后扣带回、颞叶皮质和海马区的大部分线粒体电子传递链基因表达下调，而其他 3 个脑区则受影响较小。而且将健康对照者的 6 个脑区进行横向比较也会发现不同易感性的转录机制。另有研究将前额皮质、颞叶皮质和海马区进行比较，发现阿尔茨海默病中海马区基因失调最为显著，而且除了一些常见的跟阿尔茨海默病和精神类疾病相关的基因失调以外，还发现了非胰岛素类糖尿病相关的基因表达失调，为阿尔茨海默病和糖尿病的关联又提供了一个证据。另一个前额皮质的研究发现，阿尔茨海默病中存在钙离子通路失调，并且其中一些基因得到了 RT-PCR 的验证。

还有更细一些脑区的研究。海马区的 CA1 层比 CA3 层在阿尔茨海默病中受到的影响大很多，转录组分析发现在阿尔茨海默病中上调的基因在 CA1 层的表达量偏高一些，而在阿尔茨海默病中下调的基因则在 CA3 层的表达量偏高一些，表明 CA3 层的"转录缓冲垫"对其有保护作用。因为灰质和白质的组成成分不一样，还有研究更进一步将早期阿尔茨海默病中 CA1 区的灰质单独分离出来，也有新的发现。除了再次验证神经元相关基因的下调外，还发现雷诺丁受体钙离子释放的下调和血管系统的上调。另外，

在前期混合组织研究中发现的胶质和生长类基因的上调在灰质中不明显。

绝大多数脑转录组研究侧重于神经元,但胶质细胞的作用也是阿尔茨海默病的重要组成部分。通过对不同疾病阶段的星形胶质细胞的研究发现,疾病后期的转录失调要比早期多很多,早期有细胞骨架、凋亡和蛋白质降解等功能失调,后期又增加了一些信号转导通路的失调,包括胰岛素、PI3K/AKT 和 MAPK 等通路。通过对后扣带回脑区的星形胶质细胞分析发现,在阿尔茨海默病中存在线粒体和免疫反应相关基因的失调,与该脑区能量代谢和炎症相关症状吻合。

因为突触在神经传导里的重要地位,有的研究专注于检测突触部位的转录组变化,发现早期阿尔茨海默病中出现了一些神经可塑性基因表达的上调,其中很多都在突触部位调控蛋白质翻译,表明突触部位在阿尔茨海默病早期同时出现了损伤和补偿机制。还有通过对突触体的蛋白质组分析发现了 26 个在阿尔茨海默病中失调的蛋白质,功能分布在能量代谢、囊泡运输、骨架结构、信号转导和抗氧化等。综合考量转录组和蛋白质组可以形成更全面的认识。另外,脑血管对阿尔茨海默病机制也有重要贡献。对脑微小血管的转录组分析发现免疫、信号通路和神经发育等方面的失调,表明基因失调不只局限于神经细胞。

8.3.3　测序研究和多组学整合研究

阿尔茨海默病脑转录组研究大多通过微阵列技术完成,而且对顶叶皮质这一负责高阶认知功能的脑区鲜有研究。一个用 RNA-Seq 技术对顶叶皮质的研究发现这一脑区的转录失调也很严重,特别是脂类代谢的失调。而且,测序技术的应用还发现了很多转录本的可变剪接,这是用微阵列技术看不到的。另一个研究发现,*APOE* 的不同转录本是受不同启动子调控的,而且在阿尔茨海默病中 *APOE* 的某些转录本跟对照有明显差异,表明这些 *APOE* 启动子对阿尔茨海默病有特殊的贡献。另一个测序研究发现了阿尔茨海默病中神经传导、脑血管系统和 Aβ 清除等功能的失调,还发现了一些 lncRNA 的表达异常,并验证了 lncRNA 和 Aβ 的关联,丰富了对阿尔茨海默病中非编码 RNA 的认识。

整合转录组和基因组信息可以追溯调控转录水平的基因组变异。在一个大样本研究中,基因型和阿尔茨海默病疾病状态的关联分析发现有约 5% 的转录本是受 SNP 调控并能区分阿尔茨海默病和对照的,因此研究人员建议用这种方法辅助筛选阿尔茨海默病易感基因。在另一个大样本的脑转录组研究中,两种组学信息被用来构建有向基因网络,并发现 *TYROBP* 在基因网络的最重要模块(免疫和小胶质细胞相关模块)起着重要的调控作用。通过在小胶质细胞过表达 *TYROBP* 验证其对基因网络中下游基因的调控作用[9]。

转录组和表观组的整合研究可以发现一些调控规律。miRNA 是调控基因表达的重要组成部分,因此对同一批样本进行 miRNA 和 mRNA 的联合检测可以揭示调控关系。研究表明,miRNA 和 mRNA 的调控关系并非一成不变,在阿尔茨海默病中这一调控网络发生了疾病特异性变化。DNA 甲基化也是一类重要的表观调控方式。通过转录组和 DNA 甲基化的共同测定发现了阿尔茨海默病特异性基因失调主要体现在髓鞘形成相关功能模块,表明髓鞘形成在阿尔茨海默病致病机制中的特殊地位。

8.3.4 解析和调控等其他研究

阿尔茨海默病中功能失调比较多,有必要对其进行源头解析。利用大样本对阿尔茨海默病中众多功能类基因失调进行解析,发现了四类功能失调,即衰老相关、免疫相关、神经退行相关和阿尔茨海默病特的功能失调。衰老相关功能失调包括神经元丢失、胶质细胞激活和脂类代谢。免疫相关功能失调包括促炎性细胞因子和小胶质细胞失调。神经退行相关功能失调包括蛋白质折叠和代谢失调。而阿尔茨海默病特异性功能失调则包括信号转导和细胞黏附失调。DNA 损伤反应是阿尔茨海默病中常见的病理,通过对高水平和低水平 DNA 损伤反应的阿尔茨海默病患者脑转录组比较发现,胆固醇合成、胰岛素和 Wnt 信号通路等有明显差异,特别是 *GSK3B* 的表达量上调,这些失调可能给神经元带来额外的损伤。

miRNA 是基因表达的一种重要调控方式,对阿尔茨海默病的基因失调也有其贡献。阿尔茨海默病患者颞叶皮质的 miR-9 等比对照显著上调,但这些脑部表达的 miRNA 的半衰期都较短(1～3.5 小时),因此其调控有瞬时性,对样本的要求也会更高一些。在另一个研究中,miR-9 等在多个脑区表现出一致性的显著失调,并且一些 RNA 在脑脊液也显著失调。另一个研究发现,miR-146a 在海马区和脑脊液都呈现出跟阿尔茨海默病病理和认知表型的相关性。

因为蛋白质组研究对样本的要求比较高,阿尔茨海默病领域蛋白质组的研究较少。通过对阿尔茨海默病和对照组 3 个脑区的蛋白质组比较发现了 48 个失调蛋白,主要跟能量代谢、细胞骨架和凋亡等功能相关。在另一个蛋白质组研究中发现了 36 个失调蛋白，主要是小核蛋白和剪接体组分，更进一步的分析发现阿尔茨海默病中细胞质内的小核蛋白聚集，以及一些转录本的剪接失调，功能实验还表明小核蛋白可以调控 APP 蛋白水平。

8.4 阿尔茨海默病动物模型的脑转录组研究

8.4.1 阿尔茨海默病动物模型

研究阿尔茨海默病的发病机制仅仅靠人脑样本的研究是不够的，因为基于人脑样本的研究存在很多局限性。首先，人脑样本稀缺，因此多数研究的样本量很小。第二，阿尔茨海默患者群存在较大的异质性，这一点要求较大的样本量，在现实中无法得到满足。第三，因为 RNA 降解较快，转录组测定对脑样本要求较高，也就是患者离世后几小时内取得脑样本并冻存，这样无疑大大增加了获得样本的难度。第四，患者离世时往往伴有各种各样的并发症，因此转录组多大程度反映阿尔茨海默病疾病本身也不得而知。第五，脑样本一般来自晚期阿尔茨海默病患者，缺乏对疾病全过程的了解。而用疾病动物模型则可以规避其中很多问题，可以对同一品系的转基因和野生型小鼠进行比较，也可以对疾病不同阶段取样，回避了很多人体研究的伦理问题，因此动物模型的研究是对人体研究的很好补充。

阿尔茨海默病的动物模型包括小鼠、果蝇、线虫等。因为作为哺乳动物的小鼠在认知行为等方面更接近人，所以小鼠模型研究最为广泛。阿尔茨海默病小鼠模型主要是模拟早发型阿尔茨海默病，即用基因突变的方式导致小鼠脑部产生大量 β-淀粉样蛋白（β-Amyloid，Aβ）斑块，包括对 APP 和 PSEN1 两个基因的各种人类早发型阿尔茨海默病致病变异。为了模拟缠结的病理特征，也有采用对 MAPT 进行突变的策略，但需要说明的是，此类突变来自其他疾病而非阿尔茨海默病。常见的阿尔茨海默病小鼠模型总结如表 8-2 所示，包括 APP、PSEN1 和 MAPT 3 个基因的单基因突变以及各种组合方式。阿尔茨海默病小鼠模型较好地模拟了斑块或（和）缠结的病理特征，胶质增生和认知障碍也都会在不同阶段出现，但大多数阿尔茨海默病小鼠模型的神经细胞凋亡都不太显著。

表 8-2　常用的阿尔茨海默病转基因小鼠模型

模型名称	基因突变	主要病理特征	主要认知表型
3xTg	APP Swe KM670/671NL PSEN1 M146V MAPT P301L	斑块(6 月龄) 缠结(12 月龄) 胶质增生(8 月龄) LTP/LTD 变化(6 月龄)	认知障碍(4 月龄)
5xFAD	APP Swe KM670/671NL APP Flo I716V APP Lon V717I PSEN1 M146L PSEN1 L286V	斑块(2 月龄) 神经元丢失(10 月龄) 胶质增生(2 月龄) LTP/LTD 变化(6 月龄)	认知障碍(4 月龄)
APP23	APP Swe KM670/671NL	斑块(6 月龄) 神经元丢失(15 月龄) 胶质增生(6 月龄)	认知障碍(3 月龄)
APP-PS1	APP Swe KM670/671NL PSEN1 L166P	斑块(2 月龄) 神经元丢失(18 月龄) 胶质增生(2 月龄) LTP/LTD 变化(9 月龄)	认知障碍(8 月龄)
APPSwe/ PSEN1dE9	APP Swe KM670/671NL PSEN1 deltaE9	斑块(6 月龄) 胶质增生(6 月龄) LTP/LTD 变化(3 月龄)	认知障碍(12 月龄)
Tau P301L	MAPT P301L	缠结(8 月龄) 胶质增生(7 月龄) LTP/LTD 变化(6 月龄)	认知障碍(5 月龄)
Tg2576	APP Swe KM670/671NL	斑块(11 月龄) 突触丢失(4 月龄) 胶质增生(10 月龄) LTP/LTD 变化(5 月龄)	认知障碍(6 月龄)
TgCRND8	APP Swe KM670/671NL APP Ind V717F	斑块(3 月龄) 神经元丢失(6 月龄) 胶质增生(3 月龄) LTP/LTD 变化(6 月龄)	认知障碍(3 月龄)

8.4.2　脑转录组研究

除了对阿尔茨海默病小鼠模型的病理特征进行观测外,还可以用脑转录组进行全基因组范围的分子机制研究。*APP* 家族基因是否有相近的功能? 转录组研究表明,*APP* 或 *APLP2* 的敲除均导致类似分子通路的变化,包括神经形成、转录和激酶活性改变。*APP* 敲除和可溶性 *APP* 片段的敲入也表现出调控上的一致性,表明 C 端 APP 片段在信号转导上的重要调控功能。另外,APP 胞内功能域(AICD)下游基因的表达并未受其影响,表明这些基因有独立于 *APP* 剪接之外的其他调控机制。

通过同时对两种以上阿尔茨海默病模型的研究可发现一些共性的分子机制,比如通过对 Tg2576 小鼠、APP-PS1 小鼠和野生型小鼠的转录组比较发现两种阿尔茨海默病模型小鼠的共有上调基因有 *GRN*,它是一种炎症相关基因,而且 *GRN* 的表达量跟斑块程度有较强关联。该研究还发现,斑块周围的小胶质细胞和神经元里 *GRN* 表达量上调,而星形胶质细胞和少突细胞则无此现象。该研究表明,GRN 可能是阿尔茨海默病中一个重要的神经炎症关键因子。通过对不同转基因小鼠比较还可以发现斑块在阿尔茨海默病中的特有影响。对斑块类转基因小鼠 5XFAD 和非斑块类小鼠 Tg4-42(Aβ 的氨基端切除)的比较发现,两者共有的神经元丢失和认知缺陷的表型在基因表达失调的共性上有所体现,但 5XFAD 所特有的基因表达失调主要体现在炎症反应上[10]。

对不同神经细胞类型分别研究可以揭示更多细节。通过对 APPSwe/PS1dE9 小鼠与同龄野生型小鼠的星形胶质细胞和小胶质细胞的比较发现,在转基因小鼠两种胶质细胞都是促炎性反应表型,但两者的转录失调却很不一致,前者程度更强,而且存在支持神经元功能相关基因的下调,而后者则存在吞噬和内吞相关基因的表达下调。

8.4.3　疾病进程研究

阿尔茨海默病小鼠模型的一个主要优势在于可以对疾病进程的不同阶段进行详尽的考察,包括转录组的测定,还可以考察阿尔茨海默病进程和正常衰老之间的关联[11]。通过对 APPSwe/PS1dE9 小鼠 4~6 月龄的研究发现,诱发阿尔茨海默病的最重要驱动力是衰老,包括核糖体和线粒体的失调,而阿尔茨海默病特异性变化体现在代谢、抑郁和胃口相关基因的下调,胰岛素通路在从衰老向阿尔茨海默病的转换中起到至关重要的作用。通过对 APPSwe/PS1dE9 小鼠的 2~18 月龄的观测发现,基因表达失调主要体现在免疫反应的上调,而没有发现突触传导相关基因失调。

通过对 Tg2576 小鼠的全过程跟踪发现,在 2 月龄就出现了线粒体和细胞凋亡相关基因的上调,而且在 5 月龄和 18 月龄保持上调,研究人员认为这表明线粒体在 2 月龄已经出现损伤,基因上调是一种补偿机制。通过对 3xTg 小鼠在 3 月龄和 12 月龄的研究发现,跟同龄野生型小鼠相比 3xTg 小鼠有众多阿尔茨海默病相关通路失调,包括神经元凋亡、线粒体、钙离子稳态、炎症、突触传导等方面，而且 3 月龄转基因小鼠的基因失调跟 12 月龄野生型小鼠的衰老相关失调有着很高的相似性，这表明斑块和缠结在加速转基因小鼠的衰老。

在一个 5XFAD 小鼠的 RNA-Seq 研究中，7 周龄小鼠的额叶皮质基因下调主要集中在心血管疾病相关基因，而小脑基因下调主要体现在线粒体方面。通过对 5XFAD 小鼠 1～9 月龄的多点研究发现，4 月龄开始在海马和皮质出现高度一致的诸多免疫类基因表达上调，包括补体系统、整合素家族、吞噬过程、干扰素通路等，表明小胶质细胞从 4 月龄开始已经显著激活。

阿尔茨海默病中有太多的分子、病理和功能水平的失调，了解其先后次序有着重要的指导意义。通过对 TASTPM 小鼠模型（含 APP 和 PSEN1 两个基因的致病变异）0～4 月龄阶段的观察，发现第三周就可以检测到几种常见 Aβ 肽段（即 38、40、42 肽段），2 月龄转基因小鼠开始出现突触变化（跟同龄野生型小鼠相比）。斑块在 4 月龄才零星出现，但 4 月龄转基因小鼠已经出现明显的突触功能失调，同时伴随着 Aβ 肽段的大量生成。该研究表明突触功能失调不是斑块大量出现造成的，早期应对突触功能失调本身可能会收到较好效果。

为了获取更全面的信息，可以对不同阿尔茨海默病小鼠模型的不同脑区在不同阶段的病理和转录组进行关联分析。通过一项此类研究发现，炎症反应和斑块沉积有较强的正相关，而突触功能失调则与缠结程度有较强的负相关。炎症相关基因的功能网络在 Aβ 类转基因小鼠和 Tau 类转基因小鼠也表现出不同，特别是 Tau 类小鼠的皮质。该研究揭示了斑块和缠结对阿尔茨海默病病理的贡献以及不同脑区的分子机制。

8.4.4 关键基因研究

从小鼠的脑转录组研究可以发现关键的调控基因。一项对 TgCRND8 小鼠的研究发现，突触传导和学习记忆类基因的表达失调是受 CRTC1 调控的。突触和记忆相关活动可以导致 CRTC1 去磷酸化并入核调控相关基因表达，在海马区过表达 CRTC1 可以恢复 TgCRND8 小鼠的很多学习记忆功能和一些下游基因的表达。不同品系的小鼠在进行同样的 APP 转基因时有不一致的病理和表型，对这些小鼠品系进行横向比较有可能发现调控斑块形成的关键因子。一项研究从不同品系小鼠的差异表达基因里发现 KLC1 是一个潜在的调控因子，而且过表达或敲低 KLC1 能显著改变 Aβ 的生成。

有一些研究是从已知的重要基因出发的。*ADAM10* 作为 α-分泌酶对 *APP* 的剪接有重要调控作用，*ADAM10* 转基因小鼠也对阿尔茨海默病病理和认知有保护作用。转录组研究发现，*ADAM10* 转基因小鼠在突触传导等神经系统功能相关基因有表达变化，并且少数免疫相关基因包括 *S100A8* 和 *S100A9* 的表达有下调。DNA 损伤是阿尔茨海默病的病理特征之一，DNA 聚合酶 β 在其中起着关键作用。在 3xTgAD 小鼠通过转基因方式降低 DNA 聚合酶 β 的表达量，引起神经细胞凋亡并对一些神经功能相关基因的表达产生影响，并且该杂合小鼠和人阿尔茨海默病样本的基因表达有一定相似性。

炎症反应是阿尔茨海默病的一大病理特征，研究阿尔茨海默病特有的炎症反应相关通路有助于发现新的药物靶标。研究发现，前列腺素 EP4 受体对 Aβ 有较强的抑制作用，在小胶质细胞过表达 EP4 受体可以逆转 Aβ 引起的下游基因表达失调，在 APP-PS1 小鼠敲除 EP4 受体基因则会在早期引起炎症相关基因表达上调和斑块形成。EP2 受体的功能则似乎相反，敲除 EP2 受体基因会增强小鼠对 Aβ 的清除能力，抑制毒性炎症反应，并降低突触损伤和认知缺陷。*TREM2* 是近期发现的罕见突变相关易感基因，也是阿尔茨海默病中炎症反应的重要因子。在 5XFAD 小鼠敲除 *TREM2* 基因会扰乱小胶质细胞对 Aβ 的正常反应，包括基因表达的调节和对斑块的攻击。进一步研究发现，TREM2 可以感知多种损伤相关脂类，而且 R47H 突变会削弱 TREM2 的这种感知功能，从而加剧神经退行性变。

阿尔茨海默病中翻译机制受到影响，包括前人报道的翻译起始因子 eIF2α 过度磷酸化。通过在 5XFAD 小鼠引入非磷酸化 *eIF2α* 基因突变，发现其并未对 5XFAD 小鼠原有的病理、认知和基因表达谱产生显著的影响，而且 5XFAD 小鼠也并未检测到 eIF2α 的过度磷酸化，表明它并非阿尔茨海默病中翻译机制失调的关键所在。miRNA 在阿尔茨海默病中的调控作用也是一个研究方向。通过对 APPswePS1dE9 小鼠的 miRNA 研究发现了一些表达失调的 miRNA，进一步分析发现这些 miRNA 对 PI3K/AKT 信号通路有调控作用，从而加深了对阿尔茨海默病中功能失调的分子调控的理解。

对阿尔茨海默病的干预研究也可以通过小鼠进行。神经营养因子是阿尔茨海默病药物研发的方向之一。通过在 TgCRND8 小鼠的内嗅皮质注射搭载 *BDNF* 基因的病毒，发现能恢复突触丢失和认知损伤，并能部分逆转斑块导致的基因表达失调。BDNF 在灵长类动物也有神经保护功能，可以防止损伤引起的神经元凋亡，还可以逆转老年动物的脑萎缩和认知障碍。活性氧的大量增加是阿尔茨海默病的主要病理特征之一，与之密切相关的血管紧张素转换酶（ACE）在阿尔茨海默病中也多有报道。通过 ACE 抑制剂卡托普利对 Tg2576 小鼠的作用研究，发现该药物对 *ACE* 下游基因有明显校正作用并且对抑制斑块生成和延缓认知障碍有一定作用。热量限制在一些动物中有延长寿命等功效，其机制也可以通过转录组研究来阐明。通过对小鼠长达一年的热量限制，发现衰老导致的基因失调被抑制，特别是突触传导相关基因被抑制。进一步通过对短期和长期热量限制的比较发现了一些高度一致的基因，包括蛋白质质量控制和钙稳态相关基因。

8.5　阿尔茨海默病的外周血转录组研究

阿尔茨海默病的临床诊断方法主要包括认知测试和脑影像。常用的认知测试有简易精神状态检查表（mini-mental state examination，MMSE），这些方法往往欠缺客观性。脑影像是目前阿尔茨海默病诊断的"金标准"，包括用 MRI 检测脑结构的变化，用 FDG-PET 检测糖代谢的变化，以及用分子特异的 PET 技术检测 Aβ 和 Tau 的积聚和分布。脑影像的主要问题是普及性差，只有少数大医院才有相应的设备和技术。脑脊液中 Aβ 和 Tau 的联合检测也具有很高的准确度，但是取样过程会给患者带来一定的痛苦。因此在外周寻找可靠的标志物是阿尔茨海默病诊断的研究方向之一，其中研究最多的是外周血。

与脑转录组研究类似，外周血也受很多因素影响[12]。比如，不同性别的外周血有一定的差异，女性在免疫和雌激素调控等方面有一些基因上调，而男性则在肾癌等方面有一些基因上调。体重指数（BMI）也会对转录组产生较大的影响，包括胰岛素信号通路和氧化应激等方面。此外，年龄也会对转录组产生一定的影响（见 8.2 部分论述）。长期抽烟也会对外周血基因表达产生较大影响，包括免疫反应、细胞死亡、异物代谢等相关基因。另外，因为球蛋白 RNA 的含量较高，有些实验为了提高其他基因检测的敏感度，先去除一些球蛋白 RNA，其效果也有不同报道，可能因微阵列芯片类型等因素而异。这些都是做外周血实验需要考虑的因素。

8.5.1　血细胞的 mRNA 表达谱

阿尔茨海默病外周血转录组的研究比脑转录组研究要少一些。早期的一个小样本探索研究发现细胞骨架、DNA 修复和细胞防御等功能类的基因失调,而且男女之间也有一定差异。另外一个专门对女性重度阿尔茨海默病患者的研究发现了大量失调基因,其中有各种组织特异性基因,包括脑组织特异性基因。外周血研究的常规流程是,从一组人群样本获得显著差异表达的标志物基因集,并通过优化形成判定疾病和对照的模型,然后用另一组人群样本进行独立验证。一项研究发现,大部分标志基因(共133 个)跟炎症、脂类代谢、氧化应激、TGF-β 通路、转录调控和细胞凋亡相关,也有一些跟阿尔茨海默病病理的 Aβ 和 Tau 蛋白相关,独立验证的灵敏度达到81%,特异性为67%。有的研究为了得到更高的准确度、灵敏度和特异性,保留了一千多个探针构建区分模型,但成本的增加会让这种模型的实用性差一些。

对轻度认知障碍阶段的研究在早期诊断方面更有直接应用前景[13]。早期一个小样本研究发现,阿尔茨海默病和轻度认知障碍中跨膜转运和代谢功能失调,其中 ABCB1 基因的表达跟简易精神状态检查表分数呈显著正相关。另一个较大样本的研究发现,轻度认知障碍和阿尔茨海默病相比有一些类似的功能失调,特别是线粒体功能的下调和免疫功能的上调,跟阿尔茨海默病脑部的失调有一致性。在此基础上用 48 个基因区分阿尔茨海默病患者和健康对照者的准确率为 70%~76%,而用 MRI 诊断的准确率为 80%~85%,在采用多批次样本时两者准确率接近,而且轻度认知障碍患者脑萎缩不太明显,用 MRI 帮助不大,而用外周血可达到 76% 的准确率,有应用前景。预测轻度认知障碍的转归也是一个研究方向。轻度认知障碍中部分患者在 2~3 年内转化成阿尔茨海默病,而另一部分则保持在轻度认知障碍阶段,通过对这两类患者的外周血进行比较发现,一些基因可以区分这两类患者,准确率达到 74%~77%。

8.5.2 外周血的 miRNA 标志物

除了传统基因表达失调外,阿尔茨海默病外周血的 miRNA 也有失调现象[14],包括血细胞、血浆、血清等方面。有一些研究是通过微阵列芯片发现加 PCR 验证进行的。在一个外周血单核细胞的研究中,发现 miR-34a 和 miR-181b 在阿尔茨海默病患者显著上调。另一个小样本的单核细胞研究发现,miR-339 和 miR-425 在阿尔茨海默病患者显著下调,并且可能对 BACE1 表达有调控作用。一项对血浆的研究发现了 let-7d-5p 等 7 个 miRNA 可以区分阿尔茨海默病患者和对照,准确率达 95%。还有研究发现,miR-34c 在血浆和血细胞均能很好地区分阿尔茨海默病患者和对照,并且功能实验表明

miR-34c 可以抑制 *BCL2* 等细胞生存和防御相关基因的表达。

测序技术也被应用到此类研究。通过二代测序和 RT-PCR 技术的结合使用，发现白细胞中 let-7d-3p 等 12 个 miRNA 对阿尔茨海默病患者和对照的区分准确率达到 93%，并且能较好区分常见的神经系统疾病（74%～78%的准确率）。在另一个类似的研究中，血清里 6 个 miRNA 在阿尔茨海默病患者和对照组差异表达，其中 miR-342-3p 有最好的区分效果并且与认知测试分数相关。还有，对血清外泌体中的 miRNA 检测发现了 16 个区分阿尔茨海默病患者和对照的 miRNA，包括 miR-1306-5p、miR-342-3p等。

同样，对轻度认知障碍患者进行甄别有更好的应用价值。通过对预选的血浆中的 miRNA 进行 RT-PCR 测定，发现 miR-132 和 miR-134 家族能有效区分轻度认知障碍患者和对照。并且能在临床前阶段正确诊断大多数轻度认知障碍患者。在后续的独立验证中，132 和 134 家族的基因分别达到 96% 和 87% 的区分准确率。还有对有调控关系的重要 mRNA-miRNA 对进行的研究。SP1 因为其对 *APP* 和 *Tau* 等的表达调控广受关注，外周血单核细胞表达检测发现 *SP1* 在阿尔茨海默病患者中显著上调，而调控 *SP1* 的 miR-29b 则显著下调，两者呈显著负相关。

多组织的交叉验证能提高标志物的可信度。一个小样本的血浆和脑脊液联合研究发现，miR-34a 和 miR-146a 均在阿尔茨海默病患者明显下调。还有尝试对同一批采样者进行脑组织、脑脊液和血浆的同步检测，发现外周标志物 miR-15a 跟脑部斑块程度关联。也有将在脑组织研究中发现的 miRNA 用于外周标志物试验的，发现 miR-137 等在脑组织失调的 miRNA 在阿尔茨海默病患者的血清中显著下调，并且在小鼠模型的血清中也下调。

8.5.3 血浆和血清的蛋白质及多肽

阿尔茨海默病外周血标志物中研究较多的还有血浆或血清中的蛋白质、多肽和代谢物等。早期的小样本血清研究发现血红素降解通路的相关蛋白失调。有的研究尝试用单一因子区分阿尔茨海默病患者和对照。通过对 25 个促炎性细胞因子的检测，发现其中 sTNF-R1 能达到约 90% 的准确率。血清中存在的大量自身抗体也可以作为候选标志物，通过蛋白质微芯片筛选发现包括 PTCD2 在内的 10 个自身抗体对阿尔茨海默病患者和对照的区分可以达到 90% 的准确率，并且对阿尔茨海默病和帕金森病及乳腺癌也有类似的区分度。另一个帕金森病的自身抗体研究也发现了包括 IL-20 在内的一组标志物可以准确区分帕金森病患者和健康对照以及疾病对照(阿尔茨海默病和乳腺癌等)。

通过对近 400 个样本的检测,发现血清中一些蛋白质可以有约 90% 的准确度区分阿尔茨海默病患者和对照,其中促炎性细胞因子和血管因子的权重较高。后续对前期血清研究的 21 个标志物进行独立验证,发现也有 90% 的准确率,并且其中的 IL-6 和 TNF-α 的蛋白量在阿尔茨海默病患者和小鼠的脑部微血管比对照组高很多,实现了跨物种和跨组织的验证。阿尔茨海默病标志物跟踪性研究比较缺乏,从阿尔茨海默病后期得到的标志物并不一定能反映早期的情况,这个可以较容易地用阿尔茨海默病小鼠来判断,通过对阿尔茨海默病小鼠长达 15 个月的跟踪取样检测,发现血浆中早期标志物和后期标志物重叠较少,因此阿尔茨海默病患者的外周血标志物也可能因阶段而异。在一个小样本的阿尔茨海默病/轻度认知障碍患者的两年跟踪研究中,被挑选的标志物 C3 和 A2M 都未能较好地区分患者和对照,因此无法简单地用于临床诊断和跟踪。

阿尔茨海默病常伴有多种精神症状,通过对心血管疾病危险因素和炎症标志物等的测定,发现其中一些因子跟精神症状有较强的关联,而且存在一定性别差异,其中总胆固醇是男性最好的标志物,而 IL-15 是女性最好的标志物。因为脑部斑块的出现比阿尔茨海默病症状出现要早很多年,如果在外周找到跟脑部斑块关联的标志物就有一定的早期诊断价值。通过对血浆中 176 个因子的检测,发现其中 5 个因子包括 VCAM-1 跟脑部斑块有强关联,基于这些因子的区分模型有约 80% 的准确率,并在独立样本中得到了验证。表观遗传和金属离子失调在阿尔茨海默病患者脑部研究多有报道,通过对血浆中 HDAC 活性和铜离子浓度的检测,发现阿尔茨海默病患者中这两个指标都显著上调,而且两者都跟认知测量呈负相关。外周血标志物的协同作用也会对阿尔茨海默病表型产生影响,同时对叶酸和维生素 B$_{12}$ 的测定发现,在维生素 B$_{12}$ 缺乏的患者中,叶酸浓度过高会对认知产生较大的负面影响,因此老年人要慎用食品添加剂叶酸。

晚年抑郁常常伴随着轻度认知障碍,进而发展到阿尔茨海默病,通过对有无轻度认知障碍的晚年抑郁患者的外周血比较发现,包括 IL-12 在内的 3 个蛋白能较好地区分两组人。对认知正常的老年人做阿尔茨海默病/轻度认知障碍的转归预测更为重要和困难。通过对 525 个社区老人外周血的脂组学检测和 5 年的跟踪,发现 10 个磷脂可以对 2~3 年内认知恶化的预测准确率达到约 90%[15],尽管之前的脑脊液相关研究也有类似的准确率,但外周血有着明显的无创优势,有更大的推广价值。

阿尔茨海默病外周血蛋白质组方面的研究结果可重复性不好。对 21 个相关研究的梳理发现在 5 个以上研究出现的蛋白质只有 4 个,其中包括 APOE 和 C3。通过对近 100 个候选标志物在 677 个样本的重新测定发现 9 个标志物跟阿尔茨海默病相关表型关联,其中 2 个能较好地区分阿尔茨海默病患者[16]。

8.5.4 阿尔茨海默病干预手段的外周血研究

睡眠障碍也是阿尔茨海默病中的常见问题,研究发现经过一周的睡眠时间压缩会导致外周血大量基因表达失调,除了睡眠和节律相关基因以外,还有免疫、代谢和氧化应激等功能失调。另一个打乱睡眠节律的研究发现,除了节律相关基因失调外,存在全局性表达失调,包括很多转录、翻译等调控因子本身的失调。因此改善睡眠对阿尔茨海默病患者至关重要。身心放松的活动如瑜伽等会释放一些压力并对阿尔茨海默病有一定缓解效果。研究发现此类活动对转录组的诸多方面产生影响,包括炎症反应的下调和能量代谢、胰岛素分泌和端粒酶维护等的上调。

药物干预会对外周血产生一定的影响。阿尔茨海默病最常用的 3 种药都是胆碱酯酶抑制剂,通过对用药和不用药的阿尔茨海默病患者外周血的比较发现了一些药物特异的基因表达变化,这些标志基因可以用于对患者个体药效的评估。鱼油对阿尔茨海默病的益处常有报道,其作用机制则比较复杂,对服用 6 个月鱼油和安慰剂的阿尔茨海默病患者进行比较发现,有 9 个基因上调,10 个基因下调,其中一些和炎症调控或神经退行相关。

由于阿尔茨海默病患者存在较大异质性,不同患者对同一药物的反应不一样,外周血转录组还可以用于对不同药效的患者分型。EHT0202 是一种 GABA 受体调节剂,通过将药效最好和最差的两组患者进行比较发现,药效好的患者在给药前存在一些阿尔茨海默病和炎症等功能的上调,而用药以后这些失调功能得到抑制,而且在代谢和转录方面得到激活。

8.6 主要神经退行性疾病的转录组学研究

8.6.1 帕金森病

帕金森病(PD)的转录组研究主要集中在外周血[17]。帕金森病患者的外周血研究发现了 22 个疾病特异性基因表达,其中包括跟 α-突触核蛋白相关的 ST13 基因在帕金森病患者中明显低表达,可以作为一个诊断指标。另一个研究发现,5 个基因可以有约 90％的灵敏度和特异性来区分帕金森病患者和对照,也能跟阿尔茨海默病患者分开,并且适用于早期帕金森病患者。帕金森病也存在一定的异质性,通过对帕金森病患者中 LRRK2 基因的 G2019S 突变携带者和非携带者进行比较发现,外周血转录组存在很大的差异,而且携带者中有症状和没有症状患者的外周血转录组也不一样,表明 LRRK2 的变异在帕金森病致病机制中有着特殊的贡献。另外,对有症状和没有症状的 LRRK2 基因突变携带者外周血转录组的差异跟特发性帕金森病患者和对照的外周血转录组差异之间进行比较,发现了 13 个共有的失调基因,其中一些跟已知的帕金森病发病机制关联,这些基因可能在一定程度上与 LRRK2 相互作用而导致帕金森病发生。

8.6.2 亨廷顿病

亨廷顿病对不同脑区的影响也不尽相同[18]。通过对 4 个脑区的转录组分析发现,尾状核的基因失调最为显著,其次是运动皮质和小脑,各脑区的基因失调程度与病理程度一致。失调基因的主要功能包括信号通路和轴突结构相关功能,而且通过激光捕获显微切割技术(lase capture microdissection,LCM)技术证实基因失调跟神经元的缺失没有关联。在一个阿尔茨海默病和亨廷顿病的比较研究中,通过差异共表达网络分析方法发现了染色质组织和神经分化之间的强关联,并预测其中 DNMT1 是重要的调控因子。进一步通过在小鼠的基因敲除证明了 DNMT1 的下游基因跟人脑转录组发现的网络模块高度一致。

亨廷顿病的外周血研究也发现了一些标志物[19]。比如,12 个上调基因可以很好地区分亨廷顿病患者和对照,而且在携带者的潜伏期早期跟对照更相似,而后期则更接近亨廷顿病患者的表达谱。在药物治疗后这些基因的表达显著下降,其中 7 个基因还在亨廷顿病患者的脑组织表达上调。但是在另一个独立的微阵列和 PCR 的联合应用研究中,没有发现这 12 个基因有区分亨廷顿病患者和对照的功效,也没有发现其他在亨廷顿病患者和对照显著差异表达的基因。介于这两个研究的样本量都较小,对其结论要慎重看待。

8.6.3 唐氏综合征

唐氏综合征患者的 21 号染色体是三体结构,这种染色体异常无疑会对全基因组的转录带来巨大的影响。通过对成年患者的侧背前额皮质的转录组分析发现,21号染色体25%的基因在唐氏综合征患者失调,其他染色体平均也有4.4%的基因失调,相关功能包括发育、脂运输、细胞繁殖,以及细胞骨架、囊泡运输和免疫反应等,但跟阿尔茨海默病密切相关的 *APP* 基因未见显著失调。通过对胎儿额皮质神经前体细胞的转录组分析也证实了全局基因失调,进一步分析表明21号染色体上的 *S100B* 基因上调会导致活性氧(reactive oxygen species,ROS)的增加并进而影响到一些细胞凋亡。

能量代谢失调是唐氏综合征的主要问题之一。通过对胎儿星形胶质细胞和胰腺β细胞的转录组分析发现,患者存在显著的线粒体相关基因的下调和氧化应激相关基因的上调,而能量代谢的下调可能是为了维持较低氧化应激水平的一种适应性策略,但长期的低水平能量代谢也导致了唐氏综合征的一些症状,包括经常伴随的阿尔茨海默病症状等。疾病的发展还可能导致RNA总量的变化,唐氏综合征的研究发现随着年龄的增大RNA总量显著降低,而健康对照者则保持稳定[20]。

为了排除遗传差异对基因表达的影响,可以对表型相异的同卵双生子的基因表达进行比较,通过对胎儿成纤维细胞的转录组分析发现,双生子的差异基因表达在全基因组的染色体上呈分段式上调或下调,并且在转化成干细胞以后表达模式仍然保持,在唐氏综合征小鼠模型也表现出一致性。进一步的表观分析发现,全基因组H3K4me3修饰谱在患者中有了显著的改变,而且跟基因表达的改变模式高度一致,表明21号染色体异常会带来全基因组的表观遗传学变化和下游的基因表达变化,从而影响到表型。

8.6.4 其他神经退行性疾病

肌萎缩侧索硬化(amyotrophic lateral sclerosis,ALS,俗称"渐冻人")也是一类神经退行性疾病,前期的分子和细胞实验表明RNA加工失调可能是致病因素之一。通过二代测序法进行的转录组分析发现,有 *C9ORF72* 基因突变的患者的小脑存在大量的可变剪接和可变聚腺苷酸化失调,包括疾病相关基因 *FUS* 和 *ATXN2*。在散发型患者样本也发现了很多可变剪接和可变聚腺苷酸化失调,通过共表达网络分析发现两种类型的患者在分子机制上有所区别[21]。

对ALS的研究也有从转基因小鼠出发的。通过对两种转基因小鼠(SOD1^{G93A} 和 TAU^{P301L})的转录组分析发现,两种基因型的表达失调绝大部分是特异的,这些表达失调还通过小鼠外周血转录组和散发型ALS脊髓组织蛋白组进行了验证。因此揭示了

SOD1 和 *Tau* 突变对运动神经退行的不同机制，发现了外周标志物和散发型 ALS 的一些新基因。

弗里德赖希共济失调(Friedreich ataxia)是线粒体相关基因 *FXN* 变异导致的神经退行。外周血转录组研究发现，患者组有显著的基因毒性应激失调，而且 DNA 损伤得到其他检测方法的验证。除此之外，在免疫反应、氧化磷酸化和蛋白质合成等方面也存在失调。

8.7　主要精神类疾病的转录组学研究与诊疗应用

8.7.1　孤独症

孤独症是儿童常见精神类疾病，在美国每 66 个儿童就有 1 个孤独症患者。孤独症儿童的脑部存在基因失调现象，通过跟对照的脑组织比较发现孤独症患者脑部有核心代谢的下调，包括氧化磷酸化和蛋白质翻译。并且通过基因失调和表型的关联分析发现，孤独症的某些行为跟脑部的髓鞘形成和炎症反应等基因失调相关。另一个研究也发现线粒体相关基因下调最为显著，而且可能是对细胞凋亡相关通路失调的一种适应性调整。

孤独症中存在基因的选择性剪接和表达[22]。通过对基因的外显子表达水平和罕见突变数量分析发现，两者呈负相关，这些高表达的外显子有很多是已知的孤独症风险基因。微外显子在神经系统发育中起着重要的作用，受到可变剪接的调控，孤独症患者的微外显子表达显著失调，而且调控神经细胞可变剪接的 *SRRM4* 基因也显著下调。另一个研究通过共表达网络分析发现，孤独症的失调基因模块主要跟神经元功能相关，而且其中的 *A2BP1* 是神经元特异性可变剪接调控因子，通过二代测序发现了很多 *A2BP1* 下游的可变剪接失调。另外，GWAS 研究发现的易感基因在神经元功能模块显著富集，而跟免疫/胶质细胞模块没有关联。

有些研究侧重于关键基因并构建了小鼠模型。*SHANK3* 突变是孤独症和其他一些精神类疾病的风险因素，通过对 *SHANK3* 缺失的神经元蛋白质组分析发现，*CLK2* 上调可能是众多蛋白失调的上游因子，通过对转基因小鼠的 *CLK2* 抑制可以部分恢复突触功能和社交障碍。通过对以 *PTEN* 突变体构建的孤独症小鼠模型进行转录组研究发现了免疫和突触相关基因的失调,包括很多孤独症易感基因的下调,而且 *PTEN* 小鼠的脑转录失调跟孤独症患者脑的转录失调呈强相关,表明 *PTEN* 小鼠可以作为孤独症动物模型进行更深入的分子和系统的研究。

孤独症也体现在外周血基因表达的失调[23]。跟对照组相比,孤独症患者在 3 个功能类有较多基因的表达偏离正常范围,包括神经发育、一氧化氮(NO)信号通路和骨骼发育,表明孤独症中神经系统的缺陷体现在外周血上。另一个研究也发现神经营养等一些相关途径和 Notch 信号通路失调,并且用男性样本构建的孤独症特征基因集能较好地在独立样本,特别是男性患者样本中得到验证。对几种孤独症亚型的研究发现了 11 个共有的失调基因,而且这些基因都是在自然杀伤细胞中表达,暗示白细胞组分的变化。另一个对多个亚型的比较研究发现,重度孤独症特有的基因失调主要体现在昼夜节律相关的 15 个基因,而共性的失调可能跟雄激素的敏感性相关,从而解释了为什么孤独症儿童绝大多数是男孩。

因为遗传对孤独症风险影响很大,有些对孤独症的研究尝试跟患儿父母的信息关联起来。儿童出生时父亲年龄的增加会加大其患孤独症的风险。外周血研究发现,儿童父亲年龄的增加会导致转录调控相关基因表达的下调,从而影响到全局性转录失调,体现为孤独症患者基因表达的波动范围收窄。孤独症儿童的母亲跟健康对照儿童的母亲相比存在外周血表达失调,而且这种失调跟孤独症儿童和健康对照儿童的外周血表达差异有高度的一致性,孤独症儿童外周血的细胞形态和神经发育相关功能失调,因此用这些基因可以预测孤独症的遗传风险。转录组还可以用于发现新的遗传风险。有一些基因的表达值会偏离均值比较远,即所谓离群值。孤独症患者和健康姊妹之间的比较发现,两者有离群值的基因数相似,但孤独症患者的离群基因在神经相关功能比较富集,并且根据这些离群基因在基因组上的分布发现了一些拷贝数变异(copy number variation,CNV),有的拷贝数变异还跟孤独症特有表型相关联。

8.7.2 精神分裂症

精神分裂症是成年人群常见的精神类疾病。脑转录组研究揭示了一些特异性失调[24]。通过对小脑皮质的二代测序分析发现,精神分裂症的脑部基因失调主要体现在囊泡运输和高尔基体功能等方面。另一个研究通过对两组独立数据的比较发现了51个共有的失调基因,其中 49 个基因表现出一致性失调,主要体现在神经末梢相关功能,包括突触囊泡循环、递质释放和细胞骨架的动态性等方面。精神分裂症是一个漫长的过程，不同时期的患者可能有不同的基因失调，通过对短期、中期和长期患者的脑转录组分析发现，短期疾病对应着转录调控和囊泡运输等方面的失调，长期疾病对应着炎症反应失调，而3个时期共有的失调包括信号转导、脂类代谢和蛋白质定位等功能。

通过跟其他精神类疾病的比较可以发现特异性失调。海马区转录组分析发现了精神分裂症患者能量代谢和蛋白质降解等相关基因的下调，这与该疾病影像观测到的病理一致，而且在躁狂抑郁症和重性抑郁症中未发现类似失调，表明是精神分裂症的特征性失调。在另一个背外侧前额叶的锥体细胞也有类似发现，线粒体功能相关和泛素-蛋白酶体系统相关的基因在精神分裂症患者显著下调，其中线粒体功能相关基因表达下调在第3层锥体细胞更显著，泛素-蛋白酶体系统相关基因表达下调在第5层更显著，在灰质中不显著，而且在情感分裂性精神障碍中也不显著。精神分裂症和躁狂抑郁症在症状上有一些相似之处，通过对两种疾病及对照的扣带皮质转录组分析发现，两种疾病的很多失调基因存在一致性，而且这些一致性失调基因富集了两种疾病的GWAS易感基因。功能及网络分析表明，溶酶体和细胞骨架的失调是两种疾病共有的核心功能失调。

精神分裂症跟衰老也有一定关联。通过对健康人群精神分裂症相关基因的研究，可以发现这些基因和衰老的关联，以及这些基因内部的关联，研究发现脑部 RGS4 和 PRODH 基因的表达量分别跟年龄呈负相关和正相关，而共表达分析表明 RGS4、GAD1 和 FEZ1 基因之间有较强的关联。通过对年龄跨度大的样本进行分析可以解析疾病与衰老的关联。共表达网络分析发现，精神分裂症的差异表达基因集中在网络中的特定模块而且主要来源于神经元，而衰老相关基因则集中在独立的模块，主要是中枢神经系统发育相关基因的下调，这种下调在精神分裂症患者衰老过程中没有出现，表明这一疾病的脑部基因失调出现很早。

因为能量供应是精神分裂症的根源之一，所以患者的脑部微小血管跟对照可能有所区别。通过转录组分析发现，患者的脑部微小血管存在显著的炎症相关基因上调。通过共表达网络分析发现，精神分裂症有两个重要的共表达模块失调，一个模块包含神经元分化和发育相关基因，也包含 GWAS 研究得到的易感基因，另一个模块包含神经元保护方面的基因。这一发现在不同的数据集、不同平台和不同脑区得到验证，而且在躁狂抑郁症也存在类似失调。另外，原位杂交技术可以用于对目标基因集的表达进行测定,通过对精神分裂症前额皮质的基因表达检测发现,患者的 GABA 递质系统存在显著失调,但是失调只在布罗德曼 9 区检测到而在 46 区未检测到,因此存在区域特异性[25]。

外显子微阵列芯片可以用于可变剪接的检测,研究发现精神分裂症的相关脑区存在大量的可变剪接失调,包括外显子和 3′-UTR 区的差异表达,其中一些得到了独立样本的 qPCR 验证。测序方法可以发现更多类型的转录失调,通过对颞上回的测序分析发现,除了神经功能相关基因表达量失调以外,还发现了 2 000 个基因不同启动子区的利用和 1 000 个基因不同的剪接方式。

精神分裂症的外周血转录组研究也有所发现[26]。基因共表达网络中有两个模块在未用药的患者中也很显著,并且其中一个模块富集了很多脑部相关基因和精神分裂症易感基因,表明外周血也可以用于疾病机制的研究。外周血 miRNA 研究发现,对照组内基因和 miRNA 表达的变异范围较小,而患者组则较大,而且经过 12 周治疗以后,患者组基因表达的变异范围也变小,这表明将某些基因的表达量控制在一个合理的范围很重要。另一个安定类药物的研究发现,一些在患者体内表达偏高的基因在药物治疗后能恢复到对照组的水平,表明这些外周基因失调反映了中枢神经系统的紊乱状态。

8.7.3　重性抑郁症

重性抑郁症的患者人群特别庞大,因此其相关研究也很受重视。谷氨酸递质系统失调在重性抑郁症中屡有报道。通过对侧背前额皮质的基因表达分析发现,女性患者的很多谷氨酸递质系统基因都上调,而男性患者则存在某些基因的下调,而且自杀的患者也存在一些基因的上调,这些从表达水平证明了该系统在重性抑郁症中的作用,并可能从中发现新的药物靶标。因为女性相比男性有 2 倍以上患重性抑郁症的风险,所以有的研究专门针对女性。通过对杏仁体转录组分析发现,最为显著的失调包括 GABA 中间神经元相关多肽的下调,而且其上游调控因子 *BDNF* 本身也下调。通过 BDNF[+/−] 敲除小鼠也证实这些在重性抑郁症下调的基因是被 *BDNF* 调控的,因此该研究支持 GABA 假说,并提出 *BDNF* 是重度抑郁症的药物靶标。

重性抑郁症的主要症状之一是昼夜节律的紊乱[27]。通过对较大样本 6 个脑区转录组昼夜节律的分析发现,对照组有 700 多个基因的表达水平在不同脑区呈现出明显的 24 小时节律,其中 100 多个基因在所有 6 个脑区都表现出一致性节律,包括一些经典的时钟基因。在重性抑郁症患者中,这种昼夜节律非常弱,表明昼夜节律紊乱症状的根源可能在脑部相关基因表达失调,这可以成为药物靶标。

在外周血方面也有一些研究[28, 29]。一个大样本的研究发现了很多 P 值较小的失调基因,其中包括 α-干扰素和 β-干扰素的显著上调。另一个大样本研究发现 NK 细胞通路的下调和 IL-6 通路的上调。还有研究试图在外周血寻找区分重性抑郁症和亚综合征抑郁的标志物,通过这两类抑郁和对照三组之间的两两比较和筛选,发现 48 个基因的表达可以完全区分 3 组人群。还有通过动物模型发现外周血标志物并在人群验证的研究,发现 11 个基因可以区分早发性重性抑郁症和对照。外周血在体外受免疫刺激后的表达谱也可以用来区分患者和对照,研究发现重性抑郁症患者有 7 个基因的表达水平跟对照有显著差异。自杀是重性抑郁症等精神类疾病的重大问题,研究发现 $P11$ 的表达量在外周血和脑部都表现出跟自杀的相关性,即有自杀经历的重性抑郁症患者外周血 $P11$ 表达量较低(跟没有自杀经历的重性抑郁症患者相比),而自杀完成者的脑部 $P11$ 表达量也比非自杀者要低。

8.7.4 躁狂抑郁症和其他精神类疾病

躁狂抑郁症(bipolar disorder)也是一类主要精神类疾病。通过二代测序分析发现了躁狂抑郁症中一些基因、转录本和长非编码 RNA 的失调,其中一些因子调控昼夜节律。功能富集分析发现,一些失调基因是 GWAS 易感基因。在外周血方面,对同一个患者的抑郁期和狂躁期可以进行多点采样,研究发现抑郁期有两个跟休眠相关的基因 $PTGDS$ 和 $AKR1C3$ 都显著上调,可能是诱发症状的介导者。对一批躁狂抑郁症患者情绪低落和高涨时分别取样对比发现 10 个基因的表达可以将两个情绪状态区分开,并且有一些差异基因跟髓鞘生成和生长因子信号通路相关,以前的脑转录组研究曾报道过,中枢神经系统的失调在外周有某种程度的体现。

在躁狂抑郁症和精神分裂症中都有线粒体失调的相关报道,通过脑转录组分析发现这两个疾病确实存在全局性线粒体相关基因表达下调,但是对患者的细分发现未进行药物治疗的躁狂抑郁症患者存在一些线粒体相关基因的上调,因此该研究支持线粒体基因的特异性失调而非全局失调。通过对躁狂抑郁症,精神分裂症和重性抑郁症患者脑部基因失调的比较发现,三者共有的失调主要是转录和翻译调控基因的上调,而躁狂抑郁症中还存在受体和通道等基因的下调和分子伴侣等基因的上调[30]。另外一个研究用二代测序方法对这 3 种疾病海马区齿状回神经元的比较发现,在躁狂抑郁症和健康对照者中 miR-182 基因型对下游基因的表达存在显著的调控作用,而在精神分裂症和重性抑郁症中这一调控通路丢失了。另外一个对这 3 种疾病的二代测序和共表达网络分析发现,精神分裂症的免疫/炎症相关共表达模块跟疾病状态关联,而且在独立的微阵列芯片数据中得到验证,但是这 3 种疾病的免疫/炎症相关共表达模块在基因层面没有重叠,因此体现了这 3 种精神疾病的免疫/炎症反应在细节上的不一致。

不同的神经精神类疾病存在一些病理上的共性,通过转录组可以解释分子水平的系统失调。通过对精神分裂症和阿尔茨海默病等 6 种神经精神类疾病的转录组测定发现了这些疾病共有的 61 个失调基因,包括一些神经元稳态和突触可塑性类基因的下调和先天免疫类基因的上调。

转录组还可以用于对疾病易感基因的功能研究。*NPAS3* 是一个精神类疾病的常见易感基因,通过在 HEK293 细胞系过表达 *NPAS3* 发现,*NPAS3* 调控的基因功能主要有两类,即神经发育和代谢相关基因,代谢相关失调还在 *NPAS3* 敲除小鼠的脑代谢组得到验证。这一新发现也解释了为什么精神疾病患者跟糖尿病患者有交集。

另外,毒瘾是一个重大的社会问题,也属于精神类疾病,其难以戒治可能跟脑部结构的变化有关。通过对海马区的脑转录组分析发现,毒瘾患者有 151 个基因上调和 91 个基因下调,其中最显著的是 *RECK* 上调 2 倍,*RECK* 是 MMP 抑制因子,对胞外基质和血管生成都有调控作用。因此,*RECK* 等基因的失调可能是毒瘾患者脑部结构改变的根源,可能成为戒治的靶标。酒精依赖也是一类复杂的精神类疾病。通过二代测序对脑转录组的分析发现,长期酗酒者的离子通道相关基因失调,特别是 *SCN4B* 表达量跟饮酒总量显著相关。基因共失调模块还富集了 GWAS 易感基因。

8.8　干细胞技术在神经精神类疾病中的应用

因为阿尔茨海默病患者的活体脑组织是无法获取的,所以研究阿尔茨海默病患者脑组织的各种病理和失调都局限于患者离世后捐献的脑组织。这类研究受限于样本量、基因型等因素。为了更深入地了解阿尔茨海默病中更多的分子机制,还可以借鉴近年来发展迅猛的干细胞技术。常规的流程包括将阿尔茨海默病患者和对照的皮下成纤维细胞重编程为诱导性多能干细胞(induced pluripotent stem cell,iPSC),然后将诱导性多能干细胞定向分化为神经元,再对神经元的某些分子特征和表型进行鉴定,发现阿尔茨海默病患者和对照的区别[31]。因为二维的神经细胞缺乏空间连接,三维模型可能是一个发展方向[32]。

利用干细胞技术研究阿尔茨海默病和帕金森病等老年病存在一个问题,在成纤维细胞转化成诱导性多能干细胞时会丢失衰老信息,因此不能完全模拟体内衰老神经元的状态。通过在诱导性多能干细胞转化成的神经元过表达早老蛋白可以恢复细胞的衰老状态,从表型和基因表达谱可以进行验证。这种细胞可能会在阿尔茨海默病/帕金森病等疾病研究有一定的应用前景。因为诱导性多能干细胞转化成的神经元更接近胎儿脑部神经元,所以有的研究用神经前体细胞(neural progenitor cell,NPC)。此类研究可以发现阿尔茨海默病的重要失调基因。通过比较 PSEN1 突变携带者和对照的成纤维细胞以及通过干细胞技术转化成的神经前体细胞,发现神经前体细胞中除了 $A\beta42/A\beta40$ 比例在携带者明显升高以外,还有14个基因的表达在携带者显著失调,其中5个基因的失调还在散发型阿尔茨海默病的脑组织得到验证。精神分裂症患者来源的神经前体细胞表现出跟神经元类似的功能失调,包括细胞骨架和氧化应激等基因的显著失调,由此推测的异常细胞迁移和氧化应激表型也得到证实,因此神经前体细胞也可以作为研究精神分裂症的细胞模型。

这种技术还可以用于对药物作用机制的研究和药效的评价。研究发现在家族型和散发型阿尔茨海默病来源的神经元和星形胶质细胞里 $A\beta$ 寡聚体显著高于对照,而且直接导致内质网压力和氧化应激。通过加入 DHA 处理后,神经元的内质网压力和氧化应激问题明显减轻。因此不同患者对 DHA 服用效果的不一致可能是其内质网压力和氧化应激水平不一致所造成,通过这种细胞模型可以进行 DHA 的药效评价。另一个研究发现,阿尔茨海默病患者来源的神经元有众多阿尔茨海默病相关的基因失调,特别是泛素-蛋白酶复合体系统的失调,而且加入 γ-分泌酶抑制剂对神经元有正向调节作用,其中包括下调磷酸化 Tau 在内。还有一个研究发现家族型和散发型阿尔茨海默病来源的神经元都有较高水平的 $A\beta40$、磷酸化 Tau 和活性 GSK3B,而用 β-分泌酶抑制剂则可以显著降低磷酸化 Tau 和活性 GSK3B 水平。

致病突变在其他神经精神类疾病的机制也有一些研究。通过对携带 HTT 致病突变亨廷顿病患者和对照来源的神经元的比较发现,除了 HTT 本身外,有3个基因的表达显著失调,即 CHCHD2、TRIM4 和 PKIB,其中前两者的失调还在外周血观测到。

通过对携带 *SOD1* 致病突变的肌萎缩侧索硬化患者来源的运动神经元分析发现, *SOD1* 突变对神经细胞诸多功能带来影响, 包括氧化应激、线粒体、胞内运输、内质网压力、未折叠蛋白反应等, 这些功能失调在携带 *C9ORF72* 重复片段突变的肌萎缩侧索硬化患者中也有所体现, 表明是肌萎缩侧索硬化患者共性的失调。通过对携带 *DISC1* 致病突变的精神分裂症患者和对照来源的神经元比较发现, *DISC1* 突变不仅影响了 *DISC1* 本身的表达, 还导致突触相关和精神疾病相关的很多基因失调[33]。

神经精神类疾病的转录组研究积累了大量数据, 对这些数据的整理也将推动该领域的发展。AlzBase 在线数据库以阿尔茨海默病的脑转录组为核心, 整合了神经精神类疾病的脑转录组数据, 并包含了阿尔茨海默病外周血转录组数据和衰老相关数据等, 是神经精神类疾病研究的一个有价值的参考网站[34]。

神经精神类疾病大多异质性高, 表型多种多样, 致病和易感基因也很多, 因此这类疾病的研究将任重而道远。灵长类动物因为更接近人的高级认知, 正成为神经精神类疾病研究的新型动物模型。越来越成熟的体外三维脑模型也将在疾病机制和药效评估等方面发挥重要的作用。正在蓬勃发展的基因组编辑技术也将给这一领域注入新的生机。

脑科学研究是全球科学界的前沿领域。欧洲和美国已于几年前相继推出脑计划, 中国的脑计划也在"十三五"期间启动并做出了 15 年的规划。国际上脑计划主要包括三大方向, 即脑功能图谱的解析、神经计算和高级人工智能以及脑重大疾病。相信通过全世界的共同努力, 人们将在神经精神类疾病的诊疗上取得突破性的进展。

参考文献

[1] Kumar A, Gibbs J R, Beilina A, et al. Age-associated changes in gene expression in human brain and isolated neurons [J]. Neurobiol Aging, 2013,34(4): 1199-1209.

[2] Yuan Y, Chen Y P, Boyd-Kirkup J, et al. Accelerated aging-related transcriptome changes in the female prefrontal cortex [J]. Aging Cell, 2012,11(5): 894-901.

[3] van den Akker E B, Passtoors W M, Jansen R, et al. Meta-analysis on blood transcriptomic studies identifies consistently coexpressed protein-protein interaction modules as robust markers of human aging [J]. Aging cell, 2014,13(2): 216-225.

[4] Passtoors W M, Boer J M, Goeman J J, et al. Transcriptional profiling of human familial longevity indicates a role for ASF1A and IL7R [J]. PLoS One, 2012,7(1): e27759.

[5] Blalock E M. Incipient Alzheimer's disease: Microarray correlation analyses reveal major

transcriptional and tumor suppressor responses [J]. Proc Natl Acad Sci U S A，2004，101(7)：2173-2178.

[6] Counts S E，Alldred M J，Che S，et al. Synaptic gene dysregulation within hippocampal CA1 pyramidal neurons in mild cognitive impairment [J]. Neuropharmacology，2014，79：172-179.

[7] Berchtold N C，Sabbagh M N，Beach T G，et al. Brain gene expression patterns differentiate mild cognitive impairment from normal aged and Alzheimer's disease [J]. Neurobiol Aging，2014，35(9)：1961-1972.

[8] Liang W S，Dunckley T，Beach T G，et al. Altered neuronal gene expression in brain regions differentially affected by Alzheimer's disease：a reference data set [J]. Physiol Genomics，2008，33(2)：240-256.

[9] Zhang B，Gaiteri C，Bodea L G，et al. Integrated systems approach identifies genetic nodes and networks in late-onset Alzheimer's disease [J]. Cell，2013，153(3)：707-720.

[10] Pereson S，Wils H，Kleinberger G，et al. Progranulin expression correlates with dense-core amyloid plaque burden in Alzheimer disease mouse models [J]. J Pathol，2009，219(2)：173-181.

[11] Matarin M，Salih D A，Yasvoina M，et al. A genome-wide gene-expression analysis and database in transgenic mice during development of amyloid or tau pathology [J]. Cell Rep，2015，10(4)：633-644.

[12] De Boever P，Wens B，Forcheh A C，et al. Characterization of the peripheral blood transcriptome in a repeated measures design using a panel of healthy individuals [J]. Genomics，2014，103(1)：31-39.

[13] Lunnon K，Sattlecker M，Furney S J，et al. A blood gene expression marker of early Alzheimer's disease [J]. J Alzheimers Dis，2013，33(3)：737-753.

[14] Leidinger P，Backes C，Deutscher S，et al. A blood based 12-miRNA signature of Alzheimer disease patients [J]. Genome Biol，2013，14(7)：R78.

[15] Mapstone M，Cheema A K，Fiandaca M S，et al. Plasma phospholipids identify antecedent memory impairment in older adults [J]. Nat Med，2014，20(4)：415-418.

[16] Kiddle S J，Sattlecker M，Proitsi P，et al. Candidate blood proteome markers of Alzheimer's disease onset and progression：a systematic review and replication study [J]. J Alzheimers Dis，2014，38(3)：515-531.

[17] Scherzer C R，Eklund A C，Morse L J，et al. Molecular markers of early Parkinson's disease based on gene expression in blood [J]. Proc Natl Acad Sci U S A，2007，104(3)：955-960.

[18] Hodges A，Strand A D，Aragaki A K，et al. Regional and cellular gene expression changes in human Huntington's disease brain [J]. Hum Mol Genet，2006，15(6)：965-977.

[19] Borovecki F，Lovrecic L，Zhou J，et al. Genome-wide expression profiling of human blood reveals biomarkers for Huntington's disease [J]. Proc Natl Acad Sci U S A，2005，102(31)：11023-11028.

[20] Hamurcu Z，Demirtas H，Kumandas S. Flow cytometric comparison of RNA content in peripheral blood mononuclear cells of Down syndrome patients and control individuals [J]. Cytometry B Clin Cytom，2006，70(1)：24-28.

[21] Prudencio M，Belzil V V，Batra R，et al. Distinct brain transcriptome profiles in C9orf72-associated and sporadic ALS [J]. Nat Neurosci，2015，18(8)：1175-1182.

[22] Voineagu I，Wang X，Johnston P，et al. Transcriptomic analysis of autistic brain reveals convergent molecular pathology [J]. Nature，2011，474(7351)：380-384.

［23］ Alter M D, Kharkar R, Ramsey K E, et al. Autism and increased paternal age related changes in global levels of gene expression regulation ［J］. PLoS One, 2011,6(2): e16715.

［24］ Chen C, Cheng L, Grennan K, et al. Two gene co-expression modules differentiate psychotics and controls ［J］. Mol Psychiatry, 2013,18(12): 1308-1314.

［25］ Guillozet-Bongaarts A L, Hyde T M, Dalley R A, et al. Altered gene expression in the dorsolateral prefrontal cortex of individuals with schizophrenia ［J］. Mol Psychiatry, 2014,19 (4): 478-485.

［26］ de Jong S, Boks M P, Fuller T F, et al. A gene co-expression network in whole blood of schizophrenia patients is independent of antipsychotic-use and enriched for brain-expressed genes ［J］. PLoS One, 2012,7(6): e39498.

［27］ Li J Z, Bunney B G, Meng F, et al. Circadian patterns of gene expression in the human brain and disruption in major depressive disorder ［J］. Proc Natl Acad Sci U S A, 2013,110(24): 9950-9955.

［28］ Savitz J, Frank M B, Victor T, et al. Inflammation and neurological disease-related genes are differentially expressed in depressed patients with mood disorders and correlate with morphometric and functional imaging abnormalities ［J］. Brain Behav Immun, 2013,31: 161-171.

［29］ Mostafavi S, Battle A, Zhu X, et al. Type I interferon signaling genes in recurrent major depression: increased expression detected by whole-blood RNA sequencing ［J］. Mol Psychiatry, 2014,19(12): 1267-1274.

［30］ Iwamoto K, Kakiuchi C, Bundo M, et al. Molecular characterization of bipolar disorder by comparing gene expression profiles of postmortem brains of major mental disorders ［J］. Mol Psychiatry, 2004,9(4): 406-416.

［31］ Israel M A, Yuan S H, Bardy C, et al. Probing sporadic and familial Alzheimer's disease using induced pluripotent stem cells ［J］. Nature, 2012,482(7384): 216-220.

［32］ Zhang D, Pekkanen-Mattila M, Shahsavani M, et al. A 3D Alzheimer's disease culture model and the induction of P21-activated kinase mediated sensing in iPSC derived neurons ［J］. Biomaterials, 2014,35(5): 1420-1428.

［33］ Wen Z, Nguyen H N, Guo Z, et al. Synaptic dysregulation in a human iPS cell model of mental disorders ［J］. Nature, 2014,515(7527): 414-418.

［34］ Bai Z, Han G, Xie B, et al. AlzBase: an integrative database for gene dysregulation in Alzheimer's disease ［J］. Mol Neurobiol, 2016,53(1): 310-319.

9 转录组学与药物研发和临床用药指导

医疗医药是全世界的民生问题。新药研发的难度、药物治疗的准确性,以及药物不良反应等是世界各国普遍面临的问题,所有人都期盼能把安全、有效、廉价的药物提供给患者。组学测序技术与生物信息学的快速发展,为药物研发和精准用药提供了更广阔的知识和视野,是实现"精准医学"的基础。药物研发和临床用药是医疗医药的两个重要方面:一方面是药物的精准研发,包括筛选有效靶点、新药设计、临床试验与产业化等全过程精准监管等;另一方面是实现临床精准用药,通过检测患者样本中生物标志物的基因突变、单核苷酸多态性(SNP)分型、基因及蛋白质表达状态和代谢物情况,将已有临床检测指标同分子诊断指标结合,对患者进行精确诊断,并制定精准的治疗方案,即在正确的时间、给予正确的药物、使用正确的剂量,达到个体化精准治疗的目的。在当前的精准医学时代,患者样本的基因组学、转录组学、蛋白质组学等不同层次组学数据分析无疑将为药物研发与临床精准用药提供重要支持。本章将主要介绍转录组学技术在药物研发与临床用药指导中的作用。

9.1 转录组学与药物研发

在药物研发中,目前面临的主要挑战是寻找有效的靶点,并消除抗药性。转录组学研究主要通过比较正常组织和疾病组织或用药前后基因表达的变化,发现异常表达的基因、RNA及蛋白质,从而筛选潜在的药物作用靶点或造成抗药性的调控网络。针对不同层次靶点的药物设计,最终达到对疾病的控制和治疗。下文将从筛选药物作用靶点、开发新药及消除原有药物的抗药性3个方面具体阐述转录组学研究在药物研发中的应用。

9.1.1 转录组学与药物作用靶点筛选

目前已知,大多数疾病均为复杂性疾病,由多个基因共同发挥作用。所以,利用转录组学研究,可以比较疾病状态下细胞全基因组基因表达与正常组织的差别,筛选出疾病特异的基因、RNA 或信号通路,从而获得新的治疗靶点。

9.1.1.1 识别融合基因

融合基因所编码的融合蛋白比正常蛋白质更活跃,通常具有致瘤性。故可将融合蛋白作为药物作用靶点治疗癌症。例如,在白血病患者中发现的 *BCR-ABL* 基因就是由 9 号染色体上的 *ABL* 基因和 22 号染色体上的 *BCR* 基因融合而成。此融合基因转录产生的一种酪氨酸激酶能够持续活化,导致肿瘤细胞持续生长和扩散。该酪氨酸激酶抑制剂伊马替尼可以特异性抑制 BCR-ABL 酪氨酸激酶,发挥阻止癌细胞生长的作用。目前,转录组学研究也用于识别融合基因。其中,基于 RNA-Seq 技术已开发出了许多识别融合蛋白的算法,如 Tophat-fusion、Chimerascan、deFuse、FusionMap、SOAPfuse 及 FusionQ 等。

在一项利用 4 个乳腺癌细胞系 BT-474、SK-BR-3、KPL-4 和 MCF-7 进行的 RNA-Seq研究中[1],共发现了 28 个融合基因,其中 27 个基因(24 个新基因及 3 个之前已经发现的基因)通过 RT-PCR 和双脱氧链终止法测序得到验证。经过筛选发现,其中一个融合基因 *VAPB-IKZF3* 与乳腺癌细胞的生长和存活有关,故可将该基因作为靶点设计药物,达到抑制乳腺癌细胞生长或杀伤癌细胞的目的。

Ren 等人[2]对 14 名中国前列腺癌患者进行转录组测序,共发现 38 对融合基因,其中 37 对是新融合基因,1 对是早先只在前列腺癌中发现的融合基因。该研究认为这些融合基因均为前列腺癌特异性融合基因。最常见的基因融合类型是 *TMPRSS2-ERG* 与 *USP9Y-TTTY15*。*USP9Y-TTTY15* 融合基因用 ORF 预测工具 Six-FrameTranslation 预测发现其并没有开放阅读框(ORF),推测该基因编码 ncRNA。故可针对该融合基因所编码的 ncRNA 设计药物,抑制该基因作用,从而达到抗癌的目的。

9.1.1.2 识别差异表达的非编码 RNA

lncRNA 与多种疾病相关,在人类的克罗恩病、胶质瘤、结直肠癌、口腔鳞状细胞癌等疾病中都具有调控作用。Khalil 等人发现一些 lncRNA 引导染色质修饰复合物到特定的基因位点调控基因的表达[3]。Guttman 等人分别在小鼠胚胎干细胞、神经元前体细胞和肺成纤维细胞中使用 RNA-Seq 读段和基因组序列重新构建转录组,确定了 1 000 多个 lncRNA 的结构和反义基因位点[4]。

目前针对 lncRNA 与 miRNA 及其下游靶基因之间相互调控模式的研究已成为肿瘤研究领域的一大热点。研究发现,miRNA 作为一个转录后调控的重要因子,其活性可被 lncRNA 通过"海绵"吸附的方式调控[5],此类 lncRNA 又被称为竞争性内源 RNA(competing endogenous RNA,ceRNA)。目前有多项研究已经发现,ceRNA 有抑癌或促癌的作用。例如,Zhang 等[6]利用 RT-qPCR 和原位杂交等多种技术对乳腺癌的组织样本及细胞系中细胞表型实验进行验证,发现 lncRNA GAS5 4 号外显子能与 miR-21 结合抑制乳腺癌细胞的发生发展。由于 ceRNA 对癌症的作用,理论上可以通过改变相应 ceRNA 的表达量起到对癌症的临床治疗作用。例如,人表皮生长因子受体 2(HER2)是重要的乳腺癌预后判断因子,目前临床已有针对 HER2 阳性(过表达或扩增)的靶向治疗药物——注射用曲妥珠单抗(赫赛汀)等[7]。

9.1.1.3 识别差异表达的细胞因子

目前研究已经发现,多种细胞因子均参与肿瘤的致瘤过程。通过利用转录组技术深入研究不同细胞因子在肿瘤发生和发展中的作用机制,寻找对应基因位点,将有助于揭开新的肿瘤相关发生机制,也为开发相关靶向治疗药物提供可能性,从而使肿瘤患者从中获益。

原发性肝细胞癌的胰岛素生长因子(IGF)途径对于肝癌的发生发展可能有重要意义。对 IGF-1 转录组分析发现[8],与健康肝对照组相比,肝细胞癌患者 IGF-1 的 mRNA 表达下调。在慢性肝损伤以及肝功能不全的情况下,IGF-1 也存在表达下调。鉴于慢性肝疾病是肝细胞癌发展的基础,因此 IGF-1 的下调可能促进了肝细胞癌的发生发展。另有研究证明,IGF-1 的低水平与肿瘤的高侵袭力以及较差的预后相关[9]。所以,深入研究 IGF 在肝细胞癌中的作用机制可能有助于开发相关靶向治疗药物,从而提高肝细胞癌患者的生存率或使其从中获益。

9.1.2 转录组学与药物作用机制

目前虽然在实验室水平发现很多新的药物对某些疾病有作用,但是在分子水平上并没有明确药物的作用机制和作用靶点。利用转录组学研究,比较用药前后细胞基因表达的改变,从而明确药物作用的具体机制,为药物的进一步临床试验和上市做好理论准备，也利于在该药物的作用靶点设计与改进新的药物。

现在已有研究发现，绿茶是肺癌的有效化学预防剂，但其作用机制并不清楚。Pan 等人[10]利用 RNA-Seq 技术比较了使用绿茶的活性提取物茶多酚 E(PolyE)和没有使用茶多酚 E 的人类非小细胞肺癌细胞系 H1299 细胞中基因表达的改变。RNA-Seq 结果显示，在肺癌细胞中编码激活蛋白 1 的基因（AP-1）高表达，这使得该基因对茶多酚 E 的应答被抑制。AP-1 是一个关键转录因子，主要通过调节细胞分化、增殖和凋亡等生物学过程的基因表达介导肿瘤发生。其中，H1299 细胞中 32 个下调基因可与 AP-1 结合。该研究结果说明，在非小细胞肺癌细胞中，AP-1 可能作为治疗靶点，而茶多酚 E 通过与 AP-1 基因的结合抑制了其高表达，从而发挥其抗癌作用。

在真菌感染治疗中，药物治疗效果经常不理想。以白色念珠菌为例，目前市场上有 3 种抗菌药，但都出现了真菌对药物的响应率低和抗药性菌株，这大大削弱了治疗效果。为改善这一情况，目前已经有一种新合成的大环胍基脲衍生物[11]，能够作用于念珠菌抗药性菌株，在获得性感染患者中发挥高效的治疗作用。该研究组利用微阵列对使用大环胍基脲衍生物处理菌株的全基因组转录谱分析发现，各有 48 个和 27 个基因出现 1.5 倍以上的表达上调或表达下调。其中，上调基因中表现出 TAC1 调控基因的典型特征。TAC1 是转录调控因子的编码基因，该因子调控多个抗药性尤指抗唑类药物基因的表达。利用 RT-qPCR 进一步证实，TAC1 及其调控的多个基因如 CDR1、CDR2、RTA3、LCB4 和 IFU5 均出现表达的上调。其中，CDR1 和 CDR2 是 ATP 结合盒（ABC）转运子的编码基因，ABC 转运子与药物分布和抗唑性有关。该研究进一步发现，ABC 转运子的高表达还能够促进大环胍基脲在细胞内的积累，从而发挥更好的治疗作用。该项研究为未来新的抗真菌药物研发提供了新的思路，能够促进临床上对抗药性真菌菌株的治疗。

随着抗生素的广泛使用，多重抗药性的细菌也成为威胁人类健康的一大隐患。复合物 SPI031[N-烷基化 3,6-二卤咔唑 1-(仲丁基氨基)-3-(3,6-二氯-9H-咔唑-9-基)丙-2-醇]是金黄色葡萄球菌和铜绿假单胞菌的广谱抗生素[12]，RNA-Seq 技术对 SPI031 处理过的细胞进行了转录组分析，来确定这些细胞的基因表达变化。在用 SPI031 处理的细胞中，有 304 个基因出现表达改变。随后又用 PheNetic 和 Gene Ontology(GO)网站富集分析了这些基因表达网络的变化，进而确定 SPI031 对信号调节通路的作用。这些分析发现，SPI031 改变了与脂肪酸合成和脂类代谢过程有关的基因表达，推断这是由于细胞试图修复由 SPI031 引起的细胞膜损伤而做出的应激性改变。另外,SPI031 也会影响与褐藻酸代谢有关的基因表达改变。褐藻酸钠是在细胞膜形成过程中起到中心作用的一个胞外多糖。因此,该结果表明 SPI031 通过干扰褐藻酸钠的合成从而抑制细胞膜的形成。另外,这项分析还发现与参与细胞氧化应激反应的过氧化物酶活性有关的基因出现富集。另外,SPI031 也干扰钴胺素和四吡咯代谢有关的基因。该项研究结果表明,可以通过靶向与细胞膜形成有关的基因合成抗生素,这类抗生素具有快速的细菌杀伤及低抗药性诱变的优点。

9.1.3 miRNA 转录组与抗药性

癌症患者化学治疗中的抗药性问题逐渐成为癌症治疗过程的关注重点。大量证据表明,miRNA 在调节抗药性中发挥着重要作用[13]。miRNA 测序(miRNA-Seq)可以鉴别数百万微 RNA 序列标签,可用于系统评估细胞中 miRNA 的表达谱。通过 miRNA-Seq 技术对抗药性细胞和敏感细胞 miRNA 的表达谱进行比较,可以鉴别出与抗药性有关的 miRNA。

Xu 等人[14]利用 RNA-Seq 技术比较了人白血病 K562 细胞系和用多柔比星诱导产生多重耐药(MDR)的 K562/ADM 细胞系中 1 032 个成熟 miRNA 的表达水平。P-糖蛋白(P-gp)是由 *MDR1* 基因编码的 ATP 结合盒转运子,MDR 与其高表达相关。除了下调的 miRNA,该项研究还利用 TargetScan 和 microRNA. org 网站服务器预测了 14 个靶向 *MDR1* 基因 $3'$-UTP 的 miRNA。其中 2 个 miRNA——miR-381 和 miR-495 的表达通过茎-环(stem-loop)RT-PCR 验证。K562 细胞中 P-糖蛋白的低表达和 K562/ADM 细胞中 P-糖蛋白的高表达说明在多重耐药白血病细胞中 *MDR1* 基因表达与 miR-381 和 miR-495 的表达呈负相关。这两类 miRNA 在另一个多重耐药细胞系 K562/VBL 中也出现下调。这些研究结果说明,miR-381 和 miR-495 可能在白血病的抗药性中发挥抑制作用,这一发现使得化疗的肿瘤患者能够从中受益。

另一项研究发现,miRNA 在肝细胞癌的多柔比星抵抗中发挥作用[15]。肝细胞癌是一类由病毒引起的致命性癌症,会逐渐对化疗一线药物多柔比星产生耐药性。利用 miRNA-Seq 技术,研究人员比较了多柔比星抵抗细胞和同源癌症细胞的 miRNA 表达谱。结果显示,抗药性细胞中大部分 miRNA 表达均下调。利用 Mireap、miRDB、

PicTar 和 miRanda 预测发现了 Hep G2/多柔比星细胞中大部分已知的过表达 miRNA（miR-181a-3p）和低表达 miRNA（miR-338-3p）的靶基因。预测鉴别出的过表达 miRNA 的基因是 *RBM22*，该基因参与细胞压力反应、mRNA 剪接、蛋白质易位和转运。低表达 miRNA 的靶基因是 *UBE3Q1*，该基因产物具有泛素-蛋白质连接酶活性，且目前已知该基因对肝细胞癌化疗过程中的抗药性起作用。这些研究结果提示了一个研究多柔比星抵抗的有效途径，从而增强肝细胞癌的化疗效果。

综上所述，通过对转录本的研究，可以发现疾病发生过程中基因表达、RNA 水平及信号通路调控的改变，从而利于筛选新的药物作用靶点。另外，通过分析药物作用前后基因转录水平的变化，能够深入了解新药的作用机制，利于新药研发的改进和设计更好的用药方案。通过识别影响机体抗药性的 miRNA，能够进一步改善药物设计，增强药物的疗效。

9.2 转录组学与临床用药指导

9.2.1 转录组学在精准用药中扮演重要角色

传统药物治疗对于患者往往采用对症下药的方式。但是，在临床药物治疗中，常能见到同一种药物对相同病症的不同患者出现不同的反应，有的甚至血药浓度相同，疗效却大相径庭。据 FDA 统计表明，几类常见病临床药物疗效不佳，有效率为 25%～62%。其中以抗肿瘤药物疗效最差，低至 25%，即对患者 75% 是无效的；其次是阿尔茨海默病，治疗无效率为 70%；骨质疏松症和关节炎等药物治疗无效率为 50%；抑郁症、哮喘、心律失常、糖尿病、偏头痛等治疗药物无效率在 40% 左右。除了药物的有效性这一临床问题外，药物不良反应也是临床用药需要考虑的问题。即使在发达国家，药物不良反应也是引发疾病的重要原因。在美国，估计每年发生 220 万例药物不良反应，其中超过 10 万人死亡。而在我国，据国家食品药品监督管理总局发布的《2014 年国家药品不良反应监测年度报告》，我国当年的药品不良反应报告高达 132.8 万份，且实际发生的不良反应病例肯定更多。所以，提高药品的有效性和安全性是当前临床用药关注的焦点问题。

"精准药学"的一个重要科学问题是实现临床精准用药，对特定患者的特定疾病进行精准诊断,找出其致病机制,在正确的时间给予正确的药物并使用正确的剂量,提出精准的个体化治疗方案,以期提高用药的精准性和有效性,减少不良反应。在精准用药中,目前研究最多的是癌症治疗,尤其是癌症靶向治疗。

美国华盛顿大学从事癌症研究的 Lukas Wartman 医生战胜癌症的经历就是精准用药的一个成功例子。2003 年 Lukas 被确诊患上急性淋巴细胞白血病,经过化疗后其病情得到缓解,但在 2008 年又不幸复发,这次他接受了高剂量化疗及干细胞移植,病情又一次得到缓解。然而 2011 年再次复发后,化疗已经没法缓解他的病情了。于是,他对自己的全基因组序列进行测序并进行了研究,通过与正常的基因组比对,发现他的一些白血病相关基因发生改变和突变,但是当时没有一个突变是已有药物可以治疗的。所幸研究团队同时对 Lukas 的 RNA 数据也进行了细致的研究,在全基因组、全外显子组和 RNA 序列数据的综合分析中,最终发现基因 *FLT3* 的表达水平远远高于正常情况。结合利用药物-基因相互作用数据库,研究者发现治疗肾癌的药物苹果酸舒尼替尼(商品名舒尼替尼即索坦,Sutent)可以靶向高表达的 *FLT3* 基因,因此 Lukas 的医生大胆尝试了这个药物,幸运的是病情再次得到了缓解,Lukas 也存活至今。从这个例子中可以看到包含 RNA-Seq 在内的转录组学数据能够对基因组信息进行补充,使患者信息更加完善,为临床用药提供更精准的信息,所以转录组学在个体化用药中扮演的角色不可忽视。只有将药物基因组学、转录组学等多组学数据整合分析,才能更准确地理解疾病的发生和转归。可以预见,在未来临床诊治过程中这种个体化的精准诊治会得到更完善更广泛的利用,使更多患者受益。

转录组学研究能够从整体水平研究基因功能与结构,从 RNA 水平研究基因表达的情况,揭示分子成分,还可以用来认识生物学进程和疾病发生机制,是研究细胞表型和功能的一个重要手段。RNA-Seq 还能捕获转录组更复杂的方面,如剪接异构体、RNA 编辑及非编码 RNA 等。其中,miRNA 和 lncRNA 的发现开启了人们对基因表达调控认识的新篇章,它们作用于细胞的各个过程,调控药物在体内的吸收、分布、代谢等处置过程,从而影响药物的疗效(见图 9-1)。RNA-Seq 已经成为疾病研究的一个非常重要的工具,它能反映基因的真实活性。因此,RNA-Seq 比基因组测序更能接近真正的表型,若将转录组数据和基因组信息结合起来对肿瘤和其他疾病的治疗可能会更有价值。

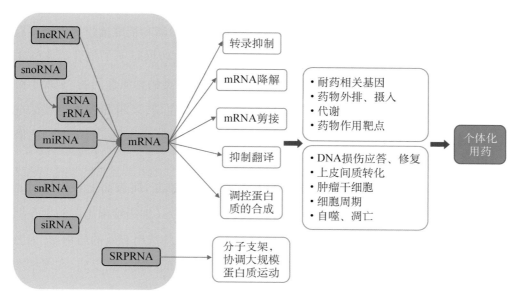

图 9-1 编码与非编码 RNA 参与调控细胞信号转导和药物体内处置过程

9.2.2 应用分子分型指导个体化用药

精准医学要求首先对患者进行精准的诊断,而基于分子表型的疾病分类是精准医学的基础,有助于探索新药的开发以及新治疗策略,以进一步提高临床疗效。以肿瘤为例,恶性肿瘤在分子水平上具有高度异质性,组织学形态相同的肿瘤在分子遗传学上却有很大差异,从而导致肿瘤临床治疗反应和预后的差别。各种组学研究以及相关技术的发展,使人们从 DNA、RNA 或蛋白质水平研究同一组织学类型疾病的分子差异成为可能。

分子分型的最终目标是明确患者个体的分子特征,针对该特征选择最适当的治疗方案,使患者最大程度获益。分子分型分别涉及 DNA、RNA 和蛋白质水平的改变,因此转录组学在疾病分子分型中发挥着重要的作用。弥漫大 B 细胞淋巴瘤(diffuse large B cell lymphoma,DLBCL)曾一度被认为性质单一,但是利用高通量基因表达谱等技术证实,其至少存在 3 种基因表达亚型:GCB(germinal-cancer B-cell-like)、ABC(activated B-cell-like)以及 PMBL(primary mediastinal B-cell lymphoma)。在现行标准疗法下,不同的弥漫大 B 细胞淋巴瘤亚型和临床预后相关,根据分子表型对不同亚型的弥漫大 B 细胞淋巴瘤采用不同的治疗方案,能提高疗效和预后,达到精准治疗的目的[16]。

随着组学技术的发展,人们发现多组学数据的综合分析能弥补单组学数据的片面性,有助于人们对疾病形成更加系统全面的认识,为临床诊断和精准治疗提供更多有用的参考信息。例如,Curtis 等[17]通过整合基因组和转录组数据对上千例乳腺癌临床样本进行重新聚类,得到了 10 个子类,解决了乳腺癌亚型分类的异质性问题,实现了对乳腺癌更精细的分类。而另一项研究则是对高通量的基因组、转录组和表观组数据进行了整合分析[18],找到了卵巢癌临床预后显著不同的 7 个亚型,并找到了每个亚型的潜在驱动基因,靶向驱动基因可以对各个亚型进行特异治疗。

通过转录组学在内的各种组学技术对患者进行精细诊断,将表面上看似相同的病症细分为多个亚型,通过转录组差异表达谱等的建立,可以详细描绘出患者的生存期以及对药物的反应等,有利于临床医生根据疾病的分子特征筛选出有效的药物,并为患者设计最合适的治疗方案,从而可以提高治疗的有效性并降低药物不良反应,实现精准治疗,使患者受益。

9.2.3　检测基因表达水平预测药物疗效

目前已经知道人类正常组织的基因和基因表达情况,患者的基因和基因表达都有了参考标准,基因表达数据的分析在生物信息学领域和临床研究中都已成为重要课题。通过比对正常人群和患者的转录组差异,筛选出与疾病相关的具有诊断意义或与药物反应及预后相关的特异性差异表达基因,一旦这种特异的基因差异表达谱被建立,就可以用于疾病的诊断和临床用药的筛选。

早期由于测序价格昂贵、基因序列数目有限,转录组学研究者只能进行极少数特定基因的结构功能分析和表达研究,但随着分子生物学技术的快速发展,高通量测序分析成为可能,SAGE、MPSS、RNA-Seq 等技术应运而生。这些转录组学研究有助于了解临床患者相关基因的整体表达情况,进而从转录水平初步揭示该患者生命过程的代谢网络及调控机制,为临床用药提供更全面的信息,以便制定更安全有效的精准治疗方案。

由于分子机制等的不同,已知不同患者对同一药物有不同的反应,要想提高药物的有效性,减少药物不良反应的发生,在用药前对药物疗效进行预测是非常重要的。临床研究表明,一些基因的表达水平和药物疗效相关,因此可以通过检测这些基因的表达水平预测患者从该药物获益的情况。以肿瘤治疗中的化疗药物为例,化疗药物通常作用于快速分裂的细胞,抑制细胞 DNA 复制合成、微管的形成、代谢酶活性等。临床资料显示,化疗的疗效与患者个体差异、药物不良反应及相关基因如 *ERCC1*、*BRCA1*、*TS*、*RRM1* 等的 mRNA 水平相关,这些基因的表达水平可以预测药物的疗效,为临床用药提供指导。

9.2.3.1 *ERCC1* 表达水平预测铂类药物疗效

非小细胞肺癌是肺癌中最常见的类型,尽管传统治疗方法对患者的预后及生存质量有较大的改善,但由于对肺癌发病的分子机制缺乏深入的认识,目前的早期诊断靶标及抗癌治疗对肺癌患者的作用显得非常有限。铂类药物是治疗晚期非小细胞肺癌最有效的方法之一,其作用机制是药物进入细胞核后与核内 DNA 结合,导致 DNA 不可逆性损伤,从而抑制细胞的分裂,并诱导细胞发生凋亡。因为癌细胞比正常细胞增殖快,且合成 DNA 迅速以及 DNA 损伤修复功能不完善,所以癌细胞对铂类药物的细胞毒作用更为敏感,从而显示出铂类药物的抗癌作用。铂类药物所致的 DNA 损伤主要通过核苷酸切除修复(nucleotide excision repair,NER)通路进行修复。NER 过程中与铂类耐药相关的基因中最关键的基因是 *ERCC1*。*ERCC1* 即切除修复交叉互补基因 1(excision repair cross-completion 1),位于人类 19 号染色体上,参与 DNA 链的切割和损伤识别。*ERCC1* 过表达可使停滞在 G_2/M 期的损伤 DNA 迅速修复,导致其对顺铂耐药。美国国立综合癌症网络(National Comprehensive Cancer Network,NCCN)制定的非小细胞肺癌的临床治疗指南明确指出,在接受铂类化疗前进行 *ERCC1* mRNA 表达水平检测可提高治疗有效率和患者生存率。其次,研究人员通过实时定量 PCR(RT-qPCR)方法检测 297 例中/晚期且接受铂类化疗方案的非小细胞肺癌患者中 *ERCC1* mRNA 的表达水平[19],实验结果表明 *ERCC1* 的 mRNA 低表达预示晚期非小细胞肺癌患者对铂类化疗方案具有更好的敏感性,拥有更长的生存期。因此,*ERCC1* mRNA 的表达水平可作为制定非小细胞肺癌个体化治疗的重要参考指标。

顺铂联合紫杉醇化疗是治疗卵巢癌的标准方案。研究发现,*ERCC1* mRNA 水平在耐顺铂的卵巢癌细胞系中明显升高。再者,*ERCC1* 是卵巢癌中一个理想的候选基因,其 mRNA 表达水平可以用来评估卵巢癌患者是否可以从顺铂类或顺铂联合紫杉醇治疗中受益。*ERCC1* 基因 118 位密码子的基因型为 C/C 型且 mRNA 水平较高时,推荐使用顺铂联合紫杉醇,因为紫杉醇可能会帮助减轻 *ERCC1* 相关的顺铂耐药。而当卵巢癌患者携带 C/T 或 T/T 基因型且 *ERCC1* 转录水平较低时,顺铂无论是否联合紫杉醇都能达到良好的疗效[20]。与此同时,还有研究发现不仅 *ERCC1* mRNA 水平的高低会影响卵巢癌组织对顺铂的反应，mRNA 的可变性剪接也会改变顺铂的疗效。这提示我们，*ERCC1* mRNA 水平在非小细胞肺癌和卵巢癌等癌症中都可作为癌症治疗方案选择的参考依据[21]。

9.2.3.2 *RRM1* 表达水平预测吉西他滨疗效

吉西他滨是一种破坏细胞复制的二氟核苷类抗代谢物抗癌药，用于治疗晚期胰腺癌、中/晚期非小细胞肺癌、晚期复发乳腺癌、难治复发卵巢癌等疾病。*RRM1* 基因编码核糖核苷酸还原酶 M_1 亚单位，是肿瘤抑制基因，也是吉西他滨的主要作用靶点。核糖核苷酸还原酶是生物体内催化 4 种核糖核苷酸生成相应的脱氧核糖核苷酸的酶，该酶是 DNA 合成和修复的关键酶和限速酶，对细胞的增殖和分化起着调控作用，是癌症治疗与抗癌药物开发的重要靶点。已经有大量研究表明，*RRM1* mRNA 水平与晚期非小细胞肺癌和胰腺癌的疾病进展及生存期息息相关，且与吉西他滨的敏感性存在一定的关系，这有助于筛选出最适合接受吉西他滨治疗的患者。低表达 *RRM1* mRNA 的晚期非小细胞肺癌患者给予吉西他滨维持治疗的疾病控制率更高，无进展生存时间更长，是独立的预后因素。Jordheim 等研究人员也发现以顺铂为基础治疗的晚期非小细胞癌患者中，当 *RRM1* mRNA 水平较低时，在接受吉西他滨联合治疗时，能从吉西他滨中更好地受益[22]。与此同时，检测晚期非小细胞肺癌患者的外周血中 *RRM1* mRNA 水平也有相似的结论，提示检测非小细胞肺癌患者外周血 *RRM1* mRNA 是一种简便、快捷的方法，可以替代检测病理组织的传统方法，减轻患者痛苦及经济负担。与 *ERCC1* 一样，《NCCN 指南》中明确指出，在接受吉西他滨治疗前进行 *RRM1* mRNA 表达水平检测，可以提高治疗有效率和患者生存期。

由此可见，特定基因 mRNA 水平的高低与药物疗效密切相关，在使用药物前进行相关基因 mRNA 水平的检测，可以预测药物的疗效，减少不良反应，为患者提供个体化用药方案（目前已有的药物相关基因 mRNA 检测项目见表 9-1）。

表 9-1　药物的有效性和安全性与基因 mRNA 水平相关

基因	癌症类型	药物	影　响
ERCC1	卵巢癌	紫杉醇	180 号密码子 C/T 或 T/T 基因型＋*ERCC1* mRNA 低表达：顺铂；C/C 基因型＋*ERCC1* mRNA 高表达：顺铂＋紫杉醇
	胃癌	顺铂＋氟尿嘧啶	*ERCC1* mRNA 水平影响接受顺铂＋氟尿嘧啶治疗的胃癌患者的敏感性和耐药情况

（续表）

基因	癌症类型	药物	影　响
	卵巢癌	顺铂	在顺铂耐药的卵巢癌患者组织中，*ERCC1* mRNA 水平明显增高
	非小细胞肺癌	铂类	*ERCC1* 的 mRNA 低表达预示晚期非小细胞肺癌患者对铂类化疗方案具有更好的敏感性。《NCCN 指南》明确指出在进行铂类化疗前进行 *ERCC1* mRNA 表达水平检测可提高治疗有效率
BRCA1	三阴乳腺癌	顺铂	*BRCA1* 基因表达水平低的患者对铂类药物敏感
	晚期胃癌	多西他赛	肿瘤组织中 *BRCA1* mRNA 水平与多西他赛疗效密切相关。*PIAS1* 和 *PIAS4* 表达水平也可用于评估患者是否受益于多西他赛
TS	结直肠癌	氟尿嘧啶＋奥沙利铂	氟尿嘧啶治疗失败后 *TS* mRNA 水平的高低可以预测转移性结直肠癌患者接受氟尿嘧啶＋奥沙利铂联合治疗的疗效
	结直肠腺癌	氟尿嘧啶	结直肠癌伴有肺转移的患者，*TS* mRNA 水平增高，氟尿嘧啶疗效降低
	肾细胞癌	S-1	*TS* mRNA 水平是有效评估 S-1 对转移性肾细胞癌疗效的标志物
	恶性胸膜间皮瘤	培美曲塞	使用培美曲塞治疗恶性胸膜间皮瘤，*TS* 蛋白水平低表明预后好，即 *TS* 表达越低，培美曲塞疗效越好
	胃癌	氟尿嘧啶	*TS* mRNA 水平影响胃癌患者对氟尿嘧啶的敏感性及患者的生存期，可根据 *TS* mRNA 水平制定新辅助化疗方案和术后辅助方案
XPAC	卵巢癌	顺铂	*XPAC* 与 *ERCC1* mRNA 水平影响卵巢癌患者是否对顺铂耐药
RRM1	非小细胞肺癌	吉西他滨	*RRM1* 低表达宜采用顺铂＋吉西他滨联合治疗，高表达则应选择顺铂＋非核苷类药物。《NCCN 指南》指出在接受吉西他滨治疗前进行 *RRM1* mRNA 表达水平检测可提高治疗有效率
BCAR3、*TLE3*	乳腺癌	他莫昔芬	*BCAR3*、*TLE3* 基因 mRNA 水平与他莫昔芬疗效显著相关
TYMS	结直肠癌、肺癌、乳腺癌、头颈鳞状细胞癌	氟尿嘧啶类	低 *TYMS* mRNA 水平的肿瘤患者接受氟尿嘧啶类化疗的疗效好

9.2.4 检测融合基因指导临床用药

基因融合是转录组中很重要的一种突变类型，可能发生在基因组水平或转录组水平，所形成的融合基因通常是导致肿瘤形成的驱动基因。Maher 等人[23]最早提出了用转录组测序技术分析基因融合的方法，而 RNA-Seq 是研究基因融合的一个非常有效的途径。融合基因可以作为诊断和治疗的靶点，临床上 *BCR-ABL*、*EML4-ALK* 和 *ROS1* 融合基因已经成为某些恶性肿瘤的治疗靶点。

9.2.4.1　*BCR-ABL* 融合基因及靶向用药

基因融合现象最早在血液系统恶性肿瘤中被发现，其中最为经典的是慢性粒细胞白血病(chronic myelocytic leukemia，CML)中的 *BCR-ABL* 融合基因。*BCR-ABL* 融合基因编码产生的 BCR-ABL 融合蛋白具有高酪氨酸激酶活性，通过激活下游一系列信号传导途径，引起细胞增殖恶变，导致 CML 的发生。用化疗、干扰素等传统治疗方法治疗 CML，不但治疗效果不理想而且不良反应较大，近年来靶向治疗 CML 取得了较大的成就，主要是以 BCR-ABL 蛋白为靶点特异性抑制酪氨酸激酶的活性。目前治疗 CML 的 BCR-ABL 酪氨酸激酶抑制剂主要有伊马替尼(imatinib)、厄洛替尼(nilotinib)、达沙替尼(dasatinib)等，其中伊马替尼是第一个抗肿瘤的分子靶向治疗药物，开启了靶向治疗肿瘤的新时代。伊马替尼可竞争性结合 BCR-ABL 激酶上的 ATP 结合位点，特异性抑制 BCR-ABL 酪氨酸激酶与底物的磷酸化，影响细胞信号传导，抑制 *BCR-ABL* 融合基因阳性 CML 细胞的增殖，诱导凋亡[24]。而厄洛替尼和达沙替尼则是在伊马替尼基础上发展起来的第二代 ABL 酪氨酸激酶抑制剂。不仅 CML，*BCR-ABL* 阳性的急性淋巴细胞白血病(ALL)也可以使用这类酪氨酸激酶抑制剂进行治疗。所以针对这一靶点进行研究及基因检测，可以为白血病患者的治疗提供有意义的参考，指导临床治疗向精准医疗的目标迈进。

9.2.4.2　*EML4-ALK* 融合基因及靶向用药

2007 年日本学者 Soda 等[25]在肺腺癌患者肿瘤组织中发现棘皮动物微管相关蛋白样 4(echinoderm microtubule-associated protein-like 4，*EML4*)-间变性淋巴瘤激酶(anaplastic lymphoma kinase，*ALK*)融合基因，这是肺癌驱动基因之一，后来的研究发现该融合基因可见于多种肿瘤，如非小细胞肺癌、间变性大细胞淋巴瘤等。*EML4* 与 *ALK* 基因分别位于 2 号染色体短臂的 p21 和 p23 上，相隔大于 10 Mb 且方向相反，两个基因片段倒位融合形成了 *EML4-ALK* 融合基因。*EML4-ALK* 融合基因使激酶具有异常活性，通过激活信号传导途径，影响细胞增殖、分化和凋亡。*EML4-ALK* 融合基因在体内、外的研究中均具有致癌活性，并且其致癌活性能被 ALK 酪氨酸激酶抑制剂有效阻断。克唑替尼(crizotinib)是 FDA 批准的一种 ALK 酪氨酸激酶抑制剂，主要用于

治疗 *EML4-ALK* 融合基因阳性的非小细胞肺癌患者,治疗总有效率为 57%[26]。*EML4-ALK* 基因融合在非小细胞肺癌中的发生率为 4%~6%,但因为其和 *EGFR* 突变及 *K-ras* 突变不共存,所以代表了非小细胞肺癌的一类亚型,通过 *EML4-ALK* 融合基因检测,可对患者进行进一步的亚群分型,筛选靶向药物受益人群,并指导 ALK 酪氨酸激酶抑制剂的临床使用,为患者带来更大的生存受益。

9.2.4.3 *ROS1* 融合基因及靶向用药

原癌基因 *ROS1*,定位于第 6 号染色体 q21 区,含有 44 个外显子,编码胰岛素受体家族的一种跨膜酪氨酸激酶,包括胞内酪氨酸激酶活性区、跨膜区及氨基末端糖基化位点组成的胞外区。*ROS1* 基因重排位点主要在 32~36 外显子,发生重排时保留胞内酪氨酸激酶区和跨膜区,丢失胞外区。*ROS1* 基因融合突变可见于恶性胶质瘤、非小细胞肺癌等多种肿瘤细胞中,尤其在非小细胞肺癌中有着较多的临床研究,在非小细胞肺癌中的发生率为 1%~2%。氨基酸序列分析发现,*ROS1* 基因和 *ALK* 基因在酪氨酸激酶区域的同源性可达 49%,而在激酶催化区的 ATP 结合位点同源性高达 77%,所以 ALK 激酶抑制剂克唑替尼也可抑制 ROS1 激酶活性[27]。已有研究表明[28],*ROS1* 融合基因阳性的非小细胞肺癌患者使用克唑替尼治疗取得了良好的效果,治疗 8 周后,疾病控制率为 72%。*ROS1* 融合基因已经成为非小细胞肺癌患者有效的治疗靶点,需继续完善 *ROS1* 融合基因的检测方法,同时研发新的特异性针对 *ROS1* 融合基因靶点的靶向药物,为患者能接受更好的精准治疗而努力。

9.2.5 检测 miRNA 指导临床用药

有研究表明,miRNA 可以调控 30% 的蛋白编码基因,其作为关键角色参与细胞增殖、分化、代谢、凋亡和 DNA 修复过程。此外,根据 miRNA 表达信号的不同,可以从分子水平上区分正常细胞和癌细胞,辨别不同癌症类型,对癌症进行基于分子水平的分型。随着对 miRNA 的进一步探索,人们对基因表达调控网络的理解提高到了一个新的水平,可使 miRNA 成为疾病诊断新的生物标志物,还可使这一分子成为药物靶点,为人类疾病的治疗提供新的手段。

9.2.5.1 miRNA 参与调节体内药物的处置过程

了解药物的药代动力学特征是保证药物安全有效、避免不良反应、实现个体化用药的前提。药代动力学的改变可能影响药物的疗效甚至产生相反的作用,探究影响药物在体内处置（吸收、分布、代谢、排泄）过程的因素对于践行精准医疗变得至关重要。miRNA 作为新兴非编码 RNA，表观遗传药理学和表观遗传药物基因组学研究证明 miRNA 在药物处置和应答方面扮演着重要的角色[29, 30]。

药物在体内的药代动力学过程主要受药物代谢酶和药物转运蛋白的调节。药物代谢酶包括 Ⅰ 相代谢酶和 Ⅱ 相代谢酶，将药物转变为极性增强的代谢产物并决定肝脏对它们的清除能力。转运蛋白包括外排型转运体 ATP 结合盒式蛋白（ABC）和摄入型溶质转运体蛋白（SLC）两大类，调控药物转运，对药物的吸收、分布、代谢和排泄有显著的影响。因此，编码药物代谢酶和药物转运蛋白基因的改变或蛋白活性的改变都会影响药物的药代动力学，最终影响药物疗效。

1) miRNA 作用于药物代谢酶

药物在体内的过程包括吸收、分布、代谢和排泄，其中代谢过程是影响药物疗效、产生个体差异的主要原因之一。有研究表明，药物代谢酶存在明显的种属差异，特别是在肿瘤治疗中，其多态性会影响药物代谢酶的表达，导致药物反应的个体差异，从而影响药物的剂量。除此之外，发现和确定调节药物代谢酶的新分子可以为患者提供更精确、更合适的药物治疗方案，预测药物代谢酶的活性和患者对药物的反应。肝脏是药物的主要代谢器官，富含药物 Ⅰ 相代谢和 Ⅱ 相代谢所需的各种酶，其中细胞色素 P450 是药物代谢过程中的关键酶。miRNA 参与调控药物代谢酶细胞色素 P450、UDP-葡萄糖醛酸转移酶、谷胱甘肽 S-转移酶等药物代谢酶已经被证实，通过调节药物代谢酶，从而影响药物剂量，影响疗效，甚至产生耐药性。

miRNA 与药物代谢酶相互作用，调节细胞色素 P450 表达。细胞色素 P450 参与 80% 药物的 Ⅰ 相代谢，对 90% 的药物产生作用。其中 CYP3A4、CYP2D6、CYP2C19、CYP2C9、CYP1A2 是最主要的药物代谢酶。药物代谢酶 CYP450 基因多态性可以解释部分个体差异，而 miRNA 作为一个新兴分子，参与药物代谢酶的表达，影响其活性，有助于人们更全面地理解药物的个体差异。miRNA 与药物代谢酶细胞色素 P450 相互作用，特别是对关键药物代谢酶 CYP3A4 等的调控，参与药物的 Ⅰ 相代谢和 Ⅱ 相代谢，影响药物在体内的浓度，从而降低药物的有效性，使药物失效或使细胞对药物产生耐药。例如，miR-27b 通过下调 Ⅰ 相药物代谢酶 CYP1B1，从而减少 4-羟基他莫昔芬的产生，降低 4-羟基他莫昔芬与他莫昔芬对雌激素受体的竞争作用，最终增加细胞对他莫昔芬的敏感性。反之，则使细胞对他莫昔芬产生耐药作用。miRNA 不仅直接与药物代谢酶相互作用,影响药物代谢酶 mRNA 水平和蛋白质水平,改变药物代谢酶的活性和代谢速率,miRNA 还可以间接调节细胞色素 P450。miR-27b 与维生素 D 受体相互作用,间接调节代谢酶 CYP3A4 基因的转录,影响酶的表达,改变预后。鉴于上述研究,针对药物代谢酶过表达的个体,miRNA 可作为一个潜在的药物治疗靶点。miRNA 与药物代谢酶的相互作用总结如表 9-2 所示。

表 9-2　miRNA 与药物代谢酶相互作用一览表

药物代谢酶家族	酶	miRNA	药物
细胞色素 P450	CYP1A1	miR-21，miR-221，miR-222，miR-429，let-7f，let-7d，let-7e，miR-132，miR-142-3p，miR-16，miR-18a，miR-200a，miR-200b，miR-27a	芳香酶抑制剂
	CYP1A2	miR-204，miR-27a	
	CYP1B1	miR-27b	多柔比星
	CYP2A6	miR-142-3p，miR-146a，miR-150	
	CYP2B6	let-7e，miR-130a，miR-18a，miR-18b，miR-200c	
	CYP2C8	miR-103，miR-107，miR-200c，miR-223	
	CYP2C19	miR-29a-3p，miR-34a，miR-130a，miR-150，miR-185，miR-21，miR-214，miR-24	
	CYP2C9	miR-128-3p，miR-130b，let-7f，miR-133a，miR-148b，miR-200c，miR-223，miR-28-3p	
	CYP2D6	let-7f，miR-323-3p	
	CYP2E1	miR-378，let-7a，let-7b，let-7g，miR-10a，miR-130a，miR-150，miR-19a，miR-19b，miR-26a，miR-26b，miR-323-3p，miR-455-3p，miR-455-5p，miR-9	
	CYP2J2	Let-7b	
	CYP19A1	miR-17～92，miR-106a～363，miR-98，miR-181a	
	CYP3A4	miR-27b，miR-206，miR-142，miR-27a，miR-577，miR-1，miR-532-3p，miR-627，miR-34a，miR-133a miR-200c，miR-204，miR-223	
UDP-葡萄糖醛酸转移酶	UGT1A1	miR-548d-5p，miR-491-3p	氯胺酮 雷洛昔芬
	UGT1A3 UGT1A6	miR-491-3p	
	UGT2B15 UGT2B17	miR-376c	类固醇
磺基转移酶	SULT1A1	miR-631	

（续表）

药物代谢酶家族	酶	miRNA	药物
谷胱甘肽 S-转移酶	GSTP1	miR-513a-3p，miR-133a/b，miR-144，miR-590-5p，miR-590-3p，miR-144*，miR-153-1/2	顺铂
	GSTπ	miR-186，miR-133b，miR-490-3P	紫杉醇,顺铂
醛酮还原酶	AKR1C2	miR-193b	

miRNA 还可以和 UDP-葡萄糖醛酸转移酶家族相互作用。UDP-葡萄糖醛酸转移酶是一种结合在内质网上的膜蛋白。它在把葡萄糖醛酸从 UDP-葡萄糖醛酸转移到其他分子上的过程中起到催化作用,大大提高了受体分子的水溶性,促进了这些分子从体内排出,是Ⅱ相代谢的关键酶。miR-491-3p、miR-216b、miR-218 分别靶向作用于 UGT1A、UGT2B、UGT8 药物代谢酶,参与药物代谢过程,影响药物代谢速率。miRNA 可以调节药物代谢酶,反之,药物代谢酶 3′非编码区的单核苷酸多态性可以影响非编码区的二级结构,从而影响其与 miRNA 的亲和性,调节 miRNA 的效能,如 miR-216b 与 UGT2B15 的相互作用。

2）miRNA 通过调节转运蛋白的表达调控药物的转运

miRNA 不仅作用于药物代谢酶,还影响药物转运蛋白 ABC 和 SLC 的表达,调控药物的摄入和外排。转运蛋白介导生物膜内外药物的移位以及信号交换,影响药物的处置。一些 ABC 转运蛋白（P-gp、MDR1、ABCB1）、乳腺癌耐药蛋白（BCRP、ABCG2）和多药耐药相关蛋白（MRP、ABCC）等主要是控制药物的外排,若在多药耐药性细胞和疾病细胞中过表达该类转运蛋白会对药物产生耐药。反之,作为摄入型转运蛋白 SLC 家族,其异常表达也会对药物疗效产生影响。在肿瘤细胞系中 ABCB1 转运体经常上调,使细胞对多种化疗药物（紫杉醇类和蒽环类）产生耐药。造成 ABCB1 转运体表达增加的原因多样,其中 miRNA 异常调节值得关注。miR-451 与 ABCB1 基因 3′非编码区结合,使其 mRNA 降解,细胞对多柔比星的敏感性增强。除此之外,miR-200、miR-27a、miR-298、miR-381 等在不同的细胞系中都分别参与了药物转运蛋白 ABCB1 的调控,表明在不同疾病中 miRNA 表达谱的差异影响药物的有效性。miRNA 与不同的靶基因结合,既可使细胞对药物产生耐药,亦可增强药物的疗效,其作用机制复杂多样。逐渐增多的证据表明，miRNA 参与转运蛋白基因的转录后调控（见表 9-3），影响药物在细胞内的蓄积和应答。

表 9-3　miRNA 参与摄入型和外排型转运蛋白基因的转录后调控

转运蛋白类型	转运蛋白名称	miRNA	疾病类型
外排型转运蛋白 ABC 家族	ABCB1/P-gp	miR-873，miR-186，miR-130a，miR-374a，miR-27a，miR-451，let-7g	卵巢癌
		miR-223，miR-122	肝癌
		miR-129-5p，miR-508-5p	胃癌
		miR-296	食管癌
		miR-298	乳腺癌
	ABCB9	miR-31	非小细胞肺癌
	ABCG1	miR-129-5p	胃癌
	ABCG2/BCRP	miR-33，miR-144，miR-10b，miR-122，miR-370	
		miR-487a，miR-519c，miR-328，miR-181a	乳腺癌
		miR-520h	胰腺癌
		miR-145，miRNA-328	胶质瘤
		miR-212	慢性粒细胞白血病
	ABCC1/MRP1	miR-7	小细胞肺癌
		miR-133a，miR-326	肝细胞癌
		miR-326	乳腺癌
		miR-1291	胰腺癌
	ABCC2/MRP2	miR-379	肝癌
		let-7c	非小细胞肺癌
		miR-297	结肠癌
	ABCC3/MRP3	miR-9*	胶质瘤
	ABCC4/MRP4	miR-124a，miR-506	
	ABCC5/MRP5	miR-128，miR-129-5p	胃癌
	ABCE1	miR-299-3p	肺癌
	ABCG2	miR-328，miR-181a，miR-487a	乳腺癌
		miR-520h	胰腺癌，白血病
摄入型转运蛋白 SLC 家族	SLC15A1/PEPT1	miR-193-3p，miR-23b	肠炎
	SLC16A1/MCT1	miR-29a/miR-29b	
	SLC47A1	miR-95	
	SLCO1B3	miR-92a	
	SLC29A1	miR-30d	
	SLC22A9	miR-20	

3）miRNA 调节药物代谢相关因子，间接调节药物代谢，影响药物处置

miRNA 一方面直接调节细胞色素 P450、UDP-葡萄糖醛酸转移酶、磺基转移酶、谷胱甘肽转移酶、阿尔多酮还原酶 2 等药物代谢酶的表达。另一方面，miRNA 还通过调控异型生物质受体（PPAR 等）和转录因子（PXR/NR1I2、CAR/NR1I4 等）基因，间接影响药物代谢。当异型生物质受体和转录因子被相应配体激活后，它们与靶向启动子区结合，导致药物代谢酶和转运蛋白表达上调。因此，miRNA 通过转录后调控异型生物质受体和转录因子基因的表达（见表 9-4），影响药物代谢酶和转运蛋白的活性，从而影响药物在体内的处置过程和应答。

表 9-4 miRNA 与药物代谢酶相关转录因子相互作用一览表

代谢酶家族	DME-相关转录因子	miRNA
肝细胞核因子	HNF1α	miR-21，miR-146a，miR-194，miR-15b
	NR2A1/HNF4a	miR-24，miR-34a，miR-124，miR-134
过氧化物酶体增殖物激活受体	NR1C1/PPARα	miR-34a，miR-17-5p，miR-21，miR-155
	PPARγ	miR-130a/b，miR-27a，miR-27b，miR-155，miR-223，miR-130/301，miR-122
	PPARδ	miR-9，miR-199a～214
配体激活转录因子	NR1I2/PXR	miR-148a
	NR2B1/RXRa	miR-574-3p，miR-27a/b，miR-128-2，miR-34a
	VDR	miR-125b
	FXR	miR-199a-3p，miR-144
	NR3A1/ERα	miR-181a，miR-873，miR-218，miR-135b，miR-219-5p，miR-18a，miR-22
	NR1H3/LXRa	miR-613，miR-1，miR-206，miR-21
	NR1I3/CAR	miR-137
	AHR	miR-124
	NFE2L2/Nrf2	miR-29a，miR-1，miR-206

9.2.5.2 miRNA 影响细胞耐药相关通路

细胞耐药是导致药物治疗失败的主要原因。异常表达的 miRNA 通过调节药物代谢酶、转运蛋白、转录因子等影响药物在体内的过程，常常导致细胞耐药，使细胞对药物不敏感，疗效降低甚至无效。最近有研究发现，miRNA 作用于癌症中的耐药通路，影响药物与靶标的结合，使细胞耐药，导致治疗失败。胃癌是耐药事件高发的癌症，许多原因可以解释肿瘤细胞耐药表型的产生，包括基因的改变（突变、缺失、扩增）和表观遗传

修饰,其中表观遗传机制在解释癌细胞获得性耐药过程中扮演着不可忽视的作用。Riquelme 等证明 miRNA 参与多条耐药相关通路,是导致胃癌治疗失败的主要原因之一。miR-200bc/429直接靶向作用于 *BCL2* 和 *XIAP*,抑制细胞凋亡,调控 BCL2 信号通路,产生耐药。在胃癌细胞系中,miR-200bc/429 过表达,细胞对顺铂、依托泊苷、长春新碱和多柔比星的敏感性显著增强,而对 5-氟尿嘧啶无影响。反之,当转染 miR-200bc/429抑制剂时细胞对顺铂等药物产生耐药[31]。除此之外,miR-19a/b、miR-1271、miR-23b-3p、miR-223、miR-125b 等分别靶向作用于 PI3K/PTEN/AKT、GF1R/IRS1、自噬、细胞周期、Wnt 和 p53 等信号通路,调控细胞耐药过程。值得注意的是,在胃癌中化疗药物选择时,应根据 miRNA 表达谱的不同加以选择,而不应仅关注某个 miRNA 的表达。

9.2.5.3 miRNA 影响 DNA 损伤应答环节

miRNA 的表达与 DNA 损伤应答及 DNA 修复有着密不可分的关系,是细胞产生耐药的原因之一(见表 9-5、表 9-6)。由于化疗、放疗、氧化应激等原因导致的 DNA 损伤会影响体内 miRNA 的表达谱。反之,DNA 损伤后,miRNA 直接靶向 DNA 损伤应答蛋白,或间接作用于 DNA 损伤应答激酶,或作用于损伤应答效应器从而影响 DNA 损伤修复。52%的哺乳动物 DNA 损伤修复和 DNA 损伤应答检查点相关基因 3′非编码区存在与 miRNA 结合的位点。当 DNA 发生损伤后,由于 DNA 损伤程度、损伤时间以及细胞类型不同,被诱导的 miRNA 不同且表达水平也会随之改变。聚腺苷二磷酸核糖聚合酶 1(PARP-1)是一种可以检测并且对于 DNA 结构损伤进行信息反馈的蛋白质。有研究发现,当癌细胞表达 miR-223 时,PARP-1 被抑制,阻碍 DNA 损伤检测和修复,使细胞对化疗药物的敏感性增强,有效抵御癌症。因此,miR-223 可作为内源性 PARP-1 的抑制剂,用于癌症治疗[32]。Cabrini 发现 miR-181d 和 miR-648 作用于 O^6-甲基鸟嘌呤-DNA 甲基转移酶(*MGMT*),分别影响 *MGMT* mRNA 水平和蛋白质水平,干扰替莫唑胺对癌细胞的促凋亡效应[33]。miRNA 过表达,*MGMT* 下调,细胞对替莫唑胺的敏感性增加,产生疗效。但 *MGMT* 表达水平较低可能影响外界环境导致的 DNA 烷基化损伤修复功能的缺失,是潜在的癌症发病原因之一。除此之外,miRNA 还通过影响上皮间质转化(见表 9-6)和肿瘤干细胞分化参与细胞耐药,诱导癌细胞发生远处转移。综上所述,只有充分了解 miRNA 在体内的作用,才能选择合适的治疗方案。

表 9-5　miRNA 影响 DNA 损伤应答

影响环节			基因	miRNA	药物
DNA 损伤应答	感受器（sensors）/中介因子（mediators）		H2AX	miR-24，miR-138	顺铂,喜树碱
			BRCA1	miR-182，miR-638，miR-146-5p，miR-193a-5p，miR-296-5p，miR-183，miR-16，miR-9	顺铂,多柔比星,紫杉醇,PARP 抑制剂
	转导因子（transducers）		ATM	miR-421，miR-18a，miR-101，miR-100，miR-223，miR-181a，miR-26a，miR-27a，miR-214	依托泊苷
	效应器（effectors）	DNA 损伤修复	PARP1	miR-223	顺铂,多柔比星,丝裂霉素 C
			REV1	miR-96	顺铂,PARP 抑制剂
			ERCC1	miR-138	顺铂
			MSH6/2	miR-21	氟尿嘧啶
			RAD51	miR-155，miR-506，miR-96，miR-182	顺铂,奥拉帕尼,核苷类似物沙帕他滨（sapacitabine）
			NES	miR-940	多柔比星
		细胞周期检查点	P21	miR-17，miR-20a/b，miR-106a/b，miR-93，miR-215，miR-192，let-7	喜树碱
			P27	miR-221/222，miR-181，let-7	喜树碱
			CDKs	miR-124a，miR-885-5p，miR-29，miR-449a/b，miR-34a	氟达拉滨
			Wip1	miR-16，miR-29	多柔比星

表 9-6　miRNA 影响上皮间质转化

影响环节	miRNA	基因	药物
上皮间质转化（EMT）和间质上皮转化（MET）	miR-200	ZEB1/2，ERRFI-1，ZNF217，E-cadherin，Mig6	多柔比星,EGFR 抑制剂,曲妥珠单抗,吉西他滨
	let-7	Twist，Snail，E-cadherin，ZEB1	顺铂,紫杉醇,氟尿嘧啶,吉西他滨
	miR-223	Fbw7	吉西他滨
	miR-21	PTEN，PDCD4	曲妥珠单抗

（续表）

影响环节	miRNA	基因	药物
	miR-30c	*TWF1，VIM*	紫杉醇，多柔比星
	miR-203	*SNAI2*	伊马替尼，依托泊苷（VP-16），替莫唑胺
	miR-206	*MET*	顺铂
	miR-216a/217	*PTEN，SMAD7*	苏拉菲尼
	miR-125b	*Sema4C*	紫杉醇
	miR-139-5p	*BCL2*	氟尿嘧啶，奥沙利铂
	miR-186	*Twist1*	顺铂
	miR-134/487b/655	*MAGI2*	吉非替尼
	miR-375	*MTDH*	他莫昔芬
	miR-145	*SNAI2*	氟尿嘧啶
	miR-106b～25	*EP300*	多柔比星
	miR-644a	*CTBP1*	多柔比星
	miR-489	*SMAD3*	多柔比星

9.2.5.4 miRNA 反映药物作用靶点的活性

P2Y12 是血小板的一种 ADP 受体，是噻氯吡啶、氯吡格雷等作用的靶点。氯吡格雷不可逆地与 P2Y12 受体结合，可以抑制血小板膜 ADP 受体的表达与活性，从而阻碍血小板聚集。miR-223 直接与 *P2Y12* mRNA 的 3′非编码区结合，调控 *P2Y12* 的表达，还通过反映血小板反应指数的大小，提示氯吡格雷和阿司匹林等抗血小板聚集药物剂量的使用[34]。临床实验表明，miR-223 表达水平与血小板反应指数密切相关，在血小板反应指数较低的患者中，miR-223 表达显著下调。miRNA 可作为潜在的分子标记物，用于反映药物作用靶点的活性，调节冠心病患者氯吡格雷使用剂量，实现个体化用药。除此之外，血清/血浆中循环 miR-223 的表达水平受抗血小板聚集药物使用剂量的影响，再次证明 miRNA 在实现个体化用药目标中扮演着不可替代的角色。

9.2.5.5 miRNA 作为潜在的药物治疗靶点

miRNA，作为一个小分子 RNA，参与调控细胞的增殖、分化和凋亡，其在癌症中表达异常是导致癌症发生发展的重要原因之一。致癌的 miRNA 上调而具有抑癌效应的 miRNA 下调是各种癌症中的普遍现象。随着表观遗传学的快速发展，癌症已被认为是无数遗传学和表观遗传学的变异在细胞内累积的最终结果。表观遗传修饰对于肿瘤形成和发展有主要的推动作用。体内、体外实验表明，染色质修饰药物可以改变特定的 miRNA 表达，揭示 miRNA 可作为潜在的药物靶点或作为反映药物疗效的分子标记物。

miRNA 在疾病治疗方面也具有无限潜力。以在癌症治疗方面为例，miRNA 与癌症发生发展密切相关，既可起到促进的作用，也可起到抑制的作用，调控着肿瘤发生发展的各个阶段。对于起到抑癌作用的 miRNA，可通过引入目标 miRNA 增加其表达量，起到治疗癌症的作用；相应地，对肿瘤发生发展有促进作用的 miRNA，可通过抑制其活性或干扰其生成，减少其表达量，从而增强治疗效果。例如，Huynh 等人[35] 的研究表明，黑色素瘤转移前高表达的 miR-182 起到促进肿瘤转移的作用，可以作为用药靶点。Huynh 研究小组利用合成的 anti-miR-182 寡聚核苷酸对黑色素瘤肝脏转移的小鼠模型进行治疗，结果发现治疗组比对照组肝转移的肿瘤显著减少，同时，治疗组小鼠肿瘤中 miR-182 的表达水平显著下调，而 miR-182 的多个直接靶基因的表达量明显上调。他们进一步对治疗组和对照组的肿瘤进行转录组表达谱分析，发现 anti-miR-182 治疗会使黏附、迁移和凋亡相关的基因表达发生变化。由此可见，靶向 miRNA 为肿瘤治疗带来了新的希望和研究方向。

组蛋白去乙酰化酶抑制剂（histone deacetylase inhibitor，HDACi），无论是单用还是联合用药，都显示出潜在的抗癌效应。其中，伏立诺他、罗米地辛和帕比司他是 FDA 认可的 3 个有效组蛋白去乙酰化酶抑制剂，通过靶向作用于特定抑癌 miRNA 和致癌 miRNA，抑制癌细胞的增殖，达到抗肿瘤的目的。例如，帕比司他通过改变一些肿瘤细胞系中 miRNA 的表达，抑制Ⅰ类和Ⅱ类组蛋白去乙酰化酶。在肝细胞系中，帕比司他增加具有抑癌作用的 miR-874 的表达，抑制血管生成和细胞增殖，而在胃癌和颈部癌中可同时诱导细胞凋亡和细胞周期停滞，产生疗效[36]。虽然组蛋白去乙酰化酶抑制剂可以有效作用于 miRNA，但是在不同的细胞系和不同癌症中，其作用的靶点不同，产生的作用也不同。进一步研究 miRNA 在癌症中的分子机制，有助于为患者提供量体裁衣式的治疗。

发生治疗抵抗是系统性癌症治疗的主要缺点。利用传统化疗方法治疗侵袭性三阴性乳腺癌会在很短时间内产生治疗抗性，但其中的机制仍不清楚。研究发现化疗药物治疗情况下，三阴性乳腺癌细胞产生治疗抗性其中一个重要的原因是 miR-181a 的表达上调，进而增强三阴性乳腺癌细胞存活，并在多柔比星处理条件下增强癌细胞的转移能力,表明 miR-181a 可能是一个重要的靶向位点。

9.2.5.6 循环 miRNA

当人们在血清中发现肿瘤特异性 miR-21 的上调与无进展生存期延长存在关系时,许多癌症患者的血清/血浆 miRNA 表达谱便成为人们探索的目标,用于疾病的诊断、预后及药物疗效的评估。miRNA 可作为血清/血浆标志物的原因在于它们的稳定性和对长期储存条件的耐受,以及其不同于其他 RNA 易于降解的特性。miRNA 的稳定性部分归功于外泌体(30~200 μm)和微泡(200~1 000 μm)。外泌体携带 miRNA 至受体细胞(内吞作用),当进入细胞后,miRNA 便可开始发挥作用,参与细胞作用的各个环节而不降解。研究发现癌症患者与对照组相比,血浆中外泌体水平明显增高,提示液体活检可以作为一种无创技术,其 DNA 表达谱和 RNA 表达谱可作为特征性的肿瘤生物标志物,而且可以被定性、定量和追踪。基于获得连续样本的便利性,可以通过检测外泌体的数量变化从而检测耐药情况、评估疗效、制定化疗方案等。

9.2.6 检测 lncRNA 表达指导临床用药

哺乳动物的基因组绝大部分能够发生转录,其中至少 80% 的转录产物都是 lncRNA。lncRNA 与 miRNA 一样属于非编码 RNA,具有多种重要的调控功能,其中最为重要的功能是从表观遗传学层面上调控蛋白编码基因的表达,被认为是参与细胞的正常发展和疾病进程的关键调控分子,也是药物治疗的潜在靶点。lncRNA 参与部分甚至全部信号通路的调节过程,在耐药过程中扮演着重要的角色。细胞耐药性的产生机制复杂多样,包括更多肿瘤干细胞的产生、上皮间质转化、药物流出增加、药物靶向蛋白发生二次突变、药物代谢过程改变、DNA 损伤修复和细胞周期调节异常等[37, 38]。

9.2.6.1 lncRNA 调控肿瘤干细胞

肿瘤干细胞对肿瘤的存活、增殖、转移及复发有着重要作用。从本质上讲,肿瘤干细胞通过自我更新和无限增殖维持着肿瘤细胞群的生命力,肿瘤干细胞具有多种耐药分子而对杀伤肿瘤细胞的外界理化因素不敏感,因此肿瘤往往在常规治疗方法消灭大部分普通肿瘤细胞后一段时间复发。许多调节肿瘤进程的信号通路往往也参与肿瘤干细胞的发展。耐药肿瘤细胞和肿瘤干细胞有相同的特点,即相同的内源性和获得性耐药机制,导致肿瘤的复发和侵袭。有研究表明[39],lncRNA *UCA1* 通过调节 Wnt 信号通路参与上皮细胞和造血干细胞的自我更新过程,从而调控细胞的耐药。异常表达 $UCA1$ 使肿瘤细胞的侵袭性增强并对细胞毒性药物(顺铂)产生耐药。与顺铂治疗的肿瘤细胞相比,耐顺铂治疗的肿瘤细胞中 $UCA1$ 的表达水平明显上调,抑制 $UCA1$ 表达增加对顺铂的敏感性。由此认为, $UCA1$ 可能是通过激活 Wnt 信号通路基因调节细胞分裂和转录,进而促进肿瘤的进程。2015 年国际权威期刊 $Cell\ Stem\ Cell$ 杂志发表的文章中报告了 $lncTCF7$ 在人肝癌干细胞和肝癌组织中显著高表达[40]。沉默 $lncTCF7$ 表达,显著下调肝癌细胞重要转录因子的表达和体外干细胞小球的形成能力,且在动物体内显著抑制肝癌的形成和生长。$lncTCF7$ 高表达,显著促进了肝癌干细胞的自我更新能力。

9.2.6.2 lncRNA 参与上皮间质转化过程

在肿瘤治疗过程中发现,上皮间质转化和其反向过程——间质上皮转化是耐药产生的原因之一。上皮间质转化可驱动细胞恢复肿瘤干细胞样表型,从而导致耐药。$MALAT-1$ 是众所周知的致癌 lncRNA。在胰腺癌中,$MALAT-1$ 通过抑制 G_2/M 细胞周期停滞和细胞凋亡导致上皮间质转化,上皮间质转化使细胞恢复为肿瘤干细胞或使细胞具有肿瘤干细胞的特性,最终导致细胞耐药。$MALAT-1$ 在胰腺癌中的高表达会降低细胞对吉西他滨的敏感性从而降低疗效,甚至无效[41]。因此,由于肿瘤异质性,面对不同 lncRNA 表达谱,应给予不同的化疗方案,以求治疗效应最大化。

9.2.6.3 lncRNA 作用于药物转运蛋白和代谢改变体内药物浓度

与 miRNA 相似,lncRNA 参与药物代谢过程。药物从细胞内流出增加是导致细胞耐药的关键过程,这使细胞内药物浓度降低,达不到阈值因而无效。ATP 结合盒式蛋白对于每个细胞来说都是重要组件,是一类能利用 ATP 水解能量、逆浓度方向将一系列化合物转运通过膜结构的膜蛋白。lncRNA $H19$ 通过 $ABCB1$ 基因发挥作用,抑制肝癌细胞对化疗药物的敏感性。lncRNA $H19$ 表达水平的降低与 $ABCB1$ 启动子区甲基化水平升高有关,表明 lncRNA $H19$ 上调 $ABCB1$ 并与细胞耐药相关,可能是通过甲基化转移酶改变 $ABCB1$ 启动子甲基化水平而发挥作用[42]。

9.2.6.4 lncRNA 调节耐药相关蛋白

P-糖蛋白是人们所熟知的多药耐药蛋白,P-糖蛋白既能与药物结合,又能与 ATP 结合。ATP 供能,使细胞内药物泵出细胞外,减低了细胞内的药物浓度使细胞产生耐药性。Wang 等[43]研究人员认为,在胃癌中 lncRNA 具有增强子样作用,诱导胃癌的多药耐药性。*MRUL* 是一个 lncRNA,位于 *ABCB1* 的下游,并且在两个多药耐药的胃癌细胞系[SGC7901/ADR(耐多柔比星)和 SGC7901/VCR(耐长春新碱)细胞系]中表达上调。实验中同时还发现另外 14 个 lncRNA 分别位于耐药相关蛋白的上、下游。除此之外,lncRNA *ARA* 调控多柔比星耐药也已经被证实[44]。lncRNA 开启了新的篇章,引导人们从转录水平去探索耐药机制,寻找新的药物作用靶点,降低不良反应,提高疗效。

9.2.6.5　lncRNA 诱导靶向蛋白二次突变

获得性耐药最普遍的机制是药物作用靶点发生基因突变。在药物治疗前,基因突变频率较低;在化疗的过程中,肿瘤细胞通常会产生新的突变,从而促进肿瘤细胞产生耐药性。当其他体细胞突变导致肿瘤对化疗产生抵抗时,编码药物靶向蛋白的基因也发现扩增。这些发现表明,分子靶向治疗的应用也会导致耐药,因为新出现的突变改变了药物作用靶点。lncRNA *PVT1* 基因座是致癌易位和反转录病毒插入的位点。有 16% 的骨髓瘤患者中发生 lncRNA *PVT1* 重排。另外有研究发现在染色体 8q24.21 区,lncRNA *PVT1* 与 *MYC* 基因的位置很接近,位于其下游 57 kb 处,并向端粒方向延伸超过 200 kb,形成了一个 *MYC* 基因激活的染色体易位断点,lncRNA *PVT1* 与 *MYC* 基因的共同扩增被证实与多种肿瘤发生有关。在胰腺癌细胞系中,lncRNA *PVT1* 的抑制增加了细胞对吉西他滨的敏感性。其次,在胃癌组织的细胞和紫杉醇耐药细胞系中,lncRNA *PVT1* 的水平分别是控制组的 5 倍和 3 倍。lncRNA *PVT1* 是 MYC 蛋白的一个关键调控因子,破坏 MYC 和 lncRNA *PVT1* 之间的关系,将 MYC 限制于癌前水平,这将使得 *PVT1* 成为潜在控制重要癌基因的一个理想药物靶点[45]。

除了通过上述机制调节细胞耐药之外,lncRNA 的异常表达还可以抵抗内分泌治疗,调节细胞周期,控制细胞的自噬过程,参与促细胞凋亡等调控药物在体内的作用(见表 9-7)。lncRNA 作为蛋白编码基因的关键调控分子,参与多种药物耐药的过程,其异常表达是肿瘤细胞耐药的特征之一。lncRNA 可以参与同一信号通路而作用于不同的靶标。多柔比星和顺铂等 DNA 损伤药物影响 lncRNA,如 *HOTAIR*、*PCGEM* 和 *PDAM*,反之,这些 lncRNA 通过 p21^{Cip} 和 p53 通路影响细胞耐药。相同的药物在不同的癌症中可以影响不同的 lncRNA 和它们的下游通路。lncRNA 从转录水平和转录后水平调节蛋白编码基因,同时也可作为载体参与药物的转运。

表 9-7　lncRNA 影响药物在癌症及相关疾病中的作用

影响环节	lncRNA	靶基因	癌症及相关疾病	药物
肿瘤干细胞	UCA1	Wnt6，p27	膀胱癌，乳腺癌，卵巢癌	顺铂，多柔比星
	Linc-ROR	p53	肝细胞癌	索拉非尼，多柔比星
上皮间质转化/肿瘤干细胞	MALAT-1		胰腺癌，肝癌，肺癌	吉西他滨
	LEIGC		胃癌	氟尿嘧啶
	lnc-ATB	miR-200c，ZEB1，ZNF-217	乳腺癌	曲妥珠单抗
	H19	E-钙黏着蛋白	结直肠癌	甲氨蝶呤
	HOTAIR	β-联蛋白，p21，HOX1	肺癌，肉瘤	顺铂，伊马替尼，拉帕替尼，多柔比星，VP-16，丝裂霉素
	PCGEM1		胰腺癌	多柔比星
	GAS5	PTEN	肺癌，乳腺癌	吉非替尼，曲妥珠单抗
	AK126698	Wnt/β-联蛋白	肺癌	顺铂
	PANDA	NF-YA	乳腺癌	多柔比星，蒽环霉素
	HOTTIP	HOXA13	胰腺癌	吉西他滨
	SnaR		结肠癌	氟尿嘧啶
	Meg3	p53，Bcl-XL	肺癌	顺铂
	CUDR	caspase 3	鳞状细胞癌，膀胱癌	多柔比星，依托泊苷，顺铂
	H19	P-gp	肝细胞癌	多柔比星
	ODRUL	ABCB1	骨肉瘤	多柔比星
	MRL	ABCB1	胃癌	
	linc-VLDLR	ABCG2	肝癌	索拉非尼
	AK022798	MRP1，P-gp	胃癌	顺铂
	NEAT1	CTR1	肺癌	顺铂
耐药相关蛋白	MRUL	ABCB1，Bcl-2/Bax	胃癌	多柔比星，长春新碱
	ARA	ACSL4，Bcl-xl，Bax，Cyclin B1，ToPo Ⅱ α	乳腺癌，肝癌	多柔比星
	H19	MDR，MRP，ABCG2，P95	胶质瘤，乳腺癌，肝癌	替莫唑胺，多柔比星
	CCAL	MDR1/P-gp	结直肠癌	
	PVT1	MDR1，MPR，mTOR，HIF-1a	胰腺癌，胃癌	吉西他滨，紫杉醇，顺铂

（续表）

影响环节	lncRNA	靶基因	癌症及相关疾病	药物
内分泌抵抗	BCAR4		乳腺癌	他莫昔芬
	Gas5	cIAP2，SGK1	肾细胞癌，前列腺癌	糖皮质激素，多西他赛，米托蒽醌，
	HOTAIR		乳腺癌	他莫昔芬
其他	Meg3	FOXO1	糖尿病	胰岛素

国内外转录组学研究都在迅猛发展，并取得了一定成果，显示了转录组学技术在药物研发和指导临床合理用药中的巨大前景。相信随着转录组学技术的不断改进，转录组学必将成为药物研发和临床疾病诊断、治疗、预后评估的有效工具。虽然转录组技术在药物研发和临床用药指导中有其应用优势，但是单独使用转录组学数据也会遇到很大困难，因为许多的差异表达基因源于人群中的个体差异，这些基因和疾病并无直接联系。而通过整合转录组数据和基因组数据，甚至整合蛋白质组数据和代谢组数据，可以让医生对不同患者的病情有更全面的认识，这已经应用于实时临床决策，包括将基因、转录本和蛋白数据应用于诊断、疾病监测、风险分析和建议、新治疗方法的开发。

参考文献

[1] Edgren H，Murumagi A，Kangaspeska S，et al. Identification of fusion genes in breast cancer by paired-end RNA-sequencing [J]. Genome Biol，2011,12(1)：R6.

[2] Ren S，Peng Z，Mao J H，et al. RNA-seq analysis of prostate cancer in the Chinese population identifies recurrent gene fusions，cancer-associated long noncoding RNAs and aberrant alternative splicings [J]. Cell Res，2012,22(5)：806-821.

[3] Khalil A M，Guttman M，Huarte M，et al. Many human large intergenic noncoding RNAs associate with chromatin-modifying complexes and affect gene expression [J]. Proc Natl Acad Sci U S A，2009,106(28)：11667-11672.

[4] Guttman M，Garber M，Levin J Z，et al. Ab initio reconstruction of cell type-specific transcriptomes in mouse reveals the conserved multi-exonic structure of lincRNAs [J]. Nat Biotechnol，2010,28(5)：503-510.

[5] Salmena L，Poliseno L，Tay Y，et al. A ceRNA hypothesis：the Rosetta Stone of a hidden RNA language? [J]. Cell，2011,146(3)：353-358.

[6] Zhang Z，Zhu Z，Watabe K，et al. Negative regulation of lncRNA GAS5 by miR-21 [J]. Cell Death Differ，2013,20(11)：1558-1568.

[7] Ow T J，Sandulache V C，Skinner H D，et al. Integration of cancer genomics with treatment selection：from the genome to predictive biomarkers [J]. Cancer，2013,119(22)：3914-3928.

[8] Karabulut S，Duranyıldız D，Tas F，et al. Clinical significance of serum circulating insulin-like

growth factor-1 (IGF-1) mRNA in hepatocellular carcinoma. [J]. Tumour Biol, 2014, 35(3): 2729-2739.

[9] Kaseb A O, Morris J S, Hassan M M, et al. Clinical and prognostic implications of plasma insulin-like growth factor-1 and vascular endothelial growth factor in patients with hepatocellular carcinoma [J]. J Clin Oncol, 2011, 29(29): 3892-3899.

[10] Pan J, Zhang Q, Xiong D, et al. Transcriptomic analysis by RNA-seq reveals AP-1 pathway as key regulator that green tea may rely on to inhibit lung tumorigenesis [J]. Mol Carcinog, 2014, 53(1): 19-29.

[11] Deodato D, Maccari G, De Luca F, et al. Biological characterization and in vivo assessment of the activity of a new synthetic macrocyclic antifungal compound [J]. J Med Chem, 2016, 59(8): 3854-3866.

[12] Gerits E, Blommaert E, Lippell A, et al. Elucidation of the mode of action of a new antibacterial compound active against Staphylococcus aureus and Pseudomonas aeruginosa [J]. PLoS One, 2016, 11(5): e0155139.

[13] Wang Z, Li Y, Ahmad A, et al. Targeting miRNAs involved in cancer stem cell and EMT regulation: An emerging concept in overcoming drug resistance [J]. Drug Resist Updat, 2010, 13 (4-5): 109-118.

[14] Xu Y, Ohms S J, Li Z, et al. Changes in the expression of miR-381 and miR-495 are inversely associated with the expression of the MDR1 gene and development of multi-drug resistance [J]. PLoS One, 2013, 8(11): e82062.

[15] Zhang J, Wang Y, Zhen P, et al. Genome-wide analysis of miRNA signature differentially expressed in doxorubicin-resistant and parental human hepatocellular carcinoma cell lines [J]. PLoS One, 2013, 8(1): e54111.

[16] Dunleavy K, Roschewski M, Wilson W H. Precision treatment of distinct molecular subtypes of diffuse large B-cell lymphoma: ascribing treatment based on the molecular phenotype [J]. Clin Cancer Res, 2014, 20(20): 5182-5193.

[17] Curtis C, Shah S P, Chin S F, et al. The genomic and transcriptomic architecture of 2,000 breast tumours reveals novel subgroups [J]. Nature, 2012, 486(7403): 346-352.

[18] Zhang W, Liu Y, Sun N, et al. Integrating genomic, epigenomic, and transcriptomic features reveals modular signatures underlying poor prognosis in ovarian cancer [J]. Cell Rep, 2013, 4 (3): 542-553.

[19] Zhang H, Li J, Zhang Y, et al. ERCC1 mRNA expression is associated with the clinical outcome of non-small cell lung cancer treated with platinum-based chemotherapy [J]. Genet Mol Res, 2014, 13(4): 10215-10222.

[20] Smith S, Su D, Rigault de la Longrais I A, et al. ERCC1 genotype and phenotype in epithelial ovarian cancer identify patients likely to benefit from paclitaxel treatment in addition to platinum-based therapy [J]. J Clin Oncol, 2007, 25(33): 5172-5179.

[21] Dabholkar M, Vionnet J, Bostickbruton F, et al. Messenger-RNA levels of Xpac and Erccl in ovarian-cancer tissue correlate with response to platinum-based chemotherapy [J]. Clin Invest, 1994, 94(2): 703-708.

[22] Jordheim L P, Sève P, Trédan O, et al. The ribonucleotide reductase large subunit (RRM1) as a predictive factor in patients with cancer [J]. Lancet Oncol, 2011, 12(7): 693-702.

[23] Maher C A, Kumar-Sinha C, Cao X, et al. Transcriptome sequencing to detect gene fusions in

cancer [J]. Nature，2009，458(7234)：97-101.

[24] 孟凡义.融合基因蛋白靶点药物——依马替尼治疗恶性血液病的临床研究[J].中国实用内科杂志，2006，26(6)：472-475.

[25] Soda M，Choi Y L，Enomoto M，et al. Identification of the transforming EML4-ALK fusion gene in non-small-cell lung cancer [J]. Nature，2007，448(7153)：561-566.

[26] Kwak E L，Bang Y J，Camidge D R，et al. Anaplastic lymphoma kinase inhibition in non-small-cell lung cancer [J]. N Engl J Med，2010，363(18)：1693-1703.

[27] Ou S H，Tan J，Yen Y，et al. ROS1 as a 'druggable' receptor tyrosine kinase：lessons learned from inhibiting the ALK pathway [J]. Expert Rev Anticancer Ther，2012，12(4)：447-456.

[28] Shaw A T，Ou S H，Bang Y J，et al. Crizotinib in ROS1-rearranged non-small-cell lung cancer [J]. N Engl J Med，2014，371(21)：1963-1971.

[29] Yu A M，Tian Y，Tu M J，et al. MicroRNA pharmacoepigenetics：posttranscriptional regulation mechanisms behind variable drug disposition and strategy to develop more effective therapy [J]. Drug Metab Dispos，2016，44(3)：308-319.

[30] Dluzen D F，Lazarus P. MicroRNA regulation of the major drug-metabolizing enzymes and related transcription factors [J]. Drug Metab Rev，2015，47(3)：1-15.

[31] Riquelme I，Letelier P，Riffo-Campos A L，et al. Emerging role of miRNAs in the drug resistance of gastric cancer [J]. Int J Mol Sci，2016，17(3)：424-441.

[32] Streppel M M，Pai S，Campbell N R，et al. MicroRNA 223 is upregulated in the multistep progression of Barrett's esophagus and modulates sensitivity to chemotherapy by targeting PARP1 [J]. Clin Cancer Res，2013，19(15)：4067-4078.

[33] Cabrini G，Fabbri E，Lo Nigro C，et al. Regulation of expression of O^6-methylguanine-DNA methyltransferase and the treatment of glioblastoma [J]. Int J Oncol，2015，47(2)：417-428.

[34] Shi R，Zhou X，Ji W J，et al. The emerging role of miR-223 in platelet reactivity：implications in antiplatelet therapy [J]. Biomed Res Int，2015(2015)：981841.

[35] Huynh C，Segura M F，Gaziel-Sovran A，et al. Efficient in vivo microRNA targeting of liver metastasis [J]. Oncogene，2011，30(12)：1481-1488.

[36] Ali S R，Humphreys K J，McKinnon R A，et al. Impact of histone deacetylase inhibitors on microRNA expression and cancer therapy：a review [J]. Drug Dev Res，2015，76(6)：296-317.

[37] Li C H，Chen Y. Targeting long non-coding RNAs in cancers：progress and prospects [J]. Int J Biochem Cell Biol，2013，45(8)：1895-1910.

[38] Zhang C，Peng G. Non-coding RNAs：an emerging player in DNA damage response [J]. Mutat Res Rev Mutat Res，2015，763：202-211.

[39] Fan Y，Shen B，Tan M，et al. Long non-coding RNA UCA1 increases chemoresistance of bladder cancer cells by regulating Wnt signaling [J]. FEBS J，2014，281(7)：1750-1758.

[40] Wang Y，He L，Du Y，et al. The long noncoding RNA lncTCF7 promotes self-renewal of human liver cancer stem cells through activation of Wnt signaling [J]. Cell Stem Cell，2015，16(4)：413-425.

[41] Jiao F，Hu H，Han T，et al. Long noncoding RNA MALAT-1 enhances stem cell-like phenotypes in pancreatic cancer cells [J]. Int J Mol Sci，2015，16(4)：6677-6693.

[42] Tsang W P，Kwok T T. Riboregulator H19 induction of MDR1-associated drug resistance in human hepatocellular carcinoma cells [J]. Oncogene，2007，26(33)：4877-4881.

[43] Wang Y，Zhang D，Wu K，et al. Long noncoding RNA MRUL promotes ABCB1 expression in

multidrug-resistant gastric cancer cell sublines [J]. Mol Cell Biol，2014,34(17)：3182-3193.

[44] Jiang M，Huang O，Xie Z，et al. A novel long non-coding RNA-ARA：adriamycin resistance-associated [J]. Biochem Pharmacol，2014,87(2)：254-283.

[45] Tseng Y Y，Moriarity B S，Gong W，et al. PVT1 dependence in cancer with MYC copy-number increase [J]. Nature，2014,512(7512)：82-86.

10

重要模式动物的
转录组学研究

人类疾病的精准医疗离不开对模式动物的研究。在当前的精准医学时代，当然更离不开对重要模式动物进行的组学数据研究，建立疾病模式动物模型已经成为研究人类疾病的重要手段。小鼠、大鼠、猪、狗、猴、斑马鱼、果蝇等模式动物已经成为人类疾病动物模型的最佳实验材料，这些动物模型大都具有独特的优势，其生理生化和发育过程与人类比较相似，同时该模型可以模拟人类疾病的发病过程以及对药物的反应等，在这些研究过程中获得的组学数据信息无疑将为特定疾病的精准医疗提供重要的参考资料。本章将通过重点对小鼠、大鼠、斑马鱼、恒河猴以及小型猪等几种重要模式动物的转录组学研究，探讨转录组测序技术在几种模式动物模型中的应用，尤其在治疗靶点筛选、药物筛选、药物反应评估以及探索疾病发病机制等方面的应用，并提供了如何利用模式动物的转录组数据指导疾病精准医疗的分析技术与手段。

10.1 小鼠转录组学研究在精准医学中的应用

10.1.1 小鼠作为模式生物的优势和意义

小鼠已发展成为遗传学研究的首要哺乳动物模式系统，主要优势在于其遗传和生理与人类具有很高的相似性，而且它的基因组易于操作和分析。尽管酵母、线虫和果蝇是研究细胞周期和许多发育过程的优秀模式生物，但小鼠在研究哺乳动物共有的免疫、内分泌、神经、心血管、骨骼肌、其他复杂生理系统方面远远好于这些模式生物。像人类和其他哺乳动物一样，小鼠能够患有影响这些系统的疾病，包括癌症、动脉粥样硬化、高血压、糖尿病、骨质疏松症和青光眼等。某些严重影响人类健康，但通常不会发生在老鼠身上的疾病，如囊性纤维化和阿尔茨海默病，可以通过操作小鼠基因组和环境进行诱导。

通过评估人类和小鼠的基因表达模式，发现小鼠模型与人类具有高度的相关性，而且共享调控的下游通路，小鼠模型的基因表达谱较好地重现了人类免疫炎症条件下的转录组，这强有力地证明了小鼠作为人类疾病动物模型具有强大的优势[1]。此外，小鼠作为生物医学研究模式动物的吸引力还在于相对较低的维护成本和迅速繁殖甚至每9周繁殖一次的能力。

目前，可用于基因研究的小鼠模型包括成千上万独特的近交系品种和转基因突变体，包括易于发生不同的癌症、糖尿病、肥胖、失明、肌萎缩侧索硬化、亨廷顿病、焦虑、攻击性行为、酗酒甚至吸毒等的模型。免疫缺陷小鼠还可以作为正常和病变的人体组织赖以生长的宿主，为癌症和艾滋病的研究提供模型。近年来，研究人员还采用一系列创新遗传技术和最先进的再生技术产生各种特异疾病所需的小鼠模型和研究靶基因的功能，包括转基因小鼠构建、胚胎的冷冻保存、体外受精和卵巢移植等（https://www.genome.gov/10005834/background-on-mouse-as-a-model-organism/）。这些小鼠模型忠实于疾病的人类形态，长期以来一直被认为是研究疾病潜在机制和从实验室走向临床的转化研究所必需的。研究人员利用小鼠模型已经为生命医学研究乃至精准医学和人类健康做出了极大的贡献。例如，最近来自辛辛那提儿童医院医学中心的科学家们开发了急性髓细胞性白血病的小鼠模型，并已用它获得遗传疾病机制的重要新见解和识别有前途的药物靶点[2]。

简单来讲，以白血病为例，由于白血病显著的出生率和病死率，大量动物模型已被开发出来，用于研究白血病恶性转化、浸润和转移涉及的因素，以及检测其对治疗的反应。动物模型也能有助于确定可能对引发白血病有推动作用的外源性物质。在白血病中，尽管慢性淋巴细胞白血病（CLL）是最常见的类型，但急性髓细胞性白血病（AML）导致的死亡约占所有白血病的一半，因此 AML 是研究最彻底而且拥有动物模型最多的一种亚型。而小鼠和大鼠是白血病研究的首选模型。自发的、化学物质诱导的和病毒感染的模型已使用多年，现在逐步转向异种移植模型、转基因模型（genetically engineered model）甚至嵌合方法模型等（见图 10-1）。因此，本节将重点讨论这些小鼠模型的转录组分析在白血病精准医学研究中的应用。

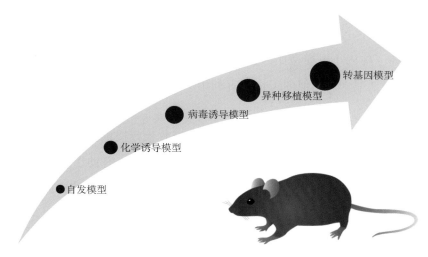

图 10-1　白血病小鼠模型的种类（按建立方法分类）

10.1.2　小鼠转录组在疾病研究中的应用

以白血病小鼠模型为例，研究人员通过对其转录组研究，已经开展了异种移植和药物反应与人类的相似性、肿瘤发生发展的分子机制及药物反应的预测等研究。

10.1.2.1　证明小鼠模型在异种移植和药物反应方面与人类的相似性

尽管永生化的细胞系已被广泛应用于优化癌症治疗策略，但利用体外系统重现原发疾病的能力仍然非常有限。然而，使用患者来源的材料设计有效重现人类疾病的小鼠模型，对拓展在癌症生物学和耐药机制方面的认识是非常关键的。非肥胖糖尿病/严重联合免疫缺陷（NOD/SCID）小鼠是研究急性淋巴细胞白血病（ALL）最成功的模型之一。然而，这个小鼠模型能否有效研究异种移植和药物反应还有待确认。Samuels 等人通过研究 ALL 异种移植细胞的物种特异基因表达谱，表明了高度异种移植的移植物中可以获得物种特异的基因表达谱，可以发现与 ALL 发展和治疗反应相关的基因和通路，因此表明该模型能有效研究异种移植和药物反应[3]。据报道 NOD. Cg-$Prkdc^{scid}$ $IL2rg^{tmWjl}$/Sz（NSG）小鼠具有最佳的异种移植效率，然而这个模型能代表临床患者的细胞、分子、发育特征等尚不清楚。为此，Woiterski 等人用儿童前 B 细胞 ALL、AML 和 T 细胞急性淋巴细胞白血病（T-ALL）的 54 个原代细胞进行异种移植获得 200 多个 NSG 小鼠的原代细胞和一系列异种移植细胞，揭示了异种移植动力学与临床预后的相关性。已知白血病发生相关重要基因的转录组聚类分析揭示了小鼠和人之间具有相似的基因表达谱;此外,NSG 小鼠的异种移植程度和总体生存率与 3 种疾病的患者预后相关,进一步支持了体内小鼠模型作为探索白血病异质性和患者特异性靶向治疗策略临床预试验的有效工具[4]。类似的工作还有利用 RNA 测序分析证明异种移植小鼠可用于慢性髓细胞性白血病(CML)发病机制的研究[5]等。

10.1.2.2 揭示肿瘤发生发展的分子机制为药物治疗提供靶点

小鼠转录组研究既能揭示肿瘤发生发展的分子机制,也有助于筛选和发现肿瘤治疗的药物靶点。全基因组测序结合靶向测序研究发现了一个在急性白血病患者中有较常见突变的抑癌基因 SETD2,经过小鼠模型和体外细胞的功能实验证明其功能异常与多种不同致癌基因协同驱动急性白血病的发生和发展相关,为研发白血病新的治疗方法提供了重要基础[6]。该研究利用小鼠模型的转录组分析揭示了 MLL 白血病细胞中 SETD2 功能性缺失引起人类白血病干细胞印记基因、癌症相关胚胎干细胞基因和 Wnt 信号通路的激活,表明 SETD2 功能性缺失通过增强白血病干细胞的干性推动白血病的维持和发展[6]。这项研究证明 SETD2 引起的染色质修饰异常是一个新的分子治疗靶点,为急性白血病的临床预测、诊断和治疗提供了新的机遇。此外,对染色质免疫沉淀芯片和基因表达芯片的整合分析发现了 MLL 融合蛋白特异性作用的靶基因区域,关键转录因子 EYA1/SIX1 很可能是急性白血病中 MLL 融合蛋白介导的一种新的致病通路,功能实验进一步证明 MLL 融合蛋白通过直接激活一些靶基因导致 MLL 白血病的发生[7];通过 ChIP-chip/ChIP-seq 数据和表达数据等全基因组数据分析,发现转录因子 PU.1 通过调控一组特征性基因在 MLL 白血病中发挥重要的调控作用,并位于 MEIS1/HOXA9 通路的上游[8]。ROR1 对白血病发生有推动作用,并且能结合 AKT 的辅助激活因子 TCL1[9]。对转基因小鼠的基因表达芯片分析发现,ROR1 与 TCL1 共表达能加速白血病发生,导致 AKT 激活,增强白血病细胞增殖和抵抗凋亡;用 ROR1 抗体处理高表达 ROR1 的白血病细胞能下调 ROR1 表达、降低 AKT 磷酸化和破坏白血病细胞的异种移植能力[9]。这些研究揭示了 EYA1/SIX1、PU.1、SETD2、ROR1 等基因是白血病的新分子治疗靶点。利用小鼠转录组研究,深入探讨表观基因组变异和人类肿瘤的关系,将极大地促进对肿瘤发病机制的理解,有助于开发表观调控的临床药物。

miRNA 在生理状态和多个恶性疾病如白血病中展示了重要的作用。Kuchenbauer

等人通过 miRNA 转录组的深度测序分析发现，差异表达的、序列变异体的和新发现的 miRNA 都增加了转录组的复杂度；靶基因预测分析结合体外实验验证表明 miRNA 介导的致癌基因的释放有利于白血病从前期到发展的状态转变[10]。

10.1.2.3　治疗药物反应的预测

小鼠模型尤其适合评估新药的疗效，而且能确认已有药物单独使用还是联合用药具有最大的疗效（见图 10-2）。白血病原始幼稚细胞很容易快速移植，形成大批量的具有相同疾病的小鼠用于临床前试验。

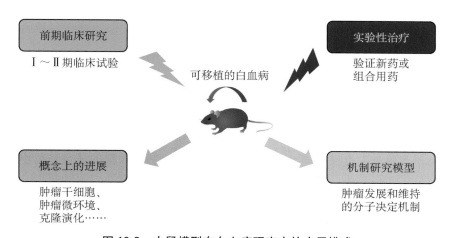

图 10-2　小鼠模型在白血病研究中的应用模式

　　癌症的遗传异质性影响肿瘤进展恶化的轨迹，可能导致临床治疗反应的多样化。为了模拟此类遗传异质性，Zuber 等人构建了与人类 AML 遗传和病理一致的转基因小鼠模型，开发了模拟标准诱导化疗有效监测治疗反应的方法，并通过基因表达芯片技术分析白血病转录组以明确治疗差异反应潜在的分子机制。研究发现，两种常见基因型的小鼠 AML 细胞模拟了临床经历，展示出极其不同的药物反应；表达 AML1/ETO 融合癌蛋白（AML1/ETO9a＋Nras）的小鼠白血病与患者良好的预后相关，药物治疗引起的复杂基因表达变化（418 个差异表达基因）归因于 p53 肿瘤抑制网络的激活；而表达 MLL 融合蛋白的小鼠白血病与患者的低迷预后相关，其耐药是由于一种减弱的 p53 反应，药物治疗引起了极少的转录组改变（33 个差异表达基因）；转录组分析确定的药物反应印记能有效地区分 AML 两个亚型和表达 AML1/ETO 融合癌蛋白的白血病细胞是否经过药物处理[11]。这些研究强调了在指导人类 AML 治疗中遗传信息的重要性，功能上证明了 p53 网络作为 AML 化疗反应的中心决定因素，并且还表明人类癌症的转基因小鼠模型可以准确预测患者的治疗反应[11]。

10.2 大鼠转录组学研究在精准医学中的应用

10.2.1 模式生物大鼠

大鼠(*Rattus norvegicus*)是一种广泛应用于动物生理学、药理学、毒理学、营养学、行为学、免疫学、肿瘤学和人类疾病治疗等研究的哺乳动物。作为啮齿目鼠科的一员，其开发程度虽落后于小鼠，但也在其他哺乳类模式动物的前面。由于具有体型小、繁殖快、容易操作、方便饲养等特点，百余年来大鼠都是国内外科学家常用的重要模式生物。大鼠模型具有模拟几乎所有已知人类疾病的潜力，从某种程度上说，大鼠是目前最适合的人类疾病动物模型之一。尤其在复杂疾病如高血压、糖尿病、乳腺癌和神经系统疾病研究中，由于大鼠与人类在生理、病理和行为等方面更相似，大鼠的研究显得更加重要。此外，大鼠一直广泛应用于药效以及药物安全性评估中。

随着对大鼠基因组认识的逐步加深，人们对大鼠疾病相关基因有了进一步发现，部分研究结果能向临床转化[12]。过去几十年的研究中大部分研究成果是单一性状的，只有很少一部分是多位点的，如胰岛素耐受性(Cd36)[13]、1 型糖尿病(Cblb)[14]等。近几年，通过整合基因组图谱信息，将大鼠基因研究向临床转化的速度增长迅速，越来越多与健康/疾病相关的基因检测出来。此外，一些新的以前无法探知的信息与疾病的联系也逐步受到关注。有研究发现，有 113 个人和大鼠同源基因存在拷贝数变异现象，其中 80 个基因与人类疾病有关[15]。

10.2.2 大鼠转录组

随着 1995 年大鼠基因组计划和 1997 年大鼠表达序列标签(EST)计划的启动，大鼠组学研究取得一系列丰硕的成果。大鼠染色体包括 20 对常染色体和 1 对性染色体，基因组大小约为 3.0×10^9 bp。Ensembl 中对大鼠基因组版本 Rn6 的注释包括编码基因 22 777 个，小非编码基因 5 122 个，长非编码基因 3 181 个，假基因 1 533 个，转录本 40 071个(http://asia. ensembl. org/Rattus_norvegicus/Info/Annotation♯assembly)。

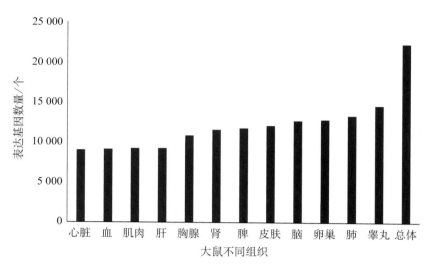

图 10-3 大鼠不同组织中表达的基因数量

经转录组测序研究,大鼠不同组织表达的基因数量如图 10-3 所示(http://asia.ensembl.org/Rattus_norvegicus/Info/Annotation#assembly)。

随着分子生物学和生物信息学技术的进步,组学分析手段越来越多地应用于大鼠基因表达谱研究。Kwekel 等对 2、5、6、8、15、21、52、78 和 104 周 F344 大鼠肝脏表达谱研究发现,从一开始,雄性与雌性大鼠的肝脏基因表达就显示出差异,这种差异从第 5 周开始扩大,第 8~52 周间差异进一步放大,随后差异缩小直到 104 周,并发现约 3 800 个基因在肝脏表达随年龄或性别的改变发生显著性变化[16],肾脏中也有类似发现[17];Wood 等发现了在大鼠大脑皮质随年龄变化的差异表达转录本,其功能主要集中于 MHC Ⅱ 提呈和 5-羟色胺生物合成[18];Yu 等利用转录组测序,对来自幼年、青春期、成年及老年的 32 只雌雄 F344 大鼠进行了涵盖 11 种器官(大脑、肺、脾、肾上腺、肾、骨骼肌、肝、心脏、胸腺、子宫及睾丸)的 320 个样本的转录组深度测序,发现大鼠器官间基因/转录本表达水平差异显著,大量的转录本显示出器官特异性、年龄依赖性或性别特异性的表达模式,一些器官富集、差异性表达的基因显示出特定器官的特异性生物活性[19]。

在 miRNA 方面,Sun 等研究发现大鼠关节软骨发育过程中 miRNA 表达的动态变化规律,发现其与调节软骨细胞增殖和发育的局部分泌因子和转录因子相关[20];Kwekel 等对肾脏 miRNA 在 F344 大鼠生命周期年龄和性别变化进行了研究,发现超过一半的 miRNA 显示出年龄和(或)性别依赖[21];Minami 等对雄性大鼠 55 个器官/组织的共 180 个样品进行的 Agilent miRNA 表达谱芯片分析,提供了大量器官特异的 miRNA 表达信息[22]。

然而,与人和小鼠相比,我们对大鼠的认识仍然十分有限。大鼠基因组注释仍不完整,仍存在很多缺失片段;对大鼠的基因功能缺乏科学、权威的解释。例如,截至 2016 年 5 月,在 NCBI 的 GEO 数据库(http://www.ncbi.nlm.nih.gov/gds)中已记录的大鼠高通量实验数据集为 76 841 个,远低于小鼠的 323 523 个和人类的 1 094 862 个。miRNA 注释数据库 miRBase v.20 中注释的大鼠 miRNA 为 728 个,远低于小鼠的 1 908 个和人类的 2 578 个[23]。

实验用大鼠品系繁多,目前已有数百种不同的实验用大鼠。研究表明,不同大鼠品系间基因表达谱存在差异。微阵列表达谱分析发现,成年 SD 大鼠、Wistar 大鼠和 WKY 大鼠的视上核、室旁核、垂体中叶组织表达水平差异较大,与下丘脑-垂体后叶系统功能相关的基因表达水平有显著差异[24]。挪威棕色大鼠、F344 大鼠和 Wistar 大鼠对药物的免疫毒性敏感性方面,在细胞因子基因表达、形态学等方面存在较大差异[25,26]。PVG/c、Long-Evans 和 Wistar 大鼠对咖啡因的应激反应存在品系差异[27]。品系差异表明,根据实验设计合理选择品系非常重要。例如,在药物致敏性临床前安全评价研究中,应选用高易感品系大鼠。进一步考虑到一些药物成分的复杂性,应根据遗传背景,选择两种或两种以上品系开展研究,以提高研究结果的可靠性和敏感性。

10.2.3　大鼠转录组研究工具

在基因表达检测方面,常见的高通量实验方法包括微阵列和 RNA-Seq 技术。大鼠表达谱研究的平台主要包括大鼠表达谱芯片和高通量测序。目前,市场上常用的微阵列主要是 Affymetrix 公司和 Agilent 公司推出的大鼠基因表达谱和大鼠 miRNA 表达谱芯片。Affymetrix 大鼠转录组 RTA 1.0 芯片系列检测基因水平、转录本水平、蛋白编码或非编码 RNA 水平,检测了约 25 000 个基因,91 000 个转录本,316 000 个外显子,根据样品特征分为微量(Pico)、普通和 FFPE 样品芯片。Affymetrix miRNA 4.1 芯片包含涵盖 203 个物种的 30 424 个探针,其中包括大鼠 728 个成熟 miRNA 和 486 个 pre-miRNA 的特异探针。Agilent SurePrint G3 大鼠基因表达芯片涵盖 30 584 条 Entrez 注释的 RNA。Agilent SurePrint Rat miRNA 芯片根据 miRBase 数据库注释的探针定量大鼠成熟 miRNA。此外，Agilent 提供大量定制化的基因表达谱芯片，方便用户针对自身需求设计探针。随着技术的发展和对大鼠基因组认识的加深，基因表达谱芯片还在不断升级。

近 10 年来，以高通量测序技术为基础的 RNA-Seq 发展起来。RNA-Seq 产生的数据可定性和定量地解析特定生物学状态下的转录组信息。除了能与微阵列一样获得已知基因的表达水平外，还可以同时实现在基因水平、转录水平和外显子水平计算表达量。此外，RNA-Seq 可以检测新基因、转录本和新的选择性剪接等。miRNA-Seq 是一种以 miRNA 为测序对象，以新一代高通量测序技术为基础的研究方法，产生的数据能够鉴定新的 miRNA 和对 miRNA 进行定量研究。由于优势明显，高通量测序技术已在多个物种包括大鼠中得到了越来越广泛的应用。

目前来看，微阵列和 RNA-Seq 这两种技术将长期并存。一方面，通过 RNA-Seq 和微阵列技术，获得了大量生物学样品的转录组表达数据。以 NCBI GEO 大鼠数据集系列（series）为例，RNA-Seq 数据集从 2006 年开始有 RNA-Seq 数据集递交，共 107 个，微阵列数据集从 2001 年开始有微阵列数据集递交，共 2 664 个（截至 2016 年 5 月）。由于 RNA-Seq 的优势明显，随着其价格的进一步下降，预测将有更多的 RNA-Seq 数据产生，并在 2028 年赶超微阵列数据。

10.2.4　大鼠组学数据资源

Rat Genome Database（RGD，http：//rgd. mcw. edu）成立于 1999 年，提供了实验大鼠基因、基因组、表型和疾病数据资源，内容主要包括大鼠的基因变异、表型和疾病、实验设计与结果数据、数据集和软件工具等，是大鼠基因信息的综合数据库[28]。

Rat bodymap（http：//pgx. fudan. edu. cn/ratbodymap/）是雌雄大鼠在生命周期（幼年、青少年、成年和老年）的大脑、肺脏、脾脏、肾上腺、肾脏、骨骼肌、肝脏、心脏、胸腺、子宫或睾丸基因表达信息的数据库。数据库包括浏览、关键词搜索、特征浏览、BLAST、下载等功能，数据内容包括完整的大鼠转录组图谱、每个基因的表达信息和外源公共数据库的链接等[19]。

10.2.5　大鼠转录组在疾病研究中的应用

大鼠的生理学与病理学研究是为了将这些结果转化到对人类的研究中，尤其是在复杂性状疾病方面。通过选择性繁殖、基因修饰等方法,研究人员开发了包括肿瘤、高血压、糖尿病、关节炎、自身免疫病等特定的大鼠疾病模型,为研究人类疾病奠定了基础。目前,大鼠疾病模型、转录组研究和其他基因信息研究已为研究者从事疾病研究提供了许多信息[12]。

例如,婴儿型多囊性肾病(PKD)是一种常染色体隐性遗传病,研究人员通过映射和定位克隆的方法建立多囊肾(polycystic kidney, PCK)大鼠模型。随后在大鼠多囊肾模型中发现了纤毛异常,使得研究者将初级纤毛与 PKD 联系在一起,进而发现细胞分裂期间,细胞极化平面发生了明显扭曲,在这一缺陷过程中引起了肾小管扩张和囊肿形成导致 PKD。药物筛选发现 VPV2R 拮抗剂可以通过调控肾小管的集合管中 *VPV2R* 基因水平调节肾脏过量的 cAMP,抑制疾病恶化[29]。目前,VPV2R 拮抗剂进入临床试验阶段。

又如,研究人员对自发性高血压心力衰竭 SHHF 大鼠模型的基因表达谱进行研究,发现 *Ephx2* 基因可能是心力衰竭的易感基因,对 *Ephx2* 的顺式调控元件进行突变导致 *Ephx2* 基因转录本表达上调、蛋白表达水平上调、酶活性增强,并加速保护心脏的环氧二十碳三烯酸水解,显示 *Ephx2* 可能可以作为治疗心血管疾病的药物靶标[30-32]。

10.3　斑马鱼转录组学研究在精准医学中的应用

10.3.1　斑马鱼作为模式生物的优势和意义

斑马鱼是广泛应用于科学研究的一种较好的模式生物。它通体透明,眼、耳、脑都清晰可见,利用普通的显微镜就能实时地观察斑马鱼体内的细胞、组织、器官和行为。斑马鱼繁殖率高,器官发育快。一对斑马鱼在一周内可产卵数百个。受精卵在体外发育,在受精后的一天之内就可完成整个体态的发育,随后几天内完成器官的形成与细化。受精后第三天即可观察到各个主要器官,受精后第五天可观察到胃肠道的蠕动。受精后第三天的斑马鱼就可以通过口或皮肤吸收化学物质。发育一周内的斑马鱼体长不超过 5 mm,刚好能浸浴在盛有药液的 96 孔平板的小孔中。更重要的是,斑马鱼能够耐受溶剂二甲基亚砜,所以只需利用溶媒溶解几毫克的待试化合物就能对斑马鱼进行体内药物实验,不需要化合物的大量制备。斑马鱼的基因组由 25 条染色体组成,约

17亿个碱基对,其大小相当于人类基因组的1/2。编码蛋白质的基因数目与哺乳动物接近(估计约2.6万个)。更重要的是,斑马鱼的基因组在进化和功能上是保守的,与哺乳动物极为相似。通过一直以来对斑马鱼的遗传学、细胞学和分子生物学的研究,目前人们已经掌握了关于这种模式生物的很多知识。

斑马鱼模型有很多优势,目前在进行高通量的药物体内筛选试验、效能测定、早期的毒理、安全和药物的吸收、分布、代谢和排泄等研究方向已经得到广泛应用。斑马鱼的基因组有84%与人类同源,早期的发育也与人类极为相似,所以斑马鱼已经成为研究相关人类疾病基因的最佳模式生物。

通过筛选斑马鱼胚胎或成鱼基因库中类似于人类疾病或特定功能的基因,通过基因工程技术导入斑马鱼的受精卵中,就可以观察该基因在斑马鱼胚胎发育过程发挥的作用。由于斑马鱼的胚胎是全透明的,人们可以全程观察并研究其发育状况。使用GFP转基因技术人们可以对特定组织进行实时观察。目前,斑马鱼模式生物的应用正逐渐拓展和深入生命体多种系统(包括血液系统、神经系统、心血管系统、免疫系统等)的发育、功能和疾病(如神经退行性疾病、心血管疾病、免疫系统疾病等)研究中。通过显微注射向斑马鱼胚胎内注入DNA或RNA影响特定基因的表达,也是目前常用的研究手段之一。吗啉基(morpholino)寡核苷酸敲除技术和异位基因表达技术是斑马鱼发育遗传学研究中的常用技术。吗啉基有抑制翻译起始的作用,注射吗啉基寡核苷酸能够模拟产生基因突变的表型。人们可以通过这种手段,利用斑马鱼模型研究人相关基因的功能。本节将重点讨论这些斑马鱼模型的转录组分析在精准医学研究中的应用。

10.3.2   斑马鱼疾病模型及其在药物筛选中的应用

斑马鱼子代数目繁多、胚胎透明,具有做大规模突变筛选的特性,促使近年来基于斑马鱼的筛选模型进展迅速。斑马鱼不仅是遗传与发育机制的研究模型,也是不同类型疾病的研究模型,主要用于发病机制和药物筛选的研究,部分扩展到药物靶标鉴定等方面。

10.3.2.1   血液疾病和心血管疾病

斑马鱼和哺乳动物的造血发生部位虽然存在着差异,但主要调控因子大致一致。加之胚胎透明,胚胎很小,即使没有血液循环也可以存活5天,非常有利于研究血液缺陷和心血管缺陷,一些转入报告基因的斑马鱼模型逐渐被建立,便于更好地研究他们的发育过程[33]。

2007 年，*Nature* 杂志上刊登了哈佛医学院科学家发现前列腺素 E2（prostaglandin E2，PGE2）是脊椎动物调节造血干细胞关键因子的报道，他们利用昂飞斑马鱼基因芯片（Affymetrix Zebrafish GeneChip），获得了标记 *runx1/cymb* 的造血干细胞的基因表达谱。通过参考基因表达谱信息，利用斑马鱼胚胎筛选了调控造血发育的化合物，获取关键因子 PGE2，该因子显著影响造血干细胞数量，在小鼠模型中也得到了验证。而前列腺素 E2 的稳定修饰物 16（16-dimethyl prostaglandin E2，dmPGE2）也因此进入临床研究[34]。Gao 等通过转录组图谱分析鉴定出影响心肌肥大和心力衰竭（心衰）重要 RNA 可变剪接事件的关键调控因子 RBFox1（也被叫作 A2BP1），利用吗啉基寡核苷酸敲除技术敲低斑马鱼模型中的 RBFox1 因子，利用显微镜能明显观察到被荧光标记的斑马鱼心脏，分析结果表明，RBFox1 因子的确影响心肌肥大和心竭，这项发现对揭示心衰等疾病的病理机制具有非常重要的作用，同样的结果也在小鼠模型中得以验证[35]。

10.3.2.2　神经肌肉疾病

由于斑马鱼胚胎完全透明，神经、肌肉等在光学显微镜下清晰可见，有大量的骨骼肌，且含有与人类同源的抗肌萎缩蛋白-糖蛋白复合物（dystrophin-glycoprotein complex，DGC）的优势，广泛地用于研究神经肌肉疾病的模型[36]。Vieira 等研究 Duchenne 型肌营养不良蛋白症（Duchenne muscular dystrophy，DMD）时选用了斑马鱼模型，DMD 是一种神经肌肉疾病，属于假肥大肌营养不良症的一种，他们通过对未呈现肌肉萎缩症状的肌营养不良金毛猎犬（golden retriever muscular dystrophy，GRMD）、呈现严重肌肉萎缩症状的肌营养不良金毛猎犬与正常狗的转录组进行分析对比，经系列筛选得到显著异常表达的 *Jagged1* 基因，进一步以全基因组测序等测序方法验证得到一致结果，最后在肌营养不良缺陷斑马鱼模型中过表达 *Jagged1* 基因，缺陷斑马鱼症状基本得到缓解。跨物种模型验证在这项研究中起到了至关重要的作用，这些结果均表明 Jagged1 可能是治疗 DMD 的新靶点，对 Jagged1 进行进一步的病理学和分子生物学研究将缩短这项研究与临床应用的距离[37]。

10.3.2.3　糖尿病

由于斑马鱼和哺乳动物的胰腺具有相似性，以及其胰腺细胞易于再生的特点，斑马鱼往往被作为研究腺体疾病的脊椎动物模型。糖尿病和缺乏产生胰岛素的胰腺 β 细胞有关，胰腺 β 细胞由胰岛也就是胰腺的内分泌腺细胞产生，基于此，Delaspre 等[38] 探索

β细胞新生/再生的分子和细胞机制,以期找到治疗糖尿病的新手段。斑马鱼幼体胰腺祖细胞依托 Notch 通路,在生长发育过程中可以发育成成熟斑马鱼的胰腺导管、内分泌细胞和泡心细胞(CAC),成鱼的泡心细胞与其幼鱼的祖细胞具有形态学及分子机制上的相似性,由于这种相似性,科学家们对泡心细胞进行转录组测序、功能注释以及细胞谱系追踪,发现泡心细胞确实具有内分泌腺祖细胞的特性,对揭示 β 细胞新生/再生都是一种合适的细胞模型,提示其可能作为治疗糖尿病患者的新方法。

10.3.2.4 癌症

斑马鱼有很多可以成为理想癌症动物模型的优势,最重要的是斑马鱼癌症疾病和人类癌症有着组织形态学和分子遗传学的相似性;斑马鱼体积小,数千条斑马鱼可以饲养在一个相对狭小的空间里,与鼠模型相比节省了经济上的花费;人工容易获取遗传缺陷的斑马鱼等。转录组学分析在用药筛选上已经成为有力的工具,而斑马鱼模型也成为这种高通量筛选的重要模型[39]。具有代表性的例子是运用 $mitf$-BRAF^{V600E} 转基因斑马鱼模型筛选可能的抗黑色素瘤药物。在这项研究中,首先运用基因芯片分析几种转基因黑色素瘤斑马鱼胚胎和野生型斑马鱼胚胎的基因表达谱,得到含有 123 个基因的共同基因信号,这些信号包括大量胚胎期神经祖细胞标志物和黑色素瘤标志物,这表明黑色素瘤细胞很可能具有多潜能性且类似于神经嵴前体细胞。因此,他们提出假设:抑制神经嵴前体细胞的化学抑制剂很可能也对黑色素瘤产生效用。在此基础上,在筛选了 200 个化合物之后,来氟米特被鉴定出来。基因芯片分析进一步确认了这种小分子化合物对 123 个基因信号中 49% 上调基因的抑制作用,而后它的作用在小鼠模型中进一步得到了确认。这项研究表明转录组在药物筛选方面具有强有力的指导作用[40]。

10.3.3 斑马鱼疾病模型在发育和疾病分子机制研究中的应用

过去的几十年见证了斑马鱼模型逐渐在模式动物中占据重要地位。并且,组学测序技术和芯片技术的出现以及广泛应用,尤其 RNA-Seq 在斑马鱼模型中的大量应用,帮助人类揭开了发育过程和疾病发病机制的面纱。

10.3.3.1 依靠斑马鱼模型鉴定发育过程中的关键基因

在研究哺乳动物胃肠道发育过程的动物模型中,依靠遗传上的可操纵性以及其生理发育上和哺乳动物的高度相似性,斑马鱼成为杰出的脊椎动物模型系统。为了鉴定出胃肠道发育过程中的特异调控因子,科学家们绘制了斑马鱼胃肠道发育的转录组图谱[41]。斑马鱼模型是研究人类造血发育机制，揭示造血相关疾病机制的较佳模型。但在胃肠道发育过程中，科学家们利用该模型也有很好的发现。比如，通过使用 GFP 荧光标记的转基因斑马鱼胚胎模型区分收集到的用于流式细胞仪分选的细胞是否在胃肠道发育过程中发挥作用。昂飞斑马鱼芯片差异表达分析表明，有无荧光标记的斑马鱼基因表达谱呈现显著差异，上调的基因和通路都在已知的哺乳动物胃肠道发育过程中的基因通路中呈现，如 HNF 基因网络。磷脂酰肌醇 3 激酶通路被推断在胃肠道发育过程中起作用，而且 LY294002 对它的抑制作用会对胃肠道发育造成损伤。还有一些起作用的新的分子被鉴定，如 miR-217、miR-122、*fam136a* 等。另外，一个包含有 32 个基因的基因簇被鉴定出可能会调节人类肠癌、肝癌和胰腺癌中 8 号染色体长臂的增长[41]。这项斑马鱼转录组分析通过鉴定出关键基因和通路揭示哺乳动物胃肠道发育的部分过程，胃肠道的发育机制仍需要更多的实验和研究来揭示，然而每一项研究，都无疑为探索胃肠道的发育乃至胃肠道疾病和胃肠道肿瘤的治疗提供了一些潜在信息。

10.3.3.2 利用斑马鱼模型鉴定疾病发病机制和调控通路

利用斑马鱼模型，除了可以鉴定参与调控发育过程的关键基因，并用于指导人类疾病治疗外，还可以利用该模型的转录组测序结果，分析调控某类疾病的分子通路。肝内胆管细胞癌（intrahepatic cholangiocarcinoma，ICC）是一种原发于肝内胆管的恶性肿瘤，是全世界范围内第二高发的肝脏肿瘤，而关于乙型肝炎病毒（HBV）和丙型肝炎病毒（HCV）是否对该肿瘤的发生和生成具有调控作用尚不明确。通过构建遗传修饰的斑马鱼模型（野生型，表达乙型肝炎病毒 X 即 HBx，表达丙型肝炎病毒核心蛋白 HCP，共表达 HBx 和 HCP），经 SOLiD System 3.0 进行转录组测序，研究者发现 HBx 和 HCP 的共表达会引起肝脏纤维化，进而造成肝内胆管细胞癌的发生。而通过转录组测序得到的分子标志物也高频出现在人类肿瘤的发育过程中，表达了斑马鱼肝内胆管细胞癌模型与人肝内胆管细胞癌的相似性。研究者们还发现在斑马鱼肝内胆管细胞癌模型中，pSmad3L 通路、TGF-β1 通路在癌形成中具有重要作用，这一发现也在验证试验中通过敲低 TGF-β1 因子得以验证。该通路的发现也再次阐明了斑马鱼活体模型是研究由 HBV 和 HCV 引起的肝内胆管细胞癌的潜在方法[42]。

总体来说，斑马鱼模型不仅是研究发育的理想模型，也是研究各种人类疾病的合适动物模型。

10.4 恒河猴转录组学研究在精准医学中的应用

恒河猴(*Rhesus macaque*)作为人类近缘的非人灵长类动物,兼具模式动物环境因素可控、取材检测方便、可操作性强,以及在基因组和生理病理方面接近人类的优势,为研究复杂疾病的分子机制提供了独特视角,是基础与转化医学研究领域重要的模式动物。一方面,与小鼠等其他小型哺乳类模式动物相比,恒河猴与人类的分歧时间仅为约2 500万年,其解剖学特征、代谢活动以及血液循环等生理特征与人类十分相似[69],相应的研究成果更容易转化到人类,在药物临床前研究等转化医学领域具有不可替代的作用;另一方面,恒河猴取材方便,且环境因素可控,机制研究容易深入[43]。例如,恒河猴往往可以提供同一个体多个组织的样本,实现对多个调控层次的组学测定,从而有效地避免因个体差异而造成的噪声,揭示基础调控规律,为准确、深入地研究精准医学研究中发现的疾病相关变异与调控提供基础。

10.4.1 运用转录组深度测序精确定义恒河猴基因结构

虽然恒河猴在基础与转化研究中具有重要的应用价值,但由于过去针对这一模式动物的分子生物学研究较少,其转录组数据非常有限。例如,目前已有的恒河猴表达序列标签数据还不到人类的1%[44]。由于对基因精细结构(如外显子-内含子边界,转录起始、终止位点等)的定义主要依赖于这些数据,导致恒河猴90%以上的基因结构源于预测,质量差,极大地限制了恒河猴在基因组学及精准医学研究中的应用。

随着深度测序技术的发展,以RNA-Seq为代表的转录组学数据激增,为解决这一问题提供了契机:一方面,由于RNA-Seq的测序片段来源于转录组,RNA-Seq的测序片段在基因组上的位置标识了转录活性区域,其密度代表了该区域的转录水平,可以对外显子位置进行粗略定义;另一方面,跨越多个外显子的测序片段,可用于对内含子-外显子边界进行精确定义,重新标定正确的剪接位点。运用这一原理,Zhang等人于2013年开发了一系列的基因结构修正算法,利用几十亿条RNA-Seq测序片段,精确定义了恒河猴全基因组两万多个基因的精细结构,并发现了一系列新的转录本[44]。研究发现之前该领域对高达30%的恒河猴基因结构注释存在错误,包括错误的内含子-外显子边界、错误的非翻译区边界,以及丢失的外显子和转录本。随后,为了确保上述发现并非由个体间差异所导致,研究者们又进一步对近百套不同个体、不同组织的恒河猴 RNA-Seq数据进行了整合与重分析,并通过比较修正前后内含子区域与外显子区域在测序片段密度分布、跨物种保守性分值,以及转录本特定区域的序列特征分布,确认了修正后基因结构的准确性[45]。至此,恒河猴基因注释质量得到了显著提升,为开展特色的恒河猴基因组医学研究铺平了道路。

虽然 RNA-Seq 技术产生的测序读段实现了对恒河猴转录本局部结构的精确定义,但过短的序列读长导致人们无法获知转录本的整体结构,如多个可变剪接事件在转录本层次是如何搭配的。近年来,以 PacBio 技术为代表的第三代测序技术快速兴起,这些技术的单分子、长读长测序特性,有助于实现从转录本整体水平对恒河猴基因结构的精确定义。

10.4.2 运用恒河猴组学分析探究人类特有性状的分子基础

一方面,恒河猴作为人类近缘的模式动物,为研究人、猴共发疾病的分子机制,并测试新药物的有效性和安全性提供了重要模型。另一方面,人类与恒河猴在生理病理方面仍然存在着一些差别,研究这些差异性状的分子基础,有助于阐明这些人类特有病理特征的机制,为攻克这些疾病提供切入点。同时,回答"人之所以为人"的分子演化基础,本身也是基础研究领域备受关注的科学问题之一。

首先,人类特有基因的产生被认为是导致人类特异性状的重要原因之一[46]。然而,由于技术限制,相关领域的研究长期以来进展缓慢。近年来,随着新一代测序技术的发展,不同物种的基因组、转录组数据越来越完整,在全基因组尺度系统地鉴定基因年龄、研究新基因的起源机制逐渐成为可能。利用恒河猴完善的基因组注释,并结合多物种的比较基因组学研究,Chen 等人准确鉴定得到了 43 例以从头模式起源的人类特有的蛋白编码基因[47]。同时,结合多组织的恒河猴转录组测序数据,他们发现这些新蛋白在黑猩猩和恒河猴的同源区域大都以 lncRNA 形式存在,并且这些 lncRNA 已具有与人类同源基因相似的转录结构和基因表达模式。结合这些转录组学特征,他们提出这些人类特有的蛋白质可能起源自具有精细表达和剪接特征的 lncRNA[48]。进一步地,研究者针对这些人类特异的新蛋白质及其对应的恒河猴同源区域,在人群和猴群中开展了群体遗传学研究[49]。结果表明,蛋白质层面的负向自然选择信号仅在人群中出现,提示这些新基因编码的蛋白质可能已经发挥了人类特有的生物功能[47]。相关研究不仅为研究人类特异性状提供了新基础,也为认识 lncRNA 的功能提供了新角度。

采取类似的研究思路,将恒河猴作为外类群,充分利用其多个体、多组织的转录组学数据,也可对人类特有的调控事件进行鉴定和研究。例如,Zhang 等人运用比较基因组学方法,发现了近万例人类特有的调控事件,包括可变剪接、miRNA 调控、poly(A)加尾等[45];Blekhman 等人通过分析人和恒河猴等物种的 RNA-Seq 数据,发现人类特有的剪接事件可能影响了人的形态发生以及组织解剖特征的产生[50]。这些研究为阐明人类特有病理特征的机制,认识"人之所以为人"的分子演化基础提供了新思路。

10.4.3　运用恒河猴组学分析开展新型转录调控的功能研究

随着功能基因组学研究的深入,一些新的转录(后)调控层次被逐渐揭示。对这些新调控的鉴定、组学特征分析和功能研究,不仅可为复杂疾病的早期诊断和分型提供新的生物标志物,也可为阐明复杂疾病的分子机制提供基础,为解读精准医学研究中发现的疾病相关变异提供思路。在该领域研究中,恒河猴具有特殊的优势。一方面,这些新调控可能在物种间存在较大差别,而恒河猴作为人类近缘物种,不仅在组学特征方面与人类具有更高的相似性,同时也可以通过比较基因组学研究探究这些调控事件的保守性与生物学功能;另一方面,恒河猴作为模式动物,取材方便且环境因素可控,可以实现对多个体、多组织、多状态的多个组学层面的测定,不仅可以增加对这些调控事件的鉴定准确性,也可以通过个体间、组织间、状态间的比较,揭示这些调控的组学特征,并通过与其他层次组学数据的关联分析,探讨新调控的整体功能。

以 RNA 编辑为例,该调控是近年来研究者们非常关注的一类新兴调控层次,它可以引起基因组与其编码的转录组在特定位点产生序列差异,在个体发育和复杂疾病调控中发挥重要作用。近年来,深度测序技术的快速发展,使得在全基因组尺度上鉴定 RNA 编辑事件成为可能。然而,如何准确鉴定这些位点,仍然是该领域面临的一个技术挑战。例如,Li 等最早发表的人类编辑组集合中,90% 以上被证明是由技术误差导致的假阳性[51-54]。在此背景下,人们只能把不同研究工作呈现出的编辑组异质性,笼统地归因于调控"复杂性"。此外,在灵长类动物中,腺嘌呤(A)脱氨基形成次黄嘌呤(I)被认为是这类调控的主要形式。而在灵长类中这一过程主要由广泛分布于基因组内的 *Alu* 重复序列所介导[55]。由于小鼠等非灵长类模式生物缺少 *Alu* 重复序列,在 RNA 编辑的调控模式、组学特征等方面可能与人类存在较大差别。由于获得同一人类个体多组织的高质量样本较为困难，近年来针对人类的 RNA 编辑研究主要集中在细胞系，机制研究一直难以深入，对 RNA 编辑的功能性研究进展缓慢。

为了解决上述问题，Chen 等人充分运用了恒河猴作为模式动物和人类近缘物种的双重优势，对来自同一个恒河猴个体的多个组织样本同时进行了基因组、转录组深度测序，解决了 RNA 编辑鉴定中的多个技术问题，成功获得了准确、完整、定量的恒河猴全编辑组。同时，他们运用恒河猴多组织、多个体转录组数据的优势，阐明了 RNA 编辑其实在很大程度上受控于 ADAR 基因介导的时空调控，澄清了领域内对 RNA 编辑调控"复杂性"的含糊认识。进一步，他们通过跨物种比较发现，自然选择在维持 RNA 编辑组过程中发挥重要作用，从分子演化层面证明了 RNA 编辑具有整体功能性[56]。然而，RNA 编辑具体通过怎样的调控途径实现其功能呢？目前虽有研究表明，RNA 编辑可以通过改变蛋白质氨基酸组成发挥作用，但这种作用方式仅能解释不到 1% 的 RNA 编辑事件，而绝大多数事件（>99%）位于非编码区。针对这一问题，研究者们进一步对恒河猴多组织、多个体、多调控层次开展了系统的组学研究，通过比较 RNA 编辑与其他调控层次在时空上的相关性，首次发现了一类由发生 RNA 编辑的长转录本前体经剪接形成的 piRNA 分子，提出在人类、恒河猴等灵长类动物中，与 piRNA 调控的相互作用可能是 RNA 编辑发挥生物学功能的途径之一，为阐明 RNA 编辑的功能提供了全新的视角[57]。

总之，近年来以下一代测序技术为代表的基因组学技术蓬勃发展，为传统的模式动物研究注入了新鲜的血液。这些新技术将极大地促进非人灵长类领域的研究进程，为精准医学的发展提供基础。

10.5　小型猪转录组学研究在精准医学中的应用

猪（Sus scrofa）作为人类最早驯化的动物之一，遍及世界各地。作为杂食动物，它们的消化过程类似于人类。由于其生理结构也类似于人类，家猪身上也会发生一些人类常见的复杂遗传病，如糖尿病、心脏病和皮肤病等。因此，家猪就成为研究人类疾病的理想动物模型。与小鼠相比，猪在解剖、生理生化指标、体型大小、寿命以及遗传特征等各个方面都与人类更为接近。这使得在猪身上开展一些在啮齿动物很难开展的诸如肥胖、关节炎、冠心病和皮肤病等疾病研究成为可能。同时，由于猪与人类较近的遗传关系,对猪的器官研究将会为人类器官移植带来福音。组织器官的缺损或功能障碍是人类健康所面临的主要危害之一,是引起人类疾病和死亡的最主要原因,给人类带来了巨大痛苦,也给国家、社会和患者带来了巨大负担。我国人口众多,因创伤和疾病造成的组织、器官缺损或功能障碍位居世界之首。随着人类寿命的延长,供体器官不足的情况将越来越严重。加快再生医学的研究与应用,对加快我国医疗和科学事业的发展、提高人民群众的健康水平、促进国民经济高速发展、推动建设和谐社会、增强综合国力均是十分迫切和必要的。我国的生物学家长期致力于猪的基因组及转录组学研究,通过整合和充分运用科学前沿技术,不断获取新的资源、数据和信息,对有关猪的基因组、转录组、人工诱变等方面都有诸多建树。此外,猪作为与人类遗传关系相近的实验动物模型的代表,使人类疾病研究被更接近人类的实验动物模型所取代。

猪的基因组由 18 对常染色体和 1 对性染色体组成,其中编码基因数为 21 630 个;非编码基因数为 3 124 个;假基因数为 568 个。NAGRP Pig Genome Coordination Program 是由欧洲多国共同参与组建和维护的一个项目,是一个家猪基因组序列数据库的集合,网址为 http://www.animalgenome.org/pigs/,PGD、Ensembl、NCBI 等都可以在该项目中找到链接。

小型猪作为和人类在体型大小、生理特点和解剖学结构非常接近的物种,在多方面的科学研究中均被视为非常有前景的实验对象。近年来,多种小型猪在育种实验室中被精心培养,以期使其基因型更加稳定,从而为解决人类相关问题发挥重要作用。

10.5.1 作为人类器官移植的供体

目前,直接将猪的器官异种移植应用于人体上的主要是心脏瓣膜[58]和眼角膜[59-61]。猪的心脏瓣膜直接应用于人心脏损伤移植作为治疗此病的两大疗法之一始于 20 世纪 60 年代,并且也获得了相当程度的成功率[59],每年约有 12 万人接受此类手术[60]。以猪眼角膜作为供体对人类损伤的眼角膜进行移植替换的临床研究最早开始于 19 世纪 40 年代。近年来,北京同仁医院、武汉协和医院等 4 家医院开始使用以猪眼角膜为原料加工生产的生物工程角膜,已为 100 多位患者完成了眼角膜移植手术,总有效率高达 94%,愈后效果接近人体捐献角膜。肝移植是另外一种可以应用于人体临床的异种器官移植手术,但是这里的肝移植不是指整肝的移植,而是肝细胞的移植,由于肝细胞培养移植过程中可以避免猪的血管带来的严重排异反应[62],因此可以取得较为理想的效果。

由于皮肤供体在临床医学需求中的缺口较大，并且小型猪皮肤结构和人皮肤结构的高度相似性，皮肤的异种移植也是近年来的一个研究热点。在猪的 NHP 移植模型中，研究者将 SLA Ⅱ 类型基因转导于狒狒骨髓细胞中，然后再进行皮肤异种移植，结果明显观察到移植后皮肤相对于对照组能存活更长的时间[63，64]。Huang 等利用胚胎期皮肤细胞具有部分干细胞的特性，将胚胎期皮肤移植到裸鼠身上，也获得了理想的效果[65]。研究人员选取巴马猪皮肤发育过程中的不同时间点的组织样本进行转录组学研究，按照基因表达特点对这些时间点进行聚类，并从转录组的水平比较了胚胎期 56 天和胚胎期 42 天基因表达特征的差异，并选取了从胚胎期 42 天开始共 11 个时间点的皮肤样本，分别将它们的表达谱和正常成年人以及小鼠的皮肤表达基因功能进行比较。结果证实，胚胎中期巴马猪皮肤基因表达功能和小鼠的功能差异最少，而胚胎后期以及出生后前两个月巴马猪皮肤表达基因功能和人皮肤功能则更为相近，提示这段时期的皮肤可能是更为适合移植的材料。

10.5.2 小型猪转录组在糖尿病和心血管疾病研究中的应用

性成熟早、较短的传代时间、多仔性以及精确的遗传修饰等优点使小型猪可以作为理想的转化生物医学研究模型[66]。猪在体重和体长方面和人类也相近，这确保了应用于人体的诊断和手术标准也能同时应用到猪中，以猪为疾病模型的实验中发现的新的诊断方法也可以直接应用到人体医疗中去[67，68]。猪胰腺的内分泌和外分泌部分在大小、形状、位置以及血液供给方面和人类都很相似[69]。在人和猪这两类物种中，内分泌细胞主要以单细胞或者细胞团形态散在分布，而在啮齿类动物中内分泌细胞分布则存在结构上的差异。此外，人与猪胰岛的尺寸和内分泌细胞的类型也十分相似。小型猪在心脏的解剖学特征方面和人类有较高的相似性，甚至有研究者认为猪的冠状动脉系统就是人体相关系统的一种重复，这两者的心血管系统在许多方面都有着极高的相似性[70]，并且他（它）们心房和心室的主要离子通道蛋白的特征几乎是一致的[71]。2012 年，研究人员对转基因猪 GIPRdn 及正常猪进行糖尿病对照研究，通过对 163 种代谢物的质谱分析，找出了 26 个潜在的糖尿病标志物。在此基础上，对相应实验组进行转录组学研究，找出其中与以上代谢产物含量及其他性状具有强相关性的代谢通路，预测其中重要的调控基因[72]。

10.5.3 小型猪转录组在生物医学和毒理学研究中的应用

小型猪在心脏和身体重量比以及冠状动脉分布上和人类非常相似,并且两者在心脏解剖学、新陈代谢层次和电物理学性质上也和人类大致相同[73]。并且,小型猪和人在对药物的反应、吸收和消化功能上也非常接近,正是基于以上诸多的相似点,同时考虑到使用小型猪作为这类实验的模型,受到的伦理制约因素也较少,因此,小型猪不仅在心血管生物医学中被广泛应用[74],而且也被当作一种非啮齿类动物模型被应用于毒理学实验中[75]。事实上,被应用于药理学、药物代谢动力学和毒理安全评估研究中的小型猪的数量近年来呈激增的趋势[76]。此外,除了常规的药理学研究,小型猪也被用来评估胚胎-胎儿生殖系统的药理毒性。2015 年,慕尼黑大学的科研团队利用两个月大的转基因猪模型对使用降血糖药物利拉鲁肽和安慰剂两组样品进行对照分析,实验过程中连续 90 天对猪给予 0.6～1.2 mg 的药物或者安慰剂注射,实验分析结果发现使用利拉鲁肽的组别在体重及食物摄入量上都有明显减少,并且在 α 及 β 细胞与体重比值不变的情况下 α 及 β 细胞质量有所减少。根据以上性状,研究组对两组动物的骨骼肌进行转录组学分析,并从中找到如 $4EBP1$ 等胰岛素代谢基因的变化,得出利拉鲁肽组相对于对照组胰岛素信号转导通路上的基因存在下调趋势[77]。

10.5.4 小型猪转录组在免疫学相关研究中的应用

猪的免疫系统在解剖学和组织结构上有一定的特异性,但是在功能上和其他哺乳动物是非常类似的。由于猪的妊娠期是 115 天,胎儿在子宫发育过程中,因为存在一个 6 层的胎盘,所以和母体的血液供给是阻断的,这样母体的免疫细胞和免疫球蛋白等免疫类物质是无法直接输送到发育中的小猪体内的,因此妊娠期和出生后的小猪是用来研究免疫系统发育和免疫反应的一个理想模型[78]。已经有相当多的研究集中在淋巴细胞的发育方面。在猪妊娠期第 16 天,可以观测到血岛形成;妊娠期第 21 天,胸腺形成,其后一天,可以发现脾脏形成;妊娠期第 30 天,能够检测到 CD3$^+$T 淋巴细胞的存在;而在妊娠期第 44 天,可以观察到 CD4$^+$T 淋巴细胞和 CD8$^+$T 淋巴细胞在胸腺中的表达;B 细胞能在妊娠期第 40 天的肝脏中检测到[79]。

10.5.5 小型猪转录组在黑色素瘤相关研究中的应用

美国实验室培育的辛克莱型小型猪,有着相当高比例的黑色素瘤自发率,这种肿瘤和人体表面的黑色素肿瘤特征极为相似,并且都具有发展为恶性黑色素瘤的可能性,遗传特征也有共同之处[80],同时这种自发性瘤症还具有自我消退的现象[81],因此是研究人体黑色素瘤发生机制的理想模型。

随着转录组测序技术的不断发展,科学家们将逐步从转录组数据中挖掘出更多、更重要的与人类疾病相关的信息,这些信息将为疾病的精准医疗提供重要的理论依据。特定模式动物在不同类型疾病研究中具有其固有的优势,因此,针对这些模式动物的转录组测序及其相关研究必将在精准医疗时代大放异彩。

参考文献

[1] Takao K, Miyakawa T. Genomic responses in mouse models greatly mimic human inflammatory diseases [J]. Proc Natl Acad Sci U S A, 2015,112(4): 1167-1172.

[2] Meyer S E, Qin T, Muench D E, et al. DNMT3A haploinsufficiency transforms FLT3ITD myeloproliferative disease into a rapid, spontaneous, and fully penetrant acute myeloid leukemia [J]. Cancer Discov, 2016,6(5): 501-515.

[3] Samuels A L, Peeva V K, Papa R A, et al. Validation of a mouse xenograft model system for gene expression analysis of human acute lymphoblastic leukaemia [J]. BMC Genomics, 2010,11: 256.

[4] Woiterski J, Ebinger M, Witte K E, et al. Engraftment of low numbers of pediatric acute lymphoid and myeloid leukemias into NOD/SCID/IL2Rcgammanull mice reflects individual leukemogenecity and highly correlates with clinical outcome [J]. Int J Cancer, 2013,133(7): 1547-1556.

[5] Askmyr M, Agerstam H, Lilljebjorn H, et al. Modeling chronic myeloid leukemia in immunodeficient mice reveals expansion of aberrant mast cells and accumulation of pre-B cells [J]. Blood Cancer J, 2014,4: e269.

[6] Zhu X, He F, Zeng H, et al. Identification of functional cooperative mutations of SETD2 in human acute leukemia [J]. Nat Genet, 2014,46(3): 287-293.

[7] Wang Q F, Wu G, Mi S, et al. MLL fusion proteins preferentially regulate a subset of wild-type MLL target genes in the leukemic genome [J]. Blood, 2011,117(25): 6895-6905.

[8] Zhou J, Wu J, Li B, et al. PU.1 is essential for MLL leukemia partially via crosstalk with the MEIS/HOX pathway [J]. Leukemia, 2014,28(7): 1436-1448.

[9] Widhopf G F, Cui B, Ghia E M, et al. ROR1 can interact with TCL1 and enhance leukemogenesis in E mu-TCL1 transgenic mice [J]. Proc Natl Acad Sci U S A, 2014,111(2): 793-798.

[10] Kuchenbauer F, Morin R D, Argiropoulos B, et al. In-depth characterization of the microRNA transcriptome in a leukemia progression model [J]. Genome Res, 2008,18(11): 1787-1797.

[11] Zuber J, Radtke I, Pardee T S, et al. Mouse models of human AML accurately predict chemotherapy response [J]. Genes Dev, 2009,23(7): 877-889.

[12] Aitman T J, Critser J K, Cuppen E, et al. Progress and prospects in rat genetics: a community view [J]. Nat Genet, 2008,40(5): 516-522.

[13] Aitman T J, Glazier A M, Wallace C A, et al. Identification of Cd36 (Fat) as an insulin-resistance gene causing defective fatty acid and glucose metabolism in hypertensive rats [J]. Nat Genet, 1999,21(1): 76-83.

[14] Yokoi N, Komeda K, Wang H Y, et al. Cblb is a major susceptibility gene for rat type 1 diabetes mellitus [J]. Nat Genet, 2002,31(4): 391-394.

[15] Guryev V, Saar K, Adamovic T, et al. Distribution and functional impact of DNA copy number variation in the rat [J]. Nat Genet, 2008,40(5): 538-545.

[16] Kwekel J C, Desai V G, Moland C L, et al. Age and sex dependent changes in liver gene expression during the life cycle of the rat [J]. BMC Genomics, 2010,11: 675.

[17] Kwekel J C, Desai V G, Moland C L, et al. Sex differences in kidney gene expression during the life cycle of F344 rats [J]. Biol Sex Differ, 2013,4(1): 14.

[18] Wood S H, Craig T, Li Y, et al. Whole transcriptome sequencing of the aging rat brain reveals dynamic RNA changes in the dark matter of the genome [J]. Age (Dordr), 2013,35(3): 763-776.

[19] Yu Y, Fuscoe J C, Zhao C, et al. A rat RNA-Seq transcriptomic BodyMap across 11 organs and 4 developmental stages [J]. Nat Commun, 2014,5: 3230.

[20] Sun J, Zhong N, Li Q, et al. MicroRNAs of rat articular cartilage at different developmental stages identified by Solexa sequencing [J]. Osteoarthritis Cartilage, 2011,19(10): 1237-1245.

[21] Kwekel J C, Vijay V, Desai V G, et al. Age and sex differences in kidney microRNA expression during the life span of F344 rats [J]. Biol Sex Differ, 2015,6(1): 1.

[22] Minami K, Uehara T, Morikawa Y, et al. miRNA expression atlas in male rat [J]. Sci Data, 2014,1: 140005.

[23] Kozomara A, Griffiths-Jones S. miRBase: annotating high confidence microRNAs using deep sequencing data [J]. Nucleic Acids Res, 2014,42(Database issue): D68-D73.

[24] Hindmarch C, Yao S, Hesketh S, et al. The transcriptome of the rat hypothalamic-neurohypophyseal system is highly strain-dependent [J]. J Neuroendocrinol, 2007,19(12): 1009-1012.

[25] Ohtsuka R, Shutoh Y, Fujie H, et al. Changes in histology and expression of cytokines and chemokines in the rat lung following exposure to ovalbumin [J]. Exp Toxicol Pathol, 2005,56(6): 361-368.

[26] Ohtsuka R, Shutoh Y, Fujie H, et al. Rat strain difference in histology and expression of Th1- and Th2-related cytokines in nasal mucosa after short-term formaldehyde inhalation [J]. Exp Toxicol Pathol, 2003,54(4): 287-291.

[27] Hughes R N, Hancock N J. Strain-dependent effects of acute caffeine on anxiety-related behavior in PVG/c, Long-Evans and Wistar rats [J]. Pharmacol Biochem Behav, 2016,140: 51-61.

[28] Shimoyama M, De Pons J, Hayman G T, et al. The Rat Genome Database 2015: genomic, phenotypic and environmental variations and disease [J]. Nucleic Acids Res, 2015,43(Database issue): D743-D750.

[29] Gattone V H 2nd, Wang X, Harris P C, et al. Inhibition of renal cystic disease development and progression by a vasopressin V2 receptor antagonist [J]. Nat Med, 2003,9(10): 1323-1326.

[30] Ni G H, Chen J F, Chen X P, et al. Soluble epoxide hydrolase: a promising therapeutic target

for cardiovascular diseases [J]. Pharmazie, 2011,66(3): 153-157.

［31］ Dubourg O, Wanschitz J, Maisonobe T, et al. Diagnostic value of markers of muscle degeneration in sporadic inclusion body myositis [J]. Acta Myol, 2011,30(2): 103-108.

［32］ Monti J, Fischer J, Paskas S, et al. Soluble epoxide hydrolase is a susceptibility factor for heart failure in a rat model of human disease [J]. Nat Genet, 2008,40(5): 529-537.

［33］ 辛胜昌,赵艳秋,李松,等. 斑马鱼模型在药物筛选中的应用[J]. 遗传,2012,34(9): 1144-1152.

［34］ North T E, Goessling W, Walkley C R, et al. Prostaglandin E2 regulates vertebrate haematopoietic stem cell homeostasis [J]. Nature, 2007,447(7147): 1007-1011.

［35］ Gao C, Ren S, Lee J H, et al. RBFox1-mediated RNA splicing regulates cardiac hypertrophy and heart failure [J]. J Clin Invest, 2016,126(1): 195-206.

［36］ 王淑辉,张成. DMD 动物模型研究[J]. 国外医学神经病学神经外科学分册,2005,32(1): 77-80.

［37］ Vieira N M, Elvers I, Alexander M S, et al. Jagged 1 rescues the duchenne muscular dystrophy phenotype [J]. Cell, 2015,163(5): 1204-1213.

［38］ Delaspre F, Beer R L, Rovira M, et al. Centroacinar cells are progenitors that contribute to endocrine pancreas regeneration [J]. Diabetes, 2015,64(10): 3499-3509.

［39］ Li Z, Chen P, Su R, et al. PBX3 and MEIS1 cooperate in hematopoietic cells to drive acute myeloid leukemias characterized by a core transcriptome of the MLL-rearranged disease [J]. Cancer Res, 2016,76(3): 619-629.

［40］ White R M, Cech J, Ratanasirintrawoot S, et al. DHODH modulates transcriptional elongation in the neural crest and melanoma [J]. Nature, 2011,471(7339): 518-522.

［41］ Stuckenholz C, Lu L, Thakur P, et al. FACS-assisted microarray profiling implicates novel genes and pathways in zebrafish gastrointestinal tract development [J]. Gastroenterology, 2009, 137(4): 1321-1332.

［42］ Liu W, Chen J R, Hsu C H, et al. A zebrafish model of intrahepatic cholangiocarcinoma by dual expression of hepatitis B virus X and hepatitis C virus core protein in liver [J]. Hepatology, 2012,56(6): 2268-2276.

［43］ Gibbs R A, Rogers J, Katze M G, et al. Evolutionary and biomedical insights from the rhesus macaque genome [J]. Science, 2007,316(5822): 222-234.

［44］ Zhang S J, Liu C J, Shi M, et al. RhesusBase: a knowledgebase for the monkey research community [J]. Nucleic Acids Res, 2013,41(Database issue): D892-D905.

［45］ Zhang S J, Liu C J, Yu P, et al. Evolutionary interrogation of human biology in well-annotated genomic framework of Rhesus macaque [J]. Mol Biol Evol, 2014,31(5): 1309-1324.

［46］ Zhang Y E, Long M. New genes contribute to genetic and phenotypic novelties in human evolution [J]. Curr Opin Genet Dev, 2014,29: 90-96.

［47］ Chen J Y, Shen Q S, Zhou W Z, et al. Emergence, retention and selection: a trilogy of origination for functional de novo proteins from ancestral LncRNAs in primates [J]. PLoS Genet, 2015,11(7): e1005391.

［48］ Xie C, Zhang Y E, Chen J Y, et al. Hominoid-specific de novo protein-coding genes originating from long non-coding RNAs [J]. Plos Genetics, 2012,8(9): E1002942.

［49］ Zhong X, Peng J, Shen Q S, et al. RhesusBase PopGateway: genome-wide population genetics atlas in Rhesus macaque [J]. Mol Biol Evol, 2016,33(5): 1370-1375.

［50］ Blekhman R, Marioni J C, Zumbo P, et al. Sex-specific and lineage-specific alternative splicing in primates [J]. Genome Res, 2010,20(2): 180-189.

[51] Li M, Wang I X, Li Y, et al. Widespread RNA and DNA sequence differences in the human transcriptome [J]. Science, 2011,333(6038): 53-58.

[52] Kleinman C L, Majewski J. Comment on "Widespread RNA and DNA sequence differences in the human transcriptome" [J]. Science, 2012,335(6074): 1302; author reply 1302.

[53] Lin W, Piskol R, Tan M H, et al. Comment on "Widespread RNA and DNA sequence differences in the human transcriptome" [J]. Science, 2012, 335 (6074): 1302; author reply 1302.

[54] Pickrell J K, Gilad Y, Pritchard J K. Comment on "Widespread RNA and DNA sequence differences in the human transcriptome" [J]. Science, 2012, 335 (6074): 1302; author reply 1302.

[55] Batzer M A, Deininger P L. Alu repeats and human genomic diversity [J]. Nat Rev Genet, 2002,3(5): 370-379.

[56] Chen J Y, Peng Z, Zhang R, et al. RNA editome in rhesus macaque shaped by purifying selection [J]. PLoS Genet, 2014,10(4): e1004274.

[57] Yang X Z, Chen J Y, Liu C J, et al. Selectively constrained RNA editing regulation crosstalks with piRNA biogenesis in primates [J]. Mol Biol Evol, 2015,32(12): 3143-3157.

[58] Manji R A, Menkis A H, Ekser B, et al. Porcine bioprosthetic heart valves: The next generation [J]. Am Heart J, 2012,164(2): 177-185.

[59] Carpentier A, Lemaigre G, Robert L, et al. Biological factors affecting long-term results of valvular heterografts [J]. J Thorac Cardiovasc Surg, 1969,58(4): 467-483.

[60] Carapetis J R, Steer A C, Mulholland E K, et al. The global burden of group A streptococcal diseases [J]. Lancet Infect Dis, 2005,5(11): 685-694.

[61] Zhiqiang P, Cun S, Ying J, et al. WZS-pig is a potential donor alternative in corneal xenotransplantation [J]. Xenotransplantation, 2007,14(6): 603-611.

[62] Cattan P, Zhang B, Braet F, et al. Comparison between aortic and sinusoidal liver endothelial cells as targets of hyperacute xenogeneic rejection in the pig to human combination [J]. Transplantation, 1996,62(6): 803-810.

[63] Weiner J, Yamada K, Ishikawa Y, et al. Prolonged survival of GalT-KO swine skin on baboons [J]. Xenotransplantation, 2010,17(2): 147-152.

[64] Ierino F L, Gojo S, Banerjee P T, et al. Transfer of swine major histocompatibility complex class II genes into autologous bone marrow cells of baboons for the induction of tolerance across xenogeneic barriers [J]. Transplantation, 1999,67(8): 1119-1128.

[65] Huang Z, Yang J, Luo G, et al. Embryonic porcine skin precursors can successfully develop into integrated skin without teratoma formation posttransplantation in nude mouse model [J]. PLoS One, 2010,5(1): e8717.

[66] Lunney J K. Advances in swine biomedical model genomics [J]. Int J Biol Sci, 2007,3(3): 179-184.

[67] Roberts R M, Smith G W, Bazer F W, et al. Research priorities. Farm animal research in crisis [J]. Science, 2009,324(5926): 468-469.

[68] Murakami T, Hitomi S, Ohtsuka A, et al. Pancreatic insulo-acinar portal systems in humans, rats, and some other mammals: scanning electron microscopy of vascular casts [J]. Microsc Res Tech, 1997,37(5-6): 478-488.

[69] Steiner D J, Kim A, Miller K, et al. Pancreatic islet plasticity: interspecies comparison of islet

architecture and composition [J]. Islets, 2010,2(3): 135-145.

[70] Laursen M, Olesen S P, Grunnet M, et al. Characterization of cardiac repolarization in the Göttingen minipig [J]. J Pharmacol Toxicol Methods, 2011,63(2): 186-195.

[71] Bollen P, Ellegaard L. The Göttingen minipig in pharmacology and toxicology [J]. Pharmacol Toxicol, 1997,80(s2): 3-4.

[72] Renner S, Römisch-Margl W, Prehn C, et al. Changing metabolic signatures of amino acids and lipids during the prediabetic period in a pig model with impaired incretin function and reduced β-cell mass [J]. Diabetes, 2012,61(8): 2166-2175.

[73] Crick S J, Sheppard M N, Ho S Y, et al. Anatomy of the pig heart: comparisons with normal human cardiac structure [J]. J Anat, 1998,193(Pt 1): 105-119.

[74] Lehmann H. The minipig in general toxicology [J]. Scand J Lab Anim Sci, 1998,25: 59-62.

[75] Forster R, Bode G, Ellegaard L, et al. The RETHINK project: minipigs as models for the toxicity testing of new medicines and chemicals: an impact assessment [J]. J Pharmacol Toxicol Methods, 2010,62(3): 158-159.

[76] Bode G, Clausing P, Gervais F, et al. The utility of the minipig as an animal model in regulatory toxicology [J]. J Pharmacol Toxicol Methods, 2010,62(3): 196-220.

[77] Streckel E, Braun-Reichhart C, Herbach N, et al. Effects of the glucagon-like peptide-1 receptor agonist liraglutide in juvenile transgenic pigs modeling a pre-diabetic condition [J]. J Transl Med, 2015,13: 73.

[78] Greene J F Jr, Townsend J 4th, Amoss M S Jr. Histopathology of regression in sinclair swine model of melanoma [J]. Lab Invest, 1994,71(1): 17-24.

[79] Rothkötter H, Sowa E, Pabst R. The pig as a model of developmental immunology [J]. Hum Exp Toxicol, 2002,21(9-10): 533-536.

[80] Greene J F Jr, Morgan C D, Rao A, et al. Regression by differentiation in the Sinclair swine model of cutaneous melanoma [J]. Melanoma Res, 1997,7(6): 471-477.

[81] Travers K J, Chin C S, Rank D R, et al. A flexible and efficient template format for circular consensus sequencing and SNP detection [J]. Nucleic Acids Res, 2010,38(15): E159.

附　录

附录 1　转录组相关数据资源库

1. Gene Expression Omnibus[1]

http://www.ncbi.nlm.nih.gov/geo/

由 NCBI 的研究人员开发，其主要功能包括三大类：①提供一个稳定的功能基因组数据存储平台；②提供简洁的方式供研究人员上传其数据；③提供下载、分析、查询工具和平台。其中 GEO DataSet 包含用户上传的原始记录，还包括在此基础上人工注释后的数据，比如差异表达基因的列表、表达谱聚类的 heatmap 图等。GEO Profiles 来自经过人工注释的 GEO DataSet，包含更加详细的表达量和样本信息，以及有关联的基因、样本等。

2. Gene Expression Atlas [2-4]

http://www.ebi.ac.uk/gxa/home

由欧洲生物信息学研究所开发，包括人以及大鼠、小鼠、斑马鱼等模式动物在内的31 个物种的表达量数据。该数据库重新分析了已发表的转录组数据，并根据其生理条件进行了人工注释，形成了基线表达和差异表达两类表达数据集，通过基线表达数据集搜索可以实现类似"BRCA1 在乳腺癌患者中的表达量"的查询，差异表达数据集搜索可以实现不同条件下上调和下调基因的查询。

3. ENCODE[5]

https://www.encodeproject.org/

由美国国立人类基因组研究所（NHGRI）开发，旨在找出人类基因组中所有功能组件,涵盖人类、小鼠、果蝇以及线虫 4 个物种的 35 种组织,其分类包括基因、转录区、调控元件以及组织、细胞类型和状态等。用户可以通过选择不同的"Assays"、"Biosamples"或者"Antibodies"获取所需的原始数据或者经过处理后包含表达水平的数据,同时用户可以通过 UCSC Genome Browser 查看直观显示在染色体上的分布情况。

4. GTEx[6]

http://www.gtexportal.org/home/

由 NIH 的 Common Fund 开发,包括 53 类组织,研究表型和组织特异的基因表达水平之间的关系,有助于了解基因组的某一区域是否影响基因的表达以及表达的水平,帮助研究人员理解疾病易感性。主要功能分 3 类:①提供一个存储、分类、搜索以及聚合级水平数据的在线资源;②提供针对人类数量性状基因表达的新的统计分析方法;③获取及分析各种人类组织的 DNA 和 RNA。

5. ChIPBase[7]

http://deepbase.sysu.edu.cn/chipbase/

由中山大学开发,在 deepBase 基础上发展而来。用来展示从 ChIP-Seq 获取的转录因子结合位点、表达谱、lncRNA 转录调节、miRNA 以及其他非编码 RNA 的整合数据库和平台;目前包括 6 个物种中的数百万个转录因子结合位点,同时用户可以通过几个交互式工具以及浏览器浏览 TF-lncRNA、TF-miRNA、TF-mRNA、TF-ncRNA 和 TF-miRNA-mRNA 调节网络。

6. UCSC[8]

http://genome.ucsc.edu/

由加州大学圣克鲁兹分校开发,包含参考序列以及收集的大量基因组的拼接草图,同时也能导航到 ENCODE 数据库中。用户可以通过该网站自带的工具浏览序列,其中的 Genome Browser 可以查看所有染色体;Gene Sorter 可以查看基因表达、同源簇以及与之有关系的一组或多组基因簇;VisiGene 可以查看小鼠和青蛙的原位表达情况来了解基因表达模式;而 Genome Graphs 可以上传及查看全基因组数据。

7. RNA-Seq Atlas[9]

http://medicalgenomics.org/rna_seq_atlas

RNA-Seq Atlas 是由二代测序产生的正常组织基因表达谱的参考数据库,是一个基于网络的 RNA-Seq 基因表达谱知识库和查询工具,数据可链接到常用的功能及遗传数据库,同时又链接到多个正常与病理组织的微阵列数据上,搜索界面可实现 RNA-Seq 数据与微阵列数据之间的对比,并且该网站提供免费的 RNA-Seq 表达谱和发现不同组织间基因的特殊表达模式的工具。

8. Hippocampus RNA-seq atlas[10]

http://hipposeq.janelia.org/

可实现海马组织多尺度水平间的 RNA-Seq 数据的交互式分析及可视化。可通过输入已检测到的基因名称实现基于假设的分析,或利用丰富度或差异问题实现基于基因发现的数据分析。首先选择感兴趣的细胞株,其次选择理想的分析水平,生成的在线分析结果可直接下载。

9. Mammalian Transcriptomic Database[11]

http://mtd.cbi.ac.cn/

MTD(Mammalian Transcriptomic Database)的最新版本包含人、小鼠、大鼠和猪的转录组,MTD 可实现基于邻近的基因组坐标或者邻近的 KEGG 通路基因浏览并提供外显子、转录产物及基因的表达信息。该网站开发人员基于转录物在基因组中的位置及转录特点又开发了一套新的命名方法。MTD 允许对基因的自由搜索,用户可提供自定义的特点以及表格式的描述。该网站同时也允许种内和种间的比较转录组分析来说明基因表达调控的动态性,对于转录组和进化研究非常有用。

10. ArrayExpress[12]

http://www.ebi.ac.uk/arrayexpress/

交互式查询下载及递交网站,是 EBI 下的功能基因组数据库,收录 20 000 多组功能基因组实验中的高通量数据,供研究人员再次利用。用户通过浏览器可直接浏览或使用关键字查询获取已收录的功能基因组实验数据,也可递交自己的各级微阵列或下一代测序产生的功能基因组研究数据。

11. AlzBase[13]

http://alz.big.ac.cn/alzBase/

AlzBase 提供与阿尔茨海默病相关基因的四类信息:阿尔茨海默病、衰老和相关疾病的基因失调;多水平注释,包括与阿尔茨海默病严重程度的相关性;基因相互作用网络,包括脑协同表达网络;数据库中 top 基因以及阿尔茨海默病遗传学研究涉及的基因的摘要。

12. Database of miRNA isomiRs[14]

http://hood.systemsbiology.net/cgi-bin/isomir/find.pl

该数据库允许用户检测丰度最高的序列和每一个 miRNA 的异质程度,可以帮助了解 isomiRs 的功能,以及优化 miRNA 检测所用的探针或引物。

13. ENA [15]

http://www.ebi.ac.uk/ena

由 EBI 研发,储存并展示测序相关的实验流程信息、测序数据及处理后各类数据。

14. SRA[16]

http://www.ncbi.nlm.nih.gov/Traces/sra/

SRA(Sequence Read Archive)是 NIH 下的由 NCBI、EBI 和 DDBJ 共同参与的 INSDC(International Nucleotide Sequence Database Collaboration)高通量测序数据库,储存二代测序(包括 454、IonTorrent、Illumina、SOLiD 和 Helicos 平台)的原始数据和完整基因组。除了原始数据以外,也存储读段在参考基因组上位置的序列联配信息。

15. DDBJ[17]

http://www.ddbj.nig.ac.jp/

DDBJ 中心是 INSDC 在日本的分支,主要收集核酸序列并免费提供核酸序列和超级计算机系统。

16. Rfam[18]

http：//rfam.xfam.org/

Rfam 数据库是 RNA 家族的集合,每一家族都有其对应的多序列联配结果、一致的二级结构和协方差模型。

17. TCGA[19]

http：//cancergenome.nih.gov/

TCGA 是目前最大的癌症基因信息数据库,收录 29 个器官共 30 多种癌症的信息,产生约 3 PB 的数据,包括组织、临床信息、基因组、转录组等数据,这些数据已经支持独立的或公共的上千项研究。

18. H-InvDB[20]

http：//www.h-invitational.jp/

H-Invitational Database 是 H-Invitational 计划的产物,收录了来自 21 037 个基因位点的 41 118 个全长 cDNA 片段综合注释。该数据库中含有 19 574 个由 cDNA 编码的蛋白质,并被分成功能已知(11 709 个)和功能未知(7 865 个)两类。

19. H-DBAS[21]

http：//h-invitational.jp/h-dbas/

H-DBAS(Human-transcriptome DataBase for Alternative Splicing)是基于 H-InvDB 数据库独特的可变剪接的数据库。该数据库中的可变剪接从 6 个哺乳类模式生物的 8 个数据集中鉴定而来,这些数据集有 mRNA、全长 cDNA、剪接变异体(equally-spliced variants)等。

20. BodyMap-Xs[22, 23]

http：//bodymap.jp

物种间基因表达对比的数据库,是由 DDBJ 中 1 700 万个动物 EST 按照解剖学分类而来的。用户可偶联对比同源基因和非同源基因的表达模式，也可按分类学和解剖学概览所有的 EST，获得某一物种某一组织的基因表达水平排序，可帮助研究人员理解或研究动物同源组织的一致性与差异性。

21. Gene Expression Database (GXD)[24]

http：//www.informatics.jax.org/mgihome/GXD/aboutGXD.shtml

免费提供鼠类发育过程中基因表达数据的数据库，其表达数据来源于已发表文献及大规模的项目当中。这些数据包括遗传、功能、表型和疾病相关数据，并提供工具用于在大文本中搜索和分析表达数据。

22. GenMap'99[25]

http：//www.ncbi.nlm.nih.gov/genemap/

新的人类基因组图谱，包含超过 30 000 个基因，代表着人类基因组中最重要的部分。更重要的是，研究人员可用该图谱快速识别、分离直接或间接的疾病基因。

23. HugeMap[26]

http：//www.infobiogen.fr/services/Hugemap

存储主要的人类遗传图谱和物理图谱的数据库。与基因辐射杂交数据库 RHdb 相通，可通过网络服务器浏览，也可通过 CORBA 服务器实现高效编程。可通过 java 插件访问 HuGeMap ORB 或通过 EBI 的 RHdb ORB 服务器浏览图谱。

24. KEGG[27]

http：//www.kegg.jp/

KEGG（京都基因与基因组百科全书）是基因组破译方面的数据库。在给出染色体中一套完整基因的情况下，它可以对蛋白质交互（互动）网络在各种细胞活动中所起的作用做出预测。KEGG 的 PATHWAY 数据库整合当前在分子互动网络（如通道、联合体）的知识，KEGG 的 GENES/SSDB/KO 数据库提供关于在基因组计划中发现的基因和蛋白质的相关知识，KEGG 的 COMPOUND/GLYCAN/REACTION 数据库提供生化复合物及反应方面的知识。

25. Genomic Data Commons (GDC)[28]

https://gdc.cancer.gov/

NCI 的统一的癌症组学数据库,收录有突变、CNV、表达定量以及转录后修饰数据,可帮助研究人员用于精准医疗中的癌症基因组研究。

附录 2　转录组研究工具

1. Tophat[29]

http://ccb.jhu.edu/software/tophat/index.shtml

由约翰·霍普金斯大学的计算生物学中心和华盛顿大学的基因组研究中心开发,可在 Linux 和 Mac OSX 上运行,Tophat 利用高通量短读长装配程序 Bowtie 快速处理 RNA-Seq 的结果,之后再分析外显子之间的剪接位点。

2. Cufflinks[30-33]

http://cole-trapnell-lab.github.io/cufflinks/

Cufflinks 由加利福尼亚大学伯克利分校、马里兰大学生物信息以及加州理工学院联合开发。Cufflinks 利用 Tophat 比对的结果(alignments)组装转录本,预测这些转录本的丰度,并且检测样本间的差异表达及可变剪接。

3. HISAT[34]

http://www.ccb.jhu.edu/software/hisat/index.shtml

由约翰·霍普金斯大学开发。它取代 Bowtie/TopHat 程序,能够将 RNA-Seq 的读取与基因组进行快速比对。HISAT 利用大量 FM 索引,以覆盖整个基因组。以人类基因组为例,它需要 48 000 个索引,每个索引代表 0~64 000 bp 的基因组区域。这些小的索引结合几种比对策略,实现了 RNA-Seq 读取的高效比对。特别是对那些跨越多个外显子的读取,尽管利用大量索引,但对内存的消耗很小,运行速度快,能够支持任何规模的基因组。

4. piPipes[35]

http：//bowhan.github.io/piPipes/

由马萨诸塞大学医学院开发，用于分析高通量测序(包括小 RNA、RNA、m^7G 帽子、ChIP 以及 DNA-seq)的 piRNA 和转座子衍生的 RNA。piPipes 为 piRNA 领域提供了一个标准化方法。http：//omictools.com/上可以获取一系列相关软件包。

5. BreakFusion[36]

http：//bioinformatics.mdanderson.org/main/BreakFusion♯BreakFusion

对 RNA-Seq 数据进行分析获取基因融合结果的一套计算流程，但需要一系列软件及模块的支持。

6. ExpressionBlast[37]

http：//www.expression.cs.cmu.edu/

由卡内基梅隆大学开发，对 GEO 数据库中来自≥40 000 项研究的≥900 000 个样本的非结构化基因表达信息进行了文本挖掘，整理成结构化的数据，形成了目前最大的计算机注释表达数据。用户可以上传包含多个基因名和表达量的数据，该数据库会自动和库里包含的表达数据进行比对，返回和上传基因表达模式相似的研究。

7. RNA-eXpress[38]

http：//www.rnaexpress.org

对 RNA-Seq 测序数据获得的转录本进行注释的网络工具，可分析 RNA 编辑位点和其他信息。

8. FastQC[39]

http：//www.bioinformatics.babraham.ac.uk/projects/fastqc/

FastQC 是高通量测序数据的质量控制软件，可以处理多种格式的测序数据并提供一个交互的应用来浏览不同的质量检测结果或创建一个 HTML 文件。尽管大多数测序仪在测序的同时会产生一个质量控制(QC)报告，但这种检测并不能检测出测序仪本身产生的问题,而 FastQC 旨在指出测序仪和文库准备过程中的问题。该软件可以以两种模式运行,既可以作为一个独立的快速分析小样本量 FastQ 文件交互式应用,也可以以非交互式模式整合进大样本量分析流程当中。

9. FASTX-Toolkit

http://hannonlab.cshl.edu/fastx_toolkit/

FASTX-Toolkit 是短读长 FASTA/FASTQ 文件处理的命令行工具的集合。FASTA/FASTQ 文件的主要处理流程是使用特定的软件包(Blat、SHRiMP、LastZ,、MAQ 等)将序列比对至参考基因组或其他数据库上。

10. NGSQC[40]

http://brainarray.mbni.med.umich.edu/brainarray/ngsqc/♯Download

NGSQC 流程提供一套新的快速检测双表面深度测序数据中大范围质量问题的质量控制方案,且不需考虑检测技术,同时研究人员也可以检测与发现结果相关的测序数据是不是由测序质量问题造成的。总的来说,NGSQC 可以帮助研究人员确认研究发现,尤其是基于稀有序列的结果,不是因为低测序质量导致的。

11. Picard

http://broadinstitute.github.io/picard/

免费开源的工具包,用于管理高通量测序数据以及 SAM/BAM/CRAM/VCF 等格式文件。

12. STAR[41]

https://github.com/alexdobin/STAR/releases

基于 C++的开源软件,最初被设计用于装配 ENCODE 计划所产生的大转录组数据集(超过 800 亿个片段),该软件使用连续最大可匹配种子搜索算法,比对速度较快。该软件不但可以进行比对,还可以输出可变剪接、转录本融合,以及控制输出格式为 SAM 或者 BAM,并对输出的 BAM 进行选择性排序输出。

13. RSeQC[42]

https://code.google.com/archive/p/rseqc/

该软件包提供一系列模块用以综合评价 RNA-Seq 数据。"基础模块"可以快速检测序列质量、核苷酸组成偏好、PCR 偏好和 GC 偏好,而"RNA-Seq 特定模块"可用来研究剪接位点检测和表达定量的测序饱和度,这些模块也可以检测已匹配的片段剪接、片段分布、基因覆盖均匀度、重复性、连接特异性和剪接位点注释。同时,该软件包括几个可为数据可视化修改和标准化处理的 BigWig 文件。

14. Qualimap[43, 44]

http://qualimap.bioinfo.cipf.es/

Qualimap 2 是基于 Java 和 R 平台的软件,可提供交互式图形界面和命令行界面进行测序数据联配的质量控制。可用于全基因组测序、全基因组外显子测序、RNA-Seq 和 ChIP-Seq 等。

15. NOISeq[45]

http://bioinfo.cipf.es/noiseq/doku.php

由西班牙瓦伦西亚理工大学的 CIPF 研究中心开发,无须设置参数,可鉴别到原始计数数据或归一化处理后计数数据中差异表达的基因,依据经验对倍数变化对比和绝对定量中计数变化的噪声分布进行建模,可评估真实的基因差异表达。

16. StringTie[46]

http://ccb.jhu.edu/software/

StringTie 是快速、高效的 RNA-Seq 转录产物拼接软件,基于 network flow 算法,也可作为从头拼接中拼接和基因的多重剪接全长转录产物定量的可选步骤。可处理其他拼接软件的原始片段对齐后数据以及已部分拼接的对齐数据,并可与 Cuffdiff 或 Ballgown 联用来鉴定差异表达基因。

17. Trinity[47]

https://github.com/trinityrnaseq/trinityrnaseq/wiki

由博德(Broad)研究所及希伯来大学开发,包含 3 个独立的软件包:Inchworm、Chrysalis 和 Butterfly,可实现高通量处理 RNA-Seq 数据。该软件将测序数据分割成很多独立的 DeBruijn 图单元,每一个都代表某一基因的转录产物复杂度,然后对每个单元独立处理来分开全长的剪接异构体,并可将同源基因的转录产物分开。

18. SpliceMap[48]

http://www.stanford.edu/group/wonglab/SpliceMap/

由斯坦福大学开发,是一款从头发现剪接位点并对齐的工具,具有高灵敏度且可支持任意长度的 RNA-Seq 数据。

19. DIANA-LncBase[49]

http://carolina.imis.athena-innovation.gr/index.php? r=lncbasev2

DIANA 工具包中的一个交互式服务网站,可用于发现 miRNA 和 lncRNA 之间直接或间接的关系。该网站的数据库中包含超过 70 000 种低通量或高通量实验验证的 miRNA 与 lncRNA 直接或间接的关系,可提供在线查询 miRNA 与 lncRNA 关系的模块,以及一个在线预测模块(基于 DIANA-microT 算法)。

20. SOAPdenovo-Trans[50]

https://sourceforge.net/projects/soapdenovotrans/

转录组从头拼接软件,在 SOAPdenovo2 框架上发展而来,被设计用于拼接含有可变剪接和不同表达水平的转录组。相较于 SOAPdenovo2,该软件提供一个更为综合的构建全长转录本的方法。

21. Oases[51]

http://www.ebi.ac.uk/~zerbino/oases/

从头拼接软件,用于拼接短读长测序数据(如 Illumina、SOLiD 或者 454 产生的无参考基因组的测序产物)。该软件用来处理 Velvet 产生的初步拼接结果,然后利用双端测序(paired-end)片段以及长读长片段构建转录亚型。

22. HTSeq[52]

http://www-huber.embl.de/HTSeq/doc/overview.html

基于 Python 语言开发的软件包,可为高通量测序数据的处理提供底层框架。用户定制化,可允许用户自己写分析流程,也提供一些常规流程的脚本。

23. EBSeq[53]

https://www.biostat.wisc.edu/~kendzior/EBSEQ/

基于 R 语言开发的软件包,可用于鉴定多个生物条件下的基因与差异表达的亚型基因。

24. REDIdb[54, 55]

http://biologia.unical.it/py_script/REDIdb

交互式网络工具,包含细胞器中所有种类的 RNA 编辑位点。

25. PREPACT 2.0[56]

http://www.prepact.de

预测细胞器中 RNA 编辑位点的工具,拥有多种细胞器参考信息和注释信息。

26. circBase[57]

http://circbase.org/cgi-bin/downloads.cgi

可以浏览公共 circRNA 数据库,同时用户可以下载该程序的 python 脚本发现用户 RNA-Seq 数据的 circRNA。

27. CIRCexplorer[58]

http://yanglab.github.io/CIRCexplorer/

速度快,占用内存小。利用融合基因检测 circRNA;首先过滤出 Tophat 无法匹配上的读段,其次把这些读段用 Tophat-Fusion 与基因组比对,对 circRNA 进行注释。

28. Segemehl[59]

http：//www.bioinf.uni-leipzig.de/Software/segemehl/

支持 SAM 格式文件，将短读长序列匹配到参考基因组上，能够检测错配、插入和缺失。读长不限，可以纠正引物和多聚腺苷酸［poly（A）］污染。缺点是内存占用大，需 60 GB内存。

29. CIRI[60]

http：//sourceforge.net/projects/ciri/

由中国科学院北京生命科学研究院开发，对 SAM 格式中的 CIGAR 值进行分析，扫描 PCC 信号（paired chiastic clipping signals），进而识别 circRNA。该方法操作简单，但消耗内存比较大。

30. KNIFE[61]

https：//github.com/lindaszabo/KNIFE

KNIFE 是一种统计学识别真实 circRNA 的方法，该方法与 finc_circ 以及 CIRI 比较，具有更强的敏感性和更高的准确性。

31. DCC，CircTest[62]

https：//github.com/dieterich-lab/DCC

https：//github.com/dieterich-lab/CircTest

DCC 用于检测及定量 circRNA，具有高度特异性；CircTest 用于检测相对于宿主基因的 circRNA 变异。

32. circRNA_finder[63]

https：//github.com/orzechoj/circRNA_finder

识别 RNA 深度测序（RNA deep sequencing）数据中的 circRNA，同时可以注释、可视化处理 circRNA 以及比较不同组织或不同生长阶段中 circRNA 的表达。

33. PicTar[64]

http://pictar.mdc-berlin.de/cgi-bin/PicTar_vertebrate.cgi

交互式展示脊椎动物及果蝇的 miRNA 结合靶点,包括脊椎动物(人类、大猩猩、小鼠、大鼠和狗)以及果蝇的 miRNA,用户可以通过 miRNA ID 或 Gene ID 搜索所研究的 miRNA 的结合靶基因或者某一基因所对应的 miRNA,也可以浏览所有的 miRNA 及其对应的结合靶点。

34. DSGseq[65]

http://bioinfo.au.tsinghua.edu.cn/software/DSGseq/

由清华大学开发,用于鉴定两组 RNA-Seq 样本中差异剪接的基因。输入数据为测序片段计数文件,输出结果则是每个基因亚型相对丰度的差异。

35. DiffSplice[66]

http://www.netlab.uky.edu/p/bioinfo/DiffSplice

该软件用于发现和定量 RNA-Seq 中的可变剪接体,无须已注释的转录组或已验证过的剪接方式。对于两组样本,可用非参排列检验鉴定基因水平或转录水平的基因表达差异。输入文件格式为支持测序片段对齐到参考基因组的 SAM 格式,如 MapSplice 对齐后的数据,输出结果可用 UCSC 基因组浏览器查看。

36. ReadXplorer2[67]

https://www.cebitec.uni-bielefeld.de/brf/index.php/software/88-readxplorer

可用于综合研究和对下一代测序数据质量进行评估的免费软件,可将测序量与质量评估加到对齐片段上,以此对已匹配到参考基因组上的测序片段分类。可以可视化及分析已匹配序列,提供多种浏览模式和多种功能分析模块。

37. IGV[68]

http://www.broadinstitute.org/igv/

交互式展示数据量大的整合基因组数据的高性能可视化工具,支持多种数据类型,包括微阵列和下一代测序数据以及基因组注释。

38. Genome Maps[69]

http：//www.genomemaps.org

基于 HTML5 的高性能基因组浏览器。该软件可以浏览 CellBase 数据库，以及远程 OpenCGA 服务器上的 BAM 或者 VCFs 格式的大数据。该软件是 CellBase 中的 OpenCB 和 OpenCGA 服务器上数据可视化工具的一部分，在其他 OpenCB 计划中作为一个附加应用。

39. RNAseqViewer[70]

http：//bioinfo.au.tsinghua.edu.cn/software/RNAseqViewer/

由清华大学开发，是一种具有创新性的转录组数据展示工具。用于可视化展示单个或多个样本 RNA-Seq 分析过程中的各类数据，主要功能是展示基因表达及转录产物的不同亚型。

40. SplicePlot[71]

http：//montgomerylab.stanford.edu/spliceplot/index.html

可视化展示 RNA-Seq 数据中质量性状位点的可变剪接及其影响，提供一个简单的命令行操作界面用来绘制可变剪接的 Sashimi、hive 和 structure 图，可处理 BAM、GTF 和 VCF 文件。

41. SpliceSeq[72]

http：//bioinformatics.mdanderson.org/main/SpliceSeq：Overview

基于 Java 的应用，支持用户研究 RNA-Seq 中的可变剪接模式以及鉴定基因的多种剪接形式。测序片段被匹配到剪接图上用以精确定量每个外显子和剪接位点的内含子水平，之后用此剪接图来预测可能的蛋白质亚型，然后将 UniProt 上的注释匹配到每个蛋白质亚型上。

42. splicingviewer[73]

http：//bioinformatics.zj.cn/splicingviewer/

用户可利用提供的流程检测剪接位点和注释可变剪接模式及已知的基因模型。该软件输入的文件格式为 SAM 或 BAM,提供一个用户友好的界面,可快速展示可变剪接模式和大规模 RNA-Seq 短片段的匹配结果。

43. deFuse[74]

http://compbio.bccrc.ca/software/defuse/

用于发现 RNA-Seq 中融合基因的软件包,利用不一致的双端测序联配簇报告一个片段对齐的裂缝,并进一步发现融合基因的边界。该软件利用真实的基因融合和假阳性来训练,可达到每个预测的融合基因都得到完整注释的输出结果。

44. Comrad[75]

http://compbio.cs.sfu.ca/softtware-comrad

利用 RNA-Seq 和 WGSS 的优势在表达水平上或基因组水平上对基因组来源或非基因组来源的染色体重组进行精准地分类,可用于发现肿瘤基因组的染色体重组。该软件的优点在于可利用低覆盖率的基因组数据精确识别异常转录产物和相关的染色体重组。

45. MicroCosm Targets[76]

http://www.ebi.ac.uk/enright-srv/microcosm/htdocs/targets/v5/#

由 EMBL-EBI 下的 Enright 实验室开发,可实现多物种间 miRNA 靶点的自动预测。其中 miRNA 序列来自 miRBase 数据库,而大部分基因组序列则来自 EnsEMBL。

46. TargetScan[77]

http://www.targetscan.org/

TargetScan 是 miRNA 在线靶点预测网站,提供人、小鼠、线虫、果蝇和鱼 5 个物种的靶点预测。TargetScan 通过搜寻与 miRNA 的核心调控区域相匹配的 8 mer、7 mer 和 6 mer 位点预测靶点,而只有保守位点会被保留下来。TargetScanHuman 模块的预测结果与人 3′UTR 或同源区域相匹配,保守靶点也已在 ORF 区域检测到。

附录 3　转录组相关知识库

1. Cirbase[57]

http://www.circbase.org/

由柏林医学系统生物学研究所开发,包括人、小鼠、线虫等 5 个物种的 circRNA 数据。该数据库整合了已经发表的转录组数据中鉴定出的 circRNA,包含基因组信息、预测分值、表达量等信息,可以通过 circRNA ID、染色体位置和序列等信息来查询。网站还提供了鉴定和定量 circRNA 的工具下载。

2. circRNABase[78]

http://starbase.sysu.edu.cn/mirCircRNA.php

由中山大学开发,通过 CLIP-Seq 预测与 miRNA 有潜在相互作用的 circRNA。可以通过 circular ID 或者 miRNA ID 查询,也可以直接浏览所有相互作用。

3. ErythronDB[79, 80]

http://www.cbil.upenn.edu/ErythronDB/

由罗彻斯特大学开发,是哺乳动物红系发生相关数据库,其数据来源于小鼠成熟过程中红系干细胞和末端分化红系细胞的转录组数据库。用户可利用这些数据鉴定红系发生过程中具有相同或不同表达水平或表达模式的基因,同时也可以通过搜索探索基因表达数据中的基因相互作用网络。用户可以自定义多种搜索条件,并逐步添加多种实验相关的逻辑条件来筛选结果,如取交集、并集、差集等。

4. lncRNAdb[81, 82]

http://www.lncrnadb.com/

由加尔文医学研究所和新南威尔士大学开发,对已发表的 lncRNA 文献进行人工整理注释,整合了 lncRNA 序列、表达量、结构信息、亚细胞定位、保守性、功能等信息。

5. dbRES [83]

http：//bioinfo.au.tsinghua.edu.cn/dbRES

注释 RNA 编辑位点的数据库。

6. DARNED [84]

http：//darned.ucc.ie

链接到维基百科的 RNA 编辑位点数据库，物种涵盖人和模式动物。

7. miR-EdiTar [85]

http：//microrna.osumc.edu/mireditar

涵盖 miRNA 作用靶序列的 A-to-I 编辑。

8. GOBASE [86]

http：//gobase.bcm.umontreal.ca/

细胞器基因组数据整合工具数据库，包含所有的线粒体核酸序列以及预测的蛋白质数据，这些数据来源于 NCBI 的 Entrez 数据库，并由 GOBASE 进一步处理后展示于此。

9. canSAR [87]

http：//cansar.icr.ac.uk/

免费的公共癌症知识库，综合了生物、化学、药理学及疾病数据。该数据库中的数据已经过筛选，研究人员可直接用于各学科的研究或者药物发现，可通过唯一的一个查询窗口查询所需数据。

10. IGSR [88]

http：//www. 1000genomes.org/home

EMBL-EBI 的 Data Coordination Centre 下的千人基因组计划数据库，是最大的人类突变和基因型数据库。

11. RNAcentral[89]

http://rnacentral.org/

RNAcentral 是一个持续更新的集成大量非编码 RNA 序列的数据库，是 EBI 的一部分，并由 BBSRC 支持。

12. miRBase[90]

http://www.mirbase.org/

miRBase 收录已发表的 miRNA 序列及其注释，并提供搜索功能。该数据库中每个条目代表一个预测的 miRNA 转录产物的一个发卡结构，并包含有位点信息和成熟的 miRNA 序列。每个发卡结构和成熟的 miRNA 序列都可查询浏览且可供下载。

13. GtRNAdb[91]

http://gtrnadb.ucsc.edu/

基因组 tRNA 数据库，包含由 tRNAscan-SE 从完整基因组或近期完成的基因组预测到的 tRNA 基因。除特别说明外，所有注释均是自动完成且没有与已发表文献结果相对比。用户可直接查看或搜索物种名来查看其基因组 tRNA，同时也可以通过序列搜索。

14. CircNet[92]

http://circnet.mbc.nctu.edu.tw/

该数据库包含新发现的 circRNA、miRNA-target 网络、circRNA 亚型的表达谱、circRNA 亚型的基因组注释和 circRNA 序列，且该数据库可供用户查看组织特异的 circRNA 表达谱和 circRNA-miRNA-gene 调控网络。

15. DASHR[93]

http://lisanwanglab.org/DASHR/smdb.php

DASHR 数据库提供最为综合的人类 42 个正常组织和细胞类型的 sncRNA 基因、前体和成熟的 sncRNA 注释、序列表达水平和 RNA 加工信息。该数据库的内容来源于

30 个独立研究中的 187 个短非编码 RNA 深度测序数据，涵盖 48 000 个人类 sncRNA 前体和成熟 sncRNA 的信息。

16. piRNA cluster database [94, 95]

http://www.smallrnagroup.uni-mainz.de/piRNAclusterDB.html

该数据库旨在提供 piRNA 及其在基因组上的位点，包含来源于 12 个 SRA 数据集的 12 个物种不同组织和不同发育阶段的 33 964 个 piRNA 簇。用户可直接浏览不同物种的 piRNA，或者利用关键字检索特定的 piRNA。

17. piRNABank [96]

http://pirnabank.ibab.ac.in/

交互式分析系统和数据库，包含人、小鼠、大鼠和果蝇的 piRNA 综合信息。该数据库编入了所有可能的全基因组范围内的 piRNA 簇并包含 piRNA 的相关基因及重复序列，用户通过搜索选项可在线查询和获取数据。

18. miRTarBase [97]

http://mirtarbase.mbc.nctu.edu.tw/

miRTarBase 数据库是 miRNA 及 miRNA 与靶基因相互作用的数据库，通过人工筛选文献得到了超过 300 种 miRNA 和 6 000 多种 miRNA-target 相互作用关系（MTI），所收录的 miRNA-target 相互作用关系均有实验数据支持。同时，该数据库通过与其他相似的已发展起来的数据库进行对比，使得该数据库拥有数量最多的 miRNA-target 相互作用关系。

19. RPFdb [98]

http://sysbio.sysu.edu.cn/rpfdb/index.html

由中山大学开发，是核糖体保护的 mRNA 深度测序数据的数据库。目前收录了 82 个不同研究中 8 个物种 777 个样本的数据。用户通过浏览器页面可获得该研究的元数据、Top200 的转录物（包括整个 RPKM 表）和每个样本统计学数据的图示。

20. RMBase[99]

http://mirlab.sysu.edu.cn/rmbase/

由中山大学开发，是 RNA 修饰数据库，主要用于研究高通量测序数据中 RNA 修饰的宏观水平。目前包含约 226 000 个 N6-Methyladenosines（m⁶A）修饰、约 9 500 个 pseudouridine（Ψ）修饰、约 1 000 个 5-methylcytosine（m⁵C）修饰、约 1 210 个 2′-O-methylations（2′-O-Me）修饰和约 3 130 个其他种类的 RNA 修饰。

21. Swiss-Prot[100]

http://www.gpmaw.com/html/swiss-prot.html

EBI 的已注释蛋白质序列数据库。由蛋白质序列条目组成，每个条目含有蛋白质序列、引用文献信息、分类学信息、注释等，冗余序列少，并与其他 30 多个数据库互通。用户使用序列提取系统（SRS）可以方便地检索 SWISS-PROT 和其他 EBI 的数据库。

22. Pfam[101]

http://pfam.xfam.org/

蛋白质家族数据库，根据多重序列比对和突变谱 HMM 构建。

23. NONCODE[102]

http://www.noncode.org/

NONCODE 是 ncRNA 的综合性知识库。该库里所有的 ncRNA 都是从文献和 GenBank 里自动筛选出来之后经人工整理而成。NONCODE 具有以下几个特点：涵盖几乎所有 ncRNA；所有 ncRNA 序列都已经过验证；每个 ncRNA 都依据其细胞处理过程和功能整合进已有的分类系统中；提供一个友好的用户界面、可视化平台和一个快捷搜索选项。

24. NRED[103]

http://jsm-research.imb.uq.edu.au/NRED

lncRNA 数据库，提供人和小鼠的数千个 lncRNA 表达信息。数据库中包含微阵列和原位杂交数据，也有特定 lncRNA 的附属信息，包括进化保守性、二级结构证据、对应基因序列链接和互补关系,同时网站也可供用户搜索和下载。

25. RNAdb[104]

http://research.imb.uq.edu.au/RNAdb

RNA 数据库,包含核酸序列和非持家 ncRNA(包括大量 miRNA、snRNA 和较长片段的 mRNA 样 ncRNA)的注释。数据库中一些 ncRNA 的功能或表达模式已被证明,但大多数的功能仍未知。

26. LncVar[105]

http://bioinfo.ibp.ac.cn/LncVar

长链非编码基因相关的遗传变异数据库,涉及 6 个物种。研究人员收集了来自于 NONCODE 数据库的 lncRNA 信息,并对它们的保守性进行了评估,系统性地整合了转录因子结合位点以及 lncRNA 的 m^6A 修饰位点并且提供了单核苷酸多态性对 lncRNA 转录与修饰的综合效应,收集了可能的 lncRNA 翻译开放读码框,鉴定了读码框中的同义和非同义单核苷酸多态性位点。研究人员还从论文中收集了 lncRNA 的表达数量性状基因位点,在拷贝数变异区域识别出可以作为候选的癌症预后生物标志物的 lncRNA,并利用不同细胞系的 RNA-Seq 数据预测了 lncRNA 基因融合事件。LncVar 数据库是评估变异对 lncRNA 生物功能影响的重要资源。

附录 4　转录组和疾病整合数据库

1. Circ2Traits[106]

http://gyanxet-beta.com/circdb/
该数据库建立了 circRNA 和疾病的关联。

2. HMDD[107, 108]

http://www.cuilab.cn/hmdd
由北京大学开发,整合了经实验验证过的 miRNA 与疾病的关联数据。在数据库的

2.0 版本里，又添加了包含更多作用机制类型的记录，比如循环 miRNA 与疾病的关联、miRNA 在 DNA 层面的变异与疾病的关联、表观变异层面与疾病的关联、靶基因层面与疾病的关联等。接收用户提交数据。

3. MNDR[109]

http://www.rna-society.org/mndr/

由哈尔滨医科大学和香港大学等单位联合开发，人工读取了 370 多篇文献，整理出超过 1 100 条哺乳动物中非编码 RNA 和疾病的关联数据，包括 lncRNA、miRNA、piRNA、snoRNA 等。对涉及的多种 RNA 进行全局分析发现，RNA 之间存在相互作用网络，并通过 cytoscape 插件等工具在网站上进行了可视化。

4. LncRNADisease[110]

http://www.cuilab.cn/lncrnadisease

由北京大学开发，整合了经实验验证过的 lncRNA 与疾病的关联数据，lncRNA 和蛋白质、RNA、miRNA、DNA 等分子之间的相互作用。还提供了对新发现的 lncRNA 与疾病进行关联分析的工具。接收用户提交数据。

5. EPITRANS

http://epitrans.org/EPITRANS/Service

整合表观遗传组以及转录组数据，研究表观遗传修饰与基因表达水平变化之间的关系。从 GEO 以及 ENCODE 收集同一组织或同一细胞株匹配的转录组和表观遗传组的数据，所有 23 类人体组织的数据都是由人工筛选注释。其 dataset 分 4 类：①表观遗传对基因的调控；②不同组织中的基因调控；③表观遗传变异；④基因组的可视化浏览。

6. The Brain Transcriptome Database (BrainTx)

http://www.cdtdb.neuroinf.jp/CDT/Top.jsp

由日本神经信息学中心及国际神经信息学日本部共同开发，在 Cerebellar Development Transcriptome Database (CDT-DB)基础上发展而来，提供可视化及分析原始转录组数据和公共转录组数据来揭示脑的发育、功能以及功能障碍。用户可以搜索基因及大脑不同组织的表达数据。

7. miR2Disease[111]

http://watson.compbio.iupui.edu：8080/miR2Disease/

由哈尔滨工业大学开发的人工整理的数据库，旨在提供一个全面的、涵盖各种人类疾病中 miRNA 异常表达的数据库。包含 163 种疾病 369 种 miRNA，共 3 237 个条目，每一条目下都包含 miRNA 与疾病之间的关系、miRNA ID、疾病状态下 miRNA 的表达模式、检测方法、经实验验证的 miRNA 的靶基因和参考文献。用户可以通过疾病名称或者 miRNA ID 搜索某一疾病与特定 miRNA 之间的关系。

8. miRCancer[112]

http://mircancer.ecu.edu/

与 miR2Disease 类似，自动收集 PubMed 上已发表论文的 miRNA 表达谱数据，目前为止已收录 184 种癌症中 44 353 种 miRNA，共鉴定到 4 480 种与癌症相关的 miRNA。用户在搜索页面可以通过 miRNA 或者癌症名字搜索数据库。

9. EpoDB[113]

http://www.cbil.upenn.edu/EpoDB/

EpoDB 是一个与脊椎动物红细胞相关的基因数据库，收录有 DNA 序列、结构特征、蛋白质信息、基因表达信息以及转录因子结合位点。

10. ExoCarta[114-116]

http://www.exocarta.org/

外泌体数据库，包含多个物种中鉴定到的外泌体内含物数据。

11. JuncDB[117]

http://juncdb.carmelab.huji.ac.il/

JuncDB 数据库用来描述 88 个真核生物中的外显子与外显子之间的结构特征，包含有近 40 000 个同源外显子对。JuncDB 利用 OrthoDB、Homologene、Compara 和

OrthoMCL 数据库中的同源物在大尺度上展示外显子-外显子结构特征,每个同源组都有对应的转录产物和蛋白质及转录水平和蛋白质水平的多序列比对结果。

12.　dbRBC [118]

http://www.ncbi.nlm.nih.gov/projects/gv/rbc/

人红细胞基因组和临床信息数据库,由澳大利亚格拉茨医学院开发和维护。该数据库整合了 Blood Group Antigen Gene Mutation Database(BGMUT)及其工具和 NCBI 的交叉资源,主要功能是提供公共的基因组、蛋白质和红细胞抗原的结构信息。

13.　BloodChIP [119]

http://www.med.unsw.edu.au/CRCWeb.nsf/page/BloodChIP

BloodChIP 是造血转录因子全基因组结合位点谱和其对应的基因表达数据库。用户可交互式查询 BloodChIP 和对应基因在不同细胞类型中的相对表达水平。更重要的是,用户可以将这些细胞中的基因表达水平及染色质可及性与人 HPSC 及其他细胞类型关联起来,以进一步探索这些基因的转录调控情况。

14.　Leukemia Gene Atlas [120]

http://www.leukemia-gene-atlas.org/LGAtlas/

Leukemia Gene Atlas 是白血病相关的不同基因组数据数据库。该数据库包含众多针对不同类型分子数据的分析和可视化工具,目前收录了 5 800 个白血病和造血干细胞样本的微阵列基因表达数据、DNA 甲基化数据、SNP 和下一代测序数据。

15.　Cancer gene expression database(CGED) [121]

http://cged.hgc.jp/

肿瘤基因表达数据库,包含乳腺癌、直肠癌和肝癌的转录组数据。用户可通过基因或功能查看数据,同时,也可比较多基因表达模式。基于功能分类的可视化展示也使得用户能更快速、方便识别临床参数与基因表达之间的关系。

16. The Human Gene Mutation Database (HGMD)[122]

http://www.hgmd.cf.ac.uk/ac/index.php

HGMD 是人类基因突变数据库,旨在校对已知的引起人类遗传病的基因损伤。

17. Mouse Tumor Biology (MTB)[123]

http://tumor.informatics.jax.org/

MTB 是小鼠肿瘤生物学数据库,其目的在于利用小鼠模型研究人类癌症。该数据库包含:小鼠中自发和诱导的肿瘤、遗传明确的实验鼠、小鼠中与肿瘤易感性相关的遗传因子、肿瘤中观察到的体细胞遗传突变、PDX 模型鼠。用户可从该数据库中获取肿瘤发生率和潜伏期数据、肿瘤基因组数据、肿瘤病理学报道和图片及其他一些在线肿瘤数据。

18. RNAMDB[124]

http://medlib.med.utah.edu/RNAmods/

RNA 修饰数据库,用户界面友好,用户可在其网站上搜索已知的 RNA 修饰的详细数据。每个 RNA 修饰条目下都提供其化学结构、通用名、基本组成和质量、CA 注册号和检索号、进化起源、源于何种 RNA 以及相关文献链接。

19. PEDB 和 mPEDB[125]

http://www.pedb.org/

人和小鼠前列腺基因表达数据库,允许获取和分析人或小鼠前列腺的基因表达数据。其中,人 PEDB 包含来源于 38 个 cDNA 文库的超过 84 000 条 EST,这些 cDNA 文库均包含组织来源、文库构建方法、序列丰度等信息。同时,用户可通过 VEAT 工具查看每一个 EST 的不同表达情况。

20. ITTACA[126]

http://bioinfo-out.curie.fr/ittaca/

整合的肿瘤转录组和临床数据数据库,收录了乳腺癌、膀胱癌和宫颈癌的转录组和临床数据。用户可进行不同级别的对比分析，包括表达定位对比、差异表达分析、患者生存分析，并且用户可依据临床数据和基因表达水平主动定义患者样本组。

21. CODEX[127]

http://codex.stemcells.cam.ac.uk/

CODEX 数据库可获取处理后的小鼠或人的下一代测序实验数据（ChIP-Seq、RNA-Seq 和 DNase-Seq）。CODEX 数据库的数据主要来自 GEO、ArrayExpress 和未公布的私人数据库等下一代测序数据库，用户可直接下载数据。

22. Hembase[128]

http://hembase.niddk.nih.gov/

人红系细胞转录组数据的综合性浏览器和基因组数据门户，目前收录了 15 752 条有核红细胞 EST 和 380 个红系发生的参考基因。用户可通过名字、关键词或者细胞发生未知来搜索，搜索结果直接链接到原始序列数据和 3 个主要的基因组浏览器，可帮助研究人员以基于基因组的方式研究红系细胞生物学特征。

23. CGAP[129]

http://cgap.nci.nih.gov/

NCI 的癌症基因组剖析计划 CGAP 所有的数据库，用于测定正常、癌变前和癌症细胞的全基因组基因表达情况，旨在提高患者的检测、诊断和治疗效果。用户可以通过交叉模块获取所有的 CGAP 数据、生物信息学分析工具以及其他生物学资源。

参考文献

［1］ Barrett T，Troup D B，Wilhite S E，et al. NCBI GEO：archive for high-throughput functional genomic data［J］. Nucleic Acids Res，2009，37（Database issue）：D885-D890.

［2］ Petryszak R，Keays M，Tang Y A，et al. Expression Atlas update-an integrated database of gene and protein expression in humans，animals and plants［J］. Nucleic Acids Res，2016，44（D1）：D746-D752.

［3］ Petryszak R，Burdett T，Fiorelli B，et al. Expression Atlas update—a database of gene and transcript expression from microarray-and sequencing-based functional genomics experiments［J］.

Nucleic Acids Res，2014，42(Database issue)：D926-D932.

[4] Kapushesky M，Adamusiak T，Burdett T，et al. Gene Expression Atlas update—a value-added database of microarray and sequencing-based functional genomics experiments [J]. Nucleic Acids Res，2012，40(Database issue)：D1077-D1081.

[5] Consortium E P. An integrated encyclopedia of DNA elements in the human genome [J]. Nature，2012，489(7414)：57-74.

[6] Consortium G T. The Genotype-Tissue Expression (GTEx) project [J]. Nat Genet，2013，45 (6)：580-585.

[7] Yang J H，Li J H，Jiang S，et al. ChIPBase：a database for decoding the transcriptional regulation of long non-coding RNA and microRNA genes from ChIP-Seq data [J]. Nucleic Acids Res，2013，41(Database issue)：D177-D187.

[8] Kent W J，Sugnet C W，Furey T S，et al. The Human Genome Browser at UCSC [J]. Genome Res，2002，12(6)：996-1006.

[9] Krupp M，Marquardt J U，Sahin U，et al. RNA-Seq Atlas—a reference database for gene expression profiling in normal tissue by next-generation sequencing [J]. Bioinformatics，2012，28 (8)：1184-1185.

[10] Cembrowski M S，Wang L，Sugino K，et al. Hipposeq：a comprehensive RNA-seq database of gene expression in hippocampal principal neurons [J]. Elife，2016，5：e14997.

[11] Sheng X，Wu J，Sun Q，et al. MTD：a mammalian transcriptomic database to explore gene expression and regulation [J]. Brief Bioinform，2017，18(1)：28.

[12] Kolesnikov N，Hastings E，Keays M，et al. ArrayExpress update—simplifying data submissions [J]. Nucleic Acids Res，2015，43(Database issue)：D1113-D1116.

[13] Bai Z，Han G，Xie B，et al. AlzBase：an integrative database for gene dysregulation in Alzheimer's disease [J]. Mol Neurobiol，2016，53(1)：310-319.

[14] Lee L W，Zhang S，Etheridge A，et al. Complexity of the microRNA repertoire revealed by next-generation sequencing [J]. RNA，2010，16(11)：2170-2180.

[15] Leinonen R，Akhtar R，Birney E，et al. The European Nucleotide Archive [J]. Nucleic Acids Res，2010，39(Database issue)：28-31.

[16] Coordinators N R. Database resources of the National Center for Biotechnology Information [J]. Nucleic Acids Res，2016，44(D1)：D7-D19.

[17] Tateno Y，Imanishi T，Miyazaki S，et al. DNA Data Bank of Japan (DDBJ) for genome scale research in life science [J]. Nucleic Acids Res，2002，30(1)：27-30.

[18] Nawrocki E P，Burge S W，Bateman A，et al. Rfam 12. 0：updates to the RNA families database [J]. Nucleic Acids Res，2015，43(Database issue)：D130-D137.

[19] Tomczak K，Czerwińska P，Wiznerowicz M. The Cancer Genome Atlas (TCGA)：an immeasurable source of knowledge [J]. Contemp Oncol，2015，19(1A)：A68-A77.

[20] Yamasaki C，Koyanagi K O，Fujii Y，et al. Investigation of protein functions through data-mining on integrated human transcriptome database，H-Invitational database (H-InvDB) [J]. Gene，2005，364：99-107.

[21] Takeda J，Suzuki Y，Nakao M，et al. H-DBAS：alternative splicing database of completely sequenced and manually annotated full-length cDNAs based on H-Invitational [J]. Nucleic Acids Res，2007，35(Database issue)：104-109.

[22] Hishiki T，Kawamoto S，Morishita S，et al. BodyMap：a human and mouse gene expression

database [J]. Nucleic Acids Res，2000，28(1)：136-138.

[23] Ogasawara O，Otsuji M，Watanabe K，et al. BodyMap-Xs：anatomical breakdown of 17 million animal ESTs for cross-species comparison of gene expression [J]. Nucleic Acids Res，2006，34 (Database issue)：D628-D631.

[24] Finger J H，Smith C M，Hayamizu T F，et al. The mouse gene expression database：New features and how to use them effectively [J]. Genesis，2015，53(8)：510-522.

[25] Gyapay G，Schmitt K，Fizames C，et al. A radiation hybrid map of the human genome [J]. Hum Mol Genet，1996，5(3)：339-346.

[26] Barillot E，Guyon F，Cussat-Blanc C，et al. HuGeMap：a distributed and integrated Human Genome Map database [J]. Nucleic Acids Res，1998，26(1)：106-107.

[27] Kanehisa M，Goto S，Kawashima S，et al. The KEGG resource for deciphering the genome [J]. Nucleic Acids Res，2004，32(22)：D277-D280.

[28] Shimoyama M，De Pons J，Hayman G T，et al. The Rat Genome Database 2015：genomic，phenotypic and environmental variations and disease [J]. Nucleic Acids Res，2015，43(Database issue)：D743-D750.

[29] Trapnell C，Pachter L，Salzberg S L. TopHat：discovering splice junctions with RNA-Seq [J]. Bioinformatics，2009，25(9)：1105-1111.

[30] Trapnell C，Williams B A，Pertea G，et al. Transcript assembly and abundance estimation from RNA-Seq reveals thousands of new transcripts and switching among isoforms [J]. Nat biotech，2010，28(5)：511-515.

[31] Roberts A，Trapnell C，Donaghey J，et al. Improving RNA-Seq expression estimates by correcting for fragment bias [J]. Genome Biol，2011，12(3)：R22.

[32] Roberts A，Pimentel H，Trapnell C，et al. Identification of novel transcripts in annotated genomes using RNA-Seq [J]. Bioinformatics，2011，27(17)：2325-2329.

[33] Trapnell C，Hendrickson D G，Sauvageau M，et al. Differential analysis of gene regulation at transcript resolution with RNA-seq [J]. Nature biotech，2013，31(1)：46.

[34] Kim D，Langmead B，Salzberg S L. HISAT：a fast spliced aligner with low memory requirements [J]. Nat Methods，2015，12(4)：357-360.

[35] Han B W，Wang W，Zamore P D，et al. piPipes：a set of pipelines for piRNA and transposon analysis via small RNA-seq，RNA-seq，degradome-and CAGE-seq，ChIP-seq and genomic DNA sequencing [J]. Bioinformatics，2015，31(4)：593-595.

[36] Chen K，Wallis J W，Kandoth C，et al. BreakFusion：targeted assembly-based identification of gene fusions in whole transcriptome paired-end sequencing data [J]. Bioinformatics，2012，28 (14)：1923-1924.

[37] Zinman G E，Naiman S，Kanfi Y，et al. ExpressionBlast：mining large，unstructured expression databases [J]. Nat Methods，2013，10(10)：925-926.

[38] Forster S C，Finkel A M，Gould J A，et al. RNA-eXpress annotates novel transcript features in RNA-seq data [J]. Bioinformatics，2013，29(6)：810-812.

[39] Li Z，Chen P，Su R，et al. PBX3 and MEIS1 cooperate in hematopoietic cells to drive acute myeloid leukemias characterized by a core transcriptome of the MLL-rearranged disease [J]. Cancer Res，2016，76(3)：619-629.

[40] Dai M，Thompson R C，Maher C，et al. NGSQC：cross-platform quality analysis pipeline for deep sequencing data [J]. BMC Genomics，2010，11 (Suppl 4)：S7.

[41] Dobin A, Davis C A, Schlesinger F, et al. STAR: ultrafast universal RNA-seq aligner [J]. Bioinformatics, 2013,29(1): 15-21.

[42] Wang L, Wang S, Li W. RSeQC: quality control of RNA-seq experiments [J]. Bioinformatics, 2012,28(16): 2184-2185.

[43] Garcia-Alcalde F, Okonechnikov K, Carbonell J, et al. Qualimap: evaluating next-generation sequencing alignment data [J]. Bioinformatics, 2012,28(20): 2678-2679.

[44] Okonechnikov K, Conesa A, Garcia-Alcalde F. Qualimap 2: advanced multi-sample quality control for high-throughput sequencing data [J]. Bioinformatics, 2016,32(2): 292-294.

[45] Tarazona S, Garcia-Alcalde F, Dopazo J, et al. Differential expression in RNA-seq: a matter of depth [J]. Genome Res, 2011,21(12): 2213-2223.

[46] Pertea M, Pertea G M, Antonescu C M, et al. StringTie enables improved reconstruction of a transcriptome from RNA-seq reads [J]. Nat Biotech, 2015,33(3): 290-295.

[47] Grabherr M G, Haas B J, Yassour M, et al. Full-length transcriptome assembly from RNA-Seq data without a reference genome [J]. Nat Biotech, 2011,29(7): 644-652.

[48] Au K F, Jiang H, Lin L, et al. Detection of splice junctions from paired-end RNA-seq data by SpliceMap [J]. Nucleic Acids Res, 2010,38(14): 4570-4578.

[49] Paraskevopoulou M D, Vlachos I S, Karagkouni D, et al. DIANA-LncBase v2: indexing microRNA targets on non-coding transcripts [J]. Nucleic Acids Res, 2016,44(D1): D231-D238.

[50] Xie Y, Wu G, Tang J, et al. SOAPdenovo-Trans: de novo transcriptome assembly with short RNA-Seq reads [J]. Bioinformatics, 2014,30(12): 1660-1666.

[51] Schulz M H, Zerbino D R, Vingron M, et al. Oases: robust de novo RNA-seq assembly across the dynamic range of expression levels [J]. Bioinformatics, 2012,28(8): 1086-1092.

[52] Anders S, Pyl P T, Huber W. HTSeq-a Python framework to work with high-throughput sequencing data [J]. Bioinformatics, 2015,31(2): 166-169.

[53] Leng N, Dawson J A, Thomson J A, et al. EBSeq: an empirical Bayes hierarchical model for inference in RNA-seq experiments [J]. Bioinformatics, 2013,29(8): 1035-1043.

[54] Picardi E, Regina T M, Verbitskiy D, et al. REDIdb: an upgraded bioinformatics resource for organellar RNA editing sites [J]. Mitochondrion, 2011,11(2): 360-365.

[55] Picardi E, Regina T M, Brennicke A, et al. REDIdb: the RNA editing database [J]. Nucleic Acids Res, 2007,35(Database issue): D173-D177.

[56] Lenz H, Knoop V. PREPACT 2.0: predicting C-to-U and U-to-C RNA editing in organelle genome sequences with multiple references and curated RNA editing annotation [J]. Bioinform Biol Insights, 2013,7: 1-19.

[57] Glazar P, Papavasileiou P, Rajewsky N. circBase: a database for circular RNAs [J]. RNA, 2014,20(11): 1666-1670.

[58] Zhang X O, Wang H B, Zhang Y, et al. Complementary sequence-mediated exon circularization [J]. Cell, 2014,159(1): 134-147.

[59] Hoffmann S, Otto C, Kurtz S, et al. Fast mapping of short sequences with mismatches, insertions and deletions using index structures [J]. PLoS Comput Biol, 2009,5(9): e1000502.

[60] Gao Y, Wang J, Zhao F. CIRI: an efficient and unbiased algorithm for de novo circular RNA identification [J]. Genome Biol, 2015,16: 4.

[61] Szabo L, Morey R, Palpant N J, et al. Statistically based splicing detection reveals neural enrichment and tissue-specific induction of circular RNA during human fetal development [J].

Genome Biol, 2015,16: 126.

[62] Cheng J, Metge F, Dieterich C. Specific identification and quantification of circular RNAs from sequencing data [J]. Bioinformatics, 2016,32(7): 1094.

[63] Westholm J O, Miura P, Olson S, et al. Genome-wide analysis of drosophila circular RNAs reveals their structural and sequence properties and age-dependent neural accumulation [J]. Cell Rep, 2014,9(5): 1966-1980.

[64] Lall S, Grun D, Krek A, et al. A genome-wide map of conserved microRNA targets in C. elegans [J]. Curr Biol, 2006,16(5): 460-471.

[65] Wang W, Qin Z, Feng Z, et al. Identifying differentially spliced genes from two groups of RNA-seq samples [J]. Gene, 2013,518(1): 164-170.

[66] Hu Y, Huang Y, Du Y, et al. DiffSplice: the genome-wide detection of differential splicing events with RNA-seq [J]. Nucleic Acids Res, 2013,41(2): e39.

[67] Hilker R, Stadermann K B, Doppmeier D, et al. ReadXplorer-visualization and analysis of mapped sequences [J]. Bioinformatics, 2014,30(16): 2247-2254.

[68] Thorvaldsdóttir H, Robinson J T, Mesirov J P. Integrative Genomics Viewer (IGV): high-performance genomics data visualization and exploration [J]. Brief Bioinform, 2013,14(2): 178-192.

[69] Medina I, Salavert F, Sanchez R, et al. Genome Maps, a new generation genome browser [J]. Nucleic Acids Res, 2013,41(Web Server issue): W41-W46.

[70] Roge X, Zhang X. RNAseqViewer: visualization tool for RNA-Seq data [J]. Bioinformatics, 2014,30(6): 891-892.

[71] Wu E, Nance T, Montgomery S B. SplicePlot: a utility for visualizing splicing quantitative trait loci [J]. Bioinformatics, 2014,30(7): 1025-1026.

[72] Ryan M C, Cleland J, Kim R, et al. SpliceSeq: a resource for analysis and visualization of RNA-Seq data on alternative splicing and its functional impacts [J]. Bioinformatics, 2012,28(18): 2385-2387.

[73] Liu Q, Chen C, Shen E, et al. Detection, annotation and visualization of alternative splicing from RNA-Seq data with SplicingViewer [J]. Genomics, 2012,99(3): 178-182.

[74] McPherson A, Hormozdiari F, Zayed A, et al. deFuse: an algorithm for gene fusion discovery in tumor RNA-Seq data [J]. PLoS Comput Biol, 2011,7(5): e1001138.

[75] McPherson A, Wu C, Hajirasouliha I, et al. Comrad: detection of expressed rearrangements by integrated analysis of RNA-Seq and low coverage genome sequence data [J]. Bioinformatics, 2011,27(11): 1481-1488.

[76] Griffiths-Jones S, Saini H K, van Dongen S, et al. miRBase: tools for microRNA genomics [J]. Nucleic Acids Res, 2008,36(Database issue): D154-D158.

[77] Agarwal V, Bell G W, Nam J W, et al. Predicting effective microRNA target sites in mammalian mRNAs [J]. Elife, 2015,4: e05005.

[78] Li J H, Liu S, Zhou H, et al. starBase v2.0: decoding miRNA-ceRNA, miRNA-ncRNA and protein-RNA interaction networks from large-scale CLIP-Seq data [J]. Nucleic Acids Res, 2014, 42(Database issue): D92-D97.

[79] Kingsley P D, Greenfest-Allen E, Frame J M, et al. Ontogeny of erythroid gene expression [J]. Blood, 2013,121(6): e5-e13.

[80] Greenfest-Allen E, Malik J, Palis J, et al. Stat and interferon genes identified by network analysis differentially regulate primitive and definitive erythropoiesis [J]. BMC Syst Biol, 2013, 7: 38.

［81］ Amaral P P，Clark M B，Gascoigne D K，et al. lncRNAdb：a reference database for long noncoding RNAs［J］. Nucleic Acids Res，2011,39(Database issue)：D146-D451.

［82］ Quek X C，Thomson D W，Maag J L，et al. lncRNAdb v2.0：expanding the reference database for functional long noncoding RNAs［J］. Nucleic Acids Res，2015,43(Database issue)：D168-D173.

［83］ He T，Du P，Li Y. dbRES：a web-oriented database for annotated RNA editing sites［J］. Nucleic Acids Res，2007,35(Database issue)：D141-D144.

［84］ Kiran A，Baranov P V. DARNED：a DAtabase of RNa EDiting in humans［J］. Bioinformatics，2010,26(14)：1772-1776.

［85］ Lagana A，Paone A，Veneziano D，et al. miR-EdiTar：a database of predicted A-to-I edited miRNA target sites［J］. Bioinformatics，2012,28(23)：3166-3168.

［86］ O'Brien E A，Zhang Y，Wang E，et al. GOBASE：an organelle genome database［J］. Nucleic Acids Res，2009,37(Database issue)：D946-D950.

［87］ Tym J E，Mitsopoulos C，Coker E A，et al. canSAR：an updated cancer research and drug discovery knowledgebase［J］. Nucleic Acids Res，2016,44(D1)：D938-D943.

［88］ 1000 Genomes Project C onsortium，Auton A，Brooks L D，et al. A global reference for human genetic variation［J］. Nature，2015,526(7571)：68-74.

［89］ RNAcentral Consortium. RNAcentral：an international database of ncRNA sequences［J］. Nucleic Acids Res，2015,43(Database issue)：D123-D129.

［90］ Kozomara A，Griffiths-Jones S. miRBase：annotating high confidence microRNAs using deep sequencing data［J］. Nucleic Acids Res，2014,42(Database issue)：D68-D73.

［91］ Chan P P，Lowe T M. GtRNAdb 2.0：an expanded database of transfer RNA genes identified in complete and draft genomes［J］. Nucleic Acids Res，2016,44(D1)：D184-D189.

［92］ Liu Y C，Li J R，Sun C H，et al. CircNet：a database of circular RNAs derived from transcriptome sequencing data［J］. Nucleic Acids Res，2016,44(D1)：D209-D215.

［93］ Leung Y Y，Kuksa P P，Amlie-Wolf A，et al. DASHR：database of small human noncoding RNAs［J］. Nucleic Acids Res，2016,44(D1)：D216-D222.

［94］ Rosenkranz D. piRNA cluster database：a web resource for piRNA producing loci［J］. Nucleic Acids Res，2016,44(D1)：D223-D230.

［95］ Rosenkranz D，Zischler H. proTRAC-a software for probabilistic piRNA cluster detection，visualization and analysis［J］. BMC Bioinformatics，2012,13(1)：1-10.

［96］ Sai Lakshmi S，Agrawal S. piRNABank：a web resource on classified and clustered Piwi-interacting RNAs［J］. Nucleic Acids Res，2008,36(Database issue)：D173-D177.

［97］ Chou C H，Chang N W，Shrestha S，et al. miRTarBase 2016：updates to the experimentally validated miRNA-target interactions database［J］. Nucleic Acids Res，2016,44(D1)：D239-D247.

［98］ Xie S Q，Nie P，Wang Y，et al. RPFdb：a database for genome wide information of translated mRNA generated from ribosome profiling［J］. Nucleic Acids Res，2016,44(D1)：D254-D258.

［99］ Sun W J，Li J H，Liu S，et al. RMBase：a resource for decoding the landscape of RNA modifications from high-throughput sequencing data［J］. Nucleic Acids Res，2016,44(D1)：D259-D265.

［100］ Apweiler R，Bairoch A，Wu C H，et al. UniProt：the Universal Protein knowledgebase［J］. Nucleic Acids Res，2004,32(Database issue)：115-119.

[101] Finn R D. Pfam: the protein families database [J]. Nucleic Acids Res, 2014, 42 (Database issue): D222-D230.

[102] Liu C, Bai B, Skogerbφ G, et al. NONCODE: an integrated knowledge database of non-coding RNAs [J]. Nucleic Acids Res, 2005, 33(Database issue): D112-D115.

[103] Dinger M E, Pang K C, Mercer T R, et al. NRED: a database of long noncoding RNA expression [J]. Nucleic Acids Res, 2008, 37(Database issue): D122-D126.

[104] Pang K C, Stephen S, Dinger M E, et al. RNAdb 2. 0—an expanded database of mammalian non-coding RNAs [J]. Nucleic Acids Res, 2007, 35(Database issue): D178-D182.

[105] Chen X, Hao Y, Cui Y, et al. LncVar: a database of genetic variation associated with long non-coding genes [J]. Bioinformatics, 2017, 33(1): 112-118.

[106] Ghosal S, Das S, Sen R, et al. Circ2Traits: a comprehensive database for circular RNA potentially associated with disease and traits [J]. Front Genet, 2013, 4: 283.

[107] Lu M, Zhang Q, Deng M, et al. An analysis of human microRNA and disease associations [J]. PLoS One, 2008, 3(10): e3420.

[108] Li Y, Qiu C, Tu J, et al. HMDD v2. 0: a database for experimentally supported human microRNA and disease associations [J]. Nucleic Acids Res, 2014, 42 (Database issue): D1070-D1074.

[109] Wang Y, Chen L, Chen B, et al. Mammalian ncRNA-disease repository: a global view of ncRNA-mediated disease network [J]. Cell Death Dis, 2013, 4: e765.

[110] Chen G, Wang Z, Wang D, et al. LncRNADisease: a database for long-non-coding RNA-associated diseases [J]. Nucleic Acids Res, 2013, 41(Database issue): D983-D986.

[111] Jiang Q, Wang Y, Hao Y, et al. miR2Disease: a manually curated database for microRNA deregulation in human disease [J]. Nucleic Acids Res, 2009, 37(Database issue): D98-D104.

[112] Xie B, Ding Q, Han H, et al. miRCancer: a microRNA-cancer association database constructed by text mining on literature [J]. Bioinformatics, 2013, 29(5): 638-644.

[113] Stoeckert C J Jr, Salas F, Brunk B, et al. EpoDB: a prototype database for the analysis of genes expressed during vertebrate erythropoiesis [J]. Nucleic Acids Res, 1999, 27(1): 200-203.

[114] Keerthikumar S, Chisanga D, Ariyaratne D, et al. ExoCarta: A Web-Based Compendium of Exosomal Cargo [J]. J Mol Biol, 2016, 428(4): 688-692.

[115] Mathivanan S, Fahner C J, Reid G E, et al. ExoCarta 2012: database of exosomal proteins, RNA and lipids [J]. Nucleic Acids Res, 2012, 40(Database issue): D1241-D1244.

[116] Simpson R J, Kalra H, Mathivanan S. ExoCarta as a resource for exosomal research [J]. J Extracell Vesicles, 2012, 1.

[117] Chorev M, Guy L, Carmel L. JuncDB: an exon-exon junction database [J]. Nucleic Acids Res, 2016, 44(D1): D101-D109.

[118] Blumenfeld O O, Patnaik S K. Allelic genes of blood group antigens: a source of human mutations and cSNPs documented in the Blood Group Antigen Gene Mutation Database [J]. Hum Mutat, 2004, 23(1): 8-16.

[119] Chacon D, Beck D, Perera D, et al. BloodchIP: a database of comparative genome-wide transcription factor binding profiles in human blood cells [J]. Nucleic Acids Res, 2014, 42 (Database issue): D172.

[120] Hebestreit K, Gröttrup S, Emden D, et al. Leukemia Gene Atlas—a public platform for

integrative exploration of genome-wide molecular data [J]. PLoS One, 2012,7(6): 189.

[121] Kato K, Yamashita R, Matoba R, et al. Cancer gene expression database (CGED): a database for gene expression profiling with accompanying clinical information of human cancer tissues [J]. Nucleic Acids Res, 2005,33(Database issue): D533-D536.

[122] Michael K, Ball E V, Iain F, et al. Human Gene Mutation Database-a biomedical information and research resource [J]. Hum Mutat, 2000,15(1): 45-51.

[123] Krupke D M, Begley D A, Sundberg J P, et al. The Mouse Tumor Biology database [J]. Nat Rev Cancer, 2008,8(6): 459-465.

[124] Cantara W A, Crain P F, Rozenski J, et al. The RNA Modification Database, RNAMDB: 2011 update [J]. Nucleic Acids Res, 2011,39(Database issue): 195-201.

[125] Nelson P S, Pritchard C, Abbott D, et al. The human (PEDB) and mouse (mPEDB) Prostate Expression Databases [J]. Nucleic Acids Res, 2002,30(1): 218-220.

[126] Adil Elfilali S L, Catia Verbeke, Philippe La Rosa, et al. ITTACA: a new database for integrated tumor transcriptome array and clinical data analysis [J]. Nucleic Acids Res, 2006,34 (Database issue): D613-D616.

[127] Sánchezcastillo M, Ruau D, Wilkinson A C, et al. CODEX: a next-generation sequencing experiment database for the haematopoietic and embryonic stem cell communities [J]. Nucleic Acids Res, 2015,43(D1): 1117-1123.

[128] Goh S H, Lee Y T, Bouffard G G, et al. Hembase: Browser and genome portal for hematology and erythroid biology [J]. Nucleic Acids Res, 2004,32(Database issue): 572-574.

[129] Strausberg R L, Buetow K H, Emmert-Buck M R, et al. The cancer genome anatomy project: building an annotated gene index [J]. Trends Genet, 2000,16(3): 103-106.

缩　略　语

英文缩写	英文全称	中文全称
ACR	American College of Rheumatology	美国风湿病学会
AD	Alzheimer disease	阿尔茨海默病
MPAL	mixed phenotype acute leukemia	混合表型急性白血病
ALL	acute lymphoblastic leukemia	急性淋巴细胞白血病
ALS	amyotrophic lateral sclerosis	肌萎缩侧索硬化
AML	acute myelogenous leukemia	急性髓细胞性白血病
ANA	antinuclear antibody	抗核抗体
ANN	artificial neural network	人工神经网络
APA	alternative polyadenylation	选择性多聚腺苷酸化
APL	acute promyelocytic leukemia	急性早幼粒细胞白血病
ART	assisted reproductive technology	辅助生殖技术
AS	ankylosing spondylitis	强直性脊柱炎
ASCO	American Society of Clinical Oncology	美国临床肿瘤学会
BN	Bayesian network	贝叶斯网络
ceRNA	competing endogenous RNA	竞争性内源 RNA
cffDNA	cell-free fetal DNA	孕妇外周血胎儿游离 DNA
cffRNA	cell-free fetal RNA	孕妇外周血胎儿游离 RNA
circRNA	circular RNA	环形 RNA
CML	chronic myelogenous leukemia	慢性粒细胞白血病
CNS	central nervous system	中枢神经系统
CNV	copy number variation	拷贝数变异
CSS	cancer-specific survival	肿瘤专项生存
DS	Down syndrome	唐氏综合征/21-三体综合征
dsRNA	double-stranded RNA	双链 RNA

（续表）

英文缩写	英文全称	中文全称
DT	decision tree	决策树
ECM	extracellular matrix	细胞外基质
EIciRNA	exon-intron circular RNA	外显子-内含子型环形 RNA
ELISA	enzyme-linked immunosorbent assay	酶联免疫吸附测定
EST	expressed sequence tag	表达序列标签
FDA	Food and Drug Administration	食品药品监督管理局
FISH	fluorescence *in situ* hybridization	荧光原位杂交
FPKM	fragments per kilobase of transcript per million fragments	每百万双端读段中比对到转录本每千碱基长度的双端读段数
GDM	gestational diabetes mellitus	妊娠糖尿病
GEO	Gene Expression Omnibus	基因表达数据文库
GO	Gene Ontology	基因本体
gRNA	guide RNA	向导 RNA
GWAS	genome-wide association study	全基因组关联分析
HD	Hungtinton disease	亨廷顿病
HLA	human leukocyte antigen	人类白细胞抗原
IHC	immunohistochemistry	免疫组织化学
iPSC	induced pluripotent stem cell	诱导性多能干细胞
IR	immune repertoire	免疫组库
lncRNA	long non-coding RNA	长非编码 RNA
MDS	myelodysplastic syndrome	骨髓增生异常综合征
MHC	major histocompatibility complex	主要组织相容性复合体
MPSS	massively parallel signature sequencing	大规模平行测序技术
mRNA	messenger RNA	信使 RNA
ncRNA	non-coding RNA	非编码 RNA
NHP	non-human primate	非人灵长类
NIPT	non-invasive prenatal testing	无创产前检测
NPC	neural progenitor cell	神经前体细胞
PB	peripheral blood	外周血
PGD	preimplantation genetic diagnosis	胚胎植入前遗传学诊断

（续表）

英文缩写	英文全称	中文全称
piRNA	Piwi-interacting RNA	Piwi 蛋白相互作用 RNA
PMBC	peripheral blood mononuclear cells	外周血单个核细胞
RA	rheumatoid arthritis	类风湿关节炎
RNA	ribonucleic acid	核糖核酸
RNAi	RNA interference	RNA 干扰
RNA-Seq	RNA sequencing	RNA 测序
ROS	reactive oxygen species	活性氧类
RPKM	reads per kilobase per million reads	每百万读段中比对到转录本每千碱基长度的读段数
rRNA	ribosomal RNA	核糖体 RNA
SAGE	serial analysis of gene expression	基因表达系列分析
scRNA-Seq	single-cell RNA-Seq	单细胞 RNA 测序
siRNA	small interfering RNA	小干扰 RNA
SLE	systemic lupus erythematosus	系统性红斑狼疮
snoRNA	small nucleolar RNA	核仁小 RNA
SNP	single nucleotide polymorphism	单核苷酸多态性
snRNA	small nuclear RNA	核小 RNA
SNV	single nucleotide variants	单核苷酸变异位点
SVM	support vector machine	支持向量机
T-ALL	T-cell acute lymphoblastic leukemia	T 细胞免疫表型急性淋巴细胞白血病
TCGA	The Cancer Genome Atlas	癌症基因组图谱计划
tRNA	transfer RNA	转运 RNA
WGS	whole genome sequencing	全基因组测序
WHO	World Health Organization	世界卫生组织

索　引

1型糖尿病　190,248,336
2型糖尿病　190,248－251

A

阿达木单抗　232
阿尔茨海默病　40,265－267,269,272－289,295－297,305,332,360,391
阿那白滞素　204,205,229,230,234
阿塞西普　204,205,232
阿糖胞苷　116,162,170,177
癌基因　36,48,63,65,104,107,133,165,169,170,178,183,184,313,325,334,335

B

Burkitt淋巴瘤　165
B细胞成熟抗原　232
B细胞活化因子　198
靶向基因测序　200
靶向治疗　108,118,124,125,130,131,134,135,159,163,175,179,181,203－205,229－233,239,302,306,312,325,334
贝利单抗　204,205,232
贝叶斯网络　112,391
表达序列标签　1,4,139,336,345,392
病原相关分子模式　228
泊松分布　25

C

cDNA末端快速扩增技术　46
长非编码RNA　3,58,85,104,114,138,145,294,392
成纤维细胞　47,143,144,164,207,208,212,213,215－217,221,266,289,295,296,301
成纤维细胞样滑膜细胞　208

持家非编码RNA　3
出生缺陷　83,84,86－88,90－94,96－99
促肾上腺皮质激素释放激素　89

D

大规模平行测序技术　392
单倍体　200
单核苷酸变异位点　190,393
单核苷酸多态性　9,43,65,104,128,300,316,378,393
单细胞测序　28,86,111
淀粉样蛋白沉积　272
动脉粥样硬化　139－143,145,331
读段　23－29,33,34,36－38,41,54－57,301,346,360,368,392,393
多发性骨髓瘤　111,170,178,179
多发性肌炎　219－224,227－229,233,234
多发性硬化　231,236,237,245－247

F

反式剪接　36,37,56,133
泛素化　125
非编码RNA　1,3,4,21,44,72,74,75,77,81,85,107,109,132,133,157,171,182,185,247,251－253,276,301,306,307,314,323,338,358,375,379,392
非编码调控RNA　3,4
非编码小RNA　3,4
非肥胖糖尿病/严重联合免疫缺陷　333
非霍奇金B细胞性淋巴瘤　234
非人灵长类　345,348,392
肺动脉高压　142,150,213
分子靶向药物　121,131
弗里德赖希共济失调　290

辅助生殖技术　99,391

负二项分布　25

G

干扰素积分　203

干燥综合征　223,234－236,238,240,241

高血压　86,87,139,140,142－144,146,149,
331,336,340

戈利木单抗　232

骨髓增殖性肿瘤　167,171,174

冠心病　74,140,147,149,150,321,348

H

核酶　3

核仁小 RNA　3,393

核糖核酸　46,47,220,393

核糖体 RNA　37,46,54,56,77,393

核小 RNA　3,393

亨廷顿病　265,288,296,332,392

环形 RNA　41,43－57,391

环形内含子长非编码 RNA　45

混合表型急性白血病　160,391

活性氧类　393

I

I 型干扰素　41,191,196－198,205,221,224,
225,228

J

肌萎缩侧索硬化　289,296,297,332,391

基因本体　32,208,392

基因表达数据文库　392

基因表达系列分析　1,393

基因融合　15,36,104,113,122－125,132－
134,167,301,311－313,364,372,378

激光捕获显微切割技术　288

急性 B 淋巴细胞白血病　160

急性 T 淋巴细胞白血病　160

急性淋巴细胞白血病　54,110,120,133,157,
186,187,306,312,333,391,393

急性髓细胞性白血病　108,124,159,160,171,
332,391

急性早幼粒细胞白血病　124,159,391

脊髓肌萎缩疾病　222

甲氨蝶呤　117,209,326

简易精神状态检查表　283,284

精神分裂症　40,265,268,291－297

竞争性内源 RNA　302,391

决策树　112,150,392

K

抗癌基因　104

抗核抗体　191,391

抗拓扑异构酶抗体　212

拷贝数变异　104,192,193,291,336,378,391

可变成环　49

可变剪接　2,4,9,15,21,25,26,33－35,50,57,
75,104,110,111,113,126,127,132,177－
181,216,251,270,276,289,290,293,342,
346,347,361,363,365,367,370,371

L

狼疮性肾炎　191,199

类风湿关节炎　195,196,198,205－207,209,
229,232,234,244,393

利纳西普　229

利妥昔单抗　121,180,204,205,210,211

留一法交叉验证　210

罗塔利珠单抗　204,205,231

M

吗替麦考酚酯　203

慢性粒单核细胞白血病　165,171

慢性粒细胞白血病　36,158,160,312,317,391

酶联免疫吸附测定法　216

美国德克萨斯大学休斯敦健康科学中心　215

美国风湿病协会　202

美国临床肿瘤学会　115,391

弥漫大 B 细胞淋巴瘤　157,176,307

免疫组库　181,182,392

免疫组织化学　123,132,392

N

NSCT　238

内含子　2－4,36,44,45,49,50,52,53,65,93,
　183,345,346
内含子配对驱动成环　49

O

欧洲抗风湿病联盟　206

P

帕金森病　265,285,287,288,296
胚胎植入前遗传学诊断　98,99,392
皮肌炎　218,219,221－229,233,234,237

Q

嵌合基因　36
强直性脊柱炎　204,241－244,391
轻度认知障碍　274,284－286
全基因组测序　36,123,133,168,334,342,
　366,393
全基因组关联分析　192,392
全唾液　238－240

R

"RNA-SNP"等位基因比例法　96
RNA 编辑　3,21,26,39－43,126－130,132,
　306,347,348,364,368,374
RNA 测序　1,15,49,56,57,68,69,89,98,107,
　110,139,145,150,182,304,334,393
RNA 干扰　3,4,52,393
热休克蛋白 47　216
人工神经网络　112,391
人类白细胞抗原　194,392
妊娠糖尿病　248,252,392

S

神经管缺陷　91
神经前体细胞　289,296,392
世界卫生组织　83,104,251,393
双链 RNA　3,39,40,391
双胎输血综合征　87

T

TNM 分期系统　112

"套索驱动"成环　49
塔巴利木单抗　232
唐氏综合征/21-三体综合征　391
糖尿病　104,140,143,238,248－254,275,
　295,305,327,331,332,336,340,342,343,
　348,350

W

外显子　2,13,23－26,33,35,36,38,44,45,48
　－50,52－55,57,65,107,118,119,127－129,
　131,133,162,166,178－181,217,272,273,
　290,293,302,306,313,338,339,345,346,
　359,363,366,371,380
外显子-内含子型环形 RNA　52,392
外周血　68,83,86,88,94,97,107,144,146,
　149,150,164,177,195－199,202,203,207－
　210,216,232,235－238,241－243,247,265,
　266,269－271,273,283－291,293,294,296,
　297,310,391,392
外周血单个核细胞　197,212,244,393
无创产前检测　88,89,392

X

西法木单抗　205
系统性红斑狼疮　190－192,195－205,218,
　232,393
系统性硬化症　211
细胞外基质　141,196,198,199,212,215,
　253,392
先天性心脏病　92,97
先兆子痫　86,87,89,90,96
向导 RNA　3,39,392
小干扰 RNA　3,393
心肌梗死　138,143
新生儿糖尿病　248
信使 RNA　21,392
选择性多聚腺苷酸化　113,114,391
血管紧张素Ⅱ　139,140,142,145
血管内皮生长因子　213
血管内皮细胞　91,140－143,150,212,232,252
血管平滑肌　139,140
血流剪切力　141

Y

药物不良反应　130,300,305,308

伊马替尼　119,159,162－164,167,173,175,
215,301,312,321,326

依那西普　210,211,232,243

胰岛素样生长因子1受体　238

英夫利昔单抗　204,210,232,233,243

荧光原位杂交　28,36,51,53,123,131,168,392

硬皮病　211－219

硬皮病移植物抗宿主疾病　214

幼年型粒单核细胞白血病　171

诱导性多能干细胞　295,296,392

预后预测　111－115,152

Z

早期滤泡性淋巴瘤　171

躁狂抑郁症　292,294

支持向量机　75,112,151,393

肢端型硬皮病　212,216

直接成环　49

中枢神经系统　116,164,245,265,292－
294,391

中心法则　2

肿瘤坏死因子　195,205,243

肿瘤专项生存　112,391

重性抑郁症　265,269,292－295

重症肌无力　254

主要组织相容性复合体　194,226,392

转录诱导嵌合体　37

转录组　1,2,5,9,15,16,21,24－28,32－35,
38,40－42,54,77,78,84－94,96,98,99,104,
107,108,110,111,113,114,116,117,122,
123,128,130－134,138－144,146－152,157,
158,168－170,177－179,181,182,184,190,
191,195,196,198,199,203,205－212,214,
215,222,236,238,242－247,249,250,253,
254,256,265－283,287－295,297,301－304,
306,308,311,322,327,331－350,352,357,
359,361,363,365,367,370,371,373,378,
379,381－383

转录组学　1－4,17,21,83－87,89,91,93,98,
99,104,106,107,117,121,132,134,138,140,
142,143,145－147,149－152,157,158,169,
170,174,176－178,190,197,202,203,205,
206,209－212,214,215,219,229,234－242,
245－249,252－254,265－267,287,290,300
－302,305－308,327,331,343,345－347,349
－351

转运RNA　44,393

转座子　4,57－61,64,67,70,239,364